国家出版基金项目
NATIONAL PUBLICATION FOUNDATION

现代农业高新技术成果丛书

猪抗病营养理论与实践

Disease-resistant Nutrition of Swine: Theory and Practice

陈代文　吴　德　张克英　余　冰　等编著

中国农业大学出版社
·北京·

内 容 简 介

本书总结归纳了四川农业大学近几年来在猪抗病营养领域的研究成果，主要内容包括营养与免疫、营养与胃肠道健康、营养与氧化应激、营养与霉菌毒素、营养与抗病基因、营养与疾病的互作关系及可能机制，介绍了抗病营养实践应用的思路。本书为第一本有关抗病营养的专著，适合农业院校和科研单位从事动物营养与饲料和动物预防医学的师生和科研人员以及从事生猪养殖和饲料生产的企业技术人员阅读使用，对医学院校和行业研究营养与保健的科技人员具有一定参考价值。

图书在版编目(CIP)数据

猪抗病营养理论与实践/陈代文，吴德，张克英，余冰等编著. —北京：中国农业大学出版社，2012.11

ISBN 978-7-5655-0588-1

Ⅰ.①猪…　Ⅱ.①陈…②吴…③张…④余…　Ⅲ.①猪－抗病性－家畜营养学－研究　Ⅳ.①S828.5

中国版本图书馆 CIP 数据核字(2012)第 208448 号

书　　名　猪抗病营养理论与实践

作　　者　陈代文　吴　德　张克英　余　冰　等编著

策划编辑　丛晓红　董夫才　　**责任编辑**　王艳欣

封面设计　郑　川　　**责任校对**　王晓凤　陈　莹

出版发行　中国农业大学出版社

社　　址　北京市海淀区圆明园西路 2 号　　**邮政编码**　100193

电　　话　发行部 010-62818525,8625　　读者服务部 010-62732336

编辑部 010-62732617,2618　　出　版　部 010-62733440

网　　址　http://www.cau.edu.cn/caup　　**e-mail**　cbsszs @ cau.edu.cn

经　　销　新华书店

印　　刷　涿州市星河印刷有限公司

版　　次　2012 年 11 月第 1 版　2012 年 11 月第 1 次印刷

规　　格　787×1 092　16 开本　17 印张　420 千字

定　　价　78.00 元

现代农业高新技术成果丛书
编审指导委员会

编 著 人 员

（按姓氏笔画为序）

丁雪梅　方正峰　王立志　田　刚

余　冰　吴　德　张克英　陈代文

贾　刚　曾秋凤　韩国全　蔡景义

出版说明

瞄准世界农业科技前沿，围绕我国农业发展需求，努力突破关键核心技术，提升我国农业科研实力，加快现代农业发展，是胡锦涛总书记在2009年五四青年节视察中国农业大学时向广大农业科技工作者提出的要求。党和国家一贯高度重视农业领域科技创新和基础理论研究，特别是863计划和973计划实施以来，农业科技投入大幅增长。国家科技支撑计划、863计划和973计划等主体科技计划向农业领域倾斜，极大地促进了农业科技创新发展和现代农业科技进步。

中国农业大学出版社以973计划、863计划和科技支撑计划中农业领域重大研究项目成果为主体，以服务我国农业产业提升的重大需求为目标，在"国家重大出版工程"项目基础上，筛选确定了农业生物技术、良种培育、丰产栽培、疫病防治、防灾减灾、农业资源利用和农业信息化等领域50个重大科技创新成果，作为"现代农业高新技术成果丛书"项目申报了2009年度国家出版基金项目，经国家出版基金管理委员会审批立项。

国家出版基金是我国继自然科学基金、哲学社会科学基金之后设立的第三大基金项目。国家出版基金由国家设立、国家主导，资助体现国家意志、传承中华文明、促进文化繁荣、提高文化软实力的国家级重大项目；受助项目应能够发挥示范引导作用，为国家、为当代、为子孙后代创造先进文化；受助项目应能够成为站在时代前沿、弘扬民族文化、体现国家水准、传之久远的国家级精品力作。

为确保"现代农业高新技术成果丛书"编写出版质量，在教育部、农业部和中国农业大学的指导和支持下，成立了以石元春院士为主任的编审指导委员会；出版社成立了以社长为组长的项目协调组并专门设立了项目运行管理办公室。

"现代农业高新技术成果丛书"始于"十一五"，跨入"十二五"，是中国农业大学出版社"十二五"开局的献礼之作，她的立项和出版标志着我社学术出版进入了一个新的高度，各项工作迈上了新的台阶。出版社将以此为新的起点，为我国现代农业的发展，为出版文化事业的繁荣做出新的更大贡献。

中国农业大学出版社

2010年12月

出版说明

中国农业大学出版社

作 者 序

动物健康状况是影响养猪生产水平和效益的重要因素，在规模化养猪条件下，健康的重要性尤为突出。近几年来，我国养猪业一直面临疫病的威胁和困扰，不但不能充分发挥猪的生产性能，而且因防病治病大量使用药物导致猪肉及内脏产品质量安全得不到保障，严重影响养猪业可持续发展。保障猪的健康必须依靠综合措施，在继续加强和规范猪病防治的疫苗和药物使用管理的同时，寻求新思路，研究并应用新理论、新技术、新产品十分重要和必要。抗病营养理念和技术则属此范畴。

现代医学和生物学研究表明，营养是决定健康的关键因素，80%的疾病与营养有关。四川农业大学根据相关学科发展，结合自身多年研究，于2005年率先提出“抗病营养”的概念，并得到了教育部创新团队资助，构建了包括动物营养、动物遗传育种、动物基础医学和预防医学等学科专家的研究团队，从营养与免疫、营养与胃肠道健康、营养与氧化应激、营养与霉菌毒素、营养与抗病基因、营养与疾病等六个方面展开了系列研究。同时，也得到了教育部、科技部、农业部、国家自然科学基金委员会和四川省科技厅、教育厅等单位相关项目和经费的大力资助。通过近8年的集中攻关研究，在研究模型构建和研究方法、抗病营养基本规律和可能机制探索、相关技术与产品研发等方面取得了大量一手资料，发表了一批论文，形成或申报获得了一批专利。总结这些阶段研究成果，使我们对抗病营养的概念和理论体系有了更清晰的认识。通过近年来与教学、科研、生猪养殖和饲料生产企业的广泛交流与合作，抗病营养理念和阶段研究成果不断得到宣传和应用，受到业内的广泛认同，也在不同程度上产生了实际效果。

为了进一步推动基础研究、加强应用转化，我们认为有必要对已有的研究成果进行系统的归纳总结，以初步构建抗病营养理论体系，达到广泛关注、抛砖引玉的目的。我们组织了研究团队的部分中青年专家编著了《猪抗病营养理论与实践》，除有关基本原理以文献综述为主外，绝大部分研究数据和结论均来自本团队近几年公开发表或未发表的研究结果。

在此，衷心感谢本团队专家和广大研究生在长期研究过程中付出的智慧和辛勤劳动，因人数太多，没有把大家全部列入本书编著人员，在此对大家的奉献和贡献表示敬意！同时，感谢中国农业大学出版社！没有你们的特约邀请和敦促指导，本书的面世可能会延迟很长时间。感谢国家出版基金对本书出版的资助！

由于能力有限，时间仓促，精力投入不够，本书的归纳提炼远不如意，恳请读者批评指正。好在每章均给出了主要参考文献，特别建议读者尽量参阅原文。抗病营养是个新兴领域，值得讨论和商榷的问题很多。同时，本团队仍将继续开展研究与实践，期待不久之后能对本书更新补充、修订再版。

陈代文

2012 年 1 月于四川雅安

目　　录

第1章

绪　论

1.1　营养与健康的关系

营养物质是一切生命活动的物质基础，既影响动物生产效率和生产潜力的发挥，也决定了动物的健康状况。

关于营养与健康的关系研究已有很长的历史。早在19世纪初，人们就已经发现营养与动物健康有关，并开始关注此问题。进入20世纪后，在发现营养素并确定其营养生理功能的研究过程中，人们进一步认识到营养与健康的密切关系。1912年，波兰化学家Funk在谷壳中发现了一种能防止鸡多发性神经炎的有机物质（后来被命名为维生素B_1）；1925年，美国学者Hart及其同事发现，单是补铁不能治愈大鼠的缺铁性贫血，还必须同时补铜。随着对动物生存和生产所需要的营养物质的深入研究，到目前为止，已证明各种动物均不同程度地需要约50种必需营养物质。营养学家经过多年的研究已经确定了一部分畜禽生产动物（如猪、家禽、牛、羊、兔、马以及部分水生动物等）不同生产阶段的营养需要量，制定了相应的营养需要标准，指导和推动了动物生产的不断发展（王康宁，2008；周安国等，2011）。

已有的研究表明，营养不仅与动物健康密切相关，而且还是影响动物健康的诸多因素中最易调控的因素。营养缺乏或过量都会影响动物健康。某种营养素，如蛋白质、氨基酸、矿物质、维生素等缺乏、不足或过量，或者营养素之间如钙与磷、能量与蛋白质、各种氨基酸之间等不平衡，不仅会降低动物的生产性能，还明显危害动物健康，如消化道形态结构损坏和（或）功能紊乱、出现一些营养代谢性疾病，免疫系统受损、免疫功能紊乱、免疫力降低、对疾病的抵抗力降低等。而适当调整营养素之间的比例和（或）提高日粮中某个营养素的水平后，能在一定程度上增强动物免疫力和对某些疾病的抵抗力，提高其健康水平（刘宗平，2003；陈代文，2011；周安国等，2011）。

但是，近20年来，一些人畜共患病如疯牛病、高致病性禽流感、猪无名高热病、口蹄疫、猪链球菌病等的暴发和流行严重危害动物的健康，给动物生产者带来巨大的经济损失，其危害和影响仅采用动物医学手段一直未得到有效控制。从根本上讲，营养也是解决动物健康问题的有效方法。营养虽然不能治疗患病畜禽，但却可以改善动物健康和预防动物疾病，影响疾病的发生发展过程。因此，营养与动物健康的关系问题再次成为人们关注的热点，研究的重点不再是营养缺乏或不平衡对健康的影响，而是深入研究营养与免疫和疾病的互作规律及其机制(Kelly 等，1987；Beisel，1996)。

维持动物健康的根本机制是免疫反应。机体承担免疫应答及免疫功能的机构是免疫系统，包括免疫器官和组织、免疫细胞及免疫分子。动物免疫机能的强弱取决于免疫器官或组织的发育程度、免疫细胞的增殖分化能力和免疫分子的合成数量与速度，而后者又依赖于营养物质的充分、合理和及时供给，因此，动物免疫功能的强弱与营养密切相关，营养和健康的关系在生理学上找到了其理论依据(Chandra，1997；Saker，2006)。

鉴于这种认识，到目前为止，营养与健康关系的研究主体上集中在营养与免疫的关系上。尽管认识营养与免疫关系的历史较长，但其研究并不深入和系统。从目前的研究来看，营养学家通过建立各类动物应激模型和疾病模型，饲喂不同水平的某种营养素或营养素组合，考察动物的生产性能、组织器官重量或形态结构、器官指数、免疫指标、抗氧化能力、疾病发生率和过程等，以期建立营养与免疫的定性定量关系。研究结果也表明，在猪、家禽、水生动物及实验动物上，采用营养手段，补充一定剂量的营养物质比如维生素 A、维生素 E、维生素 C、微量元素、功能性氨基酸等可以提高动物抗应激能力，调节动物的免疫功能，完善免疫系统，增强机体免疫力或抗病力，缓解疾病发生率和危害，缩短病程，进一步证明了营养与健康的密切关系(Field 等，2002)。

然而，仅仅停留在营养与免疫表观关系的研究层面，远远不能解决营养抗病问题。一方面，营养调节免疫功能的机制并不清楚，使传统的免疫营养学理论体系不够成熟，更上升不到营养抗病的层次。另一方面，影响机体免疫功能和健康的因素很多，必须在研究广度和深度上拓展，才能实现新的突破。

从广度上看，营养不仅仅可以通过调节免疫功能而影响健康，而且可以通过调节动物抗病基因的表达、调控肠道微生态环境、影响特异性疾病的发生发展过程、干预霉菌毒素和自由基对健康的危害等多种途径影响动物健康水平，但其定性定量作用规律尚未建立；从深度上看，营养可调节动物内分泌、生长相关因子、免疫相关因子的表达和肠道微生物菌群结构而实现维护动物健康的目的，但其分子机制及其信号转导途径尚不清楚。同时，由于营养素在动物体内代谢具有交互作用，这不仅增加了研究的难度，也影响营养素在动物机体中抗病效应的发挥。

因此，营养素及其互作怎样影响动物健康仍然是一个科学难题，研究并揭示营养对动物健康的影响规律及其机制是动物科学的重大理论课题。开展这一难题和课题的研究不仅有助于深入认识生命的本质，而且可为动物健康养殖和高效安全生产提供理论基础，具有重大学术意义和实践价值。

1.2 抗病营养的概念与研究内容

现代医学和生物学研究表明，营养是决定健康的关键因素。四川农业大学于 2005 年第一次提出“抗病营养”(disease-resistant nutrition)的概念，这是一个研究动物营养与健康之间关系的新兴交叉领域。通过研究,揭示动物健康的营养调控规律与机制,建立营养抗病原理和技术,进而提高动物对应激和疾病的抵抗力,确保动物健康,减少疾病,降低用药量、取消药物饲料添加剂,最终实现畜产品的安全高效生产。

抗病营养学是动物营养学与免疫学、生理学、病理学、分子和细胞生物学的交叉领域。主要研究内容包括:

1. 营养与免疫

免疫反应是动物抗病的根本机制,营养可以影响猪免疫系统发育和免疫功能,合理的营养方案可以增强猪的免疫力和对疾病的一般抵抗力。本方向拟研究营养对免疫系统发育和免疫功能的影响、免疫应激对营养代谢和需要的影响,建立提高动物免疫力、缓解免疫应激危害的营养原理和技术。

2. 营养与胃肠道健康

胃肠道是猪健康的第一道门户,营养源和营养水平影响猪胃肠道发育、功能和微生态环境,合理的营养方案可以保障猪的胃肠道健康,提高养分消化率和对疾病的一般抵抗力。本方向拟研究营养对胃肠道发育、功能和微生态环境的影响,建立确保胃肠道健康的营养原理和技术。

3. 营养与应激

各类应激均会影响猪的免疫力和抗病力,改变营养代谢和需要。调整营养方案可以增强猪的抗应激能力,降低发病率。本方向拟研究各类应激对营养代谢和需要的影响,建立抗应激的营养原理和技术。

4. 营养与霉菌毒素

饲料霉菌毒素污染率很高,霉菌毒素不但影响猪的采食量和生产性能,而且破坏机体免疫力,降低疫苗的保护率,增加对疾病的易感性。调整营养方案可以缓解霉菌毒素的危害。本方向拟研究霉菌毒素对免疫和营养代谢的影响,建立防霉抗霉的营养原理和技术。

5. 营养与抗病基因

不同品种猪抗病力存在很大差异,其分子机制与抗病基因(组)有关。营养可以调节抗病基因的表达,从而影响猪的先天抗病力。本方向拟研究营养与抗病基因表达的互作规律,探索抗病的表观遗传规律,建立抗病遗传的营养调控原理和技术。

6. 营养与疾病

营养状况可以影响特异性病原的致病作用,影响疾病的发生发展过程,影响特异性疫苗的免疫效果。合理的营养方案可以增强猪对特异性疾病的抵抗力,减轻特异性病原的危害。本方向拟研究营养对疾病发生发展过程的影响及其机制,建立对特异疾病抵抗力的营养原理和技术。

开展并完成这一研究,需要营养学家、生化学家、生理学家、免疫学家、病理学家等多学科专家的共同参与,需要将传统营养学和医学手段与现代分子生物学技术、基因工程技术以及组学技术等先进技术与方法相结合,需要长期坚持和稳定投入。其中,最难的难点当属科学合理的研究模型的建立,包括建模方法、评价标识以及模型的可靠性、稳定性和适用性等,需要多学科结合,不断探索。

1.3 抗病营养学的研究进展和实践意义

与抗病营养相关的部分内容在动物营养学的研究中早已涉及。早期的研究至少可追溯到19世纪中叶，研究内容集中于总结和探索营养缺乏和过量中毒的危害，从而逐步认识了营养与健康的表观关系，可大致界定为抗病营养发展历史的第一阶段。第二个阶段从20世纪中后期开始，随着免疫学的发展，动物营养学开始探索营养与免疫的关系，并逐步拓展到应激-免疫-营养的关系方面，但直至今天，尽管有不少文章和著作发表，该领域的研究仍很不系统和深入，无法上升到营养抗病范畴。四川农业大学深入分析和总结相关学科发展，结合自身多年研究与实践，于2005年率先提出"抗病营养"的概念，用此术语来统领营养与健康关系研究的方方面面，同时也显示出营养对健康的特殊作用和营养学朝着保健和抗病方向分支发展的必然性和必要性。"抗病营养"概念的正式提出标志着第三阶段的开始。目前，营养抗病的理念逐渐得到广大学者和行业的认可，抗病营养理论和技术体系的雏形已经凸显。

几年来，本团队以猪为研究对象，在上述六个方面开展了系统研究，涉及内容包括蛋白质、氨基酸、微量元素、维生素与猪的免疫调控；蛋白质、碳水化合物、脂肪、微量元素、添加剂与胃肠道微生态环境及健康的关系；氧化应激及抗氧化营养；霉菌毒素及防霉抗霉营养措施；氨基酸、维生素与病原微生物的关系；不同品种抗病力差异分子基础及抗病基因表达。研究取得了良好进展，构建了抗病营养试验模型，初步探明了主要养分的抗病功效，建立了部分养分的抗病营养需要量，研制了部分抗病饲料新产品。研究表明，合理的营养源和营养水平组合可以增强猪的免疫力，提高疫苗的保护率，改善胃肠道微生态环境，提高抗病基因表达量，降低特异性病原（如圆环病毒、蓝耳病病毒、伪狂犬病病毒）的免疫破坏力和发病率，显著缓解氧化应激、免疫应激和霉菌毒素对健康和生产性能的危害。

在上述研究基础上，逐步构建了抗病营养的技术体系。核心内容包括两大方面：一是应用抗病营养需要参数配制抗病饲料；二是开发与应用抗病饲料新产品，包括生物蛋白质饲料、生物能量饲料、生物饲料添加剂、功能性配合饲料等。目前已研制相关新产品10多个，申报和获得国家发明专利10多项。应用这些技术成果，规模猪场的发病率可以降低20%～30%，生产性能和效益显著改善，药物使用量显著下降，初步显示了抗病营养具有明显的功效和潜力。

基于目前研究进展，本团队已构建了多个省部级研究平台，动物抗病营养与饲料成为教育部、农业部和四川省重点实验室、教育部工程研究中心，获得教育部创新团队资助。

抗病营养的研究与应用符合养猪业可持续发展的高效、安全、优质和环保要求，具有广阔的应用前景。由于此领域的研究时间短，很多问题还有待深入研究，理论与技术体系尚需进一步完善。继续开展抗病营养理论与技术体系及其机制研究对于深入认识健康的本质、确保猪的健康和猪肉安全具有重大的理论意义和实践价值。

参考文献

陈代文.2011.饲料添加剂学.2版.北京:中国农业出版社.

刘宗平.2003.现代动物营养代谢病学.北京:化学工业出版社.

王康宁.2008.动物营养研究进展.北京:中国农业科学技术出版社.

周安国,陈代文.2011.动物营养学.3版.北京:中国农业出版社.

Beisel W R. 1996. Nutrition and immune function: overview. J Nutr, 126:2611S-2615S.

Chandra R K. 1997. Nutrition and the immune response: an introduction. Am J Clin Nutr, 66:460S-463S.

Field C J, Johnson I R, Schley P D, 2002. Nutrients and their role in host resistance to infection. J Leukoc Biol, 71:16-32.

Kelley K, Easter R. 1987. Nutritional factors can influence immune response of swine. Feedstuffs, 9:14.

Saker K. 2006. Nutrition and immune function. Veterinary Clinics of North America: Small Animal Practice, 36:1199-1224.

第2章

营养与免疫

免疫是一个动态过程,也是一个复杂的生理过程。在抗感染免疫中,免疫应答通常分为特异性免疫和非特异性免疫,两者相互协作、相互制约,形成一个不可分割的整体。与其他生理功能一样,免疫功能的发挥有赖于机体健康程度,有赖于营养的供给。合理的营养水平为动物机体免疫功能发挥提供必需的物质基础。同时,免疫系统过度活化,使动物处于免疫应激状态,通过改变营养物质的代谢水平和效率来抵抗应激。因此,营养物质的利用效率和动物免疫应激状态下营养的需要与正常健康状态有很大差异。本章在介绍免疫学基本原理基础上,以本团队的研究成果为基础,重点从免疫应激模型的建立、免疫应激与营养物质代谢和免疫应激对动物营养需要量的影响几方面进行阐述。

2.1 动物免疫学基本原理

2.1.1 免疫及免疫学的概念

免疫(immunity)一词,来源于拉丁字“immunitis”,意为免除奴役,引用到医学上意即免除疫病。过去认为免疫就是抗感染,即动物(或人)机体对某些病原微生物及其产物具有不同程度的不感受性(即抵抗力),称为免疫。但随着科学进展,免疫的概念已不再局限于该范围,而是指动物机体对自身和非自身的识别,并清除非自身的大分子物质,从而保持机体内、外环境平衡的一种生理学功能。免疫学(immunology)是研究抗原性物质、机体的免疫系统和免疫应答规律、调节免疫应答的各种产物和各种免疫现象的一门生物科学。

免疫具有三个基本特性:一是识别自身与非自身(recognition of self and nonself)。免疫功能正常的动物机体能识别自身与非自身的大分子物质,这是机体产生免疫应答的基础。动物机体识别的物质基础是存在于免疫细胞(T、B淋巴细胞)膜表面的抗原受体,这种识别是很精细的,不仅能识别存在于异种动物之间的一切抗原物质,而且对同种不同个体之间的组织与细胞的细微差别也能加以识别区分。二是特异性(specificity)。动物机体的免疫应答和由此产生的免疫力具有高度的特异性,即具有很强的针对性,如接种猪瘟疫苗可使猪产生对猪瘟病毒的抵抗力,而对其他病毒如猪伪狂犬病病毒无抵抗力。三是免疫记忆(immunological memory)。动物机体在初次接触抗原物质的同时,除刺激机体形成产生抗体的细胞(浆细胞)和致敏淋巴细胞外,也形成免疫记忆细胞,对再次接触的相同抗原物质可产生更快的免疫应答。动物感染某种病原微生物康复后或用疫苗接种免疫后,可以产生较长期的免疫力,归功于免疫记忆功能。

免疫具有三个基本功能:一是抵抗感染(defense)。抵抗感染是指动物机体抵御病原微生物感染和侵袭的能力,又称免疫防御。动物的免疫功能正常时,能充分发挥对进入动物体内的各种病原微生物的抵抗力,通过机体的非特异性和特异性免疫,将病原微生物消灭。若免疫功能异常亢进,可引起变态反应;而免疫功能低下或免疫缺陷,可引起机体微生物的机会感染。二是自身稳定(homeostasis)。自身稳定通常又称为免疫稳定(immunological homeostasis)。在动物的新陈代谢过程中,每天可产生大量衰老死亡的细胞,免疫的第二个重要功能就是将这些细胞清除出体内,以维持机体自身的生理平衡。若此功能失调,则可导致自身免疫性疾病。三是免疫监视(immunological surveillance)。机体内的细胞常因物理、化学和病毒等致癌因素的作用变为肿瘤细胞。动物机体免疫功能正常时,即可对这些细胞加以识别,然后清除,这种功能即为免疫监视。若此功能低下或失调,则可导致肿瘤的发生。

2.1.2 免疫系统

免疫系统(immune system)是机体执行免疫应答及免疫功能的一个重要系统。免疫系统由免疫器官和组织、免疫细胞(如造血干细胞、淋巴细胞、抗原提呈细胞、粒细胞、肥大细胞、红细胞等)及免疫分子(如免疫球蛋白、补体、各种细胞因子和膜分子等)组成。

2.1.2.1 免疫器官

免疫器官按其发生和功能不同,可分为中枢免疫器官(central immune organs)或称一级免疫器官(primary immune organs)和外周免疫器官(peripheral immune organs)或称二级免疫器官(secondary immune organs),二者通过血液循环及淋巴循环互相联系。中枢免疫器官发生较早,由骨髓、胸腺及法氏囊组成,多能造血干细胞在中枢免疫器官发育为成熟免疫细胞,并通过血液循环输送至外周免疫器官。外周免疫器官发生较晚,由淋巴结、脾及膜免疫组织等组成,成熟免疫细胞在这些部位定居,并在接受抗原刺激后产生免疫应答。

1. 中枢免疫器官

(1)骨髓　骨髓(bone marrow)具有免疫和造血双重功能,是体内重要的免疫器官之一。出生后一切血细胞均源于骨髓,骨髓是各种免疫细胞发生、分化及成熟的场所。骨髓中的多能干细胞,首先分化成髓样干细胞和淋巴干细胞。前者进一步分化成红细胞系、单核细胞系、粒细胞系和巨噬细胞,后者则发育成各种淋巴细胞的前体细胞(如T、B细胞前体细胞)。当骨髓功能缺陷时,不仅严重损害造血功能,也将导致免疫缺陷症的发生,造血及免疫功能下降,以致免疫丧失。

(2)胸腺　胸腺(thymus)是人、动物及鸟类重要的中枢免疫器官,是淋巴细胞增殖最活跃的地方，不仅诱导淋巴细胞的发育和成熟，而且对免疫系统起总体控制作用。胸腺位于胸膛前纵隔中，分两叶，在胸膛中，也可延伸至颈部。猪、马、牛、犬、鼠等动物的胸腺延展至颈部直达甲状腺。哺乳动物中，猪属于颈胸腺型，胸腺主要存在于气管两侧，胸部胸腺位于前纵隔中。胸腺为初生胎儿的免疫器官，初生胎儿胸腺重量最小，成长期逐渐增大，到了成年逐渐萎缩。对于猪来说，2.5岁后胸腺开始退化，此种退化称为生理性退化或年龄退化，另外，严重的营养不良、微生物感染、药物中毒等均可导致胸腺的萎缩退化，称之为意外退化。胸腺外表面有结缔组织被膜，结缔组织伸入胸腺实质把胸腺分成许多不完全分隔的小叶。小叶周边为皮质，深部为髓质。髓质中有两种细胞：一种是由咽囊腹背上的细胞分化而成的网状细胞，多而致密，呈星状，可连成网，能分泌多种胸腺激素（包括胸腺素、胸腺生成素等），能诱导淋巴细胞分化为胸腺依赖细胞（T细胞）。另一种是由淋巴干细胞分化、增殖生成的胸腺淋巴细胞。胸腺的功能是将从骨髓来的淋巴干细胞诱导成为T细胞，参与机体细胞免疫。初生动物胸腺发育不全、切除胸腺或患有损害胸腺的疾病，则动物机体免疫功能下降，导致死亡。

（3）法氏囊　法氏囊（burse of Fabricius）为鸟类特有的淋巴器官，是在鸟类泄殖腔背侧上方的盲囊。意大利解剖学家H. Fabricius最早认为法氏囊为禽类特有的免疫器官。哺乳动物只有胸腺而没有法氏囊。

2. 外周免疫器官

（1）淋巴结　淋巴结（lymph node）呈圆形或豆状，分布于淋巴循环径路的各个部位。淋巴结外有包膜，内部分为皮质及髓质，皮质分为皮质浅区及皮质深区。皮质浅区含淋巴小结及淋巴室。淋巴小结主要为B细胞聚集而成，当受抗原刺激后，B细胞分裂增殖形成生发中心，内含有不同分化阶段的B细胞及浆细胞，还存在少量T细胞，故称作非胸腺依赖区。皮质深区为弥散淋巴组织、T淋巴细胞主要存在处，是T细胞主要集中部位，故称胸腺依赖区，该区也有树突状细胞和巨噬细胞。髓质由髓索和髓窦组成。髓索中含有B细胞、浆细胞、巨噬细胞等。髓窦是位于髓索之间的淋巴道，与输出淋巴管相通，内含许多吞噬细胞，能吞噬和清除异物，参与免疫应答，生成致敏淋巴细胞及抗体等。

（2）脾脏　脾脏（spleen）外有包膜，包膜内为实质，实质分两部分：一部分贮存红细胞、捕获抗原和生成红细胞，称为红髓；另一部分发生免疫应答，称为白髓。红髓量多，位于白髓周围，红髓内的中央动脉周围的淋巴细胞主要为T细胞，为胸腺依赖区，白髓内有淋巴小结及生发中心，含大量B细胞，为非胸腺依赖区。脾脏中含B细胞50%～65%。脾脏的作用是滤过血液及产生免疫应答的场所。

（3）膜免疫组织　膜免疫是指机体与外界相通的腔道黏膜表向的免疫，膜免疫组织由胃肠道、呼吸道、泌尿生殖道及某些外分泌腺（泪腺、唾液腺、乳腺等）等相关的淋巴组织组成，包括分散及集合淋巴结。其功能是产生分泌型IgA，促进及维持IgA的反应，发挥特异性局部免疫，促进T细胞受抗原刺激后产生反应所需因子，增强巨噬细胞的作用。

2.1.2.2　免疫细胞

凡参与免疫应答的细胞通称为免疫细胞（immunocyte）。该群细胞较多，依据其功能差异，可以划分为三大类：第一类是抗原特异性淋巴细胞，此类细胞只有接受抗原刺激后才能分化增殖，产生特异性免疫应答，也称此类细胞为免疫活性细胞，主要是T细胞和B细胞；第二类是在免疫应答过程中起提呈抗原、刺激淋巴细胞活性作用的单核-巨噬细胞系统；第三类是以其他方式参与免疫应答以及与免疫应答有关的细胞。

1. 淋巴细胞

淋巴细胞(lymphocyte)在免疫应答过程中起核心作用。依据其作用方式以及来源不同可以分为T淋巴细胞、B淋巴细胞、自然杀伤细胞(NK细胞)及其他细胞。

T淋巴细胞和B淋巴细胞来源于骨髓的多能干细胞。多能干细胞首先分化为前T细胞和前B细胞。前T细胞进入胸腺后,在胸腺素的诱导下,分化增殖为胸腺依赖性细胞(thymus dependent lymphocyte),简称T细胞。T细胞受抗原刺激后即可分化为淋巴母细胞,除少数变为长寿的记忆细胞外,多数继续分化增殖为具有免疫效应的致敏T细胞,参与细胞免疫应答。

前B细胞在禽类的法氏囊或哺乳动物的骨髓中分化发育为囊依赖性淋巴细胞(burse dependent lymphocyte)或骨髓依赖性淋巴细胞(bone marrow dependent lymphocyte),简称B细胞。B细胞在抗原的刺激下,除少数变为长寿的记忆细胞外,多数进一步分化增殖为浆细胞,通过产生抗体的方式参与体液免疫应答。

NK细胞(natural killer cells, NKC)是一类不需特异性抗体参与也无需靶细胞上的主要组织相容性复合物(MHC)Ⅰ类或Ⅱ类分子参与即可杀伤靶细胞的淋巴细胞。N细胞(null cell)是一类既无T细胞也无B细胞表面标志的淋巴细胞。D细胞(double cell)发现于外周血液中,这类细胞同时具有T细胞和B细胞的双重标志,故称为双标志淋巴细胞。这类细胞占淋巴细胞总数的2%～3%,其来源、本质及功能尚不清楚。

2. 单核-巨噬细胞系统

单核-巨噬细胞系统(mononuclear phagocyte system)包括血液中的单核细胞和组织中固定或游走的巨噬细胞,在功能上都具有吞噬作用。单核-巨噬细胞均起源于骨髓干细胞,在骨髓中经前单核细胞分化发育为单核细胞,进入血液,随血流到全身各种组织,进入组织中随即发生形态变化,如肝脏中的枯否氏细胞,肺脏中的尘细胞,结缔组织中的组织细胞,神经组织中的小胶质细胞,脾和淋巴结中的固定和游走巨噬细胞等。当血液中的单核细胞进入组织转变为巨噬细胞后,一般不再返回血液循环。巨噬细胞在组织中虽有增殖潜能,但很少分裂,主要通过血液中的单核细胞补充。

3. 其他免疫细胞

树突状细胞(dentritic cells)是定居于体内不同部位的由不同干细胞分化而来的一类专职的抗原提呈细胞,也是体内抗原提呈作用最强的一类细胞。

粒细胞(granulocyte)是指分布于外周血中的、细胞浆含有特殊染色颗粒的一群白细胞。粒细胞的细胞核呈明显的多形性(杆状或分叶状等),因此又称为多形核细胞(poly-morphonuclear cells)。粒细胞占外周血细胞总数的60%～70%,寿命较短,不断地由骨髓中产生并补充到外周血。粒细胞包括中性粒细胞(neutrophil)、嗜酸性粒细胞(eosinophil)、嗜碱性粒细胞(basophil)3种。中性粒细胞具有吞噬和杀灭细菌的功能;嗜酸性粒细胞表面有IgE受体,它能通过IgE抗体与某些寄生虫接触,释放颗粒内含物,杀灭寄生虫,因此嗜酸性粒细胞具有抗寄生虫作用;嗜碱性粒细胞膜上有IgE的Fc受体,能和IgE结合,当有变应原与嗜碱性粒细胞的IgE结合后,可导致细胞嗜碱性颗粒内物质的释放,引发Ⅰ型变态反应。此外,还有肥大细胞(mast cells),系广泛分布于黏膜下和皮下疏松结缔组织内的胞浆中含嗜碱性颗粒的细胞,膜表面也有IgE的Fc受体,因此其性质和作用与嗜碱性粒细胞相似。

长期以来，人们一直认为红细胞的主要功能只是运输 O_2 和 CO_2。1981 年，Siegel 提出了“红细胞具有免疫功能”的理论，随后许多学者对红细胞的免疫功能进行了系统研究，发现红细胞表面具有许多与免疫有关的物质，参与免疫应答的调节。

2.1.2.3 免疫相关分子

参与免疫应答的相关分子包括抗体、补体及细胞因子等。

1. 抗体

抗体(antibody)是机体在抗原物质刺激下，产生的一类具有与该抗原发生特异性结合反应的免疫球蛋白(immunoglobulin, Ig)。它主要存在于动物的血液、淋巴液、黏膜分泌物和组织液中，是构成机体体液免疫的主要物质。

2. 补体

补体(complement)是正常人和动物血清中含有的非特异性杀菌物质。在早期研究中发现，它可促进特异性抗体溶解相应的细菌和红细胞，故称之为补体。补体并不是一种单一物质，而是一组具有酶原活性的血清球蛋白，由多种成分组成。

3. 细胞因子

在机体免疫应答过程中，除上述抗体、补体外，还有细胞因子等参与。细胞因子由多种细胞产生，因此许多学者提议将各种作用于免疫系统或与免疫系统相关的因子称为免疫活性细胞因子(cytokine)，其中由淋巴细胞产生的因子称为淋巴因子(lymphokine)，由单核-巨噬细胞分泌的因子称为单核因子(monokine)。

2.1.3 抗原

2.1.3.1 抗原的概念

凡是能刺激机体产生抗体和致敏淋巴细胞并能与之结合引起特异性反应的物质称为抗原(antigen)。抗原具有抗原性，抗原性(antigenicity)包括免疫原性与反应原性两个方面的含义。免疫原性(immunogenicity)是指能刺激机体产生抗体和致敏淋巴细胞的特性。反应原性(reactogenicity)是指抗原与相应的抗体或致敏淋巴细胞发生反应的特性，又称为免疫反应性(immunoreactivity)。具有两种功能的物质称为免疫原性物质。

抗原又分为完全抗原与不完全抗原。既具有免疫原性又有反应原性的物质称为完全抗原(complete antigen)，也可称为免疫原(immunogen)。只具有反应原性而缺乏免疫原性的物质称为不完全抗原(incomplete antigen)，亦称为半抗原(hapten)。半抗原又分为简单半抗原和复合半抗原。前者的相对分子质量较小，只有一个抗原决定簇，不能与相应的抗体发生可见反应，但能与相应的抗体结合，如抗生素、酒石酸、苯甲酸等；后者的相对分子质量较大，有多个抗原决定簇，能与相应的抗体发生肉眼可见的反应，如细菌的荚膜多糖、类脂、脂多糖等。

另外，动物即使在无菌条件下饲养，也能产生一些抗体，这是由于消毒饲料中的死微生物及其代谢产物以及其他饲料蛋白质刺激而产生的。饲料中的抗原物质主要来源于蛋白质和碳水化合物，蛋白质包括动物性蛋白质(乳清蛋白精料、鱼粉、喷雾干燥血浆蛋白粉和脱脂奶粉等)和植物性蛋白质(豆粕及进一步加工的豆制品)。饲料中的蛋白质和碳水化合物在畜禽的肠道中经过消化变成易吸收的小分子物质，而其中一部分小分子物质如大豆球蛋白具有免疫原性，会激发动物胃肠道免疫反应，研究发现，日粮抗原过敏反应会导致动物消化吸收不良，甚至出现非病原微生物性腹泻，同时日粮抗原过敏也是引起仔猪腹泻的原发性因素。因此，注意饲料品质，减少饲料中抗原因子和过敏性物质，防止动物系统免疫反应的发生是目前饲料研究的问题之一。

2.1.3.2 构成抗原的条件

抗原物质要有良好的免疫原性，需具备以下条件：

1. 异源性

又称异质性。在正常情况下，动物机体能识别自身物质与非自身物质，只有非自身物质进入机体内才能具有免疫原性。因此，异种动物之间的组织、细胞及蛋白质均是良好的抗原。通常动物之间的亲缘关系相距越远，生物种系差异越大，免疫原性越好，此类抗原称为异种抗原。同种动物不同个体的某些成分也具有一定的抗原性，如血型抗原、组织移植抗原，此类抗原称为同种异体抗原。动物自身组织细胞通常情况下不具有免疫原性，但在下列情况下可显示抗原性成为自身抗原：①组织蛋白的结构发生改变，如机体组织遭受烧伤、感染及电离辐射等作用，使原有的结构发生改变而具有抗原性；②机体的免疫识别功能紊乱，将自身组织视为异物，可导致自身免疫病；③某些组织成分，如眼球晶状体蛋白、精子蛋白、甲状腺球蛋白等因外伤或感染而进入血液循环系统，机体视之为异物引起免疫反应。

2. 分子大小

抗原物质的免疫原性与其分子大小有直接关系。免疫原性良好的物质相对分子质量一般都在 10 000 以上，在一定条件下，相对分子质量越大，免疫原性越强。相对分子质量小于 5 000 的物质其免疫原性较弱。相对分子质量在 1 000 以下的物质为半抗原，没有免疫原性，但与大分子蛋白质载体结合后可获得免疫原性。因此，蛋白质分子大多是良好的抗原，例如，细菌、病毒、外毒素、异种动物的血清都是抗原性很强的物质。

3. 化学组成、分子结构与立体构象的复杂性

抗原物质除了要求具有一定的相对分子质量外，相同大小的分子如果化学组成、分子结构和空间构象不同，其免疫原性也有一定的差异。一般而言，分子结构和空间构象愈复杂的物质免疫原性愈强，譬如含芳香族氨基酸的蛋白质比含非芳香族氨基酸的蛋白质免疫原性强，将苯丙氨酸、酪氨酸等芳香族氨基酸连接到相对分子质量大(10 万以上)而免疫原性较弱的明胶(由直链氨基酸组成)肽链上，可使其免疫原性大大增强。如果用物理或化学的方法改变抗原的空间构象，其原有的免疫原性也随之改变或消失。

4. 物理状态

不同物理状态的抗原物质其免疫原性也有差异。颗粒性抗原的免疫原性通常比可溶性抗原强。可溶性抗原分子聚合后或吸附在颗粒表面可增强其免疫原性。例如将甲状腺球蛋白与聚丙烯酰胺凝胶颗粒结合后免疫家兔，可使其产生的 IgM 效价提高 20 倍。免疫原性弱的蛋白质如果吸附在氢氧化铝胶、脂质体等大分子颗粒上，可增强其抗原性。此外，蛋白质抗原被消化酶分解为小分子物质后，一般便失去抗原性。所以抗原物质通常要通过非消化道途径以完整分子状态进入体内，才能保持抗原性。

2.1.3.3 抗原决定簇

抗原的分子结构十分复杂，但抗原分子的活性和特异性并不是决定于整个抗原分子，决定其免疫活性的只是其中的一小部分抗原区域。抗原分子表面具有特殊立体构型和免疫活性的化学基团称为抗原决定簇（antigenic determinants）或抗原决定基，由于抗原决定簇通常位于抗原分子表面，因而又称为抗原表位。抗原决定簇决定抗原的特异性，即决定抗原与抗体发生特异性结合的能力。决定簇化学基团的种类、构象、连接顺序不同，其特异性也不同。一个抗原分子只有一个决定簇的称单价抗原，含有多个决定簇的称多价抗原。在抗原分子表面的决定簇才能刺激机体产生特异性抗体，才能与抗体发生特异性反应，这些决定簇称功能价，而隐蔽在抗原内部的决定簇称非功能价。天然的抗原是复杂的，抗原价与相对分子质量有关，据认为相对分子质量 5 000 大约会有一个决定簇，例如牛血清白蛋白（BSA）相对分子质量69 000，约有 18 个决定簇。

2.1.3.4 半抗原-载体现象

小分子的半抗原不具有免疫原性，不能诱导机体产生免疫应答，但当与大分子物质（载体）连接后，就能诱导机体产生免疫应答，并能与相应的抗体结合，这种现象称为半抗原-载体现象。半抗原与载体结合后首次免疫动物，可测得半抗原的抗体（初次免疫反应），但当二次免疫时，半抗原连接的载体只有与首次免疫所用的载体相同时，才会有再次反应，这种现象称为载体效应（carrier effect）。例如用半抗原二硝基苯（DNP）与载体卵白蛋白（OVA）结合免疫动物，可引起对 DNP 和 OVA 的初次应答，产生抗 DNP 和 OVA 抗体。用同一半抗原载体进行再次免疫时，则引起机体对 DNP 和 OVA 抗原的再次应答，反应强烈。但是，如果用 DNP 和另一载体牛 γ 球蛋白（BGG）结合进行第二次免疫，则只引起初次应答，抗 DNP 抗体滴度很低。只有用原来的 DNP-OVA 复合物时才能引起再次应答。这说明尽管抗原特异性没有改变，但载体的改变会影响抗 DNP 抗体的产生，表明载体并不单纯是增加半抗原分子大小使其获得免疫原性，而且在再次应答的免疫记忆中起着重要作用，也可以说再次应答与回忆应答是由载体决定的。用 OVA 作初次免疫，再注射 OVA-DNP，动物可产生对半抗原和载体的再次应答，如果用 DNP 初次免疫则不能诱导抗 DNP 抗体的再次应答，这进一步证明机体对半抗原-载体的再次应答依赖于载体。

在本质上，任何一个完全抗原均可看成是半抗原与载体的复合物。在免疫应答中，T 细胞识别载体，B 细胞识别半抗原，因此，载体在细胞免疫应答中起主要作用，而体液免疫应答时，也必须首先通过 T 细胞对载体的识别，从而促进 B 细胞对半抗原的反应。

2.1.4 免疫球蛋白与抗体

2.1.4.1 免疫球蛋白与抗体的概念

1. 免疫球蛋白

免疫球蛋白（immunoglobulin, Ig）是指存在于人和动物血液（血清）、组织液及其他外分泌液中的一类具有相似结构的球蛋白。过去曾称为 γ 球蛋白，在 1968 年和 1972 年两次国际会议上决定以 Ig 表示。依据化学结构和抗原性差异，免疫球蛋白可分为 IgG、IgM、IgA、IgE 和 IgD。

2. 抗体

动物机体受到抗原物质刺激后，由 B 淋巴细胞转化为浆细胞产生的，能与相应抗原发生特异性结合反应的免疫球蛋白称为抗体(antibody, Ab)。抗体的化学本质是免疫球蛋白，但抗体是抗原对立面，所以抗体有针对性。而免疫球蛋白是化学结构，少数免疫球蛋白无抗体活性(如木瓜蛋白)。抗体是机体对抗原物质产生免疫应答的重要产物，具有各种免疫功能，主要存在于动物的血液(血清)、淋巴液、组织液及其他外分泌液中，因此将抗体介导的免疫称为体液免疫(humoral immunity)。有的抗体可与细胞结合，如 IgG 可与 T 淋巴细胞、B 淋巴细胞、K 细胞、巨噬细胞等结合，IgE 可与肥大细胞和嗜碱性粒细胞结合，这类抗体称为亲细胞性抗体。此外，在成熟的 B 细胞表面具有抗原受体，其本质也是免疫球蛋白，称为膜表面免疫球蛋白(membrane surface immunoglobulin, SmIg)。

2.1.4.2 免疫球蛋白的基本结构

阐明免疫球蛋白分子的结构和功能是现代免疫学的一大突破，在 1959—1963 年 Porter 和 Edelman 采用酶及还原剂消化和分离技术，弄清了免疫球蛋白的基本结构，从而提出免疫球蛋白的结构模型。IgG、IgE、血清型 IgA、IgD 均是以单体分子形式存在的，IgM 是以五个单体分子构成的五聚体，分泌型的 IgA 是以两个单体构成的二聚体。

各种免疫球蛋白的单体，不论来自人或各种动物均相同，均由两条相同的重链(heavy chain, H 链)和两条相同的轻链(light chain, L 链)组成。每条重链由 420～446 个氨基酸残基组成，有时长达 576 个氨基酸残基，每条重链相对分子质量为 50 000～77 000。每条轻链由 212～217 个氨基酸残基组成，有时达 230 个氨基酸，每条轻链相对分子质量为 22 500。重链肽链间由一对以上二硫键(—S—S—)互相连接，二硫键来自含硫氨基酸。每条重链从氨基端(N 端)开始最初 110 个氨基酸(约占整个重链的 1/4)，轻链从 N 端开始约 109 个氨基酸(约占整个轻链的 1/2)的顺序排列以及结构随抗体的特异性不同有所变化，称为可变区，其余的氨基酸(重链的 3/4 和轻链的 1/2)都比较稳定，称为恒定区(constant region, C 区)。在重链 VH 内部有四个氨基酸最易发生变化，称高变区，其氨基酸残基位置分别为 31～37、51～58、84～91、101～110。而轻链的高变区有三个，其位置是 26～32、50～55、89～97。其余氨基酸变化较小，称为骨架区。

免疫球蛋白(Ig)的重链有 γ、μ、α、ε、δ 五种类型，由此决定了免疫球蛋白的类型，IgG、IgM、IgA、IgE 和 IgD 分别具有上述的重链。因此，同一种动物，不同免疫球蛋白的差别是由重链所决定的。免疫球蛋白的轻链根据其结构和抗原性的不同可分为 κ 型和 λ 型，各类免疫球蛋白的轻链都是相同的，而各类免疫球蛋白都有 κ 型和 λ 型两型轻链分子。

免疫球蛋白还具有一些特殊分子结构，如连接链、分泌成分、糖类等为个别免疫球蛋白所具有。

2.1.4.3 免疫球蛋白的功能

IgG 是人和动物血清中含量最高的免疫球蛋白，占血清免疫球蛋白总量的 75%～80%。IgG 是介导体液免疫的主要抗体，多以单体形式存在，沉降系数为 7S，相对分子质量为

160 000～180 000。IgG 主要由脾脏和淋巴结中的浆细胞产生，大部分存在于血浆中，其余存在于组织液和淋巴液中。IgG 是唯一可通过人（和兔）胎盘的抗体，因此在新生儿的抗感染中起着十分重要的作用。IgG 是动物自然感染和人工主动免疫后机体所产生的主要抗体，在动物体内不仅含量高，而且持续时间长，可发挥抗菌、抗病毒、抗毒素以及抗肿瘤等免疫学活性，能调理、凝集和沉淀抗原，但只在有足够分子存在并以正确构型积聚在抗原表面时才能结合补体。

IgM 是动物机体初次体液免疫应答最早产生的免疫球蛋白，其含量仅占血清免疫球蛋白的 10%左右，主要由脾脏和淋巴结中 B 细胞产生，分布于血液中。IgM 是由五个单体组成的五聚体，单体之间由 J 链连接，相对分子质量为 900 000 左右，是所有免疫球蛋白中相对分子质量最大的，又称为巨球蛋白（macroglobulin），沉降系数为 19S。IgM 在体内产生最早，但持续时间短，因此不是机体抗感染免疫的主力，但在抗感染免疫的早期起着十分重要的作用，也可通过检测 IgM 抗体进行疫病的血清学早期诊断。IgM 具有抗菌、抗病毒、中和毒素等免疫活性，由于其分子上含有多个抗原结合部位，所以它是一种高效能的抗体，其杀菌、溶菌、溶血、调理及凝集作用均比 IgG 高。IgM 也具有抗肿瘤作用。

IgA 以单体和二聚体两种分子形式存在。单体存在于血清中，称为血清型 IgA，约占血清免疫球蛋白的 10%～20%；二聚体为分泌型 IgA，是由呼吸道、消化道、泌尿生殖道等部位的黏膜固有层中的浆细胞所产生的，两个单体由一条 J 链连接在一起，在其分子上还结合有一条由黏膜上皮细胞分泌的分泌成分，因此分泌型的 IgA 主要存在于呼吸道、消化道、泌尿生殖道的外分泌液以及初乳、唾液、泪液中，此外在脑脊液、羊水、腹水、胸膜液中也含有 IgA。分泌型 IgA 对机体呼吸道、消化道等局部黏膜免疫起着相当重要的作用，是机体黏膜免疫的一道“屏障”，可抵御经黏膜感染的病原微生物。在传染病的预防接种中，经滴鼻、点眼、饮水及喷雾途径免疫，均可产生分泌型 IgA 而建立相应的黏膜免疫力。

IgD 以单体形式存在，在血清中的含量极低，成人血清中含量为 0.03 mg/mL。已证实猪和一些实验动物有分泌型 IgD 存在，而且极不稳定，容易降解。IgD 主要作为成熟 B 细胞膜上的抗原特异性受体，是 B 细胞的主要表面标志，而且与免疫记忆有关。

IgE 以单体形式存在，在血液中含量最低，但能介导 Ⅰ 型（速发型）超敏反应。IgE 有独特的 Fc 片段，能与具有该受体的肥大细胞和嗜碱性粒细胞等结合，使机体呈致敏状态。当其再与相应抗原结合触发细胞脱颗粒，释放多种生物活性物质（如组胺、5-羟色胺、白三烯等），使血管扩张、腺体分泌增加和平滑肌痉挛，引起炎症和一系列过敏反应。IgE 在抗寄生虫（如蠕虫）感染中，是一种重要的体液免疫应答因素。

2.1.4.4 猪免疫球蛋白的特点

目前的研究表明，所有哺乳动物都有 IgG、IgM、IgA 和 IgD，也可能都有 IgE，不同动物免疫球蛋白每个类型的基本特征都是一致的，差异在于各种动物免疫球蛋白的亚类、亚型和独特型数量及其在血清中的含量。猪 IgG 目前已发现至少 5 个亚类：IgG1、IgG2a、IgG2b、IgG3、IgG4，但具体数目没有统一标准定论。氨基酸序列分析显示，IgG2a 与 IgG2b 之间仅有 3 个氨基酸的差异。采用现代分子生物学 DNA 测序技术分析表明，猪可能具有 8～12 个 Cγ 基因，提示猪 IgG 可能还有更多的亚类，有待进一步深入研究。猪 IgG、IgM、IgA 约分别占血清免疫球蛋白总量的 85%、12%、3%，IgG 是血清中的主要免疫球蛋白，猪亦有 IgE，但其含量较低。

2.1.5 免疫应答

2.1.5.1 免疫应答的概念

免疫应答(immune response)是指动物机体免疫系统受到抗原物质刺激后,免疫细胞对抗原分子进行识别并产生一系列复杂的免疫连锁反应和表现出一定的生物学效应的过程。这一过程包括抗原提呈细胞(巨噬细胞等)对抗原的处理、加工和提呈,抗原特异性淋巴细胞即T、B淋巴细胞对抗原的识别、活化、增殖、分化,最后产生免疫效应分子抗体与细胞因子以及免疫效应细胞——细胞毒性T淋巴细胞(CTL)和迟发型变态反应性T细胞(TD),并最终对抗原物质和再次进入机体的抗原物质产生清除效应。这里描述的免疫应答是指特异性的免疫应答,而广义的免疫应答还包括非特异性免疫应答因素,如炎症与吞噬反应、补体系统等。

参与机体免疫应答的核心细胞是T、B淋巴细胞,巨噬细胞等是免疫应答的辅佐细胞,也是免疫应答所不可缺少的。免疫应答的表现形式为体液免疫和细胞免疫,分别由B、T淋巴细胞介导。免疫应答具有三大特点:一是特异性,即只针对某种特异性抗原物质;二是具有一定的免疫期,这与抗原的性质、刺激强度、免疫次数和机体反应性有关,从数月至数年,甚至终身;三是具有免疫记忆。通过免疫应答,动物机体可建立对抗原物质(如病原微生物)的特异性抵抗力,即免疫力,这是后天获得的,因此又称获得性免疫。

2.1.5.2 免疫应答的基本过程

免疫应答是一个十分复杂的生物学过程,除了由单核-巨噬细胞系统和淋巴细胞系统协同完成外,在这个过程中还有很多细胞因子发挥辅助效应。这一过程可人为地划分为致敏阶段、反应阶段、效应阶段。致敏阶段(sensitization stage)又称感应阶段,是抗原物质进入体内,抗原提呈细胞(APC)对其识别、捕获、加工处理和提呈以及抗原特异性淋巴细胞(T、B淋巴细胞)对抗原的识别阶段。反应阶段(reaction stage)又称增殖与分化阶段,此阶段是抗原特异性淋巴细胞识别抗原后活化,进行增殖与分化,以及产生效应性淋巴细胞和效应分子的过程。T淋巴细胞增殖分化为淋巴母细胞,最终成为效应性淋巴细胞,并产生多种细胞因子;B细胞增殖分化为浆细胞,合成并分泌抗体。一部分T、B淋巴细胞在分化的过程中变为记忆性细胞(T_m和B_m)。这个阶段有多种细胞间的协作和多种细胞因子的参加。效应阶段(effect stage)是由活化的效应性细胞与迟发型变态反应性T细胞(TD)和效应分子抗体与细胞因子发挥细胞免疫效应和体液免疫效应的过程,这些效应细胞和效应分子共同作用、清除抗原物质。

2.1.5.3 细胞免疫

狭义的细胞免疫(cell-mediated immunity, CMI)是指特异性的细胞免疫,也就是机体通过上述致敏阶段、反应阶段,T细胞分化成效应性淋巴细胞并产生细胞因子,从而发挥免疫效应。广义的细胞免疫还包括吞噬细胞的吞噬作用,K细胞、NK细胞等介导的细胞毒作用。机体的细胞免疫效应是由细胞毒性T细胞(CTL)和TD细胞以及细胞因子体现的,主要表现为抗感染作用、抗肿瘤效应,此外细胞免疫也可引起机体的免疫损伤。

细胞毒性 T 细胞(CTL)为 CD8＋T 细胞亚群，在动物机体内是以非活化的前体形式存在的。其表面的抗原受体(TCR)识别由 APC 细胞(病毒感染细胞、肿瘤细胞、胞内菌感染细胞等靶细胞)提呈而来的内源性抗原，与抗原肽特异性结合，并经活化的辅助性 T 细胞(TH 细胞)产生的 IL-2、IL-4、IL-5、IL-6、IL-9 等作用，前体的 CTL 细胞活化、增殖并分化为具有杀伤能力的效应性 CTL。CTL 与靶细胞的相互作用受到 MHC Ⅰ类分子的限制，即 CTL 细胞在识别靶细胞抗原的同时，要识别靶细胞上的 MHC Ⅰ类分子。它只能杀伤携带有与自身相同的 MHC Ⅰ类分子的靶细胞。

迟发型变态反应性 T 细胞(TD 细胞)属于 CD4＋T 细胞亚群，在体内也是以非活化前体形式存在，其表面抗原受体与靶细胞的抗原特异性结合，并在活化的辅助性 T 细胞(TH 细胞)释放的 IL-2、IL-4、IL-5、IL-6、IL-9 等作用下活化、增殖、分化成具有免疫效应的 TD 细胞。其免疫效应是通过其释放多种可溶性的淋巴因子而发挥作用的，主要引起以局部的单核细胞浸润为主的炎症反应，即迟发型变态反应。

2.1.5.4 体液免疫

由 B 细胞介导的免疫应答称为体液免疫(humoral immunity)，而体液免疫效应是由 B 细胞通过对抗原的识别、活化、增殖，最后分化成浆细胞并分泌抗体来实现的，因此抗体是介导体液免疫效应的免疫分子。抗体的产生分为初次应答、再次应答和回忆应答。

1. 初次应答

动物机体初次接触抗原，也就是某种抗原首次进入体内引起的抗体产生过程称为初次应答(primary response)。抗原首次进入体内后，B 细胞克隆被选择性活化，随之进行增殖分化，大约经过 10 次分裂，形成一群浆细胞克隆，导致特异性抗体的产生。初次应答有以下几个特点：

(1)具有潜伏期。机体初次接触抗原后，在一定时期内体内查不到抗体或抗体产生很少，这一时期称为潜伏期，又称为诱导期。潜伏期的长短视抗原的种类而异，如细菌抗原一般经 5～7 d 血液中才出现抗体，病毒抗原为 3～4 d，而毒素则需 2～3 周才出现抗体。潜伏期之后为抗体的对数上升期，抗体含量直线上升，然后为高峰持续期，抗体产生和排出相对平衡，最后为下降期。

(2)初次应答最早产生的抗体为 IgM，可在几天内达到高峰，然后开始下降；接着才产生 IgG，即 IgG 抗体产生的潜伏期比 IgM 长。如果抗原剂量少，可能仅产生 IgM。IgA 产生最迟，常在 IgG 产生后 2 周甚至更久才能在血液中检出，而且含量少。

(3)初次应答产生的抗体总量较低，维持时间也较短。其中 IgM 的维持时间最短，IgG 可在较长时间内维持较高水平，其含量也比 IgM 高。

2. 再次应答

动物机体第二次接触相同的抗原时体内的抗体产生过程称为再次应答(secondary response)。再次应答有以下几个特点：

(1)潜伏期显著缩短。机体再次接触与第一次相同的抗原时，起初原有抗体水平略有降低，接着抗体水平很快上升(2～3 d)。

(2)抗体含量高，而且维持时间长。再次应答可产生高水平的抗体，可比初次应答多几倍到几十倍，而且维持很长时间。

(3)再次应答产生的抗体大部分为 IgG,而 IgM 很少,再次应答间隔的时间越长,产生的 IgM 越少。

3. 回忆应答

抗原刺激机体产生的抗体经一定时间后,在体内逐渐消失,此时若机体再次接触相同的抗原物质,可使已消失的抗体快速回升,这称为抗体的回忆应答(anamnestic response)。再次应答和回忆应答取决于体内记忆性 T 细胞和 B 细胞的存在,记忆性 T 细胞保留了对抗原分子载体决定簇的记忆,在再次应答中,记忆性 T 细胞可被诱导很快增殖分化成 TH 细胞,对 B 细胞的增殖和产生抗体起辅助作用;记忆性 B 细胞为长寿的,可以再循环,具有对抗原分子半抗原决定簇的记忆,可分为 IgG 记忆细胞、IgM 记忆细胞、IgA 记忆细胞等。机体与抗原再次接触时,各类抗体的记忆细胞均可被活化,然后增殖分化成产生 IgG、IgM 的浆细胞。其中 IgM 记忆细胞寿命较短,所以再次应答的间隔时间越长,机体越倾向于只产生 IgG,而不产生 IgM。

另外,抗原物质经消化道和呼吸道等黏膜途径进入机体,可诱导产生分泌型 IgA,在黏膜发挥免疫效应。

2.1.6 非特异性免疫

非特异性免疫(nonspecific immunity)是动物与生俱来的并通过遗传而获得的一种免疫功能,它是生物机体在长期种系发育与进化过程中不断与环境中各种微生物斗争而逐渐形成的一套自我保护防御机制。这种免疫功能与生物机体的组织结构、生理机能密切相关。非特异性免疫与特异性免疫既有联系又有区别。非特异性免疫是机体对所有的病原微生物都有的一种抵抗力,没有特殊性选择,但非特异性免疫又是机体进行特异性免疫应答的基础。非特异性免疫应答过程,主要由动物机体的物理屏障结构、吞噬细胞吞噬功能、正常组织和体液中的抗菌物质和炎症反应特性所组成。

机体物理屏障主要包括皮肤与黏膜、血-脑屏障、血-胎屏障。参与机体非特异性免疫的细胞主要有单核-巨噬细胞系统、中性粒细胞、自然杀伤细胞、嗜酸性粒细胞、嗜碱性粒细胞、扁平细胞(M 细胞)等。正常组织和体液中的抗菌物质主要有补体、干扰素、溶菌酶、乙型溶素、天然抗体以及各种抗菌肽等。炎症反应是一种病理过程,也是一种防御和消灭外来异物的积极方式,它是动物机体对病原微生物非特异性免疫应答的一种表现形式。机体通过炎症过程能够减缓抑或阻止病原微生物经组织间隙向机体其他部位进一步扩散,与此同时还能够招来各种吞噬细胞,并为这些吞噬细胞的功能发挥提供良好的环境条件,又能够聚集巨量体液防御因素。

2.2 动物免疫应激模型的建立

畜牧生产者很早就发现,母猪产仔前后,仔猪断奶时,饲养条件较差时,猪只生病时,反复多次免疫接种的猪场,均会出现采食量降低、饲料利用率下降和生长迟缓等现象,但对这种现象的内在机制并不清楚。直到最近 10 年来,人们对畜禽生长与饲养环境或疾病之间密切的内在联系才逐渐有所认识。研究发现这种现象大多是由免疫应激所造成的,免疫应激给畜牧业造成很大的经济损失，因此研究免疫应激具有重要意义。

2.2.1 免疫应激的概念

免疫应激最早是由 Johnstone 等 1997 年提出的，是指在饲养环境较差的情况下，畜禽机体频繁受到外界微生物的攻击，使免疫系统不断被激活，产生免疫应答反应以抵抗微生物入侵，同时引起机体一系列行为和代谢上的改变，行为上的改变包括食欲不振、精神萎靡和嗜睡等，代谢上的改变包括用于维持生长的需要转化为用于维持免疫应激反应的需要，以至于造成畜禽生长发育受阻，即动物处于“免疫应激”(immunological stress)。广义的免疫应激又称为“免疫系统激活”(immune system activation)，还包括亚健康状态下动物受到的各种病原侵袭，甚至是病原体感染、创伤和内部肿瘤等引起的免疫应激。在营养免疫学中，免疫应激被认为是动物达到最佳生产成绩和饲料利用率的主要障碍之一。

免疫应激分为慢性免疫应激、细菌感染性免疫应激、急性免疫应激三种。慢性免疫应激原包括饲养环境中空气质量不良、温度不适、湿度过大、低剂量病原体感染、频繁疫苗注射；细菌性免疫应激包括超负荷病原体感染导致的疾病过程；急性免疫应激包括内毒素及过敏导致的强烈应激反应。在实际猪场环境中，普遍存在的是慢性免疫应激。

2.2.2 免疫应激的标识

在动物营养与免疫学研究中，评价免疫应激水平是个重要的问题。鉴于哺乳动物免疫系统的复杂性，单一的免疫指标只能反映免疫过程的某一方面，具有很大的局限性；同时，由于观察指标的种类有限，使得可捕捉、获得的信息很少，特别是难以完整地获得不同代谢途径相关的信息，影响对营养素功能全面客观的认识，存在较大的局限性。因此，目前还没有一种指标能够全面反映机体的免疫功能。其次，免疫应激并非直接影响代谢。机体内存在“神经-内分泌-免疫”网络，机体借助这个网络的相互作用来维持内环境的相对稳定，并对外界各因素做出反应，免疫应激对代谢和营养需要量的影响是通过这个网络的最终作用结果。第三，由于免疫应激模型的建立方法存在差异，衡量免疫应激的指标自然会存在不同。因此，衡量免疫应激程度，应依据使用免疫应激模型的特点，采用多指标联合监测的方法。在以猪为试验动物的免疫应激模型建立中，常用的检测指标可以分为下几大类。

2.2.2.1 行为学指标

通常发生免疫应激时，从行为学上首先表现为饮食与精神状态的改变，如食欲下降、精神不振和嗜睡等。急性免疫应激易出现猪群高度紧张、烦躁、恐惧等行为学上的改变。部分猪只还会出现排尿减少。

对于特定的免疫应激，还可以观察特有的行为学指标，比如接种活的病原微生物腹泻性大肠杆菌、猪轮状病毒等，腹泻率可以作为重要的判定免疫应激的指标之一。

2.2.2.2 生长性能指标

对于猪群来说，最关心的就是其生长性能表现，考察指标主要有采食量、日增重、料重比。

研究发现，当发生免疫应激时，通常会显著降低采食量与日增重，但是料重比的影响结果报道并不一致。对于泌乳母猪来说，产奶量也是反映免疫应激的指标之一。

2.2.2.3 神经内分泌相关指标

关于免疫应激对动物免疫系统的作用机制，普遍认为是由糖皮质激素(GC)介导的。当动物处于免疫应激状态时，机体主要通过下丘脑-垂体-肾上腺轴(HPA)参与调节应激反应，HPA系统处于应激反应的中心，促肾上腺皮质激素释放激素(CRH)分泌增强，引起垂体前叶促肾上腺皮质激素(ACTH)的合成和分泌增强(Williams,1997a)。ACTH的主要作用是促进肾上腺皮质合成糖皮质激素，糖皮质激素与T淋巴细胞表面肾上腺糖皮质激素受体配基结合，介导并激活淋巴细胞核内一种钙镁离子依赖性核酸内切酶，该酶可迅速而广泛地降解DNA，引起T淋巴细胞大量减少，而使细胞免疫功能受到抑制(Williams,1997b)。GC是HPA轴的最终产物，具有促进糖原异生、抗炎及免疫保护等作用，当雏鸡处于免疫应激状态时，皮质酮含量增高，而血浆皮质酮水平越高，免疫抑制越明显(Burkey等，2004)。

因此，与此系统相关的重要活性物质均可以反映机体免疫应激水平。常用的考察指标有皮质酮、皮质醇、促肾上腺皮质激素释放激素(CRH)、前列腺素E2 (PGE2)等。皮质酮和皮质醇在操纵免疫细胞和炎症方面具有特别重要的功效，是负反馈调节免疫反应的重要成分，可防止免疫反应过强造成对机体的损害。免疫应激能刺激花生四烯酸代谢产生PGE2，而PGE2可充当信使的作用，通过扩散作用穿过血脑屏障进入中枢神经系统发挥作用。

2.2.2.4 免疫学相关指标

免疫应激下，主要通过激活免疫系统而造成一系列机体损害。因此，免疫相关的许多指标都可以反映应激程度。科研试验中，依据免疫应激模型建立方法以及研究目的，选取合理的免疫学相关指标进行检测。依据特异性区分，免疫学相关指标可以大致分为两大类，即特异性指标与非特异性指标。依据组织结构，免疫学相关指标可以分为三大类，即免疫器官、免疫细胞、免疫相关分子。

免疫器官通常采用器官指数进行考察。免疫器官主要包括脾脏、胸腺、扁桃体等。器官指数＝器官重量(g)/猪活体重量(kg)。

免疫细胞可以划分为三大类。第一类是抗原特异性细胞，主要是T淋巴细胞群和B淋巴细胞群；第二类是在免疫应答过程中提呈抗原、促进淋巴细胞活性的单核-巨噬细胞系统；第三类是以其他方式参与免疫应答以及与免疫应答有关的细胞，比如树突状细胞、红细胞以及粒细胞系统等。

免疫相关分子包括免疫球蛋白、补体及细胞因子等。免疫球蛋白(如IgG、IgM、IgA)在免疫应激时，其合成与分泌必然受到影响，与机体正常状态下有差异，因此是常用的检测指标。特异性的抗体是特定免疫应激模型检测的重要指标之一，当用活的微生物接种建立模型时一般都检测相应特异性抗体。补体并不是一种单一物质，而是一组具有酶原活性的血清球蛋白，由多种成分组成。补体是正常人和动物血清中含有的非特异性杀菌物质。可以检测血清中补体，也可以检测相关组织中补体基因的表达。

免疫应激引起机体的代谢变化主要是由细胞因子介导。当动物发生免疫应激时，免疫系统受到抑制或过度激活，都会影响细胞因子的释放，从而调控机体代谢变化。主要细胞因子包括促炎因子(IL-1、IL-6、TNF-α)和抗炎因子(IL-10)等。IL-1 主要由巨噬细胞和上皮细胞产生，具有活化血管内皮、组织损伤、发热、淋巴细胞活化和诱导急性期蛋白合成等活性;IL-6 主要由活化的 T 细胞和巨噬细胞产生，具有诱导 B 细胞分化、促进浆细胞分泌 Ig 的生物活性;TNF-α 主要由巨噬细胞产生，其主要生物活性为直接杀伤肿瘤细胞，亦可促进 B 细胞的增生;IL-10 主要由 TH2 细胞产生,属于细胞因子合成抑制因子,能有效地抑制 TH1 细胞和 B 细胞合成细胞因子。细胞因子既可检测血清含量,也可检测相关组织中基因的表达丰度。

另外,免疫相关蛋白主要组织相容性复合物Ⅱ(MHC Ⅱ)、Toll 样受体(TLRs)等也可反映应激水平。

2.2.2.5 血液生化指标

机体血液中含有许多不同的物质,包括各种离子、糖类、脂类、蛋白质以及各种酶、激素和机体的多种代谢产物,这些物质可作为检测指标,称为血液生化指标。发生免疫应激时,由于动物机体免疫系统被激活,细胞分泌特殊的物质调节机体内环境平衡,检测血液中部分物质发生的量的变化,可以作为衡量免疫应激的参考指标。血清白蛋白、球蛋白和总蛋白含量降低通常是动物发生应激反应的标志。正常情况下细胞内酶(如谷丙转氨酶、谷草转氨酶和碱性磷酸酶)由于细胞膜的屏障作用不易逸出,仅由细胞的不断更新破坏而有少量进入血液,在血清中的活性很低。只有当细胞因各种因素(如免疫应激)受到损伤时,细胞膜的通透性升高,才会使其释放入血液的速度增高,血清酶活性显著升高,因此血液谷丙转氨酶、谷草转氨酶和碱性磷酸酶等活性升高通常也是应激反应的一个标志。

试验经常检测的血液生化指标有:谷丙转氨酶(GPT)、谷草转氨酶(GOT)、总蛋白(TP)、白蛋白(ALB)、球蛋白(GLOB)、碱性磷酸酶(ALP)、γ-谷氨酰转移酶(GGT)、总胆红素(TBIL)、直接胆红素(DBIt)、肌酐(Crea)、尿酸(Ua)、尿素氮(BUN)、血糖(GLU)、甘油三酯(TG)、胆固醇(GHO)、血清镁(Mg)、血清钾(K)、血清钠(Na)、血清氯(Cl)、血清钙(Ca)、血清磷(P)、血清铁(Fe)、血清氨(NH_3)、二氧化碳(CO_2)、二氧化碳结合力(CO_2Cp)、一氧化碳(CO)、α-羟丁酸脱氨酶(HBDH)、肌酸磷酸激酶(CPK)、乳酸脱氢酶(LDH)、肌酸磷酸激酶同工酶(CPK-MB)、血清白/球蛋白(A/G)、高密度脂蛋白(HDL)、低密度脂蛋白(LDL)、极低密度脂蛋白(VLDL)、铁蛋白(SF)、纤维蛋白原(FDG)、血肌酐(S. C. R)、血糖(GLU)、血淀粉酶(AMLY)、抗链 O(ASO)、癌胚抗原(CEA)、急性期反应蛋白(CRP)、热休克蛋白(HSP)等。

2.2.3 免疫应激模型

免疫应激包含着复杂的生理反应,涉及到免疫、神经和内分泌等系统。准确模拟其生理过程对进一步研究免疫应激猪的生长和营养需要具有重要意义。猪场病原性或非病原性微生物、疫苗和异源蛋白等都是刺激猪免疫系统的物质,因此猪的免疫应激原非常广泛。根据免疫应激原的特点,人工诱导免疫应激模型可分为以下几类。

2.2.3.1 根据不同卫生管理措施建立免疫应激模型

对照组对养殖舍进行严格消毒,减少畜禽与饲养环境中病原体的接触;免疫应激组则对畜舍不消毒,借助圈舍中存在的病原或非病原微生物,使动物自然发生免疫应激。此种免疫应激模型的优点在于真实反映了实际生产中的免疫应激现状(慢性免疫应激)。

Bassaganya 等(2001)为了评估共轭亚油酸对免疫应激保育猪生长性能、酮体组成及免疫感受性的影响,将保育猪饲养在干净和恶劣的环境中建立免疫应激模型,结果显示恶劣环境的试验组保育猪生长性能极显著差于对照组,胴体组成亦有差异。

此种免疫应激模型存在稳定性差、难以控制和无敏感的衡量指标等缺点,目前在试验研究中运用受限制。

2.2.3.2 根据不同饲养管理制度建立免疫应激模型

饲养管理制度的差异可导致猪免疫状态的差异。比如,对照组仔猪采取“早期隔离断奶”和“全进全出”的饲养方式,阻止与圈舍外环境接触,减少仔猪与病原体接触机会;免疫应激组仔猪则采用传统的饲养方式,使仔猪与病原体密切接触。此种免疫应激模型与根据不同卫生管理措施建立免疫应激模型一样,亦真实反映了实际生产中的免疫应激现状(慢性免疫应激)。

Williams 等(1997a、b)为了研究免疫应激对猪氮保留、赖氨酸利用效率及赖氨酸需求的影响,利用该种方式让试验组猪群频繁暴露在具有病原体环境中建立起慢性免疫应激模式,结果显示免疫应激对上述指标影响显著。

同样,此种免疫应激模型存在稳定性差、难以控制和无敏感的衡量指标等缺点,目前在试验研究中较少运用。

2.2.3.3 接种活的病原微生物建立免疫应激模型

采用活的病原微生物接种猪只,如口服肠致泻性大肠杆菌(EPEC)、肌肉注射猪繁殖与呼吸障碍综合征病毒(PRRSV),均能够很好刺激猪群获得良好的免疫应激效果。早期研究中,实验人员采用强毒株接种动物建立模型,试验场操作中存在一定的风险(如病原体在猪场的扩散及区域性的扩散),同时也受到不断完善的生物安全法规约束(如对于严格管制的烈性病原微生物,是不允许接种散播的),因此在试验研究中愈来愈受到限制。可贵的是,该模型在真实地反映实际生产中的免疫应激(尤其是病原微生物感染性免疫应激)和稳定性方面存在较大优势,接种较高剂量疫苗弱毒株是常采用的方法。

齐莎日娜(2010)对 21 日龄断奶、体重 6.5～7 kg 仔猪采用猪霍乱沙门氏菌(S. C500)成功建立感染应激模型,接种剂量为 4 mL(菌量 1.2×10^{10} cfu ,4 头份),显著降低仔猪生长性能,提高了应激后 1、3、7 d 血清尿素氮水平;接种 S. C500 增加血清 IgA(应激后 3、10 d)、IgG(应激后 1、3、10 d)和 IgM(应激后 1、7、10 d)含量;接种 S. C500 提高了血清 IL-1β(应激后 1、7、10 d)、TNF-α(应激后 1、3、7、10 d)和皮质醇(应激后 1、3、10 d)浓度。Burkey 等(2004)给仔猪经口灌服 1.33×10^{9} cfu 的沙门氏菌(*Salmonella typhimurium*),也发现其采食量持续下降直至口服后 120 h,在口服后 48 h,采食量降到最低,日增重在口服后第 1 和 2 周均降低。

采用圆环病毒(PCV)感染建立免疫应激模型也是常用方法,但不同日龄不同体重猪接种剂量相差较大。陈宏(2008)应用圆环病毒 2 型(PCV-2)感染建立了免疫应激模型,选取 28 日龄断奶、体重(6.8±0.804) kg 的杜洛克×长白×大约克夏(杜×长×大,DLY)三元杂交仔猪,经鼻接种剂量为 1 mL(病毒量 $10^{5\sim6}$ $TCID_{50}$)。试验结果显示,攻毒仔猪采食量降低、生产性能较差,血清免疫球蛋白浓度降低,免疫球蛋白的应答浓度峰值延迟,血清干扰素(IFN)-γ浓度显著降低。高庆(2009)建立 PCV-2 感染免疫应激模型,选取(35±1)日龄、体重相近的

DLY 三元杂交去势断奶仔猪，经鼻接种剂量为 2 mL(病毒量 10^7 $TCID_{50}$)。试验结果显示，攻毒组的仔猪随即出现了厌食、被毛粗乱、皮肤苍白和腹泻加剧等临床症状，PCV-2 攻毒有提高 8～21 d 腹泻指数的趋势，显著降低了仔猪 8～21、22～35 d 的平均日增重(ADG)，极显著地降低了仔猪 21、28、35 d 的平均体重，而 8～35 d 的采食量和饲料效率也显著下降。

廖波(2009)采用轮状病毒(RV)感染成功建立了免疫应激模型，针对 28 日龄、平均体重 7.35 kg 的 DLY 断奶仔猪，攻毒试验采用的病毒为人轮状病毒，口腔接种 1 mL(病毒量 1×10^6 $TCID_{50}$)病毒，显著降低了日增重和日采食量，提高了其料重比，攻毒处理仔猪血清 RV-Ab 在试验后 5 d 迅速升高到最大值，此后缓慢降低，但维持在比未攻毒处理高得多的水平，对照组仔猪血清 IL-2 呈稳定上升趋势，攻毒组仔猪血清 IL-2 在试验 5 d 后上升到最高水平后，迅速下降到一个很低的水平，未攻毒仔猪血清 IFN-γ 在试验期内呈稳定上升的趋势，而攻毒仔猪在试验 5 d 后上升到最高水平后，呈迅速下降的趋势。

陈金永(2010)利用猪繁殖与呼吸综合征病毒(PRRSV)感染也建立了免疫应激模型，试验针对 21 日龄断奶、体重3.5～4 kg 的荣昌仔猪与 21 日龄断奶、体重 6.5～7 kg 的 DLY 仔猪，处理组仔猪于 35 日龄按照 2 mL/头的剂量肌肉注射接种 PRRS 弱毒疫苗(ATCC VR-2332 株 PRRS 活疫苗，Ingelvac® PRRSV MLV)，结果显示，接种 PRRS 弱毒疫苗显著降低了两品种仔猪的日增重和日采食量，显著提高料重比，攻毒对 DLY 猪生产性能的影响强于荣昌猪，攻毒显著提高了猪血清中免疫球蛋白 IgA、IgG、IgM 的浓度以及细胞因子 IL-1α、IL-1β、IL-10 的浓度。

对于许多病原微生物来说，自然界中本身就存在强、弱毒株，弱毒株引起的免疫应激现象也比较常见，研究文献显示该替代方法效果可靠，故在试验研究中的运用日益广泛，成为研究免疫应激常用的模型。

2.2.3.4 注射细菌脂多糖建立免疫应激模型

在现代动物营养免疫学中，目前模拟免疫应激最经典且使用最普遍的模型是腹腔或静脉注射细菌脂多糖(LPS)(Bluthe，2000)。LPS 是存在于所有革兰氏阴性菌细胞壁外膜中的致病成分，又称菌体内毒素，是目前较有效的免疫刺激原，能够诱导畜禽产生急性细菌感染症状，如厌食、嗜睡和发热等。LPS 本身无毒性，但它作为非特异性免疫原，主要通过刺激巨噬细胞合成分泌释放炎性因子(IL-1、IL-6 及 TNF-α 等)，这些生物活性分子作为细胞间的信使，通过“神经-内分泌-免疫”网络，引起动物发生免疫应激，导致畜禽采食量下降及生产性能降低等。LPS 诱导免疫应激具有安全(不存在病原微生物扩散危险)、稳定性好、有敏感反应指标的优点，是其得到广泛应用的重要原因。

黎文彬(2009)采用(28±2)日龄、体重(7.6±0.3) kg 的梅山断奶仔猪，在试验的第 14、21 天肌肉注射 LPS 50 μg/kg BW，显著降低仔猪日增重和饲料转化效率，提高血清细胞因子(IL-1β、IL-6)浓度，降低血清类胰岛素生长因子(IGF)-Ⅰ浓度，降低了血清谷胱甘肽过氧化物酶(GPX)和超氧化物歧化酶(SOD)活性，而提高了丙二醛(MDA)含量，成功建立了 LPS 应激模型。孙国君(2009)选取 28 日龄断奶的杂交仔猪(DLY)，按 200 μg/kg BW 的剂量腹腔注射脂多糖(LPS)也成功建立了细菌脂多糖免疫应激模型。孙国君(2009)进一步以猪空肠上皮细胞 IPEC-J2 为材料，建立细菌脂多糖免疫应激模型。培养液中 LPS 工作浓度为 10 mg/L，试验结果显示，与无 LPS 刺激的对照组相比较，LPS 刺激可使 IL-8($p<0.01$)和 TNF-α($p<0.05$)的

mRNA 表达水平显著上调，TGF-β 的 mRNA 表达水平显著下调（$p<0.01$）。

目前对 LPS 是否是导致猪场免疫应激的根本原因还存在很大争议，但 LPS 确实激活了猪的免疫系统，这为深入了解免疫应激导致感染和炎症的生理机制提供了很好的模型。然而，LPS 模型也存在明显的不足之处。首先，在规模化猪场与小型散养户猪群实际环境中，普遍存在的是慢性免疫应激，而 LPS 诱导的是急性免疫应激，且应激反应持续的时间短（大约24 h，持续时间与 LPS 的剂量有关）。其次，猪只对多次的 LPS 刺激能产生免疫耐受性。再次，LPS 刺激与猪场中活细菌诱导的免疫反应有较大的差异性。因此，LPS 模型不能很好地模拟反映猪场在实际条件下的免疫应激，尽管其是最经典且使用最普遍的模型，但不一定是最为理想的模型。

2.2.3.5 混合模型

所谓混合模型，就是将上述四种建立免疫应激方法二者或二者以上进行配合使用，建立效果更为优越的猪免疫应激模型。根据青年猪与成年公母猪的生长特点，多采用混合模型强度应激诱发免疫应激。目前，多数研究人员使用注射细菌脂多糖联合活病原微生物感染的方法建立有效的免疫应激混合模型。

2.3 免疫应激与猪的生长和营养代谢

营养物质的代谢维持动物机体正常功能。当动物遭受免疫应激，免疫系统被激活后，机体通过提高抗体水平，加快淋巴细胞增殖和促进炎性细胞因子分泌等抵抗应激原对机体的损伤。同时，机体会产生一系列代谢变化，表现为将本用于生长和能量、物质沉积的营养物质转向为维持免疫系统高活性，抵抗应激反应。免疫应激过程中，细胞因子合成和分泌（如 TNF-α、IL-1 和 IL-6 等），一方面可直接作用于外周组织，使机体各组织器官的合成代谢减弱，分解代谢增强，抑制动物生长；另一方面，细胞因子可与中枢神经系统联系，改变动物的神经内分泌，间接地改变动物的机体代谢，从而降低动物生长速度。所以，不管是哪一种应激，动物机体均会通过“神经-内分泌-免疫”网络途径产生免疫应答，引起营养物质代谢和利用的改变。而免疫应激的强度和持续时间影响免疫应答的强度和持续时间，影响营养代谢改变的程度。

2.3.1 免疫应激与仔猪生长

仔猪的生长速度和体组成在一定程度上与健康状况密切相关，降低免疫系统激活可提高采食量、生长速度和饲料转化效率。而免疫应激明显降低仔猪采食量、日增重，降低仔猪生产性能。吴春燕(2002)采用单因子试验设计，选择初始体重为(10.15±0.39) kg 的健康长白×荣昌杂交去势仔猪 15 头，设置了正常组、应激组和配对组（采食量与应激组相同）三个处理，考察免疫应激对仔猪生长性能的影响。结果发现，与正常组相比，应激组采食量和日增重分别下降 28%和 43%；应激组采食量与配对组相同，但日增重降低 14.1%（表 2.1）。相同的结果在李建文(2002)研究中证实。仔猪食欲下降或废绝是免疫应激期的典型症状之一，其产生可能与 TNF-α 和 IL-1 的介导有关。有研究证实，IL-1 对食欲的影响比 TNF-α 更大。免疫应激引起的厌食也与前列腺素(PG)的参与有关，细胞因子与脑室周围器官的星形（胶质）细胞互作以刺激花生四烯酸向 PG 的转化，然后 PG 分散到邻近的脑区引起病态行为反应。仔猪平均日增重降低、生长受阻有 2/3 是采食量下降导致的。

表 2.1 免疫应激对断奶仔猪生产性能的影响($n=5$)

项目	应激组	配对组	正常组
初重/kg	10.09±0.61	10.20±0.26	10.15±0.30
末重/kg	10.77±0.62	11.00±0.31	11.36±0.30
日采食量/(g/d)	403.7 ± 48.8^{A}	403.7 ± 48.8^{A}	562.4 ± 50.0^{B}
日增重/(g/d)	171 ± 21^{A}	199 ± 31^{A}	302 ± 22^{B}
饲料利用率(*G/F*)/(g/kg)	424.5 ± 33.5^{A}	491.6 ± 20.0^{aB}	536.6 ± 10.5^{bB}

注：同行肩注大写字母不同者，差异极显著($p<0.01$)，小写字母不同者，差异显著($p<0.05$)。

(引自：吴春燕，2002)

免疫应激条件下仔猪生长性能的降低可以通过日粮添加微量成分缓解。在微量矿物元素研究方面，孙国君(2009)研究发现，在免疫应激条件下，日粮锌水平的增加没有影响仔猪日均采食量(ADFI)和饲料转化效率(FCR)，但仔猪平均日增重(ADG)有随锌水平提高而增加的趋势(表 2.2)。添加酵母硒比亚硒酸钠能更有效地缓解因注射 LPS 导致的日增重的降低，改善饲料转化效率(黎文彬，2009)(表 2.3)。在维生素研究方面，廖波(2009)发现，免疫应激降低仔猪生长，饲粮添加 25-羟维生素 D_3(25-OH-D_3)改善生长性能，且 ADG 和 ADFI 与饲粮 25-OH-D_3 添加水平呈正相关。免疫应激时叶酸的添加与维生素 D 规律一致(高庆，2009)。在应激时注射 pGRF 基因质粒也可缓解免疫应激造成的仔猪采食量、日增重和增重/耗料的下降(董海军，2007)(表 2.4)。

表 2.2 脂多糖和日粮锌水平对仔猪生长性能的影响

项目	−LPS			+LPS			SEM
	锌添加量/(mg/kg)			锌添加量/(mg/kg)			
	0	60	120	0	60	120	
ADG/(g/d)							
0～7 d	343	355	357	370	362	376	33
7～14 d	428	415	426	297	312	332	42
14～21 d	442	445	476	425	435	454	42
0～21 d	412	428	426	363	371	369	26
ADFI/(g/d)							
0～7 d	591	586	600	611	631	628	29
7～14 d	678	673	664	523	558	597	30
14～21 d	782	819	804	799	791	821	42
0～21 d	703	693	691	657	661	675	35
FCR							
0～7 d	1.72	1.65	1.68	1.65	1.74	1.67	0.08
7～14 d	1.58	1.62	1.56	1.76	1.79	1.80	0.11
14～21 d	1.79	1.84	1.69	1.81	1.78	1.70	0.05
0～21 d	1.71	1.62	1.63	1.81	1.78	1.70	0.09

注：−LPS 为不注射 LPS；+LPS 为注射 LPS，在试验第 7 天注射；SEM 为标准误。

(引自：孙国君，2009)

表 2.3 酵母硒对免疫应激断奶仔猪生产性能的影响($n=5$)

项目	酵母硒	亚硒酸钠	酵母硒＋LPS	亚硒酸钠＋LPS	亚硒酸钠＋酵母硒＋LPS
初重/kg	7.6±0.4	7.6±0.3	7.6±0.3	7.6±0.3	7.6±0.5
末重/kg	17.8±0.5[a]	17.1±0.3[a]	17.6±0.6[a]	16.2±0.9[b]	17.1±0.9[a]
ADG/(g/d)					
0～14 d	284.3±23.1[ab]	263.6±12.7[b]	298.6±34.1[ab]	264.3±33.2[b]	318.6±31.8[a]
14～21 d	395.7±34.5[a]	372.9±54[a]	367.1±20.6[a]	322.9±51.6[b]	319.7±28.3[b]
21～28 d	498.6±43.3[Aa]	455.7±19.8[ABb]	455.7±29.2[ABb]	372.9±36.2[Bc]	401.4±9.3[Bc]
ADFI/(g/d)					
0～14 d	446.7±9.8[B]	463.9±34.5[B]	468.4±40.2[B]	451.4 ±41.0[B]	527.9±25.6[A]
14～21 d	716.5±43[a]	712.5±58.4[a]	681±45.9[abc]	627.0±98.1[bc]	622.8±45.9[c]
21～28 d	817.5±73.4	829.3±27.6	821.7±66.2	758.0±128.0	807.5±57.5
FCR					
0～14 d	1.58±0.14[b]	1.76±0.09[a]	1.57±0.11[b]	1.72±0.14[a]	1.67±0.13[ab]
14～21 d	1.82±0.15	1.93±0.16	1.85±0.11	1.97±0.37	1.96±0.18
21～28 d	1.64±0.06[Bb]	1.82±0.10[ABb]	1.80±0.11[ABb]	2.03±0.25[Aa]	2.01±0.1[Aa]

注:1. ＋LPS 为注射 LPS。

2. 同行肩注大写字母不同者,差异极显著($p<0.01$),小写字母不同者,差异显著($p<0.05$)。

(引自:黎文彬,2009)

表 2.4 pGRF 基因质粒对免疫应激断奶仔猪生产性能的影响

项目	pGRF 组	pGRF＋LPS 组	LPS 组
初重/kg	7.86±1.06	7.86±1.17	7.86±1.05
末重/kg	15.71±2.82[a]	14.62±1.59[b]	14.17±2.02[c]
ADG/(g/d)			
1 周	293.40±130.17[a]	280.54±94.16[a]	260.20±105.55[b]
2 周	375.71±44.90[A]	253.37±31.93[Ba]	237.43±39.10[Bb]
3 周	514.29±157.41[A]	459.52±92.77[Ba]	426.19±108.37[Bb]
1～3 周	373.80±104.48[A]	321.10±43.69[Ba]	300.50±71.26[Bb]
ADFI/(g/d)			
1 周	512.20±199.77[a]	507.60±102.73[a]	487.69±175.98[b]
2 周	713.51±204.99[A]	545.29±103.36[Ba]	504.14±90.60[Bb]
3 周	805.60±221.86[A]	738.21±118.73[Ba]	703.57±142.20[Bb]
1～3 周	655.98±187.27[A]	595.18±69.55[Ba]	555.67±107.76[Bb]

续表 2.4

项目	pGRF 组	pGRF+LPS 组	LPS 组
FCR			
1 周	1.77±0.11[a]	1.90±0.42[b]	1.94±0.30[b]
2 周	1.88±0.39[a]	2.15±0.33[b]	2.17±0.53[b]
3 周	1.59±0.13[a]	1.63±0.21[b]	1.71±0.37[c]
1～3 周	1.75±0.04[a]	1.89±0.14[b]	1.94±0.21[b]
腹泻频率/%	7.93±2.75[a]	11.90±4.13[b]	22.22±3.64[c]
腹泻指数	0.95±0.33[a]	1.43±0.50[b]	2.67±0.43[c]

注：同行肩注大写字母不同者，差异极显著($p<0.01$)，小写字母不同者，差异显著($p<0.05$)。

（引自：董海军，2007）

2.3.2 免疫应激与蛋白质代谢

处于免疫应激状态的动物，整个机体的蛋白质周转速度加快，氮排泄量增加，外周蛋白质的分解加速，骨骼肌蛋白质的沉积减少，但肝脏急性期蛋白(acute-phase protein，ACP)合成量增加。其蛋白质合成率下降而降解率增加可能主要是由以下几个因素引起的：第一，免疫应激降低了动物的采食量，因而用于合成蛋白质的氨基酸量受限。第二，免疫应激期，动物骨骼肌的氨基酸摄入机制受抑，骨骼肌中 RNA 的合成受阻。第三，细胞因子、肝脏 ACP 以及其他免疫相关物质的合成与分泌对氨基酸的需要量增加。当动物处于免疫急性期时，在细胞因子的作用下，肝的血流量和肝中氨基酸转运载体的数量增加，肝吸收和转运氨基酸的能力增强，以满足 ACP 合成增加对氨基酸的需要量。第四，骨骼肌氨基酸组成与 ACP 氨基酸组成不同(ACP 芳香族氨基酸即苯丙氨酸、酪氨酸和色氨酸的含量很高)，导致从骨骼肌释放的氨基酸超过 ACP 合成的需要以及骨骼肌蛋白质的大量降解。研究表明，免疫应激时外周蛋白质分解代谢增强，其产生的氨基酸主要被肝脏摄入以合成急性期蛋白与其他免疫物质，而在用于合成急性期蛋白的氨基酸中，60%是由骨骼肌蛋白质分解而来的。过量的氨基酸则用于氧化供能或供糖原异生，以满足对能量需要的增加，而脱去的氨基部分则随尿液排泄，从而推知免疫急性期的动物内源氮排泄可能增加。

2.3.2.1 免疫应激对仔猪整体蛋白质周转代谢的影响

吴春燕(2002)首次报道了免疫应激(注射 LPS 诱导免疫应激)对仔猪整体蛋白质周转代谢的影响。试验以体重 10 kg 的长白×荣昌猪杂交猪为研究对象，设 3 个处理组：正常组、应激组(注射 LPS)、配对组，配对组的采食量与应激组相同。结果表明，与正常组相比，配对组由于采食量下降，蛋白质库的容量和蛋白质合成率、降解率、沉积率均极显著下降(表 2.5)，从而导致日增重和饲料利用率的极显著下降。但降低采食量时，蛋白质降解率的下降程度低于蛋白质合成率的降低程度，使蛋白质沉积量占蛋白质合成量的比例高于高采食量的正常组。显然，这一结果表明，低采食量时蛋白质的利用效率明显高于高采食量的利用率，这可能是仔猪通过改变代谢过程来适应营养应激的重要机制。同样的，应激组蛋白质库的容量和蛋白质合成率、降解率、沉积率均极显著下降，且蛋白质降解率的下降程度低于蛋白质合成率的降低程度，使蛋白质沉积量占蛋白质合成量的比例高于正常组。然而，尽管应激组和配对组采食量完全相同，但应激组的日增重和饲料利用率低于配对组。这两组蛋白质库的容量和蛋白质合成率无明显差异，但免疫应激加速蛋白质周转，提高蛋白质降解率，增加内源N的排泄量，降低蛋白质利用率。吕继蓉(2002)的研究也表明，仔猪处于免疫应激期时，蛋白质需要量低于正常需要量，高水平反而有损仔猪生产性能；但在免疫应激结束后，蛋白质需要量高于正常需要量。综上所述，营养应激与免疫应激均可降低蛋白质沉积率，但对蛋白质周转代谢的影响环节不同：前者主要是降低蛋白质合成率，后者主要是提高蛋白质降解率。免疫应激结束后，动物会出现补偿生长。

表 2.5 营养应激与免疫应激对仔猪蛋白质周转代谢的影响

项目	应激组	配对组	正常组
日采食量/(g/d)	404	404	562
日增重/(g/d)	171	199	302
F/G	2.37	2.04	1.86
Q/(g N/d)	24.77	24.06	67.52
Q/(g N/kg $W^{0.75}$)	4.34	4.19	11.35
S/(g N/d)	20.41	19.53	62.40
B/(g N/d)	15.34	13.34	52.73
S/Q	0.825	0.812	0.926
PS/(g Pr/(kg $W^{0.75}$ · d))	22.32	21.27	65.58
PB/(g Pr/(kg $W^{0.75}$ · d))	16.76	14.53	55.41
PA/(g Pr/(kg $W^{0.75}$ · d))	5.57	6.74	10.17
PA/PS	24.96	31.69	15.51

注：Q为氨基酸库容量；S、B分别为蛋白质合成量和降解量；PS、PB、PA分别为蛋白质合成率、降解率和沉积率。

(引自：吴春燕，2002)

2.3.2.2 免疫应激对仔猪氮利用的影响

仔猪免疫应激期，蛋白质降解和负氮平衡是其代谢改变的标志。氮平衡的改变主要通过提高蛋白质的周转(Waterlow，1984；Long 等，1977；Macallan 等，1995)和降低应激中营养物质的吸收实现，而免疫应激引起氮平衡改变的恢复至少在1周以后(Lyoumi 等，1998)。吴春燕(2002)采用免疫应激诱导技术与稳定同位素^{15}N-甘氨酸示踪技术研究了免疫应激对断奶仔猪氮利用的影响。试验设3个处理：正常组、应激组和配对组(采食量与应激组相同)。试验结果显示，应激组N摄入量、总利用率及蛋白质生物学价值等均显著低于正常组；与配对组相比，应激组粪N排泄量增加31%，N的表观消化率降低9%(表2.6)。李建文(2002)也证实免疫应激降低N摄入量、沉积氮及氮表观生物学价值。总之，免疫应激降低了动物的采食量，降低了氮摄入量。一方面，体内氮代谢分配使用于维持的比例上升，用于氮沉积的比例降低；另一方面，免疫应激引起细胞因子和一些激素的释放，使肌肉蛋白的合成降低、降解上升，降解蛋白以尿氮的形式排出体外，引起日粮蛋白质生物学价值的下降。

表 2.6 免疫应激对断奶仔猪氮平衡的影响($n=5$)

项 目	应激组	配对组	正常组
N 摄入量/(g/d)	12.92±1.56^{A}	12.92±1.56^{A}	17.70±1.33^{B}
粪 N 排出量/(g/d)	3.19±0.85^{a}	2.19±0.67^{b}	2.92±0.47^{ab}
尿 N 排出量/(g/d)	4.39±0.39	4.53±0.29	5.11±0.91
表观消化 N/(g/d)	9.37±0.77^{A}	10.72±0.92^{A}	14.79±1.21^{B}
(粪 N/摄入 N)/%	24.43±3.84^{A}	16.69±2.97^{B}	16.48±2.36^{B}
N 表观消化率/%	75.66±3.84^{A}	83.31±2.97^{B}	83.52±2.36^{B}
表观存留 N/(g/d)	5.34±0.70^{A}	6.20±0.77^{A}	9.67±1.06^{B}
N 的总利用率/%	41.32±1.55^{A}	48.00±2.67^{B}	54.60±3.38^{C}
蛋白质生物学价值/%	54.72±3.52^{A}	57.64±3.02^{A}	65.45±5.04^{B}
血清尿素氮 1/(mol/L)	4.24±0.66	4.59±0.86	4.61±1.00
血清尿素氮 2/(mol/L)	4.27±0.74	4.46±0.81	4.76±0.85

注:1. 血清尿素氮 1 表示第 1 天注射前测定的血清尿素氮的浓度;血清尿素氮 2 表示第 3 天注射后测定的血清尿素氮的浓度。

2. 同行肩注大写字母不同者,差异极显著($p<0.01$),小写字母不同者,差异显著($p<0.05$)。

(引自:吴春燕,2002)

2.3.2.3 免疫应激对仔猪氨基酸利用的影响

影响仔猪氨基酸利用的因素很多,主要包括:日粮可利用氨基酸含量、肠道内源氨基酸损失、氨基酸分解代谢和体蛋白中氨基酸的沉积率等。然而在免疫应激状态下,仔猪会通过提高氨基酸的利用率来满足机体对氨基酸的大量需求。李建文(2002)在免疫应激 1 周内测定了仔猪的回肠末端氨基酸表观消化率,结果表明,免疫应激组的氨基酸回肠表观消化率高于正常组,蛋氨酸、苯丙氨酸和色氨酸更高(表 2.7 和表 2.8)。说明机体在免疫应激期可能需要更多的蛋氨酸、苯丙氨酸和色氨酸合成急性期蛋白,当饲料来源受限后,通过提高其消化率来满足需要。如果从每天回肠表观可消化 Lys、Met、Trp 和 Thr 摄入量(mg)和每天每千克代谢体重氮沉积(g)来看,总体无论是氨基酸摄入还是氮沉积,正常组高于免疫应激组,正对照组均高于氨基酸扣除组。

2.3.2.4 免疫应激对细胞因子和免疫蛋白的影响

细胞因子和免疫蛋白在动物细胞免疫和体液免疫中发挥着重要作用。当动物发生免疫应激时,细胞促炎性因子分泌增加,这些细胞因子会动员用于合成体组织的营养物质参与免疫应答。然而,免疫应激对免疫球蛋白的影响研究存在一定差异。吴春燕(2002)试验结果显示:免疫应激组血清免疫球蛋白水平在应激组、正常组和配对组间均无明显差异($p>0.05$)(表 2.9)。李建文(2002)也得到免疫应激组和正常组不管是正对照还是扣除 25%氨基酸组,血清 IgG、IgM 和 IgA 水平差异均不显著。但廖波(2009)发现 LPS 免疫应激对仔猪血清 IgA 水平表现出明显促进作用,对 IgG 和 IgM 没有明显作用。他们结果的差异可能与 LPS 注射剂量有关。

表 2.7 免疫应激对猪回肠末端氨基酸表观消化率的影响 %

氨基酸	应激组	正常组	氨基酸	应激组	正常组
EAA			**NEAA**		
Lys	73.28	73.64	Asp	64.00	61.02
Met	73.83	68.21	Glu	79.69	80.33
Trp	74.29	65.98	Ser	54.46	46.33
Thr	59.51	56.51	Gly	29.43	32.49
Leu	66.53	62.11	Ala	60.50	55.13
Ile	68.20	60.65	Pro	36.14	51.08
Phe	73.86	66.37	Tyr	60.81	53.19
His	63.35	58.18	**NEAA 平均**	55.00	54.22
Arg	68.05	59.28			
Val	63.20	57.80			
EAA 平均	68.41	62.87			

注:EAA 为必需氨基酸;NEAA 为非必需氨基酸。

(引自:李建文,2002)

表 2.8 单位代谢体重每天的氮沉积量和回肠表观可消化氨基酸摄入量

处理	氨基酸摄入量/(mg/d)					相对于 PC				
	NR/[g/(kg $W^{0.75}$ · d)]	Lys	Met	Trp	Thr	NR	Lys	Met	Trp	Thr
应激组										
PC	1.331	725	200	174	415	1	1	1	1	1
PC-Lys	1.200	494	172	150	356	0.902	0.681	0.859	0.859	0.859
PC-Met	1.233	642	132	154	368	0.908	0.886	0.661	0.886	0.886
PC-Trp	0.798	515	142	65	295	0.600	0.711	0.711	0.374	0.711
PC-Thr	1.197	631	174	152	289	0.899	0.871	0.871	0.871	0.696
正常组										
PC	2.028	961	244	204	517	1	1	1	1	1
PC-Lys	1.782	664	213	178	449	0.879	0.691	0.870	0.870	0.870
PC-Met	1.289	704	133	149	378	0.636	0.732	0.546	0.732	0.732
PC-Trp	1.322	731	186	82	393	0.652	0.760	0.760	0.399	0.760
PC-Thr	1.526	781	198	166	335	0.753	0.812	0.812	0.812	0.649

注:PC 为正对照组;PC-Lys、PC-Met、PC-Trp、PC-Thr 分别为正对照组扣除 25%的 Lys、Met、Trp 和 Thr。

(引自:李建文,2002)

表 2.9 免疫应激对断奶仔猪免疫球蛋白水平的影响($n=5$) g/L

免疫球蛋白	应激组	配对组	正常组
IgG_1	4.73±0.48	4.35±0.32	4.25±0.34
IgG_2	4.28±0.11	4.24±0.38	4.16±0.13
IgM_1	0.47±0.06	0.51±0.07	0.45±0.02
IgM_2	0.47±0.06	0.49±0.12	0.59±0.20
IgA_1	0.43±0.07	0.36±0.02	0.41±0.13
IgA_2	0.43±0.06	0.41±0.02	0.38±0.03

注:IgG_1、IgM_1、IgA_1 为第 1 天注射前测定的血清免疫球蛋白水平;IgG_2、IgM_2、IgA_2 为第 2 天注射后测定的血清免疫球蛋白水平。

(引自:吴春燕,2002)

孙国君(2009)发现 LPS 刺激仔猪极显著提高了血清 IL-1 的浓度,提高幅度达 46.5%,但 IL-2 浓度没有受到影响,对牛血清白蛋白(BSA)注射后 7 d 和 12 d 的抗体水平均无显著影响。高庆(2009)用 LPS 刺激提高了仔猪血清 IL-1β 和 TNF-α 的含量。IL-1 和 TNF-α 都属于促炎性细胞因子,既可影响仔猪采食量,又可加重机体炎症反应的发生,影响机体健康水平。

2.3.3 免疫应激与微量矿物元素对物质代谢的影响

微量矿物元素是动物体很多激素和酶的重要辅基,在维持酶活性方面起着非常重要的作用。免疫应激期机体内矿物元素的代谢也发生改变,主要表现在血清铜含量升高而血清锌和铁含量降低。矿物元素的这种重新分配是机体免疫防御机制的一种体现。血锌水平的下降是因为肝脏和其他组织合成金属硫蛋白(MT)增加,导致血清中锌的量减少而暂时贮存在 MT 中。血清锌量的显著下降和体内锌的重新分配,一方面抑制血液中依赖于锌的细菌的生长,另一方面促进肝脏中蛋白(或酶)的合成以及脾脏中淋巴细胞的增殖,有益于宿主的免疫应激和抗感染。血铜上升则是由于 IL-1 诱导血浆铜蓝蛋白的合成增加所致。应激期血清铁浓度下降,部分是由于粒细胞释放的脱铁乳铁蛋白所致。脱铁乳铁蛋白可夺取转铁蛋白上的铁,这种含铁的乳铁蛋白又可被肝细胞受体识别和内在化,从而使铁在循环系统中的含量减少(Goldblum 等,1987)。

2.3.3.1 免疫应激与锌对物质代谢的影响

锌是动物必需的微量矿物元素之一,它是体内 300 多种酶的重要组成成分。锌以含锌金属酶或锌指蛋白的形式参与体内营养物质和能量的代谢,调控动物的生长。缺锌导致细胞分裂速度降低,蛋白质正常合成受抑,生长发育受阻。锌调控机体和细胞炎症免疫反应,在免疫应激作用下,细胞内锌离子大量外流,造成细胞内锌浓度下降,胞内锌信号转导受阻,导致促炎性细胞因子大量分泌,对物质代谢产生巨大影响。

1. 免疫应激与锌对仔猪淋巴细胞转化率、BSA 抗体和血清 IL-1、IL-2 的影响

淋巴细胞转化率是评价细胞免疫功能的一个重要指标,其过程是 T 细胞与抗原或有丝分裂原如刀豆素 A(ConA)结合,使细胞代谢和形态相继发生变化。牛血清白蛋白(BSA)抗体水

平可以反映机体体液免疫状态。研究发现，LPS刺激可提高猪红细胞和卵清蛋白的抗体水平。孙国君(2009)试验结果表明，LPS刺激提高了仔猪外周血淋巴细胞转化率和血清IL-1浓度，但未影响血清IL-2浓度和牛血清白蛋白抗体水平。随着锌水平提高，淋巴细胞转化率有增加趋势；锌对血清IL-1、IL-2和牛血清白蛋白抗体水平无显著影响(表2.10)。这一结果提示，LPS刺激激活了仔猪的免疫系统，但锌对仔猪细胞免疫和体液免疫无明显作用。

2. 免疫应激与锌对锌代谢的影响

孙国君(2009)试验进一步从体外肠上皮细胞免疫应激模型研究不同锌源和水平对LPS刺激免疫激活状态下小肠上皮细胞免疫功能的影响及锌代谢的调节作用，结果表明，在LPS刺激下，与对照组相比较，细胞锌含量下降5.10%，而培养基锌浓度为50、100 μmol/L的硫酸锌组细胞锌含量分别提高27.36%、45.64%，培养基锌浓度为50、100 μmol/L的乙酸锌组细胞锌含量分别提高26.11%、73.07%。这一结果提示，免疫应激会造成细胞锌外流，降低细胞锌含量，外源添加锌可抵抗细胞锌的损失，改善细胞功能。

表2.10 LPS和日粮锌水平对仔猪血淋巴细胞转化率、BSA抗体水平和血清IL-1、IL-2浓度的影响

项目	−LPS			+LPS			SEM
	锌添加量/(mg/kg)			锌添加量/(mg/kg)			
	0	60	120	0	60	120	
淋巴细胞转化率[ab]	0.366	0.402	0.455	0.431	0.535	0.560	0.042
BSA抗体水平(OD值)							
7 d	0.401	0.355	0.390	0.374	0.371	0.353	0.048
12 d	0.654	0.683	0.638	0.615	0.630	0.662	0.055
IL-1/(pg/mL)[c]	73	79	75	127	150	148	15
IL-2/(pg/mL)	47	52	56	51	63	60	8

注：1. −LPS为不注射LPS；+LPS为注射LPS，在试验第7天注射；SEM为标准误。
2. $n=6$，每个处理注射3个圈，每圈3头猪。
3. [a]LPS影响($p<0.05$)，[b]日粮影响($p<0.10$)，[c]LPS影响($p<0.01$)。
(引自：孙国君，2009)

3. 免疫应激与锌对ZnT1、DMT1和MT mRNA表达的影响

小肠是锌吸收的主要器官，十二指肠末端和空肠是锌吸收的主要部位，小肠内壁上皮细胞的刷状缘从肠腔中摄取锌。锌转运体-1(ZnT1)主要功能可能是将过量的锌从肠细胞转运至血液中(McMahon等，1998)。二价金属离子转运体(DMT1)广泛分布于机体各组织，其中在小肠和十二指肠的表达最高(Gunshin等，1997)，其最主要的功能为对二价金属离子的摄取和转运。金属硫蛋白(MT)是一类富含半胱氨酸的金属结合蛋白，可以高亲和力与锌等结合。金属硫蛋白的生物合成诱导可调节体内锌的吸收与代谢，维持体内锌的内稳态。

孙国君(2009)研究表明，LPS刺激对小肠上皮细胞ZnT1、DMT1和MT mRNA表达量均无显著影响。IPEC-J2细胞经LPS刺激后，随培养液中锌浓度的增加，ZnT1 mRNA和MT mRNA的表达显著提高。在培养基锌浓度为50 μmol/L时，DMT1 mRNA表达量达到最高峰，显著高于对照组，锌浓度为100 μmol/L时，与培养基锌浓度50 μmol/L相比较，DMT1 mRNA 表达水平显著下降，与对照组 DMT1 mRNA 表达量相同(表 2.11)。该结果提示，高锌状态下小肠细胞 ZnT1 表达上调，锌外流增加，这反映了机体适应锌水平变化的反馈防御机制，该反馈调节对小肠细胞维持其锌内稳态具有重要意义。

表 2.11　脂多糖和锌对 ZnT1、DMT1 和 MT mRNA 丰度的影响

Zn/(μmol/L)	ZnT1 与对照相对比值	DMT1 与对照相对比值	MT 与对照相对比值
6	1.00±0.04Aa	1.00±0.03Aa	1.00±0.01Aa
50(硫酸锌)	2.57±0.04ABb	1.96±0.02Ab	1.81±0.02Ab
100(硫酸锌)	2.45±0.03ABb	1.84±0.08Ab	2.38±0.4ABb
50(乙酸锌)	5.33±0.02BCc	4.55±0.09B	1.67±0.03Aa
100(乙酸锌)	7.33±0.06Cd	1.80±0.07Ab	3.37±0.03B
6+脂多糖	0.92±0.07Aa	0.97±0.07Aa	0.92±0.07Aa
50(硫酸锌)+脂多糖	2.63±0.08ABb	1.19±0.05Aa	1.15±0.06Aa
100(硫酸锌)+脂多糖	3.18±0.04Bb	0.82±0.02Aa	1.22±0.09Aa
50(乙酸锌)+脂多糖	4.26±0.05BCc	1.41±0.06Ab	1.59±0.05Ab
100(乙酸锌)+脂多糖	4.70±0.05BCc	1.03±0.06Aa	1.88±0.04Ab

注：1. 6 μmol/L Zn 为对照。

2. 同列肩注大写字母不同者，差异极显著($p<0.01$)，小写字母不同者，差异显著($p<0.05$)。

(引自：孙国君，2009)

4. *免疫应激与锌对炎性细胞因子基因表达的影响*

细胞因子介导了机体或细胞炎症发生发展过程，TNF-α 和 IL-8 属于致炎因子，TGF-β 主要表现为炎症、细胞的生长分化和免疫功能及组织修复等方面的调节作用。试验研究证实，外源刺激会显著上调 TNF-α 和 IL-8 的基因表达和分泌(Arce 等，2008)。孙国君(2009)试验也表明，LPS 刺激可使 IL-8 和 TNF-α 的 mRNA 表达水平显著上调，TGF-β 的 mRNA 表达水平显著下调；且同对照组相比较，随着锌浓度的提高，IL-8、TNF-α 和 TGF-β 基因表达量增加(表 2.12)。说明 LPS 产生的免疫应激会促进细胞炎症反应，高浓度锌对小肠上皮细胞促炎性因子的基因表达有促进作用，加重炎症反应。Agren 等(1991)认为，只有氧化锌对损伤的上皮细胞有修复作用，而硫酸锌是无效的，大剂量的硫酸锌可使上皮组织发生水肿现象。

2.3.3.2　免疫应激与硒对物质代谢的影响

硒是动物体内必需的微量元素，对动物的生长、繁殖和免疫功能等均有重要影响。硒主要通过细胞免疫、体液免疫和非特异性免疫影响免疫系统的功能。在应激条件下，硒用于硒蛋白质[如谷胱甘肽过氧化物酶(GSH-Px)、硫氧还蛋白还原酶]的合成，建立持续的抗氧化防御机能。动物硒来源主要是亚硒酸钠和有机硒，酵母硒是有机硒的一种。酵母硒具有硒利用率高、抗氧化能力强和毒性低等特点。本团队针对不同硒源在仔猪免疫应激条件下对仔猪免疫和抗氧化功能的影响作了研究。

表 2.12 脂多糖和锌对炎性细胞因子 mRNA 丰度的影响

Zn/(μmol/L)	TGF-β 与对照相对比值	IL-8 与对照相对比值	TNF-α 与对照相对比值
6	1.00±0.08^{Aa}	1.00±0.06^{Aa}	1.00±0.07^{Aa}
50(硫酸锌)	1.34±0.09^{Aa}	1.03±0.08^{Aa}	1.13±0.07^{Aa}
100(硫酸锌)	1.12±0.06^{Aa}	1.23±0.08^{Aa}	1.01±0.03^{Aa}
50(乙酸锌)	1.10±0.04^{Aa}	1.17±0.07^{Aa}	0.90±0.05^{Aa}
100(乙酸锌)	1.24±0.05^{Aa}	1.12±0.09^{Aa}	1.09±0.04^{Aa}
6+脂多糖	0.49±0.08^{B}	1.71±0.07^{Ab}	1.30±0.05^{Ab}
50(硫酸锌)+脂多糖	0.88±0.07^{Aa}	1.77±0.08^{Ab}	1.38±0.03^{Ab}
100(硫酸锌)+脂多糖	1.18±0.05^{Aa}	2.56±0.06^{AB}	3.64±0.08^{B}
50(乙酸锌)+脂多糖	1.01±0.09^{Aa}	2.45±0.05^{AB}	1.13±0.05^{Aa}
100(乙酸锌)+脂多糖	1.11±0.07^{Aa}	3.87±0.09^{B}	2.70±0.03^{B}

注：1. 6 μmol/L Zn 为对照。

2. 同列肩注大写字母不同者，差异极显著($p<0.01$)，小写字母不同者，差异显著($p<0.05$)。

(引自：孙国君，2009)

黎文彬(2009)采用单因子试验设计，选用 25 头(28±2)日龄、体重(7.6±0.3) kg 的梅山断奶仔猪，分配到 5 个处理：酵母硒组(SeY)、亚硒酸钠组(SSe)、酵母硒+脂多糖组(SeY+LPS)、亚硒酸钠+脂多糖组(SSe+LPS)、亚硒酸钠+酵母硒+脂多糖组(SSe+SeY+LPS)，所有日粮的硒添加量都为 0.3 mg/kg，不添加抗生素，研究酵母硒(SeY)对脂多糖(LPS)诱导的免疫应激仔猪免疫和抗氧化功能的影响。试验结果表明：与 SSe 相比较，日粮添加 SeY 能够抑制由 LPS 诱导的血清细胞因子(IL-1β、IL-6)浓度的上升；抑制由 LPS 诱导的类胰岛素生长因子Ⅰ(IGF-Ⅰ)浓度的降低，并能显著提高 IgG、IgM 的浓度；能够抑制由 LPS 诱导的血清谷胱甘肽过氧化物酶(GPX)、超氧化物歧化酶(SOD)活性的降低和丙二醛(MDA)含量的升高(表 2.13 和表 2.14)。

表 2.13 酵母硒对免疫应激仔猪血清 IL-1β、IL-6、IGF-Ⅰ和 Ig 的影响($n=4$)

项目	酵母硒	亚硒酸钠	酵母硒+LPS	亚硒酸钠+LPS	亚硒酸钠+酵母硒+LPS
IL-1β/(pg/mL)					
14 d	32.83±1.29^{C}	33.7±1.15^{C}	59.79±2.81^{B}	82.14±3.32^{A}	83.25±2.45^{A}
21 d	31.95±2.54^{C}	32.29±1.44^{C}	55.68±3.12^{B}	78.01±4.21^{A}	75.31±2.22^{A}
IL-6/(pg/mL)					
14 d	43±4.25^{C}	53.24±4.81^{C}	779.2±44.85^{B}	1 190.44±72.85^{A}	1 223.47±73.55^{A}
21 d	37.62±5.52^{C}	48.36±4.96^{C}	551.13±99.54^{B}	811.31±66.78^{A}	747.91±74.71^{A}
IGF-Ⅰ/(ng/mL)					
14 d	11.47±0.51^{A}	11.35±0.79^{A}	9.67±0.46^{B}	9.33±0.51^{B}	9.30±0.45^{B}
21 d	13.26±0.28^{Aa}	13.21±0.49^{Aa}	10.92±0.61^{Bb}	9.8±0.3^{Cc}	10.17±0.21^{BCc}

续表 2.13

项目	酵母硒	亚硒酸钠	酵母硒+LPS	亚硒酸钠+LPS	亚硒酸钠+酵母硒+LPS
IgA/(μg/mL)					
14 d	32.7±1.1[a]	31.7±2.3[a]	28.2±2.4[b]	27.1±2.4[b]	27.3±1.7[b]
21 d	35.5±2.4[a]	34.9±2.2[ab]	31.6±1.2[bc]	30.8±2.2[c]	31.1±3.1[c]
IgG/(μg/mL)					
14 d	932.5±57.4[a]	925.1±76.5[a]	821.3±53.9[b]	806.8±46.8[b]	817.5±40.8[b]
21 d	973±78.4[Aa]	967.2±25.8[Aa]	930.8±31.1[ABa]	840.6±30.4[Bb]	850.2±44.9[Bb]
IgM/(μg/mL)					
14 d	416.8±24.5[Aa]	394.5±21.5[Aa]	345.5±21.2[BCb]	268.4±30.4[Dc]	289±42.8[CDc]
21 d	448.4±27.1[A]	426.88±11.48[A]	377.7±18.5[B]	292.5±20.4[C]	331.5±7.9[D]

注:1. +LPS 为注射 LPS。

2. 同行肩注大写字母不同者,差异极显著($p<0.01$),小写字母不同者,差异显著($p<0.05$)。

(引自:黎文彬,2009)

表 2.14 酵母硒对免疫应激仔猪血清抗氧化指标的影响($n=4$)

项目	酵母硒	亚硒酸钠	酵母硒+LPS	亚硒酸钠+LPS	亚硒酸钠+酵母硒+LPS
GPX/(U/mL)					
14 d	464.93±9.95[Aa]	426.23±19.28[ABb]	395.3±17.21[BCc]	363.3±19.78[Cd]	360.32±25.51[Cd]
21 d	473.6±21.92[Aa]	431.59±22.71[ABb]	414.03±13.32[BCb]	370.49±30.69[Cc]	374.64±31.56[Cc]
SOD/(U/mL)					
14 d	65.08±2.24[A]	63.14±4.31[A]	55.22±2.66[B]	52.86±3.41[B]	53.58±3.33[B]
21 d	69.68±4.35[a]	68.82±3.6[a]	61.46±3.46[b]	52.43±3.2[c]	55.7±3.23[c]
MDA/(nmol/mL)					
14 d	3.51±0.24[Bc]	3.78±0.17[Bc]	4.26±0.28[Ab]	4.66±0.29[Aa]	4.67±0.14[Aa]
21 d	3.11±0.23[Cd]	3.48±0.09[BCc]	3.86±0.18[ABb]	4.28±0.28[Aa]	4.24±0.35[Aa]

注:1. +LPS 为注射 LPS。

2. 同行肩注大写字母不同者,差异极显著($p<0.01$),小写字母不同者,差异显著($p<0.05$)。

(引自:黎文彬,2009)

总之,酵母硒比亚硒酸钠更有效地降低了免疫应激仔猪血清促细胞炎性因子 IL-1β 和 IL-6 的浓度,提高免疫球蛋白的含量,缓解了仔猪因注射 LPS 而引起的生长抑制,提高了仔猪的抗病力。

2.3.4 免疫应激与维生素对物质代谢的影响

添加较高剂量的维生素,能缓解动物的免疫应激(表 2.15 至表 2.18)。Webel 等(1998)

报道，给仔猪短期大剂量肌肉注射 *D-α-*生育酚，可显著降低 LPS 诱导的应激。原因可能是免疫急性期的动物生成的细胞因子和自由基数量较多，添加抗氧化性维生素（如维生素 E、维生素 C 和维生素 A 等），可削弱这些细胞因子和自由基的效应，从而缓解免疫应激。有大量研究表明，对免疫系统处于高活化状态的猪而言，添加超过 NRC 推荐量的烟酸、泛酸、核黄素、维生素 B_{12} 和叶酸，可提高其生长速度，降低料肉比。

2.3.4.1 免疫应激与维生素对血清免疫球蛋白的影响

动物发生免疫应激时，机体会动员用于合成体组织的营养物质参与免疫应答，免疫球蛋白的合成是免疫应答的重要内容。廖波（2009）发现，LPS 免疫应激对仔猪血清 IgA 水平表现出明显促进作用，略微提高了 IgG 的水平，对 IgM 没有明显作用。但饲粮添加 880～2 200 IU/kg 的 25-OH-D_3 对 LPS 应激仔猪血清 IgA 表现出明显的抑制作用，在 1 760 IU/kg 水平有显著抑制作用。2 200 IU/kg 的 25-OH-D_3 对 IgG 水平表现出抑制作用，在 1 320～1 760 IU/kg 水平对 IgM 表现有抑制作用。饲粮添加 2 200 IU/kg 维生素 D_3 对仔猪血清 Ig 没有影响（表 2.15）。这一结果提示，在免疫应激条件下，高剂量活性维生素 D_3 抑制免疫应答，维生素 D_3 可能不具有调节免疫功能的作用。Iho (1986)也认为 1,25-二羟维生素 D_3[1,25-$(OH)_2$-D_3]能直接抑制 B 细胞产生 IgG 和 IgM。高庆（2009）研究表明，在 LPS 刺激的免疫应激下，3～15 mg/kg 叶酸提高断奶仔猪血清 IgG 浓度。这些结果说明，在需要量的基础上提高维生素添加量能有效提高仔猪免疫能力，增加对免疫应激的抵抗。

2.3.4.2 免疫应激与维生素对细胞因子分泌的影响

研究显示，1,25-$(OH)_2$-D_3 主要作用于 TH1 细胞（Lemire，1995），对以 TH1 细胞为主的免疫反应有明显抑制作用，在一定程度上导致 TH1/TH2 免疫偏移。Boonstra 等（2001）发现，1,25-$(OH)_2$-D_3 通过抑制 TH1 细胞（IFN-γ 产生）和促进 TH2 细胞发育（IL-4、IL-5 和 IL-10 产生）而影响 TH 细胞极化。Evans 等（2006）在人蜕膜细胞上的研究发现，1,25-$(OH)_2$-D_3 减少了 IL-6 的合成。廖波（2009）发现在仔猪免疫应激下，25-OH-D_3 对细胞因子的影响有着剂量依赖性特点（表 2.15）。880～2 200 IU/kg 的 25-OH-D_3 和 2 200 IU/kg 的维生素 D_3 抑制 LPS 应激仔猪血清 IL-6 水平，1 320～2 200 IU/kg 的 25-OH-D_3 抑制 LPS 应激仔猪血清 TNF-α 水平，维生素 D_3 对 TNF-α 没有抑制作用；880～2 200 IU/kg 的 25-OH-D_3 和维生素 D_3 明显提高 LPS 应激仔猪血清 IGF-Ⅰ水平，25-OH-D_3 添加水平与 IGF-Ⅰ水平呈正相关。TNF-α 和 IL-6 浓度的降低，IGF-Ⅰ升高，表明了 25-OH-D_3 添加可以降低应激仔猪炎症反应，具有良好的缓解应激作用。

针对具有抗氧化能力的水溶性维生素叶酸，本研究团队也做了研究。高庆（2009）研究表明，LPS 攻毒极显著提高仔猪第 7 天血清 TNF-α 浓度，但添加 3～15 mg/kg 叶酸显著降低了 TNF-α 浓度；0.3～15 mg/kg 叶酸有提高 IL-4 和 IL-10 浓度的趋势（表 2.16）。这一结果说明，适量添加叶酸能有效缓解免疫应激造成的仔猪炎症反应。

总之，在仔猪免疫应激时，维生素需要增加，在日粮中添加 5～10 倍需要量有助于降低仔猪的炎症反应，提高仔猪健康状况。

表 2.15 饲粮中添加不同水平 25-OH-D_3 对断奶仔猪血清免疫球蛋白、细胞因子和 IGF-Ⅰ 的影响

项目	25-OH-D_3												维生素 D_3		SEM	p		
	0		440 IU/kg		880 IU/kg		1 320 IU/kg		1 760 IU/kg		2 200 IU/kg		2 200 IU/kg			D_3	LPS	D_3×LPS
免疫球蛋白/(mg/mL)																		
0～21 d																		
IgG	3.87		3.84		3.78		4.57		4.17		4.18		4.69		0.125			
IgM	0.48		0.42		0.40		0.48		0.43		0.45		0.46		0.013			
IgA	0.25^{Aa}		0.16^{Bc}		0.18^{bc}		0.22^{abc}		0.21^{abc}		0.23^{ab}		0.20^{abc}		0.008			
21～28 d																		
	—	LPS	—	LPS	—	LPS	—	LPS	—	LPS	—	LPS	—	LPS				
IgG	3.46^{b}	3.27^{b}	3.75^{ab}	4.34^{ab}	4.00^{ab}	4.41^{ab}	4.10^{ab}	3.74^{ab}	4.36^{ab}	4.77^{a}	4.90^{a}	4.08^{ab}	3.74^{ab}	4.02^{ab}	0.104	0.047	0.815	0.453
IgM	0.59^{abc}	0.53^{bc}	0.65^{ab}	0.49^{Bbc}	0.59^{abc}	0.54^{bc}	0.63^{ab}	0.52^{bc}	0.74^{Aa}	0.44^{Bc}	0.60^{abc}	0.52^{bc}	0.60^{abc}	0.61^{abc}	0.015	0.978	0.000	0.136
IgA	0.24^{Bcd}	0.31^{abcd}	0.25^{bcd}	0.42^{ab}	0.33^{abcd}	0.38^{abcd}	0.40^{abc}	0.28^{bcd}	0.48^{Aa}	0.21^{Bd}	0.43^{ab}	0.27^{bcd}	0.34^{abcd}	0.32^{abcd}	0.015	0.991	0.002	0.057
细胞因子/(pg/mL)																		
IL-6	152.65^{Bb}	139.15^{Bb}	219.06^{ab}	289.25^{Aa}	181.42^{b}	223.20^{ab}	225.38^{ab}	214.55^{ab}	189.75^{b}	190.48^{b}	210.29^{ab}	196.89^{ab}	195.02^{ab}	173.27^{b}	8.029	0.024	0.623	0.619
TNF-α	50.81^{c}	55.13^{c}	62.23^{abc}	63.26^{abc}	61.46^{c}	80.17^{Aa}	80.94^{Aa}	43.52^{Bc}	63.64^{abc}	58.22^{abc}	72.65^{ab}	58.59^{abc}	53.33^{c}	67.34^{abc}	2.143	0.670	0.748	0.001
IGF-Ⅰ	27.47^{ab}	20.05^{Cc}	62.47^{ab}	44.98^{abc}	41.23^{abc}	52.06^{abc}	55.67^{ab}	45.81^{abc}	56.96^{ab}	44.12^{abc}	69.07^{Ba}	57.47^{Bab}	77.38^{Aa}	56.95^{ab}	3.094	0.007	0.094	0.843

注：1. SEM 为标准误。

2. 0～21 d 各处理重复为 8，21～28 d 各处理重复为 6。

3. 同行肩注大写字母不同者，差异极显著（p<0.01），小写字母不同者，差异显著（p<0.05）。

（引自：廖波，2009）

表 2.16 **LPS 攻毒和饲粮叶酸(FA)添加水平对仔猪第 7 天血清 IgG 和细胞因子含量的影响**

项目	+LPS 叶酸添加量/(mg/kg)						−LPS 叶酸添加量/(mg/kg)				SEM	p		
	0	0.3	3.0	6.0	9.0	15	0	0.3	3.0	9.0		LPS	FA	LPS×FA
IgG/(g/L)	4.24^{ab}	3.78^{a}	3.77^{a}	4.55^{b}	4.51^{b}	4.38^{b}	4.43^{b}	4.33^{b}	4.13^{ab}	4.23^{ab}	0.062	0.134	0.077	0.111
IL-4/(pg/mL)	38.6^{a}	38.8^{a}	42.6^{ab}	41.2^{ab}	45.4^{ab}	37.5^{a}	50.8^{b}	38.5^{a}	37.1^{a}	38.6^{a}	1.09	0.682	0.328	0.016
TNF-α/(pg/mL)	847.9^{c}	764.8^{bc}	639.2^{ab}	524.2^{a}	625.0^{ab}	631.6^{ab}	505.9^{a}	517.6^{a}	519.7^{a}	511.2^{a}	18.95	0.000	0.131	0.064
IL-10/(pg/mL)	265.7^{bc}	342.1^{c}	274.9^{bc}	337.5^{c}	290.5^{c}	166.8^{abc}	73.7^{a}	62.7^{a}	68.8^{a}	92.8^{a}	22.35	0.000	0.908	0.818
IL-1β/(pg/mL)	76.5^{a}	86.8^{b}	74.0^{a}	74.4^{a}	75.6^{a}	73.7^{a}	74.7^{a}	72.2^{a}	71.8^{a}	75.8^{a}	0.95	0.038	0.180	0.063
TNF-α/IL-4 (TH1/TH2)	22.3^{d}	19.7^{cd}	15.1^{b}	12.8^{ab}	14.3^{ab}	16.9^{bc}	10.5^{a}	13.8^{ab}	14.3^{ab}	14.2^{ab}	0.55	0.000	0.350	0.000

注:1. −LPS 为不注射 LPS;+LPS 为注射 LPS;SEM 为标准误。

2. 各处理重复为 6。

3. 同行肩注字母不同者,差异显著($p<0.05$)。

(引自:高庆,2009)

表 2.17　LPS 攻毒和饲粮叶酸(FA)添加水平对仔猪第 7 天外周淋巴细胞亚群的影响

项目	+LPS 叶酸添加量/(mg/kg)						−LPS 叶酸添加量/(mg/kg)				SEM	p		
	0	0.3	3.0	6.0	9.0	15	0	0.3	3.0	9.0		LPS	FA	LPS×FA
CD3+/%	54.3^{a}	58.1^{a}	57.2^{a}	54.8^{a}	54.6^{a}	64.7^{b}	69.7^{ab}	75.2^{c}	72.6^{c}	72.3^{c}	1.24	0.000	0.261	0.947
CD3+CD4+/%	35.0	36.0	35.5	35.1	33.9	37.4	35.1	35.3	37.2	35.6	0.60	0.681	0.885	0.935
CD3+CD8+/%	18.8^{a}	23.2^{abc}	30.0^{d}	22.1^{ab}	22.4^{ab}	26.4^{bcd}	25.8^{bcd}	28.8^{cd}	30.7^{d}	27.8^{bcd}	0.73	0.001	0.002	0.398
CD3+CD4+/CD3+CD8+	1.87^{b}	1.61^{ab}	1.23^{a}	1.59^{ab}	1.56^{ab}	1.45^{a}	1.38^{a}	1.25^{a}	1.29^{a}	1.29^{a}	0.046	0.009	0.088	0.234

注:1. −LPS 为不注射 LPS;+LPS 为注射 LPS;SEM 为标准误。

2. 同行肩注字母不同者,差异显著($p<0.05$)。

(引自:高庆,2009)

表 2.18　LPS 攻毒和饲粮叶酸(FA)添加水平对仔猪血清葡萄糖、皮质醇和一氧化氮含量的影响

项目	+LPS 叶酸添加量/(mg/kg)						−LPS 叶酸添加量/(mg/kg)				SEM	p		
	0	0.3	3.0	6.0	9.0	15	0	0.3	3.0	9.0		LPS	FA	LPS×FA
血清葡萄糖/(mmol/L)														
0 d	4.58	5.00	4.73	4.38	4.80	5.00					0.098	—	0.427	—
7 d	5.03^{bcd}	5.67^{d}	4.67^{abc}	5.27^{cd}	5.14^{bcd}	4.44^{ab}	4.70^{abc}	4.26^{a}	4.44^{ab}	4.28^{a}	0.090	0.000	0.336	0.019
21 d	5.14^{a}	4.88^{a}	5.16^{ab}	5.67^{bc}	5.38^{abc}	5.59^{c}	5.27^{ab}	5.82^{c}	5.76^{c}	5.76^{c}	0.065	0.001	0.166	0.173
血清皮质醇/(ng/mL)														
7 d	257.1^{c}	230.4^{bc}	204.7^{bc}	156.4^{b}	204.1^{bc}	163.3^{b}	17.5^{a}	9.1^{a}	18.5^{a}	21.7^{a}	13.87	0.000	0.752	0.758
21 d	36.0^{ab}	26.9^{a}	25.4^{a}	29.4^{ab}	28.7^{ab}	31.2^{ab}	27.4^{ab}	33.6^{ab}	42.1^{b}	35.3^{ab}	1.55	0.143	0.902	0.098
血清一氧化氮/(μmol/L)														
7 d	48.5^{ab}	33.6^{ab}	35.3^{ab}	49.0^{ab}	81.5^{b}	56.5^{ab}	17.3^{a}	37.2^{ab}	45.4^{ab}	71.2^{b}	5.00	0.582	0.036	0.568
21 d	27.6^{ab}	21.7^{ab}	24.5^{ab}	30.0^{b}	22.4^{ab}	27.8^{ab}	26.1^{ab}	21.7^{ab}	19.5^{a}	22.1^{ab}	0.99	0.513	0.097	0.719

注:1. −LPS 为不注射 LPS;+LPS 为注射 LPS;SEM 为标准误。

2. 同行肩注字母不同者,差异显著($p<0.05$)。

(引自:高庆,2009)

2.3.4.3 免疫应激与维生素对仔猪免疫细胞的影响

免疫细胞在对抗原进行吞噬、杀伤和清除方面发挥重要作用。高庆(2009)研究表明，LPS攻毒极显著降低了仔猪第7天外周淋巴CD3＋和CD3＋CD8＋($p<0.01$)，极显著提高了仔猪第7天外周淋巴CD3＋CD4＋/CD3＋CD8＋($p<0.01$)；饲粮添加3 mg/kg叶酸有利于LPS应激仔猪维持外周CD3＋CD8＋的正常比例；而饲粮添加15 mg/kg叶酸可促进CD3＋细胞增殖，促进T淋巴细胞增殖，缓解了免疫应激对免疫系统的损伤(表2.17)。

2.3.4.4 免疫应激与叶酸对仔猪血清葡萄糖、皮质醇和一氧化氮含量的影响

正常生理情况下，血糖的来源与去路保持平衡，血糖浓度相对恒定。恒定的血糖浓度可维持组织细胞的糖代谢正常，这对保证组织器官特别是脑组织的正常生理活动具有重要的意义。皮质醇由下丘脑-垂体-肾上腺轴分泌，对于免疫反应有负反馈调节作用，可下调炎症反应，其含量上升是应激反应的重要标志。一氧化氮(NO)具有广泛的生物学功能，可作为生物信使、介质或功能调节因子介导多种生理过程。当抗原或毒素(如LPS)刺激T细胞后，细胞因子(IL-2、TNF-α、IFN-γ等)分泌增加，巨噬细胞等被活化，其诱导型一氧化氮合成酶(iNOS)表达增加，NO产量会激增。在应激状况下，维生素的强化会影响血液中血糖、皮质醇和NO产生。高庆(2009)研究表明，在LPS免疫应激下，在断奶仔猪饲粮中添加不同水平叶酸(0、0.3、3.0、6.0、9.0、15.0 mg/kg)，LPS攻毒极显著提高仔猪第7天血清葡萄糖($p<0.01$)和降低第21天血清葡萄糖($p<0.01$)，饲粮添加3.0～15.0 mg/kg叶酸提高血清葡萄糖含量；LPS免疫应激极显著增加仔猪第7天的血清皮质醇($p<0.01$)，饲粮添加叶酸显著降低仔猪血清皮质醇含量($p<0.05$)，应激后第21天皮质醇有下降趋势。叶酸显著影响仔猪第7天血清NO含量($p<0.05$)，且有影响仔猪第21天血清NO含量的趋势($p<0.1$)(表2.18)。这一结果说明，添加叶酸可降低仔猪应激，提高抗应激能力。

2.3.5 免疫应激与基因质粒对物质代谢的影响

基因质粒在动物体内的表达是指将带有目的蛋白编码基因和表达调节序列的质粒DNA导入机体组织后，质粒DNA在组织内扩散，被细胞摄取，随后转录表达目的蛋白。pGRF基因质粒是将猪的pGRF基因克隆到pUC19质粒，再转入大肠杆菌DH5α，经发酵、分离、纯化等工序得到。董海军(2007)研究表明，在LPS免疫应激条件下，每头注射1.0 mg pGRF基因质粒，显著提高断奶仔猪血清IGF-Ⅰ的浓度和IgG浓度，降低了IL-1和IL-6的浓度(表2.19)。这一结果说明，注射pGRF基因质粒缓解了仔猪因注射脂多糖而引起的生长抑制，降低了炎症反应，提高了仔猪的抗病力。

表2.19 pGRF基因质粒对免疫应激断奶仔猪IGF-Ⅰ、IgG和细胞因子的影响

项目	pGRF组	pGRF＋LPS组	LPS组
IGF-Ⅰ/(ng/mL)			
第1周	81.28 ± 11.87^{A}	54.70 ± 10.26^{Ba}	48.52 ± 10.46^{Bb}
第2周	114.44 ± 14.27^{A}	79.80 ± 6.27^{Ba}	66.85 ± 6.20^{Bb}

续表 2.19

项目	pGRF 组	pGRF+LPS 组	LPS 组
1～2 周	97.86±21.49^{A}	67.25±15.56^{Ba}	57.68±12.62^{Bb}
IgG/(mg/mL)	2.81±0.46^{a}	2.47±0.16^{b}	2.18±0.37^{c}
IL-1/(pg/mL)			
第 1 周	79.97±10.87^{A}	99.84±9.32^{B}	141.15±11.65^{C}
第 2 周	69.33±11.71^{A}	70.73±15.55^{A}	89.21±13.75^{B}
IL-6/(pg/mL)			
第 1 周	102.11±40.19^{A}	5 180.99±328.67^{B}	6 307.04±335.38^{C}
第 2 周	61.97±21.20^{A}	3 193.66±307.82^{B}	3 775.35±284.42^{C}

注：同行肩注大写字母不同者，差异极显著($p<0.01$)，小写字母不同者，差异显著($p<0.05$)。

(引自：董海军，2007)

2.4 免疫应激与猪的营养需要

营养需要(nutrient requirements)是指动物在最适宜环境条件下，正常、健康生长或达到理想生产成绩对各种营养物质种类和数量的最低要求。猪的营养标准是猪只在正常、适宜条件下制定的，并未考虑猪只在应激状况下对营养物质的额外需要。在遭受免疫应激所导致的生理反应过程中，猪对某些营养物质的需要量，特别是免疫系统的营养需求量相应提高，如果按照猪正常状态的营养供给，就可能造成这些营养物质的相对缺乏，免疫系统的功能就会受到影响，从而降低猪对疾病的抵抗力，降低其生长。故免疫应激期的猪对营养的需要量是变化的，应该根据应激的强度和时间调整猪营养的供给量。下面就本团队针对免疫应激对蛋白质、氨基酸和微量养分需要量的影响的研究作阐述。

2.4.1 免疫应激对仔猪蛋白质需要量的影响

吕继蓉(2002)采用 2×3 因子设计。2 种免疫状况，即免疫状况处于正常状态和免疫应激状态(免疫应激组通过注射血清型为 O55∶B5 的 *E. coli* 脂多糖诱导产生；正常组注射相应剂量的生理盐水)；3 种日粮蛋白水平，即 17%、20%、23%。试验选用 28 日龄断奶、体重 10～20 kg 的长荣(长白×荣昌)二元杂交仔猪 36 头，饲喂 21 d，研究免疫应激对仔猪蛋白水平需要的影响。结果表明：在免疫应激期，仔猪对蛋白水平的需要量为 17%，应激后的恢复期，仔猪对蛋白水平的需要量为 23%；正常生长的仔猪对蛋白水平的需要量为 20%。这一需要量与动物在应激不同时期对机体的保护作用有关。在免疫应激期，仔猪蛋白需要量低于正常推荐量，会减轻机体的代谢负荷和保证仔猪健康；在应激后的恢复期，仔猪因代偿性生长提高了机体蛋白质沉积能力，因而对蛋白的需求增加。

2.4.2 免疫应激对氨基酸平衡模式的影响

李建文(2002)研究了免疫应激对长白(公)×荣昌(母)10 kg 断奶仔猪氨基酸平衡模式的影响。研究结果表明,在非免疫应激条件下四种必需氨基酸的平衡模式为 DLys 100、DMet 30、DTrp 21、DThr 61,而在 LPS 诱导的免疫应激条件下的平衡模式为 DLys 100、DMet 27、DTrp 29、DThr 59(表 2.20)。由上可以看出,免疫应激略降低了 Met 和 Thr 相对比例,而 Trp 相对比例大幅提高。Trp 可能通过其诱导的 IGFs 和代谢物 5-羟色胺、褪黑激素等对免疫产生影响。在免疫应激期,Trp 是除 Phe 之外的第二限制性氨基酸,在 Phe 满足需要的条件下,如果外源 Trp 供给受限,则机体必须通过动员更多的体蛋白来满足合成急性期蛋白的需要。

表 2.20 免疫应激对仔猪 DLys、DMet、DTrp、DThr 平衡模式的影响

条件	平衡模式			
	DLys	DMet	DTrp	DThr
正常	100	30	21	61
应激	100	27	29	59

2.4.3 免疫应激对微量营养素需要的影响

2.4.3.1 免疫应激对仔猪锌需要量的影响

NRC(1998)《猪的营养需要》推荐 3~10 kg 仔猪锌的需要量为 100 mg/kg,10~20 kg 仔猪为 80 mg/kg。这一推荐量是正常饲养状态下根据满足仔猪最大生长速度确定的。免疫应激期动物物质的代谢变化,说明当免疫系统处于不同活化状态时,动物对各种养分的需要量可能发生改变。已有的研究表明,满足动物最佳免疫功能的微量元素需要量可能要高于最大生长速度。故处于应激状态下仔猪对锌的需要量是否会改变,值得深入研究。

孙国君(2009)研究了日粮锌水平(0、60、120 mg/kg)在正常和免疫应激条件下对仔猪生长的影响。结果发现,在免疫应激条件下,随着日粮锌水平的提高,仔猪日增重和外周血淋巴细胞转化率有提高的趋势。提高锌水平可以缓解免疫应激带来的生产性能的下降。故推测以生产性能为标识,免疫应激仔猪对锌的需要量高于健康仔猪。

2.4.3.2 免疫应激对仔猪维生素 D 需要量的影响

维生素 D 的主要功能是提高血浆中钙、磷水平,保证骨骼的正常钙化。维生素 D_3 对免疫细胞有调节作用,能使前髓细胞分化成单核细胞,刺激单核细胞的增殖,并获得活性成为巨噬细胞。NRC(1998)推荐猪维生素 D 需要量为每千克日粮 150~220 U。生产上仔猪常遭受应激,可添加 10~20 倍 NRC 推荐猪维生素 D 量。廖波(2009)研究发现,仔猪遭受免疫应激,饲粮添加 880~2 200 IU/kg 的 25-OH-D_3 可明显提高其生产性能,随 25-OH-D_3 添

加水平增加，改善作用越明显。推荐免疫应激条件下，以日增重为标识，仔猪饲粮维生素 D 添加量为 2 200 IU/kg。

2.4.3.3 免疫应激对仔猪叶酸需要量的影响

叶酸通过提供一碳单位参与嘌呤环和脱氧胸苷酸的生物合成、氨基酸的代谢等。叶酸的添加，特别是饲料中含有影响肠道微生物合成的药物时对仔猪生产性能有重要影响。NRC(1998)推荐妊娠和哺乳母猪叶酸的需要量为 1.3 mg/kg，而仔猪与生长猪为 0.3 mg/kg。高庆(2009)选用 10 kg 左右的长大杂交仔猪，研究了免疫应激条件不同叶酸水平对仔猪生长的影响，结果表明，正常状态下，仔猪在断奶后 0～7、8～24、25～31、32～45 d 适宜的叶酸摄入量分别为 1.4～1.5、2.9～3.0、3.6～4.3、0.44～0.55 mg/d。仔猪在免疫应激期(0～7 d)及其后继恢复过程中(8～14、15～21 d)，适宜的叶酸摄入量分别为 7.2、6.7～7.2、4.0～4.5 mg/d。随着断奶仔猪日龄、体重和采食量增加，或免疫应激恢复期的延长，饲粮叶酸的添加水平应逐步下调。由此可知，免疫应激会大大提高叶酸的需要量。

参考文献

陈宏. 2009. 生物素对断奶仔猪生产性能及免疫功能影响的研究：博士论文. 雅安：四川农业大学动物营养研究所.

陈静，刘显菌，张飞，等. 2010. 谷氨酰胺对免疫应激仔猪免疫器官指数的影响. 中国兽医杂志，46(9)：3-6.

陈金永. 2010. 维生素 A 对 pBD-1、pBD-2 和 pBD-3 基因表达的影响及其作用机理的研究：博士论文：雅安：四川农业大学动物营养研究所.

崔治中，崔保安. 2004. 兽医免疫学. 北京：中国农业出版社.

董海军. 2007. pGRF 基因质粒对免疫应激断奶仔猪生长的影响：硕士论文. 雅安：四川农业大学动物营养研究所.

董晓铃，刘国华，菜辉益，等. 2007. 细菌脂多糖诱导的急性免疫应激对肉仔鸡肉品质的影响. 动物营养学报，19(5)：622-626.

杜念兴. 2000. 兽医免疫学. 2 版. 北京：中国农业出版社.

高庆. 2009. 叶酸的抗病营养研究：博士论文. 雅安：四川农业大学动物营养研究所.

赖长华，尹靖东，李德发，等. 2005. 共轭亚油酸对免疫应激仔猪生长抑制的缓解作用. 中国畜牧杂志，41(2)：6-9.

黎文彬. 2009. 酵母硒对脂多糖(LPS)诱导的免疫应激早期断奶仔猪的影响：硕士论文. 雅安：四川农业大学动物营养研究所.

李建文. 2002. 免疫应激对 10 kg 仔猪可消化赖、蛋、色、苏氨酸平衡模式的影响：硕士论文. 雅安：四川农业大学动物营养研究所.

李建文，陈代文，张克英，等. 2006. 免疫应激对仔猪理想氨基酸平衡模式影响的研究. 畜牧兽医学报，37(1)：34-37.

廖波. 2009. 25(OH)D_3 对免疫应激断奶仔猪的生产性能、肠道免疫功能和机体免疫应答的影响:博士论文.雅安:四川农业大学动物营养研究所.
陆承平.2001.兽医微生物学.3版.北京:中国农业出版社.
吕继蓉.2002.免疫应激对仔猪生产性能和蛋白质需求规律的影响:硕士论文.雅安:四川农业大学动物营养研究所.
齐莎日娜.2010.猪β-防御素基因表达特点及精氨酸的调节作用:博士论文.雅安:四川农业大学动物营养研究所.
孙国君.2009.锌对仔猪及小肠上皮细胞免疫功能的调节作用:博士论文.雅安:四川农业大学动物营养研究所.
吴春燕.2002.免疫应激对断奶仔猪整体蛋白质周转代谢的影响:硕士论文.雅安:四川农业大学动物营养研究所.
张红双,秦梅,柴同杰.2010.养殖环境生物应激因素对鸡免疫功能和生产性能的影响.动物医学进展,31(S):23-26.
周光炎.2002.免疫学原理.上海:上海科学技术出版社.
Agren M S, Chvapil M, Franzen L. 1991. Enhancement of reepithelialization with topical zinc oxide in porcine partial-thickness wounds. J Surg Res, 50:101-105.
Bassaganya R J, Hontecillas M R, Bregendahl K, et al. 2001. Effects of dietary conjugated linoleic acid in nursery pigs of dirty and clean environments on growth, empty body composition, and immune competence. J Anim Sci, 79(3): 714-721.
Bluthe R M, Laye S, Michaud B, et al. 2000. Role of interleukin-1β and tumour necrosis factor-α in lipopolysaccharide-induced sickness behaviour: a study with interleukin-1 type I receptor-deficient mice. European Journal of Neuroscience, 12(12): 4447-4456.
Boonstra A, Barrat F J, Crain C, et al. 2001. 1 alpha,25-Dihydroxyvitamin D_3 has a direct effect on naive CD4(+) T cells to enhance the development of Th2 cells. J Immunol, 167(9): 4974-4980.
Burkey T, Dritz S, Nietfeld J, et al. 2004. Effect of dietary mannanoligosaccharide and sodium chlorate on the growth performance, acute-phase response, and bacterial shedding of weaned pigs challenged with *Salmonella enterica* serotype Typhimurium. J Anim Sci, 82(2): 397-404.
Evans K N, Nguyen L, Chan J, et al. 2006. Effects of 25-hydroxyvitamin D_3 and 1,25-dihydroxyvitamin D_3 on cytokine production by human decidual cells. Biol Reprod, 75(6): 816-822.
Goldblum S E, Cohen D A, Jay M, et al. 1987. Interleukin 1-induced depression of iron and zinc: role of granulocytes and lactoferrin. Endocrinology and Metabolism, 252(1): E27-E32.
Gunshin H, Mackenzie B, Berger U V, et al. 1997. Cloning and characterization of a mammalian proton-coupled metal-ion transporter. Nature, 388:482-488.
Iho S, Takahashi T, Kura F, et al. 1986. The effect of 1,25-dihydroxyvitamin D_3 on in vitro immunoglobulin production in human B cells. J Immunol, 136(12): 4427-4431.
Johnson R W. 1997. Inhibition of growth by pro-inflammatory cytokines: an integrated

view. J Anim Sci, 75(5): 1244-1255.

Lemire J M, Archer D C, Beck L, et al. 1995. Immunosuppressive actions of 1,25-dihydroxyvitamin D_3: preferential inhibition of Th1 functions. J Nutr,125(6 Suppl): 1704S-1708S.

Long C L, Jeevanandam M, Kim B M, et al. 1977. Whole body protein synthesis and catabolism in septic man. Am J Clin Nutr, 30: 1340-1344.

Macallan D C, McNurlan M A, Milne E, et al. 1995. Whole-body protein turnover from leucine kinetics and the response to nutrition in human immunodeficiency virus infection. Am J Clin Nutr, 61: 818-826.

McMahon R J, Cousins R J. 1998. Regulation of the zinc transporter ZnT-1 by dietary zinc. Proceedings of the National Academy of Sciences of the United States of America, 95(9): 4841-4846.

Saïd L, Fabienne T, Jean P, et al. 1998. Induction and modulation of acute-phase response by protein malnutrition in rats: comparative effect of systemic and localized inflammation on interleukin-6 and acute-phase protein synthesis. J Nutr,128:166-174.

Wang D, Perides G, Liu Y F 2005. Vaccination alone or in combination with pyridostigmine promotes and prolongs activation of stress activated kinases induced by stress in the mouse brain. Journal of neurochemistry, 93(4): 1010-1020.

Waterlow J C. 1984. Protein turnover with special reference to man. Q J Exp Physiol, 69: 409-438.

Webel D M, Mahan D C, Johnson R W, et al. 1998. Pretreatment of young pigs with vitamin E attenuates the elevation in plasma interleukin-6 and cortisol caused by a challenge dose of lipopolysaccharide. J Nutr, 128: 1657-1660.

Williams N, Stahly T, Zimmerman D. 1997a. Effect of chronic immune system activation on body nitrogen retention, partial efficiency of lysine utilization, and lysine needs of pigs. J Anim Sci, 75(9): 2472-2480.

Williams N, Stahly T, Zimmerman D. 1997b. Effect of level of chronic immune system activation on the growth and dietary lysine needs of pigs fed from 6 to 112 kg. J Anim Sci, 75(9): 2481-2496.

Wright K J, Balaji R, Hill C, et al. 2000. Integrated adrenal, somatotropic, and immune responses of growing pigs to treatment with lipopolysaccharide. J Anim Sci,78(7): 1892-1899.

Zannelli M, Touchette K, Allee G, et al. 2000. A comparison of the immunological response to lipopolysaccharide(LPS)versus *E. coli* challenge in the weaned pig. J Anim Sci, 78(2): 77.

第3章

营养与胃肠道健康

胃肠道是猪食物消化、吸收的主要场所。在胃内，食物与胃液混合，形成食糜，然后进行初步消化，并通过胃的蠕动而进入小肠进行进一步的消化和吸收；在肠道，食糜中的各种营养物质被分解成各种小分子物质，经肠绒毛吸收进入血液和淋巴，供机体利用。此外，在猪的屏障功能和免疫防御过程中，胃肠道也起着重要的作用。现代营养学的研究结果表明，猪胃肠道的健康受到营养水平及饲养管理技术的显著影响，而胃肠道的健康也是猪机体健康的重要基础之一。

3.1 猪胃肠道生理规律与代谢特点

3.1.1 猪胃肠道的生理特点

3.1.1.1 胃

猪胃为消化道的膨大部分，一般来说，可以分为四个不同的部位，即食管部、贲门部、胃底部和胃窦部。胃底部分布有泌酸腺，含有多种细胞，如黏液颈细胞、壁细胞、主细胞和内分泌细胞等；贲门部分布有主要由黏液细胞、内分泌细胞和壁细胞构成的贲门腺；胃窦部的幽门腺开口于胃小凹处的幽门窦，主要由黏液细胞组成，还含有壁细胞和内分泌细胞。因此，胃除了是一个消化器官外，还是一个内分泌器官，可以分泌盐酸、消化酶和多种激素类因子等。

3.1.1.2 小肠

猪的小肠分为十二指肠、空肠和回肠，是消化道中最长的部分，新生仔猪平均长约3.5 m，成年猪长约20 m。小肠壁从内向外可分为4层，即黏膜层、黏膜下层、肌层和浆膜层。黏膜层拥有指状的或叶状的肠绒毛，这大大增加了小肠的表面积和小肠的吸收功能。

肠绒毛之间是隐窝，含有分泌黏液和消化液的腺体，另外有特殊的可分泌激素的上皮细胞。肠黏膜为单层柱状上皮，下为固有层，固有层中含有大量的白细胞和淋巴组织，这与肠道免疫功能密切相关。

值得注意的是，肠黏液层和肠上皮细胞层共同构成了肠道的第一道防御系统。黏液层是覆盖于绒毛外由杯状细胞分泌的厚约 400 μm 的黏稠分泌物，含酸性黏蛋白，可润滑肠道表面，保护肠上皮细胞免受化学、微生物及物理学损害；肠上皮细胞位于肠绒毛的上 1/3 处，顶端覆盖的微绒毛共同形成了刷状缘，微绒毛外被以多糖蛋白，利于肠道消化、吸收功能的发挥；相邻的肠上皮细胞间形成紧密连接结构，可阻止大分子物质及细菌等通过细胞旁路穿过肠壁组织。

3.1.1.3 大肠

大肠包括盲肠、结肠和直肠三个部分。盲肠和结肠以回肠突入盲肠部为分界。结肠和直肠以荐骨岬为界。成年猪大肠的长度为其体长的 3 倍（3～4.5 m），直径为 5 cm 左右，重量约占体重的 1.44%。

大肠壁的结构与小肠相比，差别最大的是黏膜。在肠黏膜上整个大肠都没有绒毛，黏膜固有层的肠腺较直，杯状细胞较多。黏膜固有层和黏膜下层中含有淋巴组织。大肠的主要功能是吸收水分、电解质和在小肠中不消化的物质，未吸收的物质最后排出体外。猪大肠液中主要的成分是黏液，含酶较少。小肠中的消化液进入大肠还可继续进行微弱的消化。但是进入大肠的物质大都难以被消化，主要是植物性饲料的粗纤维成分，可被微生物发酵生成挥发性脂肪酸，满足猪的能量需要。

猪大肠的消化主要依靠肠道内的微生物。肠道内微生物种类繁多、数量庞大。猪肠道内大约有 14 个属的 400～600 多种微生物，每克食糜中微生物数量达 10^{14} 个，是体细胞数的 10 倍，它们广泛分布于各段肠道当中，其中以盲肠和结肠中微生物数量最多。肠道菌群是微生物与其宿主在共同的历史进化过程中所形成的生态系，对动物是有益的、必要的和不可缺少的。在大肠中，肠道内的微生物将粗纤维和其他结构性碳水化合物、蛋白质等有机物质发酵之后，产生乳酸、乙酸和丙酸等挥发性脂肪酸，可被大肠黏膜所吸收，供动物机体使用。猪大肠内的细菌也能分解蛋白质、多种氨基酸和尿素等含氮物质，产生氨、肽类以及有机酸。此外，猪大肠内的微生物还能合成 B 族维生素和维生素 K 等有机物质。

猪大肠内菌群与菌群之间和微生物与宿主之间以共生拮抗关系构成了一个相对稳定的微生态系统。维持肠道微生态的动态平衡对于猪的消化、免疫和物质能量代谢等均具有十分重要的作用。

3.1.2 胃肠道的消化、吸收和屏障功能

3.1.2.1 胃的消化

胃是猪重要的消化器官，成年猪的容积在 8 L 左右。饲料在胃中可进行物理、化学性消化作用和贮备。

饲料经咀嚼并与唾液混合后吞入胃内。猪胃的贲门部和胃底部运动微弱，饲料在胃内按

层次排列，可保持数小时之久。胃液逐渐渗透进入胃内容物，开始对饲料进行消化。胃液中的胃蛋白酶和凝乳酶对于蛋白质的消化具有重要的意义。饲料中的蛋白质在胃酸、胃蛋白酶作用下降解为含氨基酸残基数目不等的多肽链及游离的氨基酸，随后在小肠中进一步降解为游离氨基酸和寡肽。蛋白质消化产物的吸收主要在小肠上2/3的部位进行，并受动物、饲粮、热损害等因素的影响。

营养性碳水化合物主要在消化道前段消化、吸收，而结构性碳水化合物主要在消化道后段消化吸收。猪的胃液中虽然不产生糖类水解酶，但胃内也存在一定程度的糖的消化过程，主要是依赖唾液淀粉酶和植物性饲料本身含有的酶来完成。研究表明，猪胃的无腺区有细菌繁殖，因此可能也存在纤维素和其他糖类物质的分解和发酵作用。

胃壁存在脂肪酶，能将已经乳化的脂肪水解为甘油和脂肪酸。仔猪胃脂肪酶较多，成年猪含量少，活性也较弱，所以一般认为胃中脂肪消化较少。

3.1.2.2 肠的消化吸收

肠道是猪消化道中重要的消化吸收部位。食糜中的各种营养物质在胆汁、胰液和肠液中各种消化酶的作用下，分解成小分子物质，经肠道的绒毛进入到血液和淋巴，供机体利用。由于小肠和大肠在组织结构和功能上的差异，一般认为小肠是营养物质消化和吸收的主要场所，而大肠则在特定和少量的营养物质消化和吸收中发挥作用。

1. 小肠的消化

小肠的消化功能主要靠小肠液来完成，小肠液主要包括胰腺分泌的胰液、肝脏分泌的胆汁以及肠壁内腺体分泌的小肠液等。

胰液由胰腺组织中腺泡细胞连续性分泌，经胰腺导管排入十二指肠，采食时分泌增加。20～30 日龄的仔猪一昼夜分泌的胰液为 150～350 mL，3 月龄可分泌 3.5 L，7 月龄时分泌量为 8～10 L。胰液无色透明，pH 为 7.8～8.4。胰液消化酶含量丰富，包括胰蛋白酶、胰肽酶、胰脂肪酶、胰淀粉酶和胰核酸酶等。猪的胰消化酶刚分泌时大部分以无活性的酶原形式存在，在合适的条件下才具有消化酶活性。

胆汁是橙黄色、有黏性和味苦的弱碱性液体，pH 为 8.0～9.4。胆汁由肝细胞合成。胆汁不仅是一种消化液，也是某些物质的排泄途径。胆汁中不含消化酶，主要成分是胆色素、胆酸、胆固醇、卵磷脂以及其他的磷脂、脂肪和矿物质等。胆汁对消化的作用主要是通过胆酸盐来实现的，体现为：①参与脂肪的消化；②促进脂溶性维生素（维生素 A、维生素 D、维生素 E、维生素 K）的吸收；③胆汁中的碱性无机盐可中和一部分由胃进入肠中的酸性食糜，维持肠内的酸碱平衡；④胆汁能刺激小肠的运动。

小肠液是小肠黏膜中各种腺体分泌物的混合，纯净的小肠液是无色的混浊液，pH 为 8.2～8.7，含有碳酸氢钠和多种消化酶，并且混杂有脱落的肠黏膜上皮细胞。小肠液中有种类齐全的消化酶，如肠肽酶、肠脂肪酶、分解糖类的酶以及分解核酸和核苷酸的酶，其对饲料中的营养物质的消化作用是十分全面和彻底的，可将蛋白质、脂肪和碳水化合物分解为可被机体吸收利用的形式。

2. 大肠的消化

大肠液的主要成分是黏液，含酶较少。进入大肠中的营养物质一般都是以微生物消化为主。饲料中的部分纤维素和其他糖类物质等被微生物发酵之后，产生乳酸、乙酸、丙酸等挥发性脂肪酸，然后被肠黏膜吸收。此外，大肠内部的细菌也能分解蛋白质、多种氨基酸和尿素等含氮物质，产生氨、胺类以及有机酸等。

3. 小肠的吸收

猪的各段消化道有不同程度的吸收能力。饲料中各种营养成分吸收的量和速率，主要取决于各段消化道的组织结构、养分在该处的存在形式以及停留的时间。食物的吸收主要发生在肠道，而大肠中主要吸收水分、无机盐和微生物消化的产物，绝大多数营养物质在小肠内被吸收。

猪小肠内具有杯状褶皱，并附有大量的指状突起的绒毛，因而使吸收面积增加很多倍。绒毛内有大量的毛细血管、中央乳糜管、神经丛等，被吸收的营养物质就是通过绒毛中的毛细血管和乳糜管而进入动物血液的。小肠绒毛中还有平滑肌组织，它的收缩运动带动绒毛的伸长和缩短，起着汲水的作用，更有利于物质的吸收。

绝大多数的蛋白质在猪肠道内被分解为氨基酸，再被主动吸收入血液，有三种不同的载体分别对中性、碱性和酸性氨基酸起转运作用。糖类则在肠道内被降解为单糖和双糖，或经细菌作用形成低级脂肪酸而被吸收。单糖和低级脂肪酸可以被直接吸收。麦芽糖、蔗糖、乳糖等双糖虽然可以完全溶解于食糜中，但在正常情况下，必须经肠黏膜上皮的刷状缘含有的双糖酶降解为单糖后才能被吸收。脂肪在胆盐和脂肪酶的作用下水解为脂肪酸和甘油，脂肪酸和胆盐形成复合物后，经肠黏膜进入肠上皮细胞。复合物进入上皮细胞后分离，胆盐继续循环而脂肪酸则被机体利用。

3.1.2.3 肠道的屏障功能

肠道既是体内营养物质消化、吸收的重要器官，同时又是体内最大的细菌和内毒素的容库，但在正常情况下，动物并不会受到这些细菌和内毒素的直接损害，这不得不归功于肠道的屏障功能。

肠道屏障是指肠道防止肠腔内有害物质透过肠黏膜进入体内其他组织器官和血液循环的结构和功能的总和。肠道屏障包括机械屏障、免疫屏障和生物学屏障。肠道屏障可有效阻挡肠道内 500 多种、浓度高达 $10^{12\sim14}$ 个/g 的肠道内微生物及其毒素、代谢产物向肠腔外组织、器官易位，防止机体受到内源性微生物及其毒素的损害。上述任一屏障受损，均可导致肠道屏障功能的受损及肠道或全身性疾病的发生。

1. 肠道机械屏障

机械屏障是指完整的彼此紧密连接的肠黏膜上皮结构，肠黏膜屏障以机械屏障最为重要，其结构基础为完整的肠黏膜上皮细胞以及上皮细胞间的紧密连接。正常情况下，肠黏膜上皮细胞、细胞间紧密连接与肠菌膜屏障三者构成肠道的机械屏障，能有效阻止细菌及内毒素等有害物质透过肠黏膜进入血液。

除此之外，由肠道细胞分泌的以黏蛋白为主的黏液、消化液以及肠道微生物产生的抑菌物质等组成的化学屏障，也可以认为是肠道机械屏障的重要组成部分，在阻止有害物质进入机体中也发挥着重要的作用。

2. 肠道免疫屏障

肠道的免疫屏障由肠上皮细胞、肠上皮内淋巴细胞、固有层淋巴细胞、派伊氏结和肠系膜淋巴结等肠道组织以及肠道浆细胞分泌的 sIgA 构成。其主要功能是由相关淋巴组织通过分泌 sIgA 发挥抗感染的体液免疫以及细胞毒性的细胞免疫为主。

sIgA 进入肠道能够选择性地包被革兰氏阴性菌，形成抗原抗体复合物，阻碍细菌与肠上皮细胞受体结合，刺激肠道黏膜黏液分泌并加速黏液层的流动，有效阻止细菌对肠黏膜的黏附，并且其在穿胞过程中对于已潜入细胞内的病毒同样具有中和作用。sIgA 阻抑黏附的机制可能与使病原微生物发生凝聚、丧失活动能力而不能和肠上皮结合，或与病原微生物结合后，阻断了病原微生物表面的特异结合点，因而使其丧失黏附能力有关。概括来说，肠道的免疫屏障由肠壁的各种细胞及其分泌的免疫球蛋白 IgA、IgE、IgM 等构成，是阻止细菌易位的重要环节之一。

研究还发现肠道黏膜的 25%由淋巴样组织构成，而整个机体中 70%以上的免疫细胞存在于肠道中。肠道免疫系统的细胞有的弥散存在，有的高度集中形成淋巴小结，比如淋巴滤泡集结，它可以分泌 IgA 和产生 B 淋巴细胞。固有层含有大量弥散的 T 淋巴细胞群、可产生免疫球蛋白的细胞群(B 淋巴细胞和浆细胞)、吞噬细胞、肥大细胞、少量的树突状细胞、嗜酸性粒细胞和中性粒细胞以及具有生物活性的成纤维细胞，对肠道的健康起着关键的作用。

3. 肠道生物学屏障

肠道的生物学屏障是指肠道菌群与机体形成了相互依赖、相互制约的微生态平衡系统，主要体现在抑制肠道病原微生物、调节肠道黏膜免疫等。

在猪的消化道中，胃是一个重要的非免疫防御器官，胃的酸性环境极大地抑制了微生物的繁殖，减少了进入小肠的微生物数目。那些耐过胃的酸性环境而进入小肠的微生物受到小肠中碱性环境(更有利于细菌的繁殖)的影响其数目增加，也增加了微生物附着在黏膜上皮上的可能性。为对付这些微生物的侵袭，猪在进化过程中形成了进一步的小肠非免疫性防御机制。小肠的非免疫性防御机制包括能杀死某些微生物的胆汁和能使细菌细胞壁降解的含有蛋白酶的胰液。上皮细胞本身也是屏蔽，单个肠细胞紧密接合，可以阻止大分子的通过。另外，小肠绒毛上的肠细胞每 3～6 d 更替一次，这进一步阻止了病原微生物在肠道中的定居和繁殖。肠蠕动会产生一种机械性清理作用，可以防止微生物在小肠上段上皮上的附着。杯状细胞分泌的黏液可以保护肠上皮的表面，也提供了能够捕获抗原的黏性基质。猪大肠中的生理环境为，pH 近中性，厌氧条件，运动性减低，这种条件有利于大量正常菌群的繁殖和生长。

除了为宿主动物本身提供营养以外，肠道固有细菌在维持肠道功能健康方面具有举足轻重的作用。正常菌群的最重要作用莫过于它能阻止侵入肠道中的病原微生物的定居，这种作用就是所谓的定居抗力(colonization resistance)。正常细菌产生定居抗力的机制包括：利己不利他的 pH、与病原微生物竞争养分、竞争肠上皮上的附着点，并在局部产生细菌素。虽然大肠的环境对宿主最为有利，但微生物依然要在胃、小肠和大肠中定居。在小肠中这些微生物群系存在于小肠上皮细胞表面、肠绒毛表面的黏液中、隐窝中和肠腔中。无论寄居何处，一般微生物群系相对稳定且由许多特定的种群组成。这些微生物群系是宿主动物的特征，在一定程度上也为动物提供营养和内在环境。尽管微生物群系对动物胃肠道的发育和健康至关重要，但我们目前对仔猪小肠微生物群系的了解甚少，特别是对于新生期仔猪和断奶前后的仔猪，其肠道微生物可能发生了根本性的改变。

研究表明，肠道中的正常菌群可以通过刺激黏膜免疫系统和系统免疫系统的途径来促进宿主动物的免疫力的提高。在无菌动物，其特有的免疫器官(包括肠道)发育不足。引入致病性肠道细菌以后，正常的免疫结构和功能得以迅速恢复。其他实验也间接地为这种现象提供了证据。在一项使用直接饲喂微生物的实验中人们发现，仔猪的免疫力提高，生长速度也加快,这与微生物的功能密切相关。研究表明,宿主动物对自身固有微生物群系的变化极为敏感,其表现为改变肠上皮细胞中细胞因子合成的模式。用这种手段到底在多大程度上能够调节、操纵和激活免疫机制,取决于我们对固有微生物群系和黏膜免疫组成二者微妙平衡关系的了解程度,特别是对二者在细胞和分子水平上互作机制的理解程度。

4. 肠道屏障功能的评定

动物正常的屏障功能对维持动物健康和提高动物的生产性能具有十分重要的作用。因此,肠道屏障功能损害和肠道屏障的测定具有重要意义。形态结构是功能反映的基础,一般认为小肠肠黏膜厚度,绒毛完整性,隐窝深度,上皮细胞数量及增殖、凋亡,淋巴细胞等均可以有效反映肠道形态及功能的变化。随着大量动物试验以及临床医学的发展,除了这些常规检测指标之外,目前对肠道屏障功能的检测形成了一套较为完善和实用的体系。

目前常用的肠黏膜通透性的检测方法有以下几种:①糖吸收试验。糖探针主要有阿拉伯糖、鼠李糖、甘露醇和寡糖(如乳果糖、蔗糖、纤维二糖、蜜三糖等)。这些糖在体内无法代谢,经尿排出体外。单糖是通过跨细胞途径被吸收的,而寡糖是通过细胞间的紧密连接进入机体的。当肠上皮的紧密连接被破坏时,肠道对单糖吸收减弱,而对寡糖的通透性增强。因此当尿液中寡糖/单糖的比值升高时,可以说明肠道的通透性增加而屏障功能下降。②同位素示踪法。使用同位素检测肠道的通透性具有简单易行的特点,但是只能作为单一的探针使用,因此结果容易受到各种因素的影响,并且由于具有放射性,对动物机体组织的损伤较大。目前对肠道通透性检测使用最广泛的同位素有^{51}Cr-EDTA 和^{99m}Tc-DTPA。除此之外,^{14}C-菊粉、^{14}C-聚乙二醇、^{14}C-甘露醇等低放射性物质也被用于肠道通透性的检测。③*D*-乳酸含量测定。*D*-乳酸是消化道内固有菌群的代谢产物,哺乳动物并没有将其快速代谢的酶系统,因而血液中的 *D*-乳酸含量可以反映肠道通透性的改变。④聚乙二醇回收率测定。聚乙二醇类物质本身不存在于动物机体内,正常情况下,相对分子质量接近 400 的聚乙二醇可经肠道吸收,然后在尿中以原形排出,而相对分子质量大于 1 000 的聚乙二醇不能被肠道吸收。一般实验可应用聚乙二醇在尿中的回收率来评价黏膜通透性。⑤细菌及内毒素水平检测。目前国内外普遍使用组织细菌培养法,即采取肠系膜淋巴结、肝、脾、肺、肾等组织,肠壁浆膜或腹腔的拭子,以及血液、淋巴液等进行细菌培养,然后分离出活的细菌,在光镜或电镜下进行分类和计数。但是此方法容易受到外界因素的干扰,且很多细菌难以生长或生长缓慢,造成其敏感度很低。近年来已经发展使用 PCR 技术和荧光原位杂交技术对细菌的数量进行准确的分析。而目前对内毒素的测定主要采用的是鲎变形细胞裂解试验。⑥体外检测方法。在体外试验中,人们通过离体培养的肠段、细胞和质膜对肠道的屏障功能进行评定。

因此,肠道作为机体重要的器官,其功能不仅在于消化吸收营养物质,还可分隔肠腔内物质、防止致病抗原侵入,起到防御的作用。肠道的屏障功能具有重要的意义,而肠道屏障功能由特异性免疫效应和非特异性屏障机制组成。一方面,肠道黏膜含有一种与其他组织不同的高度特异性免疫系统。肠道免疫系统的细胞有的弥散存在,有的高度集中形成淋巴小结,比如淋巴滤泡集结,它可以分泌 IgA 和产生 B 淋巴细胞,从而构成较为强大的特异性免疫机能。另一方面,肠道黏膜还具有由黏膜上皮强大的增殖能力、上皮细胞间的紧密连接和黏液蛋白层组成的非特异性屏障机制。动物肠道黏膜的这些非特异性屏障作用可以有效防止诸多抗原物质的渗透和侵入,并有利于将这些物质排出,从而防止这些异体物质进入机体,起到对动物机体的保护作用。

3.1.3 猪肠道营养代谢特点

肠道是一个具有高分泌性和高增殖能力的组织，大量研究表明，尽管猪的肠道仅占机体重量的3%～6%，但是其所消耗的营养占动物采食养分的40%～60%，其氧气消耗占机体消耗量的20%～35%，能量消耗约占机体消耗量的25%，而肠道组织的蛋白质周转率占全身周转率的20%～35%，远远高于肠外组织。

1. 能量代谢

肠道组织利用营养物质模式具有不一致性，有些营养物质会被作为肠道所需能量来源优先代谢。氨基酸是肠道优先利用的重要营养物质。研究表明，日粮谷氨酰胺、谷氨酸和天门冬氨酸的90%为肠道所利用，其中50%～70%用于氧化供能。同时，日粮中部分必需氨基酸（如赖氨酸、苏氨酸、蛋氨酸、支链氨基酸和苯丙氨酸）也有30%～60%被肠道所利用，而氧化量占其中的20%～30%。葡萄糖是另外一种重要的肠道氧化供能物质。以仔猪为试验模型研究表明，肠道中用于氧化供能的葡萄糖量为机体内的15%，而这些葡萄糖分别来源于肠道的动脉血和日粮，且来源于动脉血的葡萄糖氧化高于来源于日粮的比例。

2. 蛋白质代谢

猪主要是以游离氨基酸的形式吸收蛋白质，吸收部位主要在小肠，尤其是十二指肠，此外也可吸收少量的小肽。吸收后的蛋白质以及蛋白质降解的产物如小肽和氨基酸等，主要在肝脏发生代谢，但目前的研究结果表明，肠道细胞也会对部分氨基酸发生代谢，比如，肠道细胞会在肠道细胞谷氨酰胺酶的作用下对肠道吸收的谷氨酰胺进行分解代谢，代谢产生的能量将作为肠道细胞进行生命活动的燃料，进而促进肠道细胞正常的生命生理活动。

3. 矿物质维生素代谢

矿物质和维生素作为动物生存和生长所必需的营养物质，其缺乏必然对动物的肠道造成不利的影响，实际上，猪肠道内矿物质的吸收是比较弱的，体内所需的矿物质更多来自于内源代谢。而肠道的微生物也能合成B族维生素和维生素K供猪体利用，但肠道环境特别是肠道内的微生物菌群以及微生态平衡等又会影响矿物质和维生素的代谢。除此之外，肠道疾病等也会影响矿物质和维生素的吸收和代谢，从而对动物造成不利的影响。

综上所述，肠道结构、功能和代谢具有其独特的特点，肠道结构的完整和功能的正常发挥对于整个机体的健康有着至关重要的作用；然而，在动物遭受断奶、气候变化或细菌、病毒感染的情况下，肠道的健康往往遭受着巨大的挑战。研究表明，通过营养调控的手段保护和维持肠道结构和功能的完整，有助于增强动物本身抵抗外来侵害的能力，或者说增强动物的抗病力。

3.2 营养与猪胃肠道结构和功能

现代动物营养学的研究结果证明，猪肠道形态结构的发生、发育与品种及营养具有非常密切的联系，而肠道基本结构的完整是其功能完善、发挥的重要物质基础。

3.2.1 营养对猪胃肠道发育的影响

仔猪消化系统的结构和功能经历了发生、发展和成熟的过程。从胚胎初期开始，各种消化器官的发育模式也因器官种类而异，而肠道则是仔猪变化最为活跃的消化器官。从妊娠1个月到出生，肠道相对于胚胎重的生长率呈正的异速增长，这种生长模式一直持续到出生后1周。断奶后，肠道的生长速度显著高于哺乳期的仔猪。随着年龄的增长，仔猪的小肠绒毛高度减小，隐窝深度增加。断奶后肠道形态的这种变化比吮乳期的更明显，而且断奶越早变化越明显。影响仔猪肠道形态变化的因素较为复杂，就目前的研究来看，小肠中的病原菌及其相互作用，断奶时仔猪对应激原的不适应，断奶时无法吃到母乳，断奶后日粮成分，作为肠道生长调节因子的细胞素等因素是造成肠道形态变化的重要原因。仔猪断奶后肠道形态的变化会使绒毛刷状缘酶（如乳糖酶、蔗糖酶、异麦芽糖酶和α-葡萄糖苷酶）活性降低，消化道吸收能力降低。经测定，断奶后仔猪对*D*-乳糖、丙氨酸、葡萄糖和电解质溶液的吸收能力降低。

大量的研究发现，日粮的物理形态、日粮种类和组成以及日粮的加工方法都影响肠道的形态、消化酶活性、消化道酸度和消化吸收能力。

唐仁勇(2004)研究了不同料型（粉料和颗粒料）、料态（液态和固态）对早期断奶仔猪消化生理的影响，结果发现：①与粉料组相比，颗粒料组仔猪十二指肠和空肠绒毛高度有增加的趋势。②液态料组仔猪空肠的绒毛高度高于固态料组。这个结果证实仔猪的肠道发育首先会受到饲料料型及饲喂时饲料形态的影响。因此，从日粮的物理形态来看，同一种日粮以糨糊状或液体形式饲喂时对绒毛的损伤程度小于颗粒。

此外，肠道形态与日粮的种类和组成有关，断奶后肠道黏膜受日粮的损伤是最终导致仔猪腹泻的重要因素之一。日粮中具有抗原性的大分子物质（以蛋白质和碳水化合物为主）可引起短暂的过敏反应，引起肠道损伤。孙云子等(2011)的研究结果充分证明了这一点，该研究选择24头21日龄断奶仔猪，考察了全植物蛋白日粮和乳源蛋白替代30%植物蛋白（复合蛋白）日粮对仔猪肠道发育的影响，结果表明，与断奶0 d相比，复合蛋白日粮组和全植物蛋白日粮组在断奶后3、7、14 d的绒毛高度、绒毛宽度、隐窝深度和固有膜厚度差异极显著。植物蛋白日粮显著降低了仔猪空肠绒毛高度、隐窝深度、绒毛宽度。透射电镜观察显示，断奶3 d复合蛋白日粮组的吸收细胞微绒毛的整齐度较好，线粒体、粗面内质网和游离核糖体很丰富，全植物蛋白日粮组肠道微绒毛稀疏、变短，部分微绒毛丝心小根不清晰，粗面内质网及线粒体部分扩张病变。断奶14 d时，复合蛋白日粮组仔猪空肠上皮细胞超微结构中线粒体个数增加，微绒毛密度增加，但粗面内质网变化不大。全植物蛋白日粮组仔猪空肠上皮细胞微绒毛严重脱落，粗面内质网和核糖体数量较少，且大部分发生病变。这提示我们：不同蛋白源日粮对早期断奶仔猪肠道形态和组织结构均有显著的影响，且在断奶3 d时表现最为明显，复合蛋白日粮比全植物蛋白日粮具有更好的调节作用。

日粮中的淀粉含量也会影响不同品种猪的肠道消化率，粗蛋白含量也同样会有相应的不同效果，但研究两种物质比例不同的日粮具有更深远的意义。为此，刘宏伟等(2009)采用2×2因子试验设计，研究日粮碳水化合物/蛋白质水平对240日龄不同品种猪胃肠道重量、长度的影响，并探讨肌内脂肪(IMF)含量与胃肠道重量、长度的关系。结果发现：与低碳水化合物/高蛋白(LC/HP)日粮相比，高碳水化合物/低蛋白(HC/LP)日粮极显著提高了DLY猪的

IMF含量(IMF为5.83%),对太湖猪有提高的趋势;无论在何种日粮下,太湖猪的胃、小肠指数都极显著高于DLY猪。因此,HC/LP日粮可大幅度提高240日龄DLY猪的IMF含量,对猪的胃、肝和小肠的重量或长度影响不大。

上述研究表明,如果对猪日粮原料进行合理选择,可以减轻对仔猪消化道的损伤,从而减弱对仔猪肠道发育的不良影响,增强仔猪的抗病力。

母乳及其他乳制品最有利于断奶仔猪的肠道形态、消化酶活性及其他功能的发育。除了乳制品易于消化外,可能与乳中所含有的乳源性生长因子、激素和其他生物活性物质有关。这些物质主要包括表皮生长因子(EGF)、多胺及控制多胺生成的关键酶、胰岛素和类胰岛素生长因子、谷氨酰胺(Gln)等。仔猪断奶或母乳中这些物质的浓度降低时,可采取外源注射类胰岛素生长因子或在断奶日粮中补充人工合成谷氨酰胺的方法,来改善仔猪断奶后肠道的生理功能。

范志勇等(2006)研究表皮生长因子(EGF)及其与谷氨酰胺(Gln)和生长激素释放因子(pGRF)基因质粒的不同组合形式对早期断奶仔猪肠道发育影响的差异,结果表明:EGF与pGRF基因质粒、Gln的不同组合形式均不同程度促进了仔猪小肠的发育。其中,以EGF+Gln+pGRF基因质粒的效果最为明显,小肠、空肠前部、空肠中段、空肠后段及整个空肠的重量分别超过对照组37.12%、103%、86.27%、100%和96.02%。空肠绒毛高度提高89.68%,细菌易位率为零。范志勇等(2003)在探讨猪pGRF基因对早期断奶仔猪肠黏膜的影响时还发现断奶后注射pGRF,仔猪绒毛高度增加19.71%,显著促进了肠道的发育。

蒋义等(2011)采用单因子试验设计,研究Arg-Gly-Gln对断奶仔猪空肠酶活及细胞增殖与凋亡的影响时也充分证明谷氨酰胺小肽可有效促进肠道的发育,其结果表明:①添加Arg-Gly-Gln的培养液中乳酸脱氢酶(LDH)活力均显著或极显著降低;②添加2.23、4.45 mmol/L Arg-Gly-Gln组空肠组织二胺氧化酶(DAO)活力分别提高了66.34%、110.89%;③随着培养液中Arg-Gly-Gln水平的提高,溴脱氧鸟苷(BrdU)阳性细胞百分比增加,半胱氨酸蛋白酶(caspase-3)阳性细胞百分比降低。Arg-Gly-Gln能够缓解细胞损伤并降低细胞膜通透性,提高空肠组织谷氨酰胺酶和DAO的活力,增强肠细胞对Gln的利用;Arg-Gly-Gln能够促进断奶仔猪离体空肠细胞增殖,抑制由caspase-3介导的细胞凋亡,从而通过提高肠道黏膜的完整性来提高肠道的屏障功能。

Wang等(2011)的试验研究不同水平Gly-Gln对断奶仔猪空肠酶活力、细胞增殖和凋亡的影响,结果表明:与对照组相比,添加Gly-Gln等显著增加BrdU阳性细胞的比例和四甲基偶氮唑盐比色测定的吸光度(MTT OD)值,而且能显著降低caspase-3阳性细胞的比例和MTT OD值。随着Gly-Gln浓度的提高,能增加猪回肠中谷氨酰胺酶、二胺氧化酶的活性和蛋白质含量。因此,上述两个实验的结果证实小肽能通过增强相关酶的活力提高断奶仔猪消化道的发育和适应性,在促进细胞增殖、抑制细胞凋亡方面具有重要的作用。

当然,肠道细胞分泌的生长因子也能调节肠道的发育,并促进肠道吸收功能的完善。蒋荣川等(2008)以体外培养的28日龄断奶仔猪回肠上皮细胞作为模型,研究不同浓度的胰高血糖素样肽-2(GLP-2)对断奶仔猪小肠黏膜上皮细胞形态、增殖及其酶活力的影响,结果表明:加入不同浓度水平的GLP-2培养细胞96 h后,28日龄断奶仔猪回肠上皮细胞已具备单层柱状上皮细胞的典型特征,各试验组细胞数量均显著多于对照组,相对应的MTT OD值均极显著高于对照组;各试验组培养液乳酸浓度、总蛋白含量和蛋白质沉积量都显著高于对照组;各试验组的胞外碱性磷酸酶、乳酸脱氢酶和肌酸激酶活力都极显著低于对照组，各试验组的Na^+-K^+-ATP 酶活力都显著高于对照组。研究结果证实 GLP-2 可以促进体外培养的 28 日龄断奶仔猪小肠黏膜上皮细胞增殖，抑制细胞凋亡，维持细胞形态的完整性。

贾刚等(2009)进一步探讨 GLP-2 对 28 日龄断奶仔猪的肠黏膜上皮细胞(IEC)损伤后增殖、代谢、凋亡的影响及可能的作用机理时发现，使用 β-伴球蛋白攻毒，断奶仔猪肠上皮细胞 MTT OD 值显著降低，细胞蛋白质沉积量和细胞总蛋白含量极显著降低；使用 β-伴球蛋白攻毒的同时添加不同浓度的 GLP-2，细胞 MTT OD 值、细胞蛋白质沉积量、细胞总蛋白含量和 Na^+-K^+-ATP 酶活力均显著或极显著升高，且随着 GLP-2 浓度的增加而升高。该实验提示我们 β-伴球蛋白对断奶仔猪小肠上皮细胞的增殖和细胞完整性有不利影响，而 GLP-2 能够减轻或者避免 β-伴球蛋白对断奶仔猪小肠上皮细胞的不利影响。

为了探究断奶仔猪 GLP-2 分泌规律和免疫应激对断奶仔猪肠道发育及 GLP-2 分泌的影响，车炼强等(2009)通过 2 个试验进行了研究。研究发现，试验前期(0～4 d)GLP-2 分泌受免疫应激的影响而显著下降，并影响了仔猪肠道形态的变化(绒毛高度/隐窝深度)，免疫应激条件下仔猪肠道黏膜杯状细胞数量也有下降的趋势。结果表明，免疫应激造成仔猪采食量下降和全身免疫系统活化，并引起 GLP-2 分泌不足，从而影响肠道的发育。

大量研究还发现 GLP-2 具有肠营养效应，调节胃酸分泌、胃排空及摄食、骨代谢等生物学功能，其中，肠营养效应是 GLP-2 的主要功能，GLP-2 对肠道的调节作用具有特异的靶向性。GLP-2 的肠营养效应主要体现在通过调节细胞增殖、凋亡及细胞保护等方面而维持细胞发育、适应的稳态。因此，GLP-2 能特异性促进肠道生长发育，在维护肠道结构和功能的完整性方面起重要的营养支持作用，在动物营养上的应用前景广阔。

矿物质元素，尤其是微量元素，在调节仔猪肠道发育的方面也起了重要作用，目前研究的热点包括高锌、高铜对仔猪生产性能及肠道发育的影响。

关于高锌防治早期断奶仔猪腹泻的机制，普遍承认是高锌的药理作用。虽然关于高锌对于断奶仔猪肠道屏障保护作用的直接证据尚待进一步研究，但现有的研究资料表明，该效应极有可能存在。目前普遍使用高锌给环境带来很大压力，威胁到生态环境的可持续发展，而寻找有效的高锌替代物的研究并没有达到预期目标。雷必勇(2004)在研究牛至油、纳米氧化锌及高锌对断奶后 3 周龄仔猪小肠黏膜形态的影响时发现：添加牛至油或纳米氧化锌均有增加十二指肠、空肠绒毛高度的趋势，有降低十二指肠、空肠隐窝深度的趋势，其中牛至油＋纳米氧化锌组显著增加空肠绒毛高度。

梅绍锋等(2009)考察高锌(Zn)和高铜(Cu)对断奶仔猪消化生理的影响，结果表明，日粮添加高锌和高铜改善仔猪回肠、空肠和十二指肠绒毛高度及三肠段绒毛高度与隐窝深度之比，其中回肠绒毛高度/隐窝深度显著增加，且高铜组空肠绒毛高度/隐窝深度显著高于对照组和高锌组。综合来看，高铜高锌能改善断奶仔猪消化道结构，且高铜促生长效应优于高锌。

因此，从肠道屏障入手，进一步研究高锌对断奶仔猪腹泻防治的有效途径及机理有利于为提高经济效益、缓解生产与生态之间的矛盾提供更加可靠的理论依据和实际营养干预措施。

此外，还有一些功能性的添加剂对仔猪肠道的影响也是很大的。例如，在断奶仔猪日粮中添加微胶囊型缓释复合酸化剂，可以改善肠组织形态和功能，并促进仔猪生长。晏家友等(2009)选用 28 日龄断奶、平均体重(7.00±0.10) kg 的长白猪(♂)×大白猪(♀)二元杂交仔猪 64 头,研究在玉米-豆粕-膨化大豆型基础日粮中添加不同类型(包被与未包被)复合酸化剂对断奶仔猪肠组织形态的影响。结果表明,微胶囊型缓释复合酸化剂可以极显著提高空肠绒毛高度、降低隐窝深度,并提高绒毛高度和隐窝深度的比值。

抗生素作为促生长剂在动物生产上的应用已有近 60 年的历史,抗生素的促生长作用已得到大家的认可,但抗生素的停用与否现在逐渐成为一个存在争议的问题,寻找一类不易被机体吸收、在动物体内无残留、不易产生耐药性、对动物健康影响小的抗生素成为新的热点。恩拉霉素是一种多肽类抗生素,对革兰氏阳性菌有较强的抑制作用,在国外被广泛用作促生长剂。罗亚波等(2010)研究添加和停用恩拉霉素对断奶仔猪肠道形态、肠黏膜钠/葡萄糖共转运载体 1(SGLT1)和二肽转运载体 1(PepT1)mRNA 表达量的影响。结果表明,仔猪日粮中连续 4 周添加恩拉霉素、停用 1 周后,显著降低了十二指肠绒毛高度和绒毛高度/隐窝深度比,并显著升高了 SGLT1、PepT1 mRNA 的表达量。试验结果表明,日粮中添加 5～20 mg/kg 的恩拉霉素对仔猪具有一定的促生长作用;停用恩拉霉素并受到应激的条件下会损坏肠黏膜结构,降低仔猪消化吸收功能。该结果提示在使用抗生素时,只有正确、适时、适量地添加抗生素才能保证动物高效、健康生长和人们放心地食用畜产品。

丁酸钠可缓解断奶和轮状病毒引起的应激,提高断奶仔猪生长性能,其机理在于丁酸钠可改善仔猪肠道发育。王纯刚等(2009)考察了丁酸钠对轮状病毒攻毒和未攻毒断奶仔猪肠道发育的影响,并探讨了丁酸钠缓解断奶应激的机理。结果表明:轮状病毒攻毒降低断奶后第 14 天仔猪空肠绒毛高度与隐窝深度的比值,提高仔猪空肠隐窝深度;丁酸钠可极显著降低空肠隐窝深度,极显著提高空肠绒毛高度与隐窝深度比值。

邹健(2006)则研究了银耳多糖对断奶仔猪肠道结构的影响。组织切片结果显示,添加 0.4%银耳多糖能显著增加肠绒毛高度和降低隐窝深度。

氧化鱼油和敌快死(Diquat)都可以对断奶仔猪造成不同程度的氧化应激,相对于氧化鱼油诱导的氧化应激程度,由 Diquat 诱导的氧化应激程度更强一些。袁施彬等(2009)在采用单因子试验设计,探讨用 5%氧化鱼油(过氧化值为 786.50 meq O_2/kg)和腹腔注射 12 mg/kg Diquat 对断奶仔猪肠道发育和组织病理学变化的影响时,发现氧化鱼油和 Diquat 处理,降低了空肠绒毛高度,增加了隐窝深度,空肠黏膜也发生不同程度的病理变化。

3.2.2 营养对胃肠道消化、吸收功能的影响

营养因素不但会直接影响猪肠道的发育,而且还会进一步影响到肠道的消化及吸收功能。

3.2.2.1 饲粮不同脂肪来源对猪消化能力的影响

刘忠臣等(2011)研究不同脂肪来源对断奶仔猪生长性能及脂类代谢的影响(表 3.1),其结果如下:鱼油和猪油显著提高胰脂肪酶活性、空肠脂肪酸结合蛋白 2(FABP2)mRNA 的表达,且猪油组 FABP2 mRNA 表达水平显著高于鱼油组。结果说明椰子油对仔猪的促生长效果优于鱼油和猪油,鱼油和猪油通过增加脂肪酶活性及 FABP2 mRNA 的表达促进脂肪吸收。

表 3.1 不同脂肪来源对断奶仔猪生产性能及脂类代谢的影响

项 目	椰子油组	鱼油组	猪油组
胃脂肪酶活性/(U/g 蛋白)	369	410	460
平均日增重/(g/d)			
试验 1～21 d(n=16)	237.82 ± 6.82^{Bb}	176.38 ± 8.26^{Aa}	170.31 ± 6.77^{Aa}
试验 22～28 d(n=6)	580.83 ± 48.38^{Bb}	530.36 ± 35.06^{Aa}	576.00 ± 41.57^{Bab}
脂类代谢(试验 28 d)			
甘油三酯/(mmol/L)	0.68 ± 0.06^{b}	0.29 ± 0.03^{a}	0.52 ± 0.07^{b}
总胆固醇/(mmol/L)	2.87 ± 0.19^{b}	2.08 ± 0.20^{a}	2.77 ± 0.17^{b}
游离脂肪酸/(μmol/L)	315.72 ± 54.03^{a}	392.95 ± 55.25^{ab}	527.10 ± 67.84^{b}

注：同行肩注大写字母不同者，差异极显著($p<0.01$)，小写字母不同者，差异显著($p<0.05$)。

(引自：刘忠臣等，2011)

3.2.2.2 饲粮蛋白质对猪消化能力的影响

董国忠等(1997)研究饲粮粗蛋白质(CP)水平对早期断奶仔猪氮代谢的影响，结果显示：随着饲粮 CP 水平升高，CP 的真消化率不变，进入大肠的蛋白质量增加，结肠内蛋白质的腐败作用增强，血中含氮代谢物增多，这会导致肠道健康状况降低。

日粮的蛋白质来源也显著影响猪的消化、吸收功能。司马博锋等(2010)研究固态发酵(SSF)复合蛋白替代鱼粉并减少高铜、高锌、阿散酸及酸化剂的使用对断奶仔猪生长性能、养分消化率的影响。结果表明：基础饲粮组试验期日增重和日采食量高于其余各组，各处理组料重比差异不显著；基础饲粮组能量、有机物、干物质、粗蛋白质和粗灰分消化率显著或极显著高于除 SSF 替代 3%鱼粉组外的其他各处理组；SSF 替代 3%鱼粉组单位增重的饲料成本最低，8.35% SSF 替代 3%鱼粉不影响断奶仔猪的日增重和营养物质消化率。

一些新型的饲料蛋白源同样会影响猪消化道的消化、吸收功能。唐春红等(2007)研究了马铃薯蛋白粉对断奶仔猪的影响，结果表明：饲粮中添加 2%马铃薯蛋白粉可以提高日增重 6.14%，降低料重比 10%，降低腹泻率 6.24 个百分点，效果相当于甚至优于 4%血浆蛋白粉。饲粮中添加 4%和 6%马铃薯蛋白粉，仔猪生长性能显著或极显著低于基础饲粮组。但 6%马铃薯蛋白粉组蛋白质表观消化率高于基础饲粮组和 2%马铃薯蛋白粉组，血浆蛋白粉组蛋白质表观消化率略高于基础饲粮组；2%马铃薯蛋白粉组血清总蛋白、白蛋白、球蛋白、胆碱酯酶含量最高；4%血浆蛋白粉组血清尿素氮显著低于基础饲粮组，极显著低于马铃薯蛋白粉组；6%马铃薯蛋白粉组谷丙转氨酶活性高于 4%、2%马铃薯蛋白粉组。由此可见，马铃薯蛋白粉在断奶仔猪饲粮中的适宜添加可提高猪的消化、吸收能力。

目前关于去皮膨化豆粕在畜牧生产中的应用研究较少，其在断奶仔猪日粮中的应用效果和改善仔猪生产性能的机理有待于进一步的探讨，对于有效利用蛋白资源、合理配制早期断奶仔猪饲粮、节约养殖成本、提高断奶仔猪的健康和生产性能具有较大的实践意义。孙培鑫(2006)研究去皮膨化豆粕对早期断奶仔猪养分利用率的影响时发现，与普通豆粕相比，去皮膨化豆粕提高仔猪采食量 21.17%、日增重 35.99%、饲料转化率 18.13%，降低腹泻指数

31.81%；添加鱼粉也改善仔猪的生产性能，提高仔猪日采食量20.18%、日增重35.49%、饲料转化率20.89%，降低腹泻指数33.33%；鱼粉和豆粕类型对仔猪腹泻和饲料转化效率存在显著的交互作用。与普通豆粕相比，去皮膨化豆粕趋于提高仔猪对粗蛋白质的消化率和氮沉积，前期和后期分别提高氮沉积41.03%和20.45%；添加鱼粉显著提高试验前期断奶仔猪氮的消化率和干物质消化率。

我国每年可提供菜粕700万t、棉粕600万t，但因大量抗营养因子的存在及养分含量的不平衡等因素限制了其在单胃动物饲料中的应用，并对动物的健康造成显著影响。因此，寻求经济有效途径降低抗营养因子、提高其营养价值具有重要意义。在生长猪饲粮中添加12.04%固态发酵(SSF)复合蛋白与添加13.34%非固态发酵(NSSF)复合蛋白相比可提高小肠食糜消化酶活性及养分表观消化率。司马博锋等(2011)研究比较了饲喂固态发酵(SSF)复合蛋白与非固态发酵(NSSF)复合蛋白对生长猪肠道消化生理及养分表观消化率的影响，结果表明：①SSF组胃内食糜pH显著低于NSSF组和基础饲粮组，其回肠食糜pH也显著低于NSSF组；②SSF组和NSSF组胃食糜相对黏度均显著高于基础饲粮组；③SSF组与基础饲粮组胃蛋白酶和十二指肠、空肠胰蛋白酶、胰淀粉酶、胰脂肪酶活性无显著差异，但均显著高于NSSF组(表3.2)；④SSF组与基础饲粮组粗蛋白质、酸性洗涤纤维的总肠道表观消化率和多数氨基酸的回肠表观消化率均显著高于NSSF组。

表3.2 不同处理复合蛋白对生长猪胃肠道内容物消化酶活性的影响

项 目	基础饲粮组(Basal)	非固态发酵组(NSSF)	固态发酵组(SSF)
胃			
胃蛋白酶/(U/mg蛋白)	79 ± 10^{Aa}	60 ± 7^{Bb}	$74\pm4A^{Ba}$
十二指肠			
胰脂肪酶/(U/g蛋白)	$2\ 255\pm248^{Aa}$	$1\ 449\pm512^{Bb}$	$2\ 034\pm163A^{Ba}$
胰淀粉酶/(U/mg蛋白)	$12\ 496\pm1\ 521^{a}$	$8\ 336\pm1\ 336^{b}$	$11\ 499\pm2\ 872^{ab}$
胰蛋白酶/(U/mg蛋白)	$23\ 414\pm4\ 541^{Aa}$	$13\ 140\pm1\ 695^{Bb}$	$24\ 097\pm1\ 733^{Aa}$
空肠			
胰脂肪酶/(U/g蛋白)	$6\ 098\pm1\ 654^{a}$	$4\ 025\pm153^{b}$	$5\ 634\pm559^{a}$
胰淀粉酶/(U/mg蛋白)	$47\ 626\pm11\ 333^{Aa}$	$27\ 082\pm5\ 747^{Bb}$	$43\ 585\pm4\ 553^{Aa}$
胰蛋白酶/(U/mg蛋白)	$37\ 915\pm7\ 469^{Aa}$	$21\ 799\pm2\ 939^{Bb}$	$31\ 607\pm7\ 318^{ABa}$

注：同行肩注大写字母不同者，差异极显著($p<0.01$)，小写字母不同者，差异显著($p<0.05$)。

(引自：司马博锋等，2011)

刘宏伟等(2008)研究了蛋白与碳水化合物的组合效应，探讨了高低碳水化合物/蛋白日粮对不同品种(DLY和太湖猪)育肥猪胃肠道功能的影响，试验结果发现：无论在何种日粮下，太湖猪的胃、胰、小肠指数都极显著高于DLY猪；HC/LP日粮降低了两品种猪的消化酶活性，但对DLY猪的胰淀粉酶单位活性有所升高，其中对太湖猪的胃蛋白酶和胰脂肪酶活性的影响达到极显著水平。LC/HP日粮下，太湖猪胰脂肪酶活性极显著高于DLY猪；HC/LP日粮下，DLY猪的胰淀粉酶活性显著高于太湖猪。

3.2.2.3 矿物质对猪消化能力的影响

肠道的发育及消化、吸收功能的改善同样离不开矿物元素的贡献。

冷向军等(2001)在玉米-膨化大豆-豆粕型基础日粮中分别添加 6 mg/kg 铜(对照组)、250 mg/kg 铜(试验组),饲养仔猪 4 周。试验结果发现:添加铜分别提高仔猪日增重 8.6%、15.1%,分别提高采食量 5.0%、10.2%,降低了腹泻发生率。添加铜还提高了十二指肠脂肪酶活性和脂肪表观消化率(表 3.3)。

表 3.3 铜对仔猪十二指肠酶活性和蛋白质、脂肪消化率的影响

项目	对照组(Cu,6 mg/kg)	试验组(Cu,250 mg/kg)
酶活/(U/g 鲜样)		
胰蛋白酶	194.8	204.1
淀粉酶	21.3	23.5
脂肪酶	167.9[a]	249.7[b]
消化率/%		
蛋白质	79.3	80.2
脂肪	47.2[a]	56.2[b]

注:同行肩注字母不同者,差异显著($p<0.05$)。

(引自:冷向军等,2001)

岳双明(2005)研究不同蛋白水平日粮添加高锌对仔猪生长性能、肠道吸收功能的影响。试验结果表明:不同蛋白水平日粮添加高剂量氧化锌显著提高生产性能,高锌高蛋白比高锌低蛋白显著提高仔猪日增重、改善饲料转化效率(1.67 vs. 1.96)。高锌中蛋白比高锌高蛋白更有利于降低仔猪腹泻率。

高蛋白显著改善生产性能,但仔猪腹泻情况严重。不同蛋白水平饲粮添加高锌对早期断奶仔猪生产性能和腹泻的影响程度不同。Yang 等(2009)考察不同饲粮蛋白和锌水平对仔猪生产性能、营养物质利用率和腹泻的影响时发现高锌显著促进仔猪生长、降低料重比;极显著降低仔猪的腹泻频率、腹泻率,这与其提高饲粮 CP 表观消化率、胰蛋白酶和胃蛋白酶活性有关。

高铜高锌能改善断奶仔猪生产性能、养分消化率及消化酶活性,且高铜促生长效应优于高锌。梅绍锋等(2009)考察高锌(氧化锌,2 500 mg/kg)和高铜(硫酸铜,250 mg/kg)对断奶仔猪生产性能、消化生理的影响。结果表明,日粮添加高锌和高铜使仔猪全期(1~4 周)平均日增重(ADG)分别提高 19.92%和 23.24%,料重比(F/G)分别降低 6.67%和 12.78%。高锌和高铜均能使 Ca 和 P 的消化率提高。高锌和高铜均能提高仔猪胃蛋白酶和胰淀粉酶活性,其中,高铜使仔猪胃蛋白酶和胰淀粉酶活性分别提高 87.00%和 26.08%,高锌使胰淀粉酶活性提高 16.85%。

3.2.2.4 一些非营养性添加剂对猪消化能力的影响

1. 酶制剂

陈文等(2006)研究低能饲粮添加植酸酶对仔猪养分利用率及生长性能的影响,结果表明:饲

粮添加植酸酶，仔猪平均日增重(ADG)、增重/kg $W^{0.75}$(GPW)、饲料利用率、增重/代谢能(GPM)、蛋白质生物学价值(BV)、净蛋白效率比(PER)、钙消化率(CD)、钙沉积率(CR)、磷消化率(PD)和磷沉积率(PR)分别提高10.6%、7.2%、7.9%、7.7%、11.6%、6.7%、4.3%、4.9%、19.6%和21.3%。植酸酶对仔猪血清理化指标无显著影响，但血清磷浓度趋于升高，血清钙、血清尿素氮浓度趋于降低。ADG、GPW、*F/G*、GPM、BV、PER、PD和PR分别降低3.8%、3.3%、3.2%、4.6%、9.6%、3.2%、7.7%和6.9%，CD和CR分别增加11.1%和11.6%。

张克英等(2003)研究了在不同能量和有效磷水平的仔猪饲粮中添加植酸酶对仔猪生长性能和养分利用率的影响。结果表明，添加植酸酶能够提高仔猪生长性能，降低生长的饲料成本，改善蛋白质、钙磷利用率，但对能量利用率没有明显影响(表3.4)。在高能饲粮中添加植酸酶，仔猪平均日增重、饲料利用率、蛋白质生物学价值、净蛋白效率比、钙消化率、钙沉积率、磷消化率和磷沉积率分别提高8.1%、6.4%、4.9%、1.5%、5.0%、3.0%、6.0%、12.2%和11.9%，每千克增重饲粮成本降低3.1%；对低能饲粮，上述指标的改进率相应为10.6%、7.2%、7.3%、11.6%、6.7%、4.3%、4.9%、19.6%、21.3%和6.6%。该试验表明植酸酶在低能饲粮中的作用效果很好。

表3.4 添加植酸酶对饲料养分利用率的影响

项 目	不加酶组		加酶组(750 FIU/kg)	
	饲粮有效磷水平/%		饲粮有效磷水平/%	
	0.36	0.26	0.36	0.26
能量消化率/%	80.8±0.4	81.6±13	80.6±1.1	81.0±1.4
消化能/(kJ/kg)	12.6±0.1	12.8±0.2	12.6±0.2	12.7±0.2
能量代谢率/%	79.6±0.4	80.3±1.2	79.5±1.0	79.8±1.3
代谢能/(kJ/kg)	12.4±0.1	12.6±0.2	12.4±0.2	12.5±0.2
蛋白质消化率/%	76.9±1.3	79.0±1.9	77.8±0.8	77.3±2.4
蛋白质生物学价值/%	64.1±6.8	56.6±6.1	70.0±6.3	64.7±7.3
净蛋白效率比	6.1±0.7	5.9±0.5	6.5±0.5	6.3±0.6
钙消化率/%	65.2±8.6^{A}	71.8±8.3	67.4±5.6^{a}	75.5±6.6^{Bb}
钙沉积率/%	64.5±9.1^{A}	71.5±8.4	67.2±5.7^{a}	75.5±6.6^{Bb}
磷消化率/%	54.9±5.0^{AC}	50.1±3.1^{A}	65.0±3.6^{Ba}	60.6±5.2^{Ca}
磷沉积率/%	53.7±5.1^{AC}	49.5±3.3^{A}	64.6±3.7^{Ba}	60.6±5.2^{Ca}

注：同行肩注大写字母不同者，差异极显著($p<0.01$)，小写字母不同者，差异显著($p<0.05$)。

(引自：张克英等，2003)

我国小麦资源比较丰富，但由于其木聚糖含量高，如果饲粮中添加量过大，可降低仔猪养分消化率，从而限制其在饲料工业上的应用。黄金秀等(2008)在3个饲粮木聚糖水平下添加不同剂量的木聚糖酶，研究了木聚糖酶对不同木聚糖含量的仔猪饲粮养分消化率的影响。结果表明：当饲粮木聚糖含量低于6.47%时，添加木聚糖酶对养分消化率没有改进作用，而当木聚糖含量高达8.44%时，木聚糖酶的添加对养分消化率有一定的改进效果。与不加酶组比，加酶组粗蛋白、有机物、钙、磷、酸性洗涤纤维和能量的平均消化率分别提高了2.92%、

1.05%、5.80%、5.15%、2.36%和0.84%。

黄金秀等(2006,2008)研究了仔猪饲粮木聚糖水平与添加木聚糖酶对养分消化率的影响，结果表明：随着饲粮木聚糖含量的增加，能量、粗蛋白、酸性洗涤纤维、有机物、钙和磷的消化率下降；当木聚糖含量为8.44%时，养分消化率的降低达到了显著或极显著水平。回归分析表明，养分消化率与饲粮木聚糖含量之间呈较强的负相关，木聚糖酶的添加可以提高饲粮的养分消化率。由此得出：约15 kg体重的仔猪对饲粮木聚糖具有较强的耐受力，随着木聚糖含量的增加，饲粮养分的消化率呈不同幅度的下降；当木聚糖含量达到或高于7.25%时，添加木聚糖酶对养分消化率有一定的改进效果。

非淀粉多糖(NSP)具有较强的抗营养作用，影响饲料营养价值和动物对饲料的消化利用能力，抑制畜禽生长并影响其健康。梁海英(2004)选用120头(28±3) d断奶DLY仔猪，采用单因子试验设计，研究了不同饲粮类型添加NSP酶对断奶仔猪生产性能及养分消化率的影响，结果表明：饲粮蛋白组成不同，显著影响断奶仔猪试验全期ADFI和ADG，对*F/G*影响不显著。断奶后饲喂植物-鱼粉-乳制品型饲粮，ADFI和ADG最高，比饲喂全植物型饲粮分别高8.81%和11.8%。饲粮添加NSP酶有提高断奶仔猪生产性能的趋势。NSP酶能明显提高中性洗涤纤维(NDF)、酸性洗涤纤维(ADF)和半纤维的消化率，且饲粮质量越低，提高幅度越大。NSP酶对DM、GE、CP消化率的改善以全植物型饲粮最大，含优质动物蛋白(鱼粉和乳制品)饲粮添加NSP酶对养分消化率的改善不大。不同饲粮类型之间DM、CP、GE、NDF、ADF和半纤维素的表观消化率差异不显著。

李成良等(2007)研究了酸梅粉和柠檬酸对微生物植酸酶改善生长猪钙、磷消化率的影响。结果显示，在植酸酶的基础上添加1.5%酸梅粉使植酸磷、钙和磷的消化率分别提高17.52%、21.78%和27.24%，同时使钙和磷的沉积率也分别提高25.86%和33.16%；添加1.5%柠檬酸使植酸磷、钙和磷的消化率分别继续提高了8.14%、16.51%和13.13%，同时使钙和磷的沉积率也分别提高了20.94%和12.61%。结果表明，酸梅粉和微生物植酸酶在提高生长猪饲粮植酸磷消化率及钙磷利用率方面存在互作，柠檬酸仅有进一步提高植酸酶对植酸磷的消化和对钙磷的利用的趋势。

2. 酸化剂

早期断奶仔猪饲粮中添加复合酸可刺激胃酸和胃蛋白酶分泌，提高十二指肠消化酶活性；添加盐酸可降低仔猪腹泻率，提高日增重，但效果不及有机酸和复合酸显著。冷向军等(2002)研究了酸化剂对早期断奶仔猪胃酸分泌和消化酶活性的影响，结果表明：在断奶后前2周，添加0.6%盐酸、1.5%柠檬酸、0.25%复合酸分别提高仔猪日增重5.9%、10.5%、9.2%，在不同程度上降低了腹泻率，对采食量和料肉比没有显著影响。添加0.25%复合酸提高了胃蛋白酶和胃酸分泌，显著提高了十二指肠内容物中胰蛋白酶和淀粉酶活性，添加1.5%柠檬酸有提高上述两种酶活性的趋势，但对胃酸和胃蛋白酶分泌没有影响。

晏家友等(2010)研究了微胶囊型酸化剂对断奶仔猪生产性能及腹泻率的影响，结果表明(表3.5)：添加微胶囊型酸化剂使仔猪平均日增重和饲料利用率极显著提高，腹泻率显著降低，这与酸化剂提高了肠道长度和重量、肠长指数、肠重指数和肠绒毛高度，降低肠道隐窝深度有关。

表 3.5 不同类型复合酸化剂对断奶仔猪空肠绒毛高度和隐窝深度的影响

项 目	基础日粮	0.1%对照酸	0.1%缓释酸化剂	0.05%缓释酸化剂
第 2 周				
绒毛高度/μm	279.44±37.02[a]	274.24±11.71[a]	305.92±26.72[b]	291.86±18.09[b]
隐窝深度/μm	147.36±14.72[a]	152.35±10.36[a]	118.63±13.33[b]	129.25±19.55[b]
绒毛高度/隐窝深度	1.90±0.21[Aa]	1.80±0.15[Ab]	2.58±0.35[Ba]	2.26±0.23[Bb]
第 5 周				
绒毛高度/μm	247.81±28.38[Aa]	230.66±17.84[Ab]	281.94±12.47[Ba]	265.88±10.41[Bb]
隐窝深度/μm	166.46±31.22[Aa]	178.20±26.54[Ab]	129.47±19.61[Ba]	142.59±21.98[Bb]
绒毛高度/隐窝深度	1.49±0.11[Aa]	1.29±0.20[Ab]	2.18±0.24[Ba]	1.86±0.13[Bb]

注：同行肩注大写字母不同者，差异极显著($p<0.01$)，小写字母不同者，差异显著($p<0.05$)。

(引自：晏家友等，2010)

3. 饲用抗生素

罗亚波等(2010)研究添加和停用恩拉霉素对断奶仔猪生长性能以及消化酶活性的影响。日粮中添加 5～20 mg/kg 的恩拉霉素对仔猪具有一定的促生长作用；停用恩拉霉素并受到应激的条件下会降低断奶仔猪消化酶活性和消化吸收功能。结果还表明，前 4 周，处理 1 和处理 2 的仔猪日增重与对照组相比有升高的趋势，处理 3 的仔猪日增重显著低于处理 1 和处理 2；第 5 周各处理日增重和采食量均无显著差异。仔猪日粮中连续 4 周添加恩拉霉素、停用 1 周后，显著降低了各处理空肠淀粉酶、脂肪酶和胰蛋白酶的活性。

4. 其他

贾刚等(2009)采用原代细胞培养技术，以 28 日龄仔猪肠道上皮细胞为素材，考察了不同浓度的胰高血糖素样肽-2(GLP-2)和二肽基肽酶Ⅳ(DPP-Ⅳ)抑制剂对肠细胞形态、增殖和酶活性的影响。结果发现，GLP-2 可显著提高 Na^+-K^+-ATP 酶的活性，降低碱性磷酸酶、乳酸脱氢酶和肌酸激酶的活性，二肽基肽酶Ⅳ(DPP-Ⅳ)抑制剂显著提高了 GLP-2 的作用效果；使用 β-伴球蛋白提取物攻毒，可显著降低细胞蛋白质沉积量、细胞总蛋白含量以及 Na^+-K^+-ATP 酶活性；但是在使用 β-伴球蛋白攻毒的同时添加不同浓度的 GLP-2，细胞蛋白质沉积量、细胞总蛋白含量和 Na^+-K^+-ATP 酶活力均显著升高。研究结果提示我们可使用恰当的营养调控手段促进 GLP-2 作用效果的进一步提高，而 GLP-2 能够减轻或者避免 β-伴球蛋白对断奶仔猪小肠上皮细胞完整性的不利影响。本团队在向断奶仔猪腹腔注射不同水平的 GLP-2 时进一步发现，GLP-2 能够促进仔猪肠道的发育、改善肠道的屏障功能、降低肠道的通透性，这种效应可能是通过影响肠道上皮紧密连接蛋白 ZO-1、Claudin-1 以及 Occludin 蛋白的表达及分布实现的(未发表资料)。

冷向军等(2003)研究了添加组胺对早期断奶仔猪胃酸分泌、消化酶活性的影响，结果表明，在早期断奶仔猪饲粮中添加 60 μg/kg BW 组胺，可刺激胃酸和胃蛋白酶分泌，降低胃内容物 pH，提高十二指肠胰蛋白酶和淀粉酶活性，减轻腹泻，提高仔猪日增重。

有关复方中药对仔猪生产性能的影响及其作用机理有待于进一步研究。中药具有投药方便(拌料即可)、价格低廉等特点，可望成为防治仔猪腹泻的良好药物。蔡景义等(2008)研究了

A、B两种复方中药制剂对断乳仔猪生长性能及腹泻的影响，结果表明：饲料中添加复方中药制剂可增加断乳仔猪的末重、日增重和日采食量，降低料肉比和腹泻频率，在一定程度上改善生产性能。对预防断乳仔猪腹泻，复方中药制剂A的效果明显优于B；在促生长作用方面，复方中药制剂B优于复方中药制剂A。

车炼强等(2009)的研究表明，免疫应激造成仔猪采食量下降和全身免疫系统活化，并引起GLP-2分泌不足，从而影响肠道消化功能，表现为仔猪肠黏膜乳糖酶、蔗糖酶活性显著下降。

张敏贤等(2005)研究注射促生长激素释放肽(GHRP-2)20 μg/kg BW对猪生长、养分消化率的影响。结果表明，试验组全期生产性能与对照组相比，注射GHRP-2 20 μg/kg BW使日增重增加14.15%，料重比下降11.92%，而日采食量几乎相等[分别为(3.19±0.16) kg，(3.2±0.20) kg]。注射GHRP-2 20 μg/kg BW对养分表观消化率影响差异不显著，蛋白质表观利用率提高7.46%；GHRP-2可以提高猪的生产性能，但在改善胴体品质上效果不明显。

袁中彪(2004)研究了不同水平胆囊收缩素(CCK)主动免疫对猪生产性能、肠道消化酶的影响，结果显示：CCK主动免疫能显著提高胰淀粉酶和胰脂肪酶的比活力。250和500 μg主动免疫与对照相比，胰淀粉酶和胰脂肪酶的比活力分别提高了7.15%、115.15%和12.90%、94.70%；500 μg主动免疫显著提高胰蛋白酶的比活力，与对照组和250 μg组相比分别提高了85.97%和35.97%。

王成等(2008)采用稳定同位素(^{15}N-Gly)示踪技术和氮平衡试验，比较研究了外源代谢调节物(黄芪组方浓缩物、半胱胺)对PIC肥育猪生长性能、体蛋白动态代谢和氮沉积的影响。试验结果表明：①黄芪组方浓缩物和半胱胺均明显提高肥育猪的生长性能，其中基础日粮+半胱胺70 mg/kg组(CS组)显著提高肥育猪日采食量，基础日粮+黄芪组方浓缩物250 mg/kg组(CAE组)和基础日粮+非稳定化处理黄芪组方浓缩物250 mg/kg组(NCAE组)显著提高饲料利用率，从而使肥育猪日增重均显著提高。②黄芪组方浓缩物和半胱胺均显著增加肥育猪体蛋白沉积速率，显著提高氨基酸利用效率和生物学效价；黄芪组方浓缩物显著提高可消化氨基酸用于合成体蛋白质的速率，降低内源尿氮排泄速率。③黄芪组方浓缩物和半胱胺调控体蛋白沉积的强度和途径不同：半胱胺主要通过降低体蛋白降解速率26.71%，增加体蛋白沉积速率63.53%；黄芪组方浓缩物通过降低体蛋白降解速率和提高体蛋白合成速率，共同增加体蛋白沉积。与对照组相比，NCAE和CAE组体蛋白质降解速率分别降低了24.84%和13.66%，体蛋白合成速率分别提高了22.86%和19.18%。④黄芪组方浓缩物和半胱胺均可改善氮代谢，体现在CS组显著提高氮的净利用率和生物学效价，CAE组极显著改善沉积氮、氮的净利用率和生物学效价，NCAE组显著提高氮的净利用率和生物学效价。

不同料型、料态对早期断奶仔猪消化、吸收的影响不同，唐仁勇(2004)研究发现：颗粒料组干物质(DM)的消化率提高了3.0%；颗粒料组仔猪小肠内容物胰蛋白酶比活力高于粉料组；液态料组CP的消化率提高了7.0%。可见饲料的料型和饲喂状态不但影响肠道的发育，还会进而影响到肠道的吸收功能。

高压处理和烘烤处理是处理大豆的常用方法，但两者对大豆中营养物质的影响是不同的。Li等(2010)研究高压处理和烘烤处理大豆对其中仔猪生物可利用硒的影响，20头仔猪饲喂缺硒日粮4周至体重(10.36±0.96) kg，将这些仔猪随机分为两组(n=10)，分别饲喂高压处理大豆和烘烤处理大豆8周。结果表明，与烘烤处理大豆相比，高压处理大豆能显著增加饲料采食量和日增重，提高饲料利用率和硒的表观消化率，提高相关消化酶活性。

3.2.3 营养对胃肠道免疫功能的影响

动物的肠道不但是营养物质消化吸收的主要场所，还是机体内防御的第一道屏障，其健康水平关系着动物整体健康和生产水平及效率。肠道的免疫水平与营养密切相关，近年来在猪的营养与肠道免疫方面也开展了大量的研究。

3.2.3.1 蛋白质

孙培鑫(2006)研究去皮膨化豆粕和鱼粉对早期断奶仔猪免疫机能的影响。结果如下：去皮膨化豆粕降低了断奶仔猪的皮肤过敏反应，有提高仔猪淋巴细胞转化率和巨噬细胞吞噬功能的趋势；添加鱼粉在前期和后期分别提高仔猪淋巴细胞转化率22.19%和25.70%，提高巨噬细胞吞噬指数22.92%和13.10%。

不同蛋白质水平日粮添加高锌能够抑制前炎症细胞因子的分泌，促进肠道黏膜sIgA的分泌，增强仔猪的免疫力。刘军等(2010)在研究日粮锌与蛋白质水平对断奶仔猪肠道黏膜免疫分子的影响时发现：试验前期(0～14 d)，锌和蛋白质水平能显著或极显著影响血清IL-1β和IL-6浓度；试验后期(14～28 d)，各处理组血清IL-1β和IL-6浓度显著低于试验前期；相同蛋白水平下高锌组血清IL-1β和IL-6浓度显著低于低锌组，二者互作效应不显著，但均以高锌低蛋白质组IL-1β和IL-6含量最低；锌和蛋白质水平能极显著增加空肠和回肠黏膜sIgA含量，互作效应极显著。

岳双明(2005)研究不同蛋白水平日粮添加高锌对仔猪生长性能、抗氧化作用和肠道黏膜免疫功能的影响。试验结果表明：不同蛋白水平日粮添加高剂量氧化锌显著增强了仔猪体液免疫功能，高锌组比低锌组显著增加仔猪血清免疫球蛋白水平，降低了血清IL-1β和IL-6浓度。高锌高蛋白日粮比高锌低蛋白显著提高了血清免疫球蛋白浓度(IgG：4.45 g/L vs. 3.96 g/L)，促进了sIgA的分泌，增加了肠黏膜IL-2浓度，维持了TH1/TH2系统平衡，增强了肠道黏膜免疫。高锌日粮效果显著优于低锌日粮。

3.2.3.2 矿物质与维生素

雷必勇(2004)研究牛至油、纳米ZnO及高锌对断奶后不同周龄仔猪免疫指标的影响，试验结果表明：各试验组对血清IgG浓度没有显著影响。高锌组极显著地提高血清Zn浓度，而添加有纳米ZnO的两试验组相对于对照组均降低了血清Zn浓度，其中单独添加纳米ZnO显著降低血清Zn浓度。

在研究饲粮添加25-OH-D_3对轮状病毒攻毒和未攻毒断奶仔猪血清和肠内容物抗体和细胞因子水平的影响时，廖波等(2011)发现，饲粮添加2 200 IU/kg的25-OH-D_3可以提高轮状病毒攻毒和未攻毒断奶仔猪血清及肠内容物轮状病毒抗体(RV-Ab)水平，降低促炎症细胞因子的分泌及其参与的炎症反应，促进抗炎症细胞因子的生成及其参与的免疫应答，进而表现出提高断奶仔猪抗病力的作用。该结果表明，饲粮添加2 200 IU/kg 25-OH-D_3，提高了攻毒仔猪试验第5、21天血清和肠内容物RV-Ab水平；降低了未攻毒仔猪第5天血清IgG、IgM、IgA含量以及攻毒仔猪第5、15天血清IgA含量和第15天血清IgM含量($p<0.01$)；对未攻毒和攻毒仔猪血清和肠内容物IL-2、IL-6水平以及肠内容物干扰素-γ (IFN-γ)水平有降低趋势；提

高了未攻毒仔猪血清和肠内容物IL-4水平以及攻毒仔猪第5天血清IL-4水平和第15天肠内容物IL-4水平。

袁施斌(2008)研究发现,添加硒可促进氧化应激仔猪免疫功能,其中以0.6 mg/kg组效果最为突出,表现为淋巴细胞转化率、活性玫瑰花环率和总玫瑰花环率升高,IgG、IgA和IgM提高,猪瘟抗体滴度随着试验期的延长几乎呈直线上升,在免疫后28 d,阳性保护率达到100%,IL-1β和IL-6下降;而仲崇华(2008)则在不同硒源对断奶仔猪免疫功能的研究中发现,添加富硒酵母0.3 mg/kg组与亚硒酸钠0.3 mg/kg组相比,血清中IgG、IgA、IgM浓度分别升高了3.7%、18.6%、8.7%,全血的T淋巴细胞转化率显著提高了31.1%,表明硒元素具有促进猪免疫功能的作用,并且不同来源的硒的作用存在差异。

刘军(2010)研究发现在断奶仔猪日粮中考虑蛋白质和锌的组合添加,可以显著提高空肠和回肠黏膜的sIgA含量,从而增强仔猪的免疫力。

陈凤芹(2008)研究表明,铁元素在猪的免疫发育中具有重要作用,而且不同铁源在改善仔猪免疫功能的作用上存在差异,如甘氨酸亚铁提高体液免疫的能力就显著优于硫酸亚铁和富马酸亚铁。

3.2.3.3 酸化剂及相关产品

在断奶仔猪日粮中添加微胶囊型缓释复合酸化剂,可以通过降低肠道pH,优化肠道微生物区系,改善肠组织功能,提高断奶仔猪肠道的适应性,并促进仔猪生长。晏家友等(2009)的结果表明,微胶囊型缓释复合酸化剂还有增加仔猪肠黏膜抗体sIgA分泌量的趋势。

大量试验研究表明,酸化剂、益生素、寡糖单独或合并使用均能增强猪的免疫功能。陈代文等(2006)进行酸化剂、益生素和寡糖对断奶仔猪免疫功能的影响及其互作效应研究时发现(表3.6):试验全期添加酸化剂提高血液IgG水平(21.74%);添加益生素显著提高血液IgG水平(10.40%),极显著提高淋巴细胞转化率(6.61%);添加寡糖极显著提高血液IgG水平(19.23%)和淋巴细胞转化率(11.76%)。益生素+酸化剂、寡糖+酸化剂、益生素+寡糖、三者合用显著提高血液IgG水平和淋巴细胞转化率,对血液IgM水平没有显著的影响。酸化剂和益生素对提高断奶仔猪血液IgG水平具有显著的互作效应。酸化剂和寡糖、益生素和寡糖对血液IgA水平具有极显著和显著的互作效应;酸化剂和益生素未体现出显著的互作效应。由此可见:酸化剂、益生素、寡糖单独或合并使用均能改善断奶仔猪微生物菌群,增强其免疫功能。

表3.6 酸化剂、益生素、寡糖对断奶仔猪血液抗体水平和淋巴细胞转化率的影响

项目	IgG/(g/L)	IgM/(g/L)	IgA/(g/L)	淋巴细胞转化率/%
处理				
对照组	2.39 ± 0.20^{d}	0.57 ± 0.03	0.30 ± 0.02^{b}	23.00 ± 0.71^{dc}
酸化剂	2.80 ± 0.00^{cd}	0.64 ± 0.03	0.32 ± 0.02^{b}	22.75 ± 0.61^{c}
益生素	2.85 ± 0.20^{cd}	0.62 ± 0.03	0.33 ± 0.02^{b}	25.75 ± 0.61^{bc}
益生素+酸化剂	3.41 ± 0.20^{ab}	0.63 ± 0.03	0.39 ± 0.06^{a}	24.75 ± 0.61^{cd}
寡糖	3.62 ± 0.02^{ab}	0.58 ± 0.03	0.38 ± 0.02^{a}	26.75 ± 0.61^{ab}

续表 3.6

项目	IgG/(g/L)	IgM/(g/L)	IgA/(g/L)	淋巴细胞转化率/%
酸化剂+寡糖	3.13±0.20[bc]	0.59±0.03	0.30±0.02[b]	26.13±0.61[abc]
益生素+寡糖	3.22±0.20[abc]	0.58±0.03	0.33±0.02[ab]	26.67±0.71[abc]
酸化剂+益生素+寡糖	3.68±0.20[a]	0.61±0.03	0.30±0.02[b]	28.00±0.71[a]
析因分析值	p	p	p	p
酸化剂	0.084 8	0.137 5	0.512 4	0.770 5
益生素	0.299	0.524 3	0.300 4	0.001 8
益生素+酸化剂	0.000 4	0.293 4	0.715 5	0.000 1
寡糖	0.048 0	0.620 0	0.119 8	0.516 9
酸化剂+寡糖	0.071 9	0.620 4	0.001 2	0.297 4
益生素+寡糖	0.094 7	0.749 8	0.012 5	0.121 4
酸化剂+益生素+寡糖	0.133 8	0.379 4	0.689 3	0.154 3

注:同列肩注字母不同者,差异显著($p<0.05$)。

(引自:陈代文等,2006)

3.2.3.4 其他添加剂

邹健(2006)研究银耳多糖对断奶仔猪免疫功能的影响,试验结果表明:在提高机体免疫力方面,各处理组与对照组相比免疫球蛋白(IgG、IgA、IgM)差异不显著;第二周时0.4%组和0.3%组血清SOD活性极显著高于对照组,其他各组与对照组差异不显著;第四周各处理组血清SOD活性与对照组差异不显著。

傅祖良等(2009)研究银耳孢子发酵物(TSF)及与pGRF基因质粒合用对断奶仔猪部分免疫指标的影响时发现:添加有TSF的2组较对照组和抗生素组能显著提高血清IL-2浓度、T淋巴细胞转化率和血清猪瘟抗体滴度,T淋巴细胞数量也有明显提高。

倪学勤等(2008)研究猪源约氏乳酸杆菌JJB3和枯草芽孢杆菌JS01对仔猪肠道sIgA的影响,结果表明:采用双抗夹心ELISA方法检测粪样sIgA,其含量随日龄增加而降低,不同处理组仔猪的sIgA水平没有显著差异,但益生素可以延缓仔猪断奶前抗体水平下降的速度,约氏乳酸杆菌的效果优于枯草芽孢杆菌。

倪学勤等(2008)采用猪肠道上皮细胞株IPEC-J2体外培养模型发现,待试的9株乳酸杆菌均能黏附IPEC-J2细胞,黏附率在0.1%~10%之间,具有菌株特异性和浓度效应。乳酸杆菌和沙门氏菌同时加入细胞培养,乳酸杆菌能竞争性抑制沙门氏菌的黏附,并具有浓度效应,高浓度(10^9 cfu/mL)添加K30、K67和K1时,抑制率可达80%以上。乳酸杆菌预处理细胞后再加入沙门氏菌,高浓度乳酸杆菌可降低沙门氏菌黏附率40%~70%,而中浓度(10^8 cfu/mL)乳酸杆菌能抑制23%~33%沙门氏菌对细胞的侵入。但是,只有高浓度添加乳酸杆菌能置换已经黏附的沙门氏菌,置换率在12%~84%之间。进一步运用体外细胞培养技术、分子标记技术以及PCR-变性梯度凝胶电泳(DGGE)技术,筛选出了兼具优良的抗逆性和抗菌性的有益乳酸杆菌,弄清了乳酸杆菌抑制沙门氏菌侵入和损害肠黏膜细胞的作用机制,揭示了单独和联合使用乳酸杆菌与纳米硒影响肠道菌群的多样性以及肠道结构与功能的作用规律,并通过两轮动物试验确定了仔猪日粮中乳酸杆菌和纳米硒的适宜添加水平。

王纯刚(2009)研究发现向轮状病毒攻毒的仔猪日粮中添加丁酸钠可以极显著提高断奶后第5天血清中IL-4,显著提高轮状病毒抗体表达量,该试验表明丁酸钠可以有效提高仔猪断奶应激期间的肠道屏障功能,提高仔猪的免疫能力。

上述研究表明向日粮中添加矿物质、维生素、寡糖、酸化剂、益生素等在一定程度上能够提高猪的肠道免疫力,其中牛初乳、银耳孢子发酵物等添加剂具有非常明显的作用效果。

3.3 营养与猪胃肠道微生态平衡

3.3.1 猪胃肠道微生物菌群及微生态平衡

3.3.1.1 猪胃肠道微生物菌群及其功能

1. 猪胃肠道微生物菌群组成

就目前已经认识的肠道正常菌群而言,它最少包括14个菌属,400~500个菌种,其中主要包括双歧杆菌属,有9个种20个左右的亚种,占全部分离活菌的1/4左右;其次为乳酸杆菌属,包括8个种6个亚种。

正常微生物菌群分为原籍菌(autochthonous bacteria)、外籍菌(allochthonous bacteria)及共生菌群(symbiotic flora)。猪肠道菌群主要来源于母体。细菌在消化道的定殖顺序,首先是需氧菌,然后是兼氧菌,最后是专性厌氧菌。专性厌氧菌最后定殖是因为只有在需氧菌和兼性厌氧菌定殖一段时间后,周围环境的氧气被消耗掉,才能给厌氧菌生存和定殖提供条件,从此以后,厌氧菌一直在肠道占据绝对优势。

仔猪出生时其肠道是无菌的,出生24 h,在空肠、回肠、盲肠和结肠就定殖了双歧杆菌、大肠杆菌、乳酸杆菌、肠球菌、拟杆菌和酵母菌等,8~22日龄达到高峰并形成一个相对稳定的定型,以双歧杆菌、拟杆菌、乳杆菌、大肠杆菌和消化球菌占优势。

影响固有菌群定殖和多样性的因素包括食糜流通速度、pH、温度、氧化还原电位、渗透压、内分泌、酶的活性、厌氧环境和食糜干物质含量等。沿着胃肠道,食糜在某一部位停留的时间越长,流通速度越慢,则将在该部位产生一个数量更大、种类更多的细菌群落。

在胃内,生存的细菌主要是耐酸菌(如乳酸杆菌)。在早期断奶仔猪的胃中,嗜酸乳酸杆菌、粪链球菌占较大优势。而十二指肠和小肠上部微生物较少,这可能与胃酸的作用、肠道蠕动较快以及胆汁的杀菌作用有关。从小肠中分离出来的细菌包括乳酸杆菌、链球菌、双歧杆菌和大肠杆菌等,另外还从后段小肠中分离出酵母菌。从十二指肠到回肠端,总菌数和活菌数是逐渐增加的,且发酵速度、强度也加强。在回肠末端,pH低、氧化还原电位低,有利于专性厌氧菌繁殖,此处微生物较多,且95%以上为厌氧菌。猪盲肠由于较大且有大量食糜停留,因此其中的细菌群落数量大、种类多。盲肠中每克内容物中含$2.37\times10^{10\sim12}$个,黏附于盲肠壁的细菌约为2.67×10^{7}个。盲肠中细菌以专性厌氧菌为主。猪结肠中内的总菌数和活菌数在肠道生态系统中数量最大。结肠中内容物的细菌浓度估计为每克$1.33\times10^{11\sim14}$个。大肠细菌种类多,但主要是革兰氏阳性菌,包括链球菌属、乳酸杆菌属、真细菌属等;革兰氏阴性菌有类杆菌属、醋酸弧菌属、月形单胞菌属、梭形杆菌属和埃希氏菌属。此外，纤维分解菌也在大肠中被发现。粪便菌群和大肠菌群相似，粪便重量的40%是微生物，且其中90%以上为活菌。

2. 胃肠道微生物菌群的营养生理功能

大量的体内和体外试验证明，非反刍动物的肠道菌群在体内也能合成B族维生素（如硫胺素、核黄素、烟酸、烟酰胺）、维生素K和维生素E，并为宿主所利用。乳酸杆菌所产生的乳酸能够抑制植酸对肠道中磷和钙的络合，增加机体对钙和磷的吸收。

肠道无害的菌群主要有两种，即双歧杆菌和乳酸杆菌。双歧杆菌主要分布在结肠，其主要功能为：①通过菌膜屏障产生亲脂分子（lipophilic molecules）等抗菌物质，抑制致病菌和条件致病菌对肠上皮的黏附、定殖。②促进消化吸收。双歧杆菌能使被寄居部位的pH下降，有利于Fe^{2+}、维生素D和钙的吸收，还参与维生素B_1、维生素B_6、维生素B_{12}和叶酸的合成和吸收。③润肠通便。双歧杆菌主要产生醋酸和乳酸，能促进肠蠕动。④与肠黏膜上皮细胞紧密接触，构成肠道的定殖抗力，阻止致病菌和条件致病菌的定殖和入侵，对胃肠黏膜起到占位性保护作用。⑤增强免疫功能。双歧杆菌能激活机体的吞噬活性，促进特异性和非特异性抗体的产生。

乳酸杆菌的分布较广，从口腔到直肠皆存在，但以小肠最多，在酸性环境中生长，是胃内主要的微生物，其功能为：①抑制肠内致病菌的侵袭。②其代谢产物为乳酸、醋酸和甲酸，能促进肠蠕动，改善便秘。③增强细胞免疫功能，促进TH1发育，诱导产生多种细胞因子，预防IgE介导的过敏反应等。乳酸杆菌还可抑制幽门螺杆菌（*H. pylori*）生长，这一作用与其产*L*-乳酸的浓度呈正相关。然而，具有最有效抑菌作用的乳酸杆菌菌株产乳酸量并非最大，说明乳酸杆菌还可能产生一些其他的细胞外复合物，对*H. pylori*发挥抑制作用。

除了各种肠道微生物对肠道有比较明确的生理作用外，一般来说，肠道微生物还有以下一些共同的效应。

(1)对肠道的营养作用　肠道微生物的一般性营养作用主要体现在以下几个方面。

1)对碳水化合物代谢的影响　猪可通过肠道菌群的发酵作用以利用粗纤维及非淀粉多糖（NSP）等为肠道提供营养。纤维素及NSP是单胃动物消化系统无法分解的成分，必须借助结肠部位的菌群进行发酵作用或分泌消化酶，才能分解并吸收。在接近猪结肠的部位存在复杂的菌群，能够分解在上消化道中未被消化的残余碳水化合物，从而产生挥发性脂肪酸，并被宿主吸收利用。单胃动物的盲肠中，微生物可向宿主提供25%～35%因细菌酶降解多糖而产生的营养物质。英国Rowett研究所的一项综合性研究证实，芽孢杆菌属菌类具有可降解许多植物性碳水化合物的酶的活性。Thormburn等（1965）在研究鸡盲肠消化碳水化合物的能力时发现，去盲肠鸡对小麦、黑麦、燕麦（带壳）干物质的总消化率显著低于正常鸡，可见胃肠道微生物的存在有利于动物更好地利用碳水化合物，并能提高饲料的消化率。

纤维素的利用在单胃动物的后肠营养中也十分重要。能利用纤维素生长的细菌均具有C_1酶（外切β-1,4-葡聚糖酶）、Cx酶（内切葡聚糖酶）和纤维二糖酶等。常见的纤维素分解菌有黏细菌、梭状芽孢杆菌、产琥珀酸拟杆菌、丁酸弧菌以及瘤胃中的一些分解纤维素的菌。植物细胞壁里还有半纤维素，它的结构与组成随植物种类或部位的不同有明显不同。最常见的半纤维素是木聚糖，在草本或木本植物中均广泛存在。由于半纤维素的组成类型很多，因而分解它们的酶也各不相同。半纤维素主要经细胞外水解过程释放出木二糖，再由细胞内木二糖酶水解为木糖。一般能水解纤维素的细菌也能利用半纤维素，但某些能利用半纤维素的细菌却不能利用纤维素。

果胶是构成高等植物细胞间质的主要成分，它是由 D-半乳糖醛酸通过 α-(1,4)-糖苷键连接起来的直链高分子化合物。果胶分解的产物为半乳糖醛酸。半乳糖醛酸最后进入糖代谢途径，被分解成挥发性脂肪酸并释放出能量。细菌中如芽孢杆菌、梭状芽孢杆菌、栖瘤胃拟杆菌以及溶纤维拟杆菌等均具有分解果胶的能力。

2)对蛋白质代谢的影响　蛋白质是由许多氨基酸通过肽键连接的大分子化合物。蛋白质分解过程分两步，一是在蛋白酶作用下分解成多肽，二是在肽酶作用下分解成氨基酸。几乎所有细菌都有肽酶，而具有蛋白酶的细菌则较少。据报道，水解蛋白质的细菌有变形杆菌、梭菌、芽孢杆菌、假单胞杆菌等，如嗜热脂肪芽孢杆菌、地衣芽孢杆菌、枯草芽孢杆菌、短小芽孢杆菌等都能产生碱性、中性或酸性蛋白酶；而大肠杆菌只能分解蛋白质的降解产物。肽酶(又称外肽酶)是专一作用于肽键的水解酶，每次水解释放出一个氨基酸。根据肽酶的作用部位不同可将其分为氨肽酶和羧肽酶。蛋白质及其降解产物常作为细菌生长的氮源或生长因子等，在某些情况下也可以作为机体的能源，如某些氨基酸可作为在厌氧条件下生长的梭状芽孢杆菌的能源物质。消化道细菌可分解存在于消化道的来自饲料或来自宿主本身组织的所有氮化物，而且还可合成大量可被宿主再利用的含氮产物。大量研究证明，肠道微生物具有使蛋白质降解的分解代谢过程，而且能够利用氨合成菌体蛋白质。这种代谢过程对动物宿主的氮营养是非常重要的。消化道菌群分泌的酶可补充机体内源酶的不足，特别是在幼龄动物更为明显。如细菌蛋白酶可增强宿主消化酪蛋白的胰蛋白酶的活性。肠道菌群还直接参与某些氮化物的代谢。普通大鼠较无菌大鼠更能忍受饥饿，就是一个有力证据。当动物饲粮处于低蛋白质或低赖氨酸条件下，由于肠内菌的存在，可改善宿主的生长。在摄取低蛋白质饲料条件下，肠内菌的性质发生了变化。如摄取低蛋白质饲料鸡的肠内细菌在氨培养基上的生长情况表明，摄取低蛋白质饲料鸡比摄取适宜蛋白质饲料鸡的氨利用菌的比例大，也就是摄取低蛋白质饲料鸡的肠内菌大部分能够利用氨态氮。

肠内氨通过两条途径被再利用：一是肠内生成的氨通过肠道进入肝脏，在肝脏内通过尿素循环形成尿素。其中一部分尿素通过尿排出体外，另一部分尿素通过肠肝循环又进入肠内，经肠内尿素酶作用变成氨。据报道，肠内优势菌中的发酵乳杆菌、产气真杆菌、多酸拟杆菌等所产尿素酶活性高。肠内另一部分氨由于谷氨酸脱氢酶作用转变为谷氨酸胺，继而由于氨基转换酶作用转换为非必需氨基酸的氨基，再进一步成为形成蛋白质的氨基酸源。二是肠内的氨可被肠道细菌利用并合成菌体蛋白质。据报道，猪肠道优势菌中，尤其是拟杆菌、月形单胞菌、真杆菌、梭状芽孢杆菌、肠杆菌、链球菌等均能很好地利用氨。

3)对脂类代谢的影响　猪大肠发酵的物质主要是食物纤维等未被消化的多糖，经过细菌酶的分解产生中间代谢产物丙酮酸，再继续分解为乙酸、丙酸、丁酸等。反刍动物的前胃发酵产生的短链脂肪酸大部分作为能源被消耗，而单胃动物从大肠吸收的短链脂肪酸作为能量的来源也不应忽视。另外，前胃以及大肠吸收的短链脂肪酸有一部分也能形成脂质合成的主要前体物。

4)对矿物元素代谢的影响　菌群对矿物质吸收的作用可能是由于菌群可产生能同矿物元素结合并形成较易被吸收(如铁)或不能被吸收(如镁、钙)的复合物。有些细菌代谢的毒性产物也可使矿物元素(钙、镁)主动运输系统失活。通过对消化道形态学、胆酸盐的性质和不溶性油脂产生的作用的研究表明，微生物对宿主矿物元素的吸收起间接作用。研究表明，酵母可提高单胃动物对磷的利用率。酵母能在消化道后段存活，并可促进植酸酶的产生。另据报道，微生物在肠道产生的有机酸是一种螯合剂，能促进后肠中钙、磷等矿物质的吸收。双歧杆菌能大量产酸，可促进各种矿物质如钙、铁、镁、锌的吸收利用。

5）对维生素合成的影响　消化道含有种类繁多的微生物菌群，而消化道菌群的维生素合成作用经常被认为是菌群所具有的主要积极作用之一。无菌大鼠很易出现由缺乏维生素 K 而引起的出血，而普通大鼠即使在食物中无维生素 K 也不易见到出血症状。普通大鼠在食物中不存在维生素 B_{12} 的情况下仍可繁殖 6 代，而无菌大鼠在第 1 代就会在繁殖过程中出现死亡。肠道微生物能合成维生素 K 及 B 族维生素。对无菌大鼠，如果给予无维生素 K 的饮食，很快发生典型的出血性综合征，而相应的普通大鼠不但凝血时间正常，而且一般状态良好。普通动物或无菌动物饮食中添加维生素 K，出血症状消失。自然产生的维生素 K 比人工合成维生素 K 对维生素 K 缺乏症更有效。肠道内脆弱拟杆菌和大肠杆菌能合成维生素 K。在口腔和肠道内的细菌如乳杆菌、链球菌、大肠杆菌类与变形杆菌等，只有大肠杆菌与类八叠球菌具有治疗无菌动物因在饮食中未添加维生素 K 所致出血症的作用。反刍动物、家兔、豚鼠如饲料中无 B 族维生素不会产生缺乏症，因其肠道菌群可以合成。消化道内的双歧杆菌类能合成维生素 B_1、维生素 B_2、维生素 B_6、维生素 B_{12}、烟酸和叶酸等多种维生素，并能抑制内毒素血症。

总之，消化道微生物对碳水化合物、蛋白质、脂肪、矿物质的代谢和维生素的合成等均有不同的作用，但研究还有待深入，特别是综合评价某种或某类微生物对各种营养素代谢的影响方面需要进一步研究，以指导生产。

(2)肠道菌群的免疫调节作用　原籍菌群是在长期历史进化过程中形成的，与宿主的共生关系极为密切，对宿主是有益菌，因而也称为固有菌群；而外籍菌群在其非特异性宿主体内，必须要适应环境，耐受免疫屏障和生物拮抗等才能生存和发展，否则将被排除。

原籍菌群都具有定殖能力，具有在宿主生长、繁殖和延续后代的能力。动物出生后几个小时至几天，就会出现各部位的特异性微生物定殖，哪个部位定殖哪种微生物都是一定的，是由微生物与宿主两方面共同的遗传学机制决定的。如大肠杆菌的Ⅰ型菌毛末端的蛋白质配体仅特异性地与上皮细胞、真皮细胞和红细胞等表面的 *D*-甘露糖受体相结合。微生物定殖后就是繁殖与尽快形成一定的优势种群地位，还要抵抗其他微生物的竞争，以及耐受宿主的免疫屏障作用。

肠道中的原籍菌群对防御病原菌对宿主的感染起着重要作用。以往从生理学的角度出发，将动物和人对抗感染的屏障分为三道，即皮肤和黏膜屏障、吞噬细胞屏障、血清屏障。定殖抗力的抗感染作用被人们认识后，动物和人抗感染的屏障分为四道，外加一个原籍菌群拮抗外籍菌屏障。

初生动物容易发生各种腹泻，其原因是初生动物肠道内的固有菌群尚未建立或尚未完善。初生动物的肠道并不呈厌氧状态，因而最初定殖的是需氧和兼性厌氧菌，随着肠道内氧气逐渐被消耗，厌氧菌开始定殖，并逐步成为肠道内的优势菌，与宿主肠黏膜保持密切的联系，成为固有菌群。

断奶是动物肠道正常菌群必须经历的一次重大调整，动物从吃奶转变为吃饲料，引起一系列生理反应和肠道菌群的变化，定殖抗力作用会出现显著下降，临床上表现为动物易患消化道疾病。动物出生早期、断奶前后、腹泻过程中服用需氧或兼性厌氧的有益微生物，这些细菌在肠道增殖后使肠道变成厌氧环境，有助于厌氧菌的定殖，尽早形成固有菌群。

除正常菌群外，还有一种称为过路菌群，是由非致病性或潜在致病性细菌所组成，来自周围环境或宿主其他生境，在宿主身体存留数小时、数天或数周，如果正常菌群发生紊乱，过路菌群可在短时间内大量繁殖，引起疾病。

肠道菌群与动物的免疫能力密切相关，其作用不仅表现在全身性免疫调节作用，还表现为局部性免疫调节作用。

1)全身性免疫调节作用　研究发现短双歧杆菌作用的靶细胞释放的活性因子直接对B细胞的分裂发挥效应。而在人和猪上的研究表明，双歧杆菌能够促进B淋巴细胞的转化。双歧杆菌的免疫调节不仅针对B淋巴细胞，对T淋巴细胞也具有作用。相关的研究指出，乳酸杆菌可以降低CD4 T淋巴细胞的增殖，但可以使IL-10和转化生长因子分泌增加。如果肠道处的双歧杆菌大量减少，大肠埃希氏菌处于优势时，肠壁固有层中CD3、CD4、CD8细胞明显下降，免疫调节功能减弱。

双歧杆菌对机体的非特异性免疫功能：双歧杆菌菌体破碎后的可溶性提取物能显著降低巨噬细胞的溶菌酶活性，促进巨噬细胞吞噬聚丙烯酰胺颗粒和抗体的产生，提高NK细胞和巨噬细胞活性等，提高机体的防御功能，发挥自稳调节、抗感染和抗肿瘤效应。所以，双歧杆菌对非特异性免疫有显著的增强作用。

其他正常菌群对机体免疫功能的调节：乳杆菌的某些菌株如鼠李糖乳杆菌、植物乳杆菌、乳酸球菌等是肿瘤坏死因子α（TNF-α）和IL-6的强有力的诱导剂，增强免疫；干酪乳杆菌和保加利亚乳杆菌可激活巨噬细胞功能，刺激机体产生免疫应答，通过巨噬细胞、T细胞、NK细胞活性的增强来提高机体免疫。

2)局部免疫调节作用　动物机体内都存在着黏膜免疫系统，它在抵抗感染方面发挥着重要作用，黏膜表面与外界抗原直接接触，是机体抗感染的第一道防线。肠道正常菌群除发挥全身免疫效应外，对局部肠黏膜具有免疫调节作用。双歧杆菌可促进IgA的分泌增加，肠道正常菌群减少后，肠壁固有层中IgA阳性细胞数下降，合成及分泌IgA减少，肠腔内细菌sIgA包被率下降，肠壁清菌能力减弱，肠黏膜免疫功能减退。肠道正常菌群可以增加小肠上皮内淋巴细胞的杀伤活性。相关研究表明，双歧杆菌提取物能够促进免疫细胞的自然杀伤活性并刺激IL-1和IL-2的产生。肠道正常菌群可促进多种细胞因子的分泌。研究发现，加热灭活的双歧杆菌细胞壁和细胞质能够刺激巨噬细胞产生H_2O_2、NO、IL-6和TNF，尤其是刺激小鼠腹腔巨噬细胞IL-6的表达，嗜酸性乳杆菌和干酪乳杆菌能提高腹腔IL-6和IL-12的表达。青春型双歧杆菌和乳酸杆菌能刺激单核细胞分泌IL-6、IL-10、IL-12。双歧杆菌DNA可诱导外周血单核细胞分泌抗炎因子IL-10。

3.3.1.2　胃肠道微生态平衡及失调

1. 微生态平衡

微生态平衡是在长期历史进化过程中形成的正常微生物菌群与其宿主在不同发育阶段的动态的生理性组合。这个组合是指在共同宏观环境条件下，正常微生物菌群各级生态组织结构与其宿主体内、体表的相应的生态空间结构正常的相互作用的生理性统一体。这个统一体的内部结构和存在状态就是微生态平衡。具体说，是指肠道生态组织与其相应的生态空间的相互制约、相互依赖的动态平衡的表现。健康的猪，其肠道微生态的各种微生物之间都保持着一定的平衡状态，这种平衡状态的一个突出表现是：需氧菌和厌氧菌、革兰氏阳性菌与阴性菌都保持着一定的比例，例如健康仔猪，在小肠内需氧菌和厌氧菌之比为1∶100，在大肠两者之比为1∶1 000；当仔猪出现急性下痢时，它们的比例发生严重失调，在小肠变为1∶1，大肠变为1∶100，这就引起了所谓的微生态失衡。

2. 微生态失调

日粮中多种因素均影响微生态的组成，通过营养对微生态的调控可以实现三个目的：①可能改善饲料转化率和增重；②改善肠道健康；③日粮干扰以抑制食物源性的病原菌，如沙门氏菌和弯曲杆菌。所有的微生物区系的调控原则都是为了刺激有益菌、抑制有害菌。使用抗生素和短链脂肪酸可以抑制一些有害菌的生长；相应的，通过饲喂动物适宜的底物如寡糖或益生元制品也可促进有益菌的生长；另外，还可以通过日粮添加微生物区系中没有的有益菌改善动物肠道的微生态，实现对肠道健康的调控，减缓肠道菌群失调引发的定位转移(易位)、血行感染和易位病灶等的出现。

肠道菌群按一定的比例组合，各菌间互相制约、互相依存，在质和量上形成一种生态平衡，一旦机体内外环境发生变化，特点是长期应用广谱抗生素，敏感肠菌被抑制，未被抑制的细菌乘机繁殖，从而引起菌群失调，其正常生理组合被破坏，产生病理性组合，引起临床症状，称为肠道菌群失调症(alteration of intestinal flora)。针对菌群失调的主要防治方法有调整日粮结构，使用抗菌药物，添加活菌制剂，使用菌群促进剂、耐药性肠球菌制剂以及中药等。

3.3.2 营养与猪胃肠道微生态平衡的关系

本团队将营养学与微生态学和兽医微生物学紧密结合，对饲粮脂肪酸、蛋白质、淀粉、锌、铜和硒等营养物质，以及益生素、银耳多糖、酸化剂、丁酸钠和抗生素等非营养性添加剂影响肠道菌群结构、微生态环境的规律及调控机制进行了系统、深入的研究。

3.3.2.1 蛋白质

关于不同蛋白源对早期断奶仔猪生产性能、肠道微生物多样性及其代谢产物的研究发现，酪蛋白能显著提高动物的生产性能，降低肠道内的pH，维持肠道组织形态的健康，显著提高各个肠段总细菌以及乳酸杆菌、双歧杆菌、芽孢杆菌等有益菌的数量和比例，显著降低各个肠段内容物中大肠杆菌的数量和比例。大豆分离蛋白的效果低于酪蛋白，但显著高于氨基酸组成极不平衡的玉米醇溶蛋白。表明优质蛋白源有利于改善肠道微生态环境，增加有益菌的数量，提高仔猪生产性能，而蛋白质来源差异的部分原因是氨基酸组成和模式不同，平衡氨基酸可以缩小不同来源蛋白质的微生态调节效应的差异。司马博锋等(2010)研究固态发酵复合蛋白替代豆粕、菜粕对肥育猪肠道微生态环境的影响，试验结果表明，固态发酵复合蛋白组盲肠内容物中乙酸和丁酸含量分别比对照组提高1.57%和26.39%，结肠中段内容物中乙酸、丙酸和丁酸含量分别比对照组提高41.61%、21.43%和15.48%；固态发酵复合蛋白组结肠中段内容物氨含量比对照组降低11.16%。同时，饲粮蛋白和锌以及两者的互作影响消化道微生物区系和微生态环境，在此基础上提出了以调控肠道微生态平衡为重点，以降低仔猪腹泻和提高生产性能为目标的高蛋白加锌营养模式，解决了长期以来一直困扰养猪生产者的断奶仔猪对饲粮蛋白质水平需求高、但高蛋白水平饲粮又容易引起仔猪腹泻的突出矛盾，奠定了实现肠道健康养殖的营养理论基础。

3.3.2.2 淀粉

对不同淀粉源的研究发现，不同来源淀粉由于其结构和组成的差异不同（直链淀粉与支链淀粉的比例不同），从而影响小肠不同部位的淀粉消化率及肠道微生态平衡。戴求仲等（2008）采用 4×4 拉丁方设计研究不同淀粉来源对生长猪回肠食糜中微生物氮和氨基酸含量的影响，结果显示，回肠食糜中氮的流量以采食抗性淀粉日粮组最高（每千克干物质采食量 7.44 g），而食糜氮中微生物氮所占比例以采食糯米组最高（72.8%）；各组回肠食糜氨基酸流量中微生物氨基酸所占比例变化范围为 25.43%（玉米组）～45.09%（抗性淀粉组），其中抗性淀粉组 Asp、Glu、Ser 和 Lys 的比例明显高于玉米组，但 Tyr 却低于玉米组；糙米组 Arg 显著高于抗性淀粉组，而 Ala 和 Leu 却比抗性淀粉组低（$p<0.05$）；糯米组 Ala 和 Leu 也明显较抗性淀粉组低。豌豆淀粉回肠末端淀粉消化率最低，而木薯淀粉最高，玉米淀粉和小麦淀粉日粮组小肠各部位淀粉消化率没有差异；豌豆淀粉日粮显著影响盲肠和结肠食糜的总细菌，显著增加仔猪整个肠道双歧杆菌、乳酸杆菌、芽孢杆菌的数量及其占总细菌的比值，并显著降低仔猪整个肠段食糜大肠杆菌的数量，而木薯淀粉则与豌豆淀粉日粮作用相反，玉米淀粉和小麦淀粉对仔猪肠道微生物数量影响较小，差异不显著；作为慢速消化淀粉的豌豆淀粉显著提高了断奶仔猪回肠段肠道发育生长因子相关基因 GLP-2、IGF-Ⅰ、IGF-ⅠR 及 EGF mRNA 的表达及葡萄糖转运载体（SGLT-1 和 GLUT-2）的表达，表明不同结构差异的淀粉能够调控肠道微生物区系及肠道结构和功能，进而影响断奶仔猪肠道健康。

此外，瘤胃微生物体外发酵研究结果显示，体外接种黄孢原毛平革菌发酵后，蒸馏酒糟中酸性洗涤纤维降低了 16.4%，粗蛋白增加了 6.04%。体外发酵过程中，随着可溶性淀粉含量升高，体系中累积产气量也有显著升高。通过添加可溶性淀粉含量调整结构性碳水化合物（SC）/非结构性碳水化合物（NSC），可显著影响发酵体系中微生物蛋白、总挥发性脂肪酸、氨氮浓度。回归分析显示最佳 SC/NSC 为 2.39。添加可溶性淀粉可显著升高丙酸/总挥发性脂肪酸，但降低乙丙比。说明添加可溶性淀粉可增加黄孢原毛平革菌降解蒸馏酒糟的能力，且最佳 SC/NSC 为 2.39。

3.3.2.3 脂肪

在脂肪对肠道微生态影响方面的研究发现，大鼠在摄入等营养水平饲粮条件下，不同链长及饱和度的脂肪（棕榈油、玉米油、大豆油、椰子油和牛油）影响胃肠道内容物的组成、肠道微生物的存活及定殖，其中椰子油可通过提高大肠内容物中 $C_{10:0}$、$C_{12:0}$、$C_{14:0}$ 及 $C_{18:1}$ 的水平，提高乳杆菌和双歧杆菌数量，降低肠杆菌数量和肠道微生物总量。仔猪上的研究发现，当仔猪遭受 *E. coli* 攻毒时，空肠绒毛高度和黏膜厚度显著降低，盲肠内容物 $C_{14:1}$、$C_{16:0}$、$C_{16:1}$、$C_{18:3}$、CLA、$C_{20:0}$、$C_{20:1}$、$C_{20:2}$、$C_{20:5}(n\text{-}3)$、$C_{22:1}$、$C_{22:4}(n\text{-}6)$、$C_{24:1}$、单不饱和脂肪酸（MUFA）及多不饱和脂肪酸（PUFA）含量降低，盲肠内容物大肠杆菌数量增加，乳酸杆菌、双歧杆菌数量及乳酸杆菌/大肠杆菌、双歧杆菌/大肠杆菌的比值降低。而饲粮添加椰子油增加空肠绒毛高度、绒毛高度/隐窝深度及黏膜厚度，降低盲肠内容物中大肠杆菌数量，增加乳酸杆菌、双歧杆菌数量及乳酸杆菌/大肠杆菌、双歧杆菌/大肠杆菌的比值。

3.3.2.4 微量养分

微量元素铜可能通过影响仔猪肠道微生态环境进而促进仔猪的生长。高铜有降低盲肠大肠杆菌和乳酸杆菌数量的趋势，进一步的 DGGE 图谱分析表明，高铜能降低盲肠微生物的多样性。

雷必勇(2004)研究牛至油、纳米 ZnO 及高锌对断奶后 3 周龄仔猪肠道微生物菌群的影响。试验结果表明：牛至油、纳米 ZnO 和高锌组均有降低大肠杆菌的趋势，牛至油＋纳米 ZnO 组显著地降低了大肠杆菌数量。各试验组对乳酸杆菌没有明显影响。冷向军等(2001)研究了高铜对早期断奶仔猪肠道微生物的影响，试验结果表明：在断奶后共 2 周及第 3 周内，添加高 Cu 有降低仔猪结肠大肠杆菌数量的趋势。梅绍锋等(2009)考察高锌(Zn)和高铜(Cu)对断奶仔猪盲肠微生物数量的影响，结果表明，高锌和高铜有降低盲肠大肠杆菌、乳酸杆菌和双歧杆菌数量的趋势，但差异不显著。

杨玫(2008)研究了饲粮不同蛋白及锌水平对早期断奶仔猪肠道微生物多样性及其代谢产物的影响，证明断奶仔猪饲粮蛋白和锌对消化道微生物区系有调控作用。在进行空肠和盲肠内容物的 PCR-DGGE 分析时得出的结果表明，高蛋白饲粮增加肠道微生物群落的微生物种类，高锌饲粮则在饲粮蛋白含量高时有减少微生物种类的作用。低锌低蛋白肠道菌群相似性最低；高蛋白饲粮显著提高消化道微生物代谢产物(挥发性盐基氮、氨氮和乳酸)浓度，而添加高锌后，这些产物明显减少，表明高锌对断奶仔猪消化道微生物的代谢活动有明显抑制效应。

3.3.2.5 添加剂

陈洪等(2010)考察了饲用抗生素(恩拉霉素)对仔猪肠道微生态的影响，结果发现，随着恩拉霉素添加量的增加，仔猪直肠总菌数显著下降，直肠中的乳酸杆菌/大肠杆菌的比值降低，抑制肠道微生物多样性；停用抗生素后，高剂量恩拉霉素组仔猪直肠总菌数和乳酸杆菌/大肠杆菌的比值仍显著下降。结果表明，添加较低剂量的恩拉霉素会使肠道建立一个新的有利于促生长的菌群结构，提高仔猪生产性能；而高剂量则会使肠道菌群严重失衡，降低仔猪生产性能；停用抗生素后，仔猪肠道面临较高的感染风险。陈代文等(2004)研究仔猪饲粮添加酸化剂及黄霉素对生产性能、消化道 pH 和微生物数量的影响。结果表明，添加乳酸宝减少空肠、盲肠和直肠大肠杆菌数量，降低腹泻程度。添加黄霉素改善饲料利用率。乳酸宝与黄霉素合用对各项指标均无进一步改善效果。

添加银耳多糖(邹健，2006)、(复合)益生素(刘宏伟，2008)和复合酸化剂(晏家友等，2009)等可改善仔猪肠道微生态环境。其中，银耳多糖可抑制大肠杆菌增殖，促进双歧杆菌和乳酸杆菌增殖，并增加肠绒毛高度、降低隐窝深度；JS 菌有助于减少盲肠内容物大肠杆菌数量，增加乳酸杆菌数量，并增加肠道微生物的多样性和稳定性；约氏乳酸杆菌 JJB3 和枯草芽孢杆菌 JS01 可显著提高初生仔猪日增重和降低腹泻指数，可能是通过增加肠道厌氧菌的数量、调节有益细菌与致病菌之间的互作、刺激 T 淋巴细胞和巨噬细胞发育、增强细胞免疫功能，进而有效控制腹泻。

微胶囊型缓释复合酸化剂可以降低断奶仔猪胃和小肠 pH、提高空肠绒毛高度和隐窝深度的比值、提高小肠蔗糖酶和乳糖酶活性，提高仔猪盲肠和结肠中乳酸杆菌数量，降低大肠杆菌数量。晏家友等(2009)研究了缓释复合酸化剂对断奶仔猪消化道微生物的影响，结果表明，微胶囊型缓释复合酸化剂可以在断奶后期极显著提高仔猪盲肠和结肠中乳酸杆菌数量、降低大肠杆菌数量；陈代文等(2006)进行了酸化剂、益生素和寡糖对断奶仔猪粪中微生物菌群的影响及其互作效应研究，试验结果表明，酸化剂、益生素和寡糖合用较对照组和单独添加降低大肠杆菌数量，较单独添加降低淋巴细胞转化率，但差异不显著，由此得出结论：酸化剂、益生素、寡糖单独或合并使用均能改善断奶仔猪微生物菌群。

邹健(2006)研究银耳多糖对断奶仔猪生产性能和肠道菌群及免疫功能的影响，饲养考察指标为肠道菌群。试验结果表明，0.4%银耳多糖能极显著降低结肠中的大肠杆菌数，显著降低盲肠中的大肠杆菌数，同时显著提高结肠中双歧杆菌数，极显著提高盲肠中的双歧杆菌数，极显著提高结肠中的乳酸杆菌数，盲肠中的乳酸杆菌数差异不显著，但有增加趋势。实验结论：银耳多糖能促进结肠和盲肠中双歧杆菌与乳酸杆菌的增殖而抑制大肠杆菌的繁殖。

冷向军等(2003)研究添加组胺对早期断奶仔猪肠道微生物的影响，实验结果表明：在断奶后的前2周及第3周内，添加组胺60 μg/kg BW组比对照组提高仔猪日增重15.8%、9.5%，而添加1 800 μg/kg BW组胺则有降低仔猪日增重和增加结肠大肠杆菌数量趋势，仔猪腹泻率也有上升。

傅祖良等(2009)研究了银耳孢子发酵物(TSF)及与pGRF基因质粒合用对断奶仔猪肠道菌群的影响，结果表明：添加有TSF的两组乳酸杆菌和双歧杆菌均显著高于抗生素组，与对照组差异不显著。由结果证明，TSF有促生长的作用，而且效果与吉他霉素＋硫酸抗敌素相当；同时TSF优化肠道菌群；TSF与pGRF基因质粒合用对肠道菌群没有进一步的改善作用。

王纯刚等(2009)考察丁酸钠对轮状病毒攻毒和未攻毒断奶仔猪肠道微生物的影响，探讨丁酸钠缓解断奶应激的机理。结果表明：丁酸钠可极显著增加空肠乳酸杆菌的数量。陈洪等(2010)考察日粮中添加恩拉霉素对仔猪肠道菌群的影响，试验分别在基础饲粮中添加0、5、20、80 mg/kg恩拉霉素，分为3个阶段，即加药期28 d(饲喂试验日粮)、停药期7 d和LPS诱导应激期3 d。结果表明：加药期与对照组相比，3个添加组直肠总菌数显著下降，而在停药期，20、80 mg/kg添加组直肠总菌数和乳酸杆菌/大肠杆菌显著下降。应激后，盲肠乙酸和丁酸含量显著下降。

综上所述，以上研究结果揭示了动物营养与肠道微生态环境的互作规律，以及微生态环境与肠道健康和动物健康的关系，建立了促进肠道微生态平衡、提高养分消化利用率并增强动物抗病能力的营养原理与技术参数。

3.4 保护猪胃肠道健康的营养措施

根据最近动物营养学的研究进展，尤其是猪抗病营养研究的最新成果，促进猪肠道的发育，保护猪的肠道健康是保障猪机体健康的重要基础之一。以仔猪为例，仔猪断奶前后肠道发生了显著的变化，这对保障肠道健康带来了挑战，明确仔猪肠道在断奶前后的形态和功能变化，可为我们采取正确、恰当的营养调控措施、维护仔猪肠道健康奠定坚实的基础。

3.4.1 仔猪断奶后肠道的变化

1. 肠道结构的变化

营养学感兴趣的仔猪肠道结构的变化主要体现在重量、长度和绒毛、隐窝等指标上。仔猪出生时小肠长度为2～4 m，成年猪小肠长达16～21 m，其中十二指肠占4%～4.5%，空肠占

88%～91%，回肠占4%～5%。断奶后，小肠相对增长率提高，21日龄断奶仔猪，42日龄小肠相对重量为55～60 g/kg，断奶后小肠组织重量增加了406～432 g，其相对重量增加了84%～98%。断奶，尤其是早期断奶对仔猪的生长发育影响很大。这主要由于断奶应激对仔猪肠黏膜形态的影响，其中包括绒毛萎缩，隐窝加深。

2. 肠道微生物菌群的变化

在断奶后，由于消化道发育不成熟、消化酶分泌不足或活性不高，造成对饲料的消化能力降低，加上黏膜萎缩导致吸收出现障碍，都会导致小肠下段养分过剩，为致病菌的生长提供养料；仔猪断奶后，由于肠道黏膜被某些饲料成分（如饲料抗原等）或病毒损伤，大肠杆菌黏附和入侵受损的上皮；哺乳期抵抗大肠杆菌黏附的母乳等有益成分消失，这些原因可能会导致断奶后肠道生物学屏障遭到破坏，粪便中产肠毒素大肠杆菌和非产肠毒素大肠杆菌大量出现。因此，大肠杆菌性腹泻在仔猪断奶后腹泻中占很大比例。

3. 肠道功能的变化

仔猪断奶后从吮食母乳转向采食理化性状、气味味道及营养价值不同的干饲料，由于其消化道酶系统未发育完全，不能适应这种食物剧变而产生应激反应，引起胰蛋白酶、淀粉酶和脂肪酶等消化酶活性的降低，导致消化功能紊乱并出现腹泻。

另一个显著的功能性变化是肠道免疫功能的改变。仔猪免疫系统特别是来自母源的被动免疫在仔猪早期抵抗外来病原的侵害中发挥着重要作用。然而3周龄以后仔猪获得的被动免疫处于最低水平，自身免疫系统要到1月龄左右才发挥作用。因而3周龄断奶仔猪正是仔猪抗病力相对较低的时期。母乳中乳源性生长因子、各种激素和其他活性物质对肠道免疫功能的发挥起着重要的作用，如谷氨酰胺、表皮生长因子、多胺、类胰岛素生长因子等。早期断奶不仅中断了母源免疫因子的提供，而且会造成仔猪自身循环系统抗体水平的下降，抑制细胞免疫能力，从而引起仔猪抗病力的下降。断奶仔猪由吮吸母乳转变到采食固体颗粒料造成仔猪过敏反应，致使采食量下降，营养吸收不良等应激反应，这些因素也在一定程度上损害了仔猪的免疫功能。

最新的研究发现，仔猪的肠道屏障功能也发生了显著变化。肠道上皮细胞结构和功能的完整性是维持肠道正常吸收和免疫功能的前提，仔猪在断奶前后，由于肠道内的巨大变化，引起肠道上皮细胞的结构和功能的改变是仔猪发生肠道适应的必然，仔猪肠上皮细胞表现为细胞核位置发生改变，细胞密度、长度也随之改变等一系列形态的改变。而肠道上皮的紧密连接也发生变化，紧密连接的蛋白表达改变，分布也发生相应的变化，肠道的通透性改变，栅栏功能和选择性屏障改变，肠道细菌、内毒素的易位受到影响，从而导致仔猪的肠道抗病力的改变。

3.4.2 保护仔猪胃肠道健康的营养调控措施

根据仔猪的肠道代谢规律及断奶前后的变化特点，养猪工作者可采取以下营养措施维护仔猪肠道的健康。

1. 营养及饲喂水平

随着饲粮CP水平升高，CP的真消化率不变，进入大肠的蛋白质量增加，结肠内蛋白质的腐败作用增强，血中含氮代谢物增多，这会导致肠道健康状况降低。因此，应综合考虑饲料中蛋白质的添加水平及不同的来源。例如，适当降低饲粮蛋白水平，尤其是植物性蛋白水平，或者用乳源蛋白替代30%日粮总蛋白，均有利于维护肠道健康。

2. 饲料营养源的选择

针对具有不同消化特点的猪选择不同的营养源，能保证猪只处于最佳生长状态；对饲料原料的适当处理能提高饲料的可消化性，同时能提高动物对饲料的消化能力。因此选择优质合理的营养源是保证仔猪肠道健康的关键，例如对于不同来源的蛋白、淀粉、脂肪的合理选择和搭配可显著提高猪的肠道健康水平，这是决定仔猪肠道健康的至关重要的因素，是维护肠道健康的根本。

3. 饲料添加剂的合理应用

高铜高锌能改善断奶仔猪消化道结构，且高铜促生长效应优于高锌。酸梅粉和微生物植酸酶在提高生长猪饲粮植酸磷消化率及钙磷利用率方面存在互作，柠檬酸仅有进一步提高植酸酶对植酸磷的消化和对钙磷的利用的趋势。早期断奶仔猪饲粮中添加复合酸可刺激胃酸和胃蛋白酶分泌，提高十二指肠消化酶活性；添加盐酸可降低仔猪腹泻率，提高日增重，但效果不及有机酸和复合酸显著。而酸化剂、益生素与其他添加剂的联用能更好地发挥在保护肠道健康上的作用。这些添加剂在维护肠道健康上发挥了重要的作用。

4. 营养管理措施

为了提高仔猪肠道健康及抗病力，适当的营养管理措施也必不可少。对断奶前后的仔猪加强管理，可降低各种应激反应，防止疾病的发生。仔猪断奶后1周内要合理控制采食量，避免暴饮暴食或突然换料造成消化不良，对断奶1～2周内营养良好、采食旺盛的仔猪，应限制采食量，以防止猪水肿病的发生和消化不良性下痢。采用适当的料型料态，对肠道的发育也具有显著的影响。此外，饮水不足会影响仔猪正常的生长发育，严重缺水仔猪会饮用污水而造成下痢。在断奶时为了降低应激或预防疾病，可在饮水中加入电解多维、口服葡萄糖等保健性药物。

参考文献

蔡景义，付雪梅，王之盛，等. 2009. 生长猪添加植酸酶对植物性蛋白饲料磷消化率的影响研究. 中国饲料，6:26-28.

车炼强，张克英，丁雪梅，等. 2009. 免疫应激对仔猪肠道发育及胰高血糖素样肽-2分泌的影响. 畜牧兽医学报，40(5):676-682.

陈代文，张克英，王万祥，等. 2006. 酸化剂、益生素和寡糖对断奶仔猪粪中微生物菌群和免疫功能的影响及其互作效应研究. 动物营养学报，18(3):172-178.

陈代文，张克英，余冰，等. 2004. 仔猪饲粮添加酸化剂及黄霉素对生产性能、消化道pH和微生物数量的影响. 中国畜牧杂志，40(4):16-19.

陈凤芹，计峰，程茂基，等. 2008. 不同铁源对断奶仔猪生长性能、免疫功能及铁营养状况的影响. 中国畜牧兽医，35(7):11-14.

陈文，陈代文. 2006. 低能饲粮添加植酸酶对仔猪养分利用率、血清理化指标及生长性能的影响. 中国畜牧杂志，42(17):24-27.

陈燕凌，蔡景义，左之才，等. 2008. 复方中药制剂对断乳仔猪生长性能及腹泻的影响. 中国兽医杂志,44(10):21-23.

崔芹. 2007. 蛋氨酸羟基类似物(HMB)对28日龄断奶仔猪生产性能和饲料系酸力的影响:硕士论文. 雅安:四川农业大学动物营养研究所.

戴求仲,王康宁,印遇龙,等. 2008. 不同淀粉来源对生长猪回肠食糜中微生物氮和氨基酸含量的影响. 动物营养学报,20(4):404-410.

范志勇,王康宁,周定刚. 2006. EGF、Gin 和 pGRF 基因质粒对早期断奶仔猪肠道发育的影响. 畜牧兽医学报,37(5):457-463.

范志勇,王康宁. 2003. 猪生长激素释放因子基因对早期断奶仔猪生产性能、免疫功能及消化道发育的影响. 中国畜牧杂志,39(3):16-17.

冯仁勇,陈硕平. 2005. 苜蓿草粉对生长猪生产性能和免疫功能的影响. 中国猪业,5:17-19.

傅祖良,王康宁,吴仿琪,等. 2009. 银耳孢子发酵物及与 pGRF 基因质粒合用对断奶仔猪生长、部分免疫指标及肠道菌群的影响. 动物营养学报,21(5):777-783.

黄金秀,陈代文,张克英. 2008. 木聚糖酶对不同木聚糖含量的仔猪饲粮养分消化率的影响. 中国畜牧杂志, 44(7):21-24.

黄金秀,张克英,陈代文. 2006. 仔猪饲粮木聚糖水平与添加木聚糖酶对养分消化率的影响. 中国畜牧杂志,42(7):25-29.

贾刚,蒋荣川,晏家友,等. 2009. 胰高血糖素样肽-2 对 28 日龄断奶仔猪肠上皮细胞的保护及修复效应研究. 畜牧兽医学报, 40(10):1478-1486.

蒋荣川,贾刚,王康宁. 2008. 胰高血糖素样肽-2 对体外培养的断奶仔猪小肠黏膜上皮细胞形态、增殖及其酶活力的影响. 动物营养学报, 20(6):699-705.

蒋荣川. 2007. 胰高血糖素样肽-2 对 28 日龄断奶仔猪肠上皮细胞完整性及其增殖的影响:硕士论文. 雅安:四川农业大学动物营养研究所.

蒋义,贾刚,黄兰,等. 2011. 不同水平精氨酸-甘氨酸-谷氨酰胺对断奶仔猪空肠体外酶活及细胞增殖与凋亡的影响. 动物营养学报,23(9):1475-1482.

雷必勇. 2002. 牛至油、纳米氧化锌及高剂量氧化锌在仔猪日粮中的应用效果比较研究:硕士论文. 雅安:四川农业大学动物营养研究所.

冷向军,王康宁,杨凤. 2002. 酸化剂对早期断奶仔猪胃酸分泌、消化酶活性和肠道微生物的影响. 动物营养学报, 14(4):44-48.

冷向军,王康宁,杨凤,等. 2003. 添加组胺对早期断奶仔猪胃酸分泌、消化酶活性和肠道微生物的影响. 中国农业科学,36(3):324-328.

冷向军,王康宁. 2001. 高铜对早期断奶仔猪消化酶活性、营养物质消化率和肠道微生物的影响. 饲料研究,4:28-29.

李成良,周安国,王之盛. 2007. 酸梅粉和柠檬酸对植酸酶改善生长猪钙、磷消化率的影响. 动物营养学报,19(6):737-741.

李德发. 2003. 猪的营养. 北京:中国农业科学技术出版社.

李静. 2003. 胆囊收缩素主动免疫对猪内分泌及胰腺功能的影响:硕士论文. 雅安:四川农业大学动物营养研究所.

李兰娟. 2002. 感染微生态学. 北京:人民卫生出版社.

梁海英. 2004. 不同饲粮类型添加 NSP 酶对断奶仔猪生产性能及养分消化率的影响:硕士论

文.雅安:四川农业大学动物营养研究所.

廖波,张克英,丁雪梅,等.2011.饲粮添加25-羟基维生素D_3对轮状病毒攻毒和未攻毒断奶仔猪血清和肠内容物抗体和细胞因子水平的影响.动物营养学报,23(1):34-42.

刘宏伟,王康宁.2009.日粮碳水化合物/蛋白质水平对240日龄不同品种猪肌内脂肪含量和胃肠道重量、长度及消化酶活性的影响.动物营养学报,21(4):447-453.

刘宏伟.2007.高低碳水化合物/蛋白日粮对不同品种育肥猪胃肠道结构、功能和肉质的影响:硕士论文.雅安:四川农业大学动物营养研究所.

刘军,周安国,王之盛.2010.日粮锌与蛋白质水平对断奶仔猪前炎症细胞因子和肠道黏膜免疫分子的影响.中国畜牧杂志,46(5):24-28.

刘忠臣,陈代文,余冰,等.2011.不同脂肪来源对断奶仔猪生长性能和脂类代谢的影响.动物营养学报,23(9):1466-1474.

龙定彪.2002.猪血酶解参数及酶解血粉对仔猪蛋白质利用和生产性能的影响:硕士论文.雅安:四川农业大学动物营养研究所.

罗亚波,邹成义,陈洪,等.2010.日粮中添加及停用恩拉霉素对断奶仔猪生长性能和消化吸收功能的影响.动物营养学报,22(1):139-144.

毛倩,陈代文,余冰,等.2010.复合益生素对生长育肥猪生产性能、盲肠菌群及代谢产物的影响.中国畜牧杂志,17:34-39.

梅绍锋,余冰,鞠翠芳,等.2009.高锌和高铜对断奶仔猪生产性能、消化生理和盲肠微生物数量的影响.动物营养学报,21(6):903-909.

倪学勤,曹希亮,曾东,等.2008.猪源约氏乳酸杆菌JJB3和枯草芽孢杆菌JS01对仔猪肠道分泌型免疫球蛋白A和菌群的影响.动物营养学报,20(3):275-280.

司马博锋,陈代文,黄志清,等.2011.固态发酵复合蛋白质对猪肠道消化生理及养分消化率的影响研究.动物营养学报,23(1):86-93.

司马博锋,陈代文,余冰.2010.固态发酵复合蛋白对肥育猪生长性能及肠道微生态环境的影响.养猪,6:22-24.

司马博锋,陈代文,余冰,等.2010.固态发酵复合蛋白在断奶仔猪上的应用研究.养猪,5:9-11.

孙培鑫.2006.去皮膨化豆粕在早期断奶仔猪日粮中的应用研究:硕士论文.雅安:四川农业大学动物营养研究所.

孙云子,余冰,陈代文.2011.不同蛋白源日粮对断奶仔猪小肠形态的影响.中国饲料,12:34-37.

唐春红,余冰,陈代文.2007.马铃薯蛋白粉对断奶仔猪的应用效果研究.养猪,1:1-3.

唐仁勇.2004.饲料不同形态、状态对早期断奶仔猪生产性能及消化生理的影响:硕士论文.雅安:四川农业大学动物营养研究所.

王成,王之盛,周安国,等.2008.黄芪组方浓缩物和半胱胺对肥育猪生长性能和体蛋白动态代谢的影响.核农学报,22(3):359-364.

王纯刚,张克英,丁雪梅.2009.丁酸钠对轮状病毒攻毒和未攻毒断奶仔猪生长性能和肠道发育的影响.动物营养学报,21(5):711-718.

文敏,贾刚,李霞,等.2010.银耳多糖对生长肥育猪生产性能、免疫功能及肉质的影响.动物营养学报,6:1644-1649.

晏家友,贾刚,王康宁,等.2009.缓释复合酸化剂对断奶仔猪消化道酸度及肠道功能的影响.畜牧兽医学报,40(12):1747-1754.

晏家友,贾刚.2010.微胶囊型酸化剂与抗生素联合使用对断奶仔猪生产性能及腹泻率的影响.粮食与饲料工业,1:39-41.

杨玫,周安国,王之盛.2008.锌对断奶仔猪肠道屏障的影响.中国饲料,21:17-21.

杨玫.2007.饲粮不同蛋白及锌水平对早期断奶仔猪生产性能、肠道微生物多样性及其代谢产物的影响:硕士论文.雅安:四川农业大学动物营养研究所.

印遇龙.2010.仔猪营养学.北京:中国农业出版社.

袁施彬,陈代文.2009.氧化应激对断奶仔猪组织抗氧化酶活性和病理学变化的影响.中国兽医学报,29(1):74-78.

袁施斌,余冰,陈代文,等.2008.硒添加水平对氧化应激仔猪生产性能和免疫功能影响的研究.中国兽医学报,39(5):677-681.

袁中彪.2004.胆囊收缩素主动免疫对猪的营养生理效应及其机制的研究:硕士论文.雅安:四川农业大学动物营养研究所.

岳双明.2005.不同蛋白水平日粮添加高锌对早期断奶仔猪生产性能、抗氧化作用和肠道粘膜免疫的影响:硕士论文.雅安:四川农业大学动物营养研究所.

曾礼华,周安国,杨凤.2009.牛初乳对早期隔离断奶仔猪免疫功能的影响.中国奶牛,8:47-50.

曾礼华,周安国,杨凤.2007.牛初乳对早期隔离断奶仔猪肠道发育及养分消化利用的影响.畜牧生产,8:50-51.

曾真,陈代文,毛湘冰,等.2011.饲粮消化能水平对荣昌烤乳猪品系生产性能及脂肪代谢的影响.动物营养学报,23(9):1490-1498.

詹黎明,吴德,李勇,等.2010.饲粮蛋白质来源对仔猪生长性能、肠道形态、血清激素和免疫指标的影响.动物营养学报,22(5):1192-1199.

张宏福.2010.饲料营养研究进展.北京:中国农业科学技术出版社.

张克英,陈代文,等.2003.仔猪饲粮添加植酸酶对养分利用率的影响.四川畜牧兽医(增刊2).

张敏贤,陈代文,张克英.2005.促生长激素释放肽对肥育猪生产性能、养分消化率和胴体性状的影响.养猪,4:20-22.

赵叶,陈代文,余冰,等.2009.赖氨酸发酵蛋白粉的营养价值评定及其在生长肥育猪上的应用效果研究.饲料博览,7:43.

中国畜牧兽医学会动物微生态学分会.2000.动物微生态研究进展.北京:中国农业大学出版社.

仲崇华,王康宁,姚娟,等.2008.不同硒源对断奶仔猪生产性能、免疫指标及硒利用率的影响.饲料工业,28(5):20-24.

邹健.2006.银耳多糖对断奶仔猪生产性能和肠道菌群及免疫功能的影响:硕士论文.雅安:四川农业大学动物营养研究所.

Block M C, Vahl H A, de Lange L, et al. 2002. Nutrition and health of the gastrointestinal tract. The Netherlands: Wageningen Academic Publishers.

Li J G, Zhao H, Zhou J C. 2010. Effect of roasting and extrusion on the bioavailability of selenium in soybean for young pigs. Journal of Applied Biosciences, 27: 1697-1704.

Wang H, Jia G, Chen Z L, et al. 2011. The Effect of glycyl-gluamine dipeptide concentrate on enzyme activity, cell proliferation and apoptosis of jejunal tissues from weaned piglets. Agricultural Sciences in China, 10(7): 1088-1095.

Yang M, Wang Z S, Zhou A G. 2009. Performance and biochemical responses in early-weaned piglets fed diets with different protein and zinc levels. Pakistan Journal of Nutrition, 8 (4): 349-354.

第4章

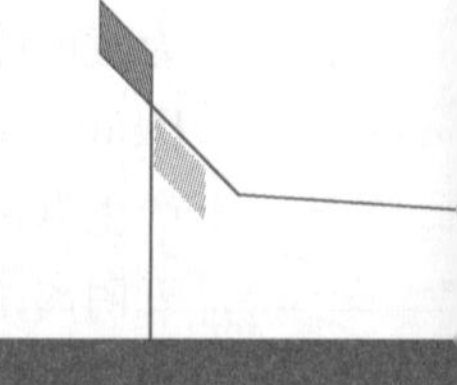

营养与氧化应激

氧化应激是生物机体应答内外环境，通过氧化还原反应对机体进行多层次应激性调节和信号转导，同时造成氧化损伤的重要生命过程。在正常生理条件下，机体的调节机制会使体内处于相对自稳态，此时尽管也有自由基产生，但它会受到抗氧化体系的淬灭，从而维持在正常生理范围内。当动物遭受应激原刺激或患病时，机体代谢出现异常而骤然产生大量自由基，自由基数量超过抗氧化体系的还原能力，使机体处于氧化应激状态，结果会导致机体损伤。

随着我国畜牧业特别是现代养殖业集约化程度的提高以及人们对动物福利意识的增强，动物应激医学已成为动物医学的重要组成部分。在动物应激医学研究中，畜禽氧化应激是一个重要的组成部分。实际生产中，很多因素会诱导畜禽产生氧化应激，如饲粮养分含量过高，尤其是矿物元素，饲粮中各种毒素或有毒化合物的存在，环境因素如缺血、缺氧或化学试剂等，都会导致机体氧自由基过量生成和/或细胞内抗氧化防御系统受损而产生氧化应激。此时，动物会表现出生产性能下降，或发生应激性综合征。长期应激会导致机体内具有抗氧化能力的维生素和微量元素等消耗，自由基进一步增加，疾病抵抗能力下降，生物体衰老或死亡加速等。然而，从已有的文献来看，以畜禽为动物模型研究氧化应激的危害及抗氧化机理和措施还非常缺乏。本章拟结合我们的研究，在简述氧化应激概念、机理的基础上，就氧化应激模型的建立、氧化应激对仔猪生产性能的影响、氧化应激对仔猪养分代谢和需要量的影响、氧化应激对猪机体健康的影响以及缓解仔猪氧化应激的营养措施等作详细介绍，旨在为深入探讨畜禽氧化应激及抗氧化机制和寻求缓解氧化应激的有效措施提供参考。

4.1 氧化应激概述

4.1.1 自由基与抗氧化系统

需氧生物体的细胞在有氧环境条件下进行正常的新陈代谢过程中都会产生少量的自由

基。正常情况下，动物机体内自由基生成量较小，主要的产生途径包括：细胞进行正常有氧代谢时，线粒体呼吸链会产生超氧阴离子、过氧化氢、羟自由基；黄嘌呤氧化酶催化次黄嘌呤转化为黄嘌呤以及黄嘌呤转化为尿酸的过程中氧被还原，形成超氧阴离子和过氧化氢；细胞色素P450系统在发挥其解毒作用时产生大量氧自由基；巨噬细胞吞噬细胞时发生“呼吸暴发”也会产生自由基；辅酶Q的代谢产物可在氧化还原中生成半醌自由基，提供电子使氧分子生成超氧阴离子。当动物受到应激、微生物入侵、患病、衰老或特殊生理情况下，机体内自由基会大量产生。过多的自由基如果没有被及时清除，体内的氧化还原状态就会失去平衡，机体就会处于氧化应激状态，结果会导致机体损伤。机体内有一套自由基清除系统。这个自由基清除系统被称为抗氧化系统。机体的抗氧化系统由大分子的酶促抗氧化系统和小分子的非酶促抗氧化系统组成。

4.1.1.1 自由基

自由基是指游离存在的具有一个或几个不配对电子的分子、离子、原子或原子团。自由基虽能独立存在，但因含有未成对电子，化学性质十分活泼，自然界中的各种自由基存在时间极为短暂。在动物生理病理过程中，密切相关的自由基包括活性氧族（reactive oxygen species，ROS）和活性氮族（reactive nitrogen species，RNS）。ROS包括超氧阴离子（$\cdot O_2^-$）、羟自由基（$\cdot OH$）以及可以反应产生氧自由基的 H_2O_2 和单线氧（$^1O_2$）等；RNS包括一氧化氮（NO）、二氧化氮（NO_2）和过氧亚硝基（$\cdot ONOO^-$）等。

1. 超氧阴离子（$\cdot O_2^-$）

$\cdot O_2^-$ 在线粒体电子传递链中由还原型烟酰胺腺嘌呤二核苷酸（NADH）转化为氧化型烟酰胺腺嘌呤二核苷酸（NAD^+）时产生，1%～4%进入呼吸链的氧参与产生 $\cdot O_2^-$。$\cdot O_2^-$ 可以调节血管舒缩、细胞分化和凋亡等，其水平的降低可导致对细菌的易感。细胞内 $\cdot O_2^-$ 水平有着严格调控，过多的 $\cdot O_2^-$ 被超氧化物歧化酶（superoxide dismutase，SOD）歧化生成 H_2O_2 和水。当细胞处于高血糖状态时，三磷酸腺苷（ATP）合酶被抑制，电子传递减慢，通过以下途径会导致 $\cdot O_2^-$ 的产生过多：①半衰期延长的高活性醌类中间产物增加电子脱离，脱离的电子与分子氧结合产生 $\cdot O_2^-$；②当电子传递不能再生 NAD^+ 时，NADH氧化酶被活化并产生 $\cdot O_2^-$。$\cdot O_2^-$ 与NO反应，会产生氧化活性更强的 $\cdot ONOO^-$。

2. 羟自由基（$\cdot OH$）

$\cdot OH$ 是已知的最强的氧化剂，它比高锰酸钾和重铬酸钾的氧化性还强，是氧气的三电子还原产物，反应性极强，寿命极短，在水溶液中仅为 10^{-6} s，在很多缓冲溶液中，只要一产生，就会和缓冲溶液发生反应。它几乎可以和所有细胞成分发生反应，对机体危害极大。但是由于它的作用半径小，仅能和它邻近的分子发生反应。

$\cdot OH$ 可以参与抽氢、加成及电子转移三类反应。最典型的反应是 $\cdot OH$ 从乙醇抽氢生成乙醇自由基和水：

$$CH_3-CH_2-OH+\cdot OH \rightarrow CH_3-\dot{C}H-OH+H_2O$$

在有氧存在时可以生成过氧自由基（oxygen free radical，OFR）。$\cdot OH$ 还可以参与磷脂抽氢，引发一系列反应，导致细胞膜损伤，从脱氧核糖核酸（DNA）的脱氧核糖上抽氢，生成各种产物，引起细胞突变。

·OH 与芳香环的反应采用加成反应的方式进行。同样也可以与 DNA 和核糖核酸(RNA)的嘌呤和嘧啶的碱基反应，·OH 加成到嘌呤和嘧啶的碱基上生成嘌呤和嘧啶自由基。·OH 就是以这种方式损伤 DNA 碱基和糖的，甚至引起键断裂。若无法修复这些严重的损伤，则会引起细胞的突变和死亡。

动物体内有多种途径可产生 ·OH，最主要的途径是 H_2O_2 和金属离子经芬顿(Fenton)反应和哈伯-韦斯(Harbei-Weiss)反应产生。

3. 一氧化氮(NO)和过氧亚硝基(·$ONOO^-$)

NO 由细胞内的一氧化氮合成酶(nitricoxide synthase，NOS)催化精氨酸产生，NOS 有神经型(nNOS)、内皮型(eNOS)和诱导型(iNOS)三种亚型。NO 通过激活鸟苷酸环化酶调节离子通道，调控血管紧张度。另外，NO 通过与细胞色素氧化酶竞争性结合氧化结合部位，调节细胞呼吸作用。NO 亦被认为是一种神经递质，发挥重要的生理作用。研究显示，受损的神经元在 NO 环境下恢复较慢，而 NOS 抑制剂可以促进受损神经元的恢复。研究证实 NO 具有双重作用：内皮源性 NO 可以导致血管舒张，增加血流；神经源性 NO 导致下游的钙失调，阻止线粒体的能量代谢。在某些情况下，NO 可以作为抗氧化剂阻止脂质过氧化。但是，当 ·O_2^- 水平过多时，NO 可与之反应产生过氧亚硝酸盐，变为促氧化剂。

在很多生理和病理过程中，体内可以产生大量的 ·$ONOO^-$。·$ONOO^-$ 在碱性条件下相当稳定。在略高于生理 pH 时，它可以从生成位置扩散到较远的距离。一旦周围的 pH 略低于正常生理值时(病理条件下往往如此)，立即产生氧化性和细胞毒性非常强的类羟基和 NO。这对于免疫杀伤外来入侵微生物和肿瘤细胞具有重要意义，同时也可能对正常细胞产生损伤。

4. 过氧化氢(H_2O_2)和单线氧($^1O_2$)

H_2O_2 和 $^1O_2$ 不是自由基，但它们都是很重要的活性氧，而且都可以反应产生氧自由基。H_2O_2 具有较强的氧化性，可以直接氧化一些酶的巯基，使酶失去活性。甘油醛-3-磷酸脱氢酶就是以这种方式被 H_2O_2 失活的。H_2O_2 还可以非酶氧化丙酮酸，也可以参加 Fenton 反应和 Harbei-Weiss 反应。H_2O_2 可以穿透大部分细胞膜，这是 ·O_2^- 不能相比的，这就增加了 H_2O_2 的细胞毒性，当它穿越细胞膜后就可以与细胞内铁反应产生 ·OH。H_2O_2 在体内的重要来源可能是 ·O_2^- 的歧化反应。体内葡萄糖氧化酶可以氧化葡萄糖生成 H_2O_2。另外，有几种酶可使分子氧(O_2)获得两个电子还原生成 H_2O_2 的酶，如氨基酸氧化酶、半乳糖氧化酶、单胺氧化酶和二胺氧化酶等。水的电离辐射也可以产生 H_2O_2。

$^1O_2$ 是 O_2 的激发态。$^1O_2$ 虽不是自由基，但因解除了自旋限制，所以反应性极强。$^1O_2$ 同其他物质反应主要通过两种形式进行，一是同其他分子的结合反应，二是将能量转移给其他分子，自己回到基态，称为淬灭。维生素 E、DNA、胡萝卜素、胆固醇、色氨酸、蛋氨酸、半胱氨酸和组氨酸都可以和 $^1O_2$ 反应，生成氢过氧化物等。

ROS 和 RNS 在生命体系中发挥双重作用：一方面参与细胞信号转导，调控机体对有害物质的防御功能，低浓度的 ROS 还参与促有丝分裂反应；另一方面，高浓度的 ROS 可导致细胞结构损伤。过量的自由基抑制机体的抗氧化防御功能，加重炎症过程，还可造成 DNA、蛋白质和脂类等大分子的氧化损伤。

4.1.1.2 抗氧化系统

机体的抗氧化系统由大分子的酶促抗氧化系统和小分子的非酶促抗氧化系统组成。两个系统并不是孤立的，而是一个整体，酶促抗氧化系统的作用是催化抗氧化反应，而非酶促抗氧化系统是抗氧化反应的底物。非酶促抗氧化系统可把能量代谢过程中产生的电子传递给活性氧，即发挥电子传递的作用，而酶促抗氧化系统发挥促进电子传递速度的作用。

1. 抗氧化酶类

抗氧化酶类主要包括 SOD、谷胱甘肽过氧化物酶（glutathione peroxidase，GSH-Px 或 GSX，本章采用 GSH-Px）、过氧化氢酶（catalase，CAT）、谷胱甘肽-S-酰基转移酶（glutathione-S-transferase，GST）等，它们协同完成细胞内的抗氧化作用。这些酶可使细胞水相中已存在的活性氧自由基变为活性较低的物质并将之清除。

（1）超氧化物歧化酶（SOD） SOD 是细胞内最有效的抗氧化物酶之一，能清除 $\cdot O_2^-$、保护细胞免受氧化损伤，因而对机体的氧化和抗氧化平衡起着至关重要的作用。SOD 在人和哺乳动物上有三种存在形式，即 Cu、Zn-SOD，Mn-SOD 和细胞外 SOD（EC-SOD）。三种存在形式的 SOD 在自身结构和体内分布上各不相同。Cu、Zn-SOD 相对分子质量约 32 000，由两个相同的亚基组成，每个亚基含有一个铜原子和一个锌原子。Cu、Zn-SOD 主要存在于胞浆和细胞核内，在细胞器中很少存在。Mn-SOD 为同源四聚体结构，相对分子质量约 96 000，每个亚基包含一个锰原子。Mn-SOD 主要分布在线粒体基质内，对线粒体结构和功能的完整性具有重要的保护作用。EC-SOD 是一种弱亲水性的糖蛋白，主要分布于细胞外液和结缔组织细胞外基质以及细胞表面。EC-SOD 是 Cu、Zn-SOD 的同工酶，是唯一分布在细胞外发挥抗氧化作用的酶。EC-SOD 对机体的氧化和抗氧化平衡起重要作用，能清除脂质过氧化物，减轻氧化损伤程度。

（2）谷胱甘肽过氧化物酶（GSH-Px） GSH-Px 是一种重要的抗氧化物酶，能有效清除过氧化氢和有机氢过氧化物，从而保护生物膜不受氧化损伤。GSH-Px 的活性中心是硒半胱氨酸，其活性大小可以反映机体硒水平。GSH-Px 酶系主要包括 4 个 GSH-Px 同工酶，分别为细胞 GSH-Px、血浆 GSH-Px、磷脂氢过氧化物酶及胃肠道专属性 GSH-Px。细胞 GSH-Px 能有效清除各类氢过氧化物；血浆 GSH-Px 既能还原过氧化氢，又能还原磷脂氢过氧化物；磷脂氢过氧化物酶为生物膜组成所必需，主要还原磷脂过氧化氢、脂肪酸过氧化氢和甾体过氧化氢，阻止生物膜非专一性的磷脂过氧化；胃肠道专属性 GSH-Px 只存在于啮齿类动物的胃肠道中，其功能是保护动物免受摄入脂质过氧化物的损害。

（3）过氧化氢酶（CAT） CAT 的生物学功能是催化细胞内过氧化氢分解为氧和水。CAT 是催化效率最高的酶之一，1 分子 CAT 每分钟可转化大约 600 万分子过氧化氢为氧和水。各种病理过程引起的机体对过氧化氢解毒能力降低与 CAT 活性降低密切相关。

（4）谷胱甘肽-S-酰基转移酶（GST） GST 是一组多功能同工酶，一般是两个亚基（相对分子质量25 000～27 000）以同源或异源的方式聚合而成。每个亚基都含有两个空间结构不同的基本结构域，即 N 端结构域和 C 端结构域。每个亚基上都有两个配体结合位点：一是位于 N 端的谷胱甘肽（GSH）特异结合位点（G 位点），在此位点有一个保守的丝氨酸/酪氨酸（Ser/Tyr）残基，其烃基与 GSH 的巯基（—SH）形成氢键而使 GSH 离子化，形成稳定的、具有高活性的硫醇盐阴离子；二是位于 C 端的结合疏水底物的位点（H 位点），该位点的结构可变性较大，主要由羧基端的非极性侧链残基组成。GST 的主要功能是催化某些外源有害物质的亲电子基团与还原型谷胱甘肽的巯基结合，形成更易溶解的、没有毒性的衍生物，使其更易被排出体外或被分解，从而起到解毒作用。在抗氧化系统中，GST 的主要作用是催化过氧化物与谷胱甘肽巯基的结合,从而达到清除过氧化物的目的。

此外,动物机体还含有其他一些抗氧化酶,如血红素加氧酶(heme oxygenase,HO)等。HO是体内血红素分解的限速酶,属于高度保守的一族微粒体酶系统,在调控机体生理性铁稳态、抗氧化防御机制以及气体神经递质一氧化碳(CO)为中介的信号传导通路中扮演重要角色。HO有三种同工酶,即可诱导型 HO^{-1}、结构型 HO^{-2} 和类似 HO^{-2} 却只有极低催化活性的 HO^{-3}。HO^{-1} 可保护心肌细胞免受缺氧造成的应激损伤,还具有潜在的抗炎症作用。在组成性表达 HO^{-1} 转基因小鼠中,肺组织比正常鼠更能耐受低氧,在慢性缺氧条件下,转基因鼠的致炎细胞因子含量明显低于野生型鼠,缺氧引起的肺炎性反应、肺动脉高压等均受到抑制。此外,HO能通过多种途径抑制一氧化氮合成酶的活性,进而抑制NO的过量产生,这也可能是HO抗氧化作用的一种表现。

2. 非酶类抗氧化剂

非酶类抗氧化剂主要包括断链抗氧化剂和一些蛋白质。根据溶解性不同,可分为两类:一类为脂溶性抗氧化剂,如维生素E、β-类胡萝卜素、胆红素等;另一类为水溶性抗氧化剂,如维生素C、褪黑素、白蛋白、金属结合蛋白和GSH等。它们的主要作用是阻断脂肪氧化的反应链,但又有各自独特的功能,起到互相协同、共同承担体液抗氧化的作用。在非酶促抗氧化系统中,以维生素E和维生素C最重要。维生素E的结构特点致使自身极易被氧化,从而保护周围的生物分子免受损伤。维生素E的生理作用主要有三个方面,即清除自由基,阻断脂质过氧化反应,增强GSH-Px和CAT的活性。在脂质过氧化反应中,维生素E和不饱和脂肪酸竞争与自由基反应,阻断脂质过氧化的连锁反应。

动物机体中这些抗氧化酶活性的高低和/或抗氧化化合物含量的多少可反映动物体内氧化还原状态和动物机体的抗氧化能力。

4.1.2 氧化应激概念及作用机制

氧化应激的概念最早源于人类对衰老的认识。1956年英国学者Harman首次提出自由基衰老学说,该学说认为自由基攻击生命大分子造成组织细胞损伤,是引起机体衰老的根本原因,也是诱发肿瘤等恶性疾病的重要因素。1990年美国衰老研究权威Sohal教授提出了氧化应激的概念。氧化应激是指机体在遭受各种有害刺激时,体内高活性分子如ROS和RNS产生过多,氧化程度超出氧化物的清除,氧化系统和抗氧化系统失衡,从而导致组织损伤。

4.1.2.1 氧化应激造成生物膜损伤

生物膜除了有容纳细胞成分的包被作用外,还执行着物质运输、信号传递、能量转换等重要功能。生物膜富含PUFA,膜的流动性与膜中脂肪酸的不饱和程度密切相关。在许多对自由基敏感的物质中,PUFA的敏感性高于其他物质。PUFA分子中与两个双键相连的亚甲基(—CH_2—)上的氢比较活泼,这是因为双键减弱了与之相连的碳原子与氢原子之间的C—H键,使氢容易被抽去。能引发脂质过氧化的因素很多,但最有效的是·OH从两个双键之间的—CH_2—抽去一个氢原子后,在该碳原子上留下一个未成对电子,形成脂质自由基L·。后者经分子重排、双键共轭化,形成较稳定的共轭双烯衍生物。在有氧条件下,共

轭双烯自由基与 O_2 结合生成脂质过氧化自由基(LOO·)。LOO·能从附近另一个脂质分子 LH 获得一个氢原子,生成新的脂质自由基L·。如此脂质过氧化反应不断连锁放大,产生脂质过氧化产物丙二醛(malondialdehyde,MDA)和 4-羟基壬烯酸(4-hydroxynonenal,HNE)等,从而造成生物膜损伤。

脂质过氧化包括酶促和非酶促两种,二者反应机理有很大差别。酶促脂质过氧化是指脂氧酶和环脂氧酶催化的脂质过氧化反应,具有空间特异性和重要的生物功能。脂氧酶是一个含铁蛋白,铁离子被紧紧结合在蛋白质的肽键上,相对分子质量为 100 000,以 O_2 和 PUFA 为底物。顺式亚油酸(18:2)是大豆脂氧酶的最好底物,顺式亚麻酸(18:3)和顺式花生四烯酸(18:4)也是脂氧酶的底物。酶促脂质过氧化常发生于微粒体的脂质过氧化。非酶促脂质过氧化是指由自由基、铁离子、偶氮化合物或过氧化物等引起的脂质过氧化。将脂过氧化氢或有机过氧化氢(如特丁基过氧化氢或异丙基苯过氧化氢)加入膜脂中可以诱导脂质过氧化,可能是这些过氧化物分解成烷氧自由基或烷过氧自由基加速了脂质过氧化链式反应,铁离子和它们的复合物加速这一过程。

4.1.2.2 氧化应激造成蛋白质损伤

动物机体内许多酶类、激素类、抗体和免疫物质类都是蛋白质,氧化应激产生的过量自由基攻击蛋白质,会引起蛋白质损伤,影响其正常生理功能的发挥。自由基对蛋白质的主要作用是修饰氨基酸残基,引起结构和构象的改变,造成肽键断裂、聚合和交联。

1. 修饰氨基酸

蛋白质内氨基酸破坏的比例随自由基与蛋白质摩尔浓度比例升高而增加。几乎所有的氨基酸,特别是含不饱和键和巯基的氨基酸,都易受到自由基攻击而被损伤。如组氨酰残基可转化为天冬氨酰残基,天冬酰胺残基或 2-氧代组氨酰残基、脯氨酰残基或精氨酰残基可以被氧化为谷氨酰残基或谷氨酰半醛残基等。

2. 肽链断裂

自由基所致蛋白质肽链断裂方式有以下两种。

(1)肽键水解　肽键的水解常发生在受自由基攻击的氨基酸处,特别是很容易发生在受到攻击的脯氨酸处,其机制为活性氧攻击脯氨酸使之引入羰基而生成 α-吡咯烷酮,经水解与其相邻氨基酸之间断开,α-吡咯烷酮成为新的 N 末端,它可进一步水解生成谷氨酰胺。

(2)肽链直接断裂　·OH 能抽取 α-碳原子上的氢,使其氧化为过氧基,再与氧结合成水,肽键转变成为亚氨基肽的中间产物,在酸性条件下,亚氨基肽水解断裂。

3. 蛋白质交联聚合

分子间双酪氨酸键的形成是导致蛋白质聚合的因素。蛋白质与 ·OH 接触后,·OH 的氢抽提作用能使酪氨酸形成酪氨酰基,在酪氨酰基之间及酪氨酰基与酪氨酸之间可发生反应形成稳定的二酚化合物。此外,蛋白质分子中半胱氨酸的巯基可被氧化形成二硫键,这样也可造成蛋白质交联。

4. 蛋白质构象变化

$\cdot O_2^-$ 或 H_2O_2 可与含半胱氨酸的活性中心作用,使功能蛋白质失去活性。在有过渡金属 Fe、Cu 存在或二巯基丁二醇存在时,生成的 ·OH 可进一步引起其他氨基酸残基如组氨酸、酪氨酸、蛋氨酸和半胱氨酸残基等的氧化。随着自由基对蛋白质氨基酸残基的氧化、修饰,肽键的断裂,羰基及蛋氨酸亚砜化合物的增加、糖化乃至形成蛋白质自由基,致使蛋白质高级结构出现改变,发生变性,成为老化失去活性的蛋白质。

4.1.2.3 氧化应激造成DNA分子损伤

DNA的碱基部分含有活性基团,很容易受到自由基的攻击。ROS诱导的DNA损伤包括DNA单链和双链的断裂,嘌呤、嘧啶、脱氧核糖修饰等。RNS也能诱导DNA损伤,如过氧亚硝酸盐能与鸟嘌呤反应形成8-羟基脱氧鸟苷(8-OHdG),降低DNA的稳定性。

对氧化修饰最敏感的是胸腺嘧啶和鸟嘌呤,其次为胞嘧啶和腺嘌呤。鸟嘌呤的氧化修饰产物有20多种,其中以8-OHdG是最多的,也是研究最彻底的。ROS自由基中的·OH和$·O_2^-$等可以引起DNA链断裂,其中·OH的作用更为突出,·OH攻击DNA分子的部位可能在核糖的C3和C4位,断裂的DNA链必须不断修复,参与DNA修复的酶也同时受到自由基的攻击而影响其功能的发挥,因此修复过程可能会出现编码的错误,导致基因突变。同时,链断裂可引起碱基缺失、癌基因活化和抑癌基因灭活,最终可导致肿瘤的发生。线粒体是产生自由基的主要部位,产生的自由基同时又可损伤线粒体DNA,加重自由基的生成,从而形成恶性循环,损害细胞功能。

4.2 氧化应激模型的建立

4.2.1 氧化应激的标识

在氧化应激过程中,由于受到自由基的氧化胁迫,构成细胞组织的各种物质如脂质、蛋白质、DNA等大分子物质,都会发生各种程度的氧化反应,引起变性、交联、断裂等氧化损伤,进而导致细胞结构和功能的破坏以及机体组织的损伤和器官的病变,甚至癌变等。对于机体遭受的氧化应激程度的定量评价方法大致分为三类:①测定由活性氧修饰的化合物;②测定活性氧消除系统酶和抗氧化物质的量;③测定含有转录因子的氧化应激标识物。根据氧化应激的物质种类,又可主要分为蛋白质氧化损伤标识物检测、脂质过氧化标识物检测、核酸(DNA和/或RNA)氧化损伤标识物检测以及活性氧消除系统酶和抗氧化物质检测等。

4.2.1.1 核酸氧化损伤标识物检测

核酸氧化损伤最具代表性的标识物是8-OHdG。它是由羟自由基、单分子氧等攻击鸟嘌呤C8位而形成的一种化合物。8-OHdG在体内稳定存在,为代谢的终产物,只能通过DNA氧化损伤途径形成,并且体液中8-OHdG水平不受饮食等因素影响,不是细胞更新的结果。通过分析组织细胞核和线粒体DNA中的8-OHdG含量,可以评估体内氧化损伤和修复的程度,氧化应激与DNA损伤的相互关系。8-OHdG的检测方法较多,目前较为常用的主要有以下几种:高效液相色谱-电化学检测器分析法、酶联免疫吸附法、高效毛细管电泳等。

4.2.1.2 蛋白质氧化损伤标识物检测

蛋白质氧化损伤最主要的标识物是蛋白质羰基衍生物和终末氧化蛋白质产物(advanced oxidative protein products,AOPP)。蛋白质羰基生成是由活性氧攻击氨基酸分子中自由氨基或亚氨基,经反应最终生成氨和相应羰基衍生物。这种氧化以金属催化为特点,在氧化还原循环中,阳离子如亚铁离子和铜离子结合到蛋白质的阳离子结合位点上,在 H_2O_2 或 $\cdot O_2^-$ 的作用下把氨基酸残基的侧链氨基转换成羰基。蛋白质羰基的产生是蛋白质分子被自由基氧化修饰的一个重要标记,由于这一特征具有普遍性,因而通过测定羰基含量可判断蛋白质是否被氧化损伤。

AOPP 也是反映蛋白质氧化程度的敏感指标。它的主要成分是血浆清蛋白被氧化后的产物。ROS 在单核巨噬细胞的髓过氧化酶催化下,与血浆清蛋白发生反应,最终生成 AOPP。

4.2.1.3 脂质过氧化标识物检测

脂质过氧化标识物主要有 MDA、HNE 和 8-异前列腺素 $F_{2\alpha}$(8-isoprostate $F_{2\alpha}$)。MDA 是脂质过氧化、也是细胞氧化损伤的一个重要标识物。硫代巴比妥酸(thiobarbituric acid,TBA)法是测定血液、组织中 MDA 水平的常用方法。但 TBA 方法对 MDA 的特异性并不很强,MDA 也只是氧化损伤和脂质过氧化产生的诸多不饱和醛酮产物中主要的一种。而硫代巴比妥酸反应产物(thiobarbituric acid reactive substances,TBARS)则涵盖了大部分氧化损伤产生的醛酮类物质,因而它可被用作衡量脂质过氧化一个更好的指标。8-异前列腺素 $F_{2\alpha}$ 是经自由基催化不饱和脂肪酸脂质过氧化(非酶促反应)后的终末产物,是一种相对分子质量为 354.5 的小分子脂类物质,是前列腺素 $F_{2\alpha}$ 的异构体。4-羟基壬烯酸和 8-异前列腺素 $F_{2\alpha}$ 都可采用酶联免疫法进行检测。

4.2.1.4 抗氧化酶和抗氧化物质检测

检测的抗氧化酶主要包括 SOD、GSH-Px、CAT 和 GST 等,非酶抗氧化物质主要包括维生素 C、维生素 E、GSH、类胡萝卜素和微量元素等,可参考有关文献检测。

4.2.2 氧化应激模型的建立

氧化应激动物模型的成功构建是系统研究氧化应激危害效应、机制及抗氧化措施的基础。以往有关氧化应激的报道主要集中在实验动物上,且主要以疾病性的氧化应激为模型,通过比较研究,我们成功构建了断奶仔猪的氧化应激模型。

4.2.2.1 以氧化油脂作为应激原建立仔猪氧化应激模型

饲料中的脂肪不仅是动物能量的来源,而且在动物生命代谢过程中具有多种重要的生理功能。脂肪中的 PUFA 不但是动物生长发育不可缺少的物质,还是构成体脂的重要物质。但是,脂肪中的 PUFA,在饲料贮存过程中,因氧气、光照、湿度、温度、铜、铁、霉菌等因素的作用,会形成大量脂质过氧化产物。这些活性物质除可以与饲料中的蛋白质、维生素或其他脂肪作用，引起饲料适口性下降，营养价值和消化利用率降低外，进入动物体内后还可通过破坏生物膜，影响细胞正常功能，诱发多种疾病，甚至造成动物死亡。因此，若能成功构建食源性可复制的氧化应激动物模型将具有非常重要的价值。

为了构建食源性氧化应激猪模型，首先必须要有食源性的应激原。袁施彬(2007)采用新鲜玉米胚芽油和新鲜鱼油，按比例添加 Fe^{2+} 30 mg/kg、Cu^{2+} 15 mg/kg、H_2O_2 600 mg/kg 和 0.3%的水，充分混合后，于(37±1)℃条件下搅拌氧化，同时不间断地通入一定流量的空气，分不同的时间段制取一定氧化程度的氧化油脂。检测油脂的过氧化物值(POV)、酸价(AV)、皂化价(SV)、TBARS 和碘价(IV)，建立油脂各氧化指标(Y)与氧化时间(X)的动态方程。经分析发现，鱼油和玉米油的 POV 和 TBARS 都随油脂氧化时间的延长出现先上升后下降的二次曲线变化规律；在同等的氧化条件下，鱼油的氧化程度大于玉米油。玉米油过氧化时长与 POV 的动态方程为：

$$Y=0.0005X^2+0.1434X+4.9404 \qquad R^2=0.9924$$

式中：X 为氧化时间，d；Y 即 POV，meq O_2/kg。

鱼油过氧化时长与 POV 的动态方程为

$$Y=-0.692X^2+73.605X-329.88 \qquad R^2=0.79$$

式中：X 为氧化时间，h；Y 即 POV，meq O_2/kg。

将 POV 值分别为 11.78、399.81、701.62、1 065.74 meq O_2/kg 的鱼油，按照 3%的比例加入到(26±2)日龄杜×大×长杂交断奶仔猪饲粮中，拟构建食源性的氧化应激模型。结果发现，氧化鱼油可降低仔猪的生产性能(表 4.1)和养分利用率(表 4.2)，提高腹泻指数(表 4.3)。其中，以 POV 值为 1 065.74 meq O_2/kg 的氧化鱼油作用效果最明显。该氧化程度的氧化鱼油使试猪平均日增重(ADG)降低 8.2%，平均日采食量(ADFI)降低 3.6%，耗料增重比(F/G)提高 9.2%；POV 值为 1 065.74 meq O_2/kg 的氧化鱼油组试猪粗蛋白(CP)表观消化率和表观利用率分别下降 21.9%和 30.6%，干物质(DM)和粗脂肪(EE)表观消化率分别降低 13.0%和 35.2%。原因一方面可能与氧化脂肪进入胃肠道后，脂质过氧化产物引起了胃肠道等消化器官的病理性损伤和增加了细胞渗透脆性，从而导致腹泻率的增加和养分利用率的下降有关；另一方面可能是脂质过氧化产物作用于下丘脑-垂体-肾上腺轴，使循环血液中肾上腺皮质激素和儿茶酚胺类物质上升，引起糖原、蛋白质和脂肪分解，导致生产性能下降。但是，研究结果也发现，氧化鱼油对仔猪的危害并没有随 POV 值的变化呈线性的变化规律。分析原因可能在于，一方面，鱼油在混入饲粮前后其过氧化脂质的量发生了很大的变化。试验发现，在混入饲粮前，氧化 25、60、80 h 后的鱼油的 POV 分别为新鲜鱼油的 34、60、90 倍。将三种不同 POV 值的鱼油加入饲粮后，饲粮 POV 值分别为加入新鲜鱼油饲粮的 1.49、1.93、2.27 倍，差异明显变小。另一方面，可能是油脂在过氧化过程中形成了多种脂质过氧化产物。有研究发现，鱼油中的 PUFA 在低温较短时间内氧化时，可分解成一些短链脂肪酸，提高了养分利用率，从而抵消或缓解了由氧化应激造成的氧化损伤。由此可见，在饲粮中添加氧化脂肪，通过食源性途径构建仔猪的氧化应激模型，其氧化应激效应的评价存在一定的难度，关键原因在于氧化脂肪在混入饲粮前后以及进入动物胃肠道后发生了非常复杂的变化，使其应激效应难以体现。因此，需要建立更有效，可操作性和复制性更强的氧化应激动物模型。

表 4.1　各氧化应激模型组仔猪生产性能比较($n=6$)

项　目	新鲜鱼油组	氧化鱼油 1 组	氧化鱼油 2 组	氧化鱼油 3 组
ADG/(g/d)				
0～14 d	169.1 ± 9.5^{a}	148.8 ± 24.6^{b}	161.9 ± 45.3^{a}	150.5 ± 52.1^{b}
15～28 d	341.0 ± 28.1	355.7 ± 31.1	340.5 ± 54.3	317.9 ± 67.1
0～28 d	255.0 ± 18.1	252.3 ± 27.7	251.2 ± 48.7	234.2 ± 59.4
ADFI/(g/d)				
0～14 d	215.4 ± 6.42	239.0 ± 26.7	214.8 ± 39.6	207.5 ± 42.6
15～28 d	501.5 ± 30.5	496.1 ± 51.5	498.3 ± 52.7	483.8 ± 92.3
0～28 d	358.4 ± 16.1	367.6 ± 39.0	356.6 ± 46.0	345.6 ± 67.2
F/G				
0～14 d	1.27 ± 0.10^{Aa}	1.61 ± 0.12^{Bb}	1.47 ± 0.26^{Ba}	1.70 ± 0.47^{Bb}
15～28 d	1.47 ± 0.05	1.39 ± 0.05	1.49 ± 0.09	1.54 ± 0.04
0～28 d	1.41 ± 0.05^{a}	1.46 ± 0.05^{b}	1.47 ± 0.13^{b}	1.54 ± 0.14^{b}

注:1. 新鲜鱼油组、氧化鱼油 1 组、氧化鱼油 2 组和氧化鱼油 3 组 POV 值分别为 11.78、399.81、701.62 和 1 065.74 meq O_2/kg。

2. 同行肩注大写字母不同者,差异极显著($p<0.01$),小写字母不同者,差异显著($p<0.05$)。

(引自:袁施彬,2007)

表 4.2　各氧化应激模型组仔猪养分利用率比较($n=6$)

项　目	新鲜鱼油组	氧化鱼油 1 组	氧化鱼油 2 组	氧化鱼油 3 组
CP 表观消化率/%	68.76 ± 2.96^{Aa}	69.92 ± 2.44^{Aa}	67.85 ± 3.92^{Ab}	53.69 ± 9.88^{B}
CP 表观利用率/%	50.51 ± 2.95^{Aa}	47.85 ± 4.05^{Aa}	50.56 ± 4.15^{Aa}	35.08 ± 8.78^{B}
蛋白质生物学价值	0.73 ± 0.01^{a}	0.67 ± 0.04^{b}	0.75 ± 0.04^{a}	0.64 ± 0.04^{b}
EE 表观消化率/%	41.33 ± 5.41^{a}	38.39 ± 6.62^{a}	41.92 ± 7.34^{a}	26.79 ± 9.54^{b}
DM 表观消化率/%	70.89 ± 2.52^{a}	72.97 ± 2.21^{a}	69.95 ± 2.33^{a}	61.64 ± 6.89^{b}

注:1. 新鲜鱼油组、氧化鱼油 1 组、氧化鱼油 2 组和氧化鱼油 3 组 POV 值分别为 11.78、399.81、701.62 和 1 065.74 meq O_2/kg。

2. 同行肩注大写字母不同者,差异极显著($p<0.01$),小写字母不同者,差异显著($p<0.05$)。

(引自:袁施彬,2007)

表 4.3　各氧化应激模型组仔猪腹泻指数比较($n=6$)

试验阶段/d	新鲜鱼油组	氧化鱼油 1 组	氧化鱼油 2 组	氧化鱼油 3 组
0～7	0.03 ± 0.03^{a}	0.20 ± 0.03^{b}	0.14 ± 0.07^{ab}	0.07 ± 0.02^{ab}
8～14	0.26 ± 0.05	0.35 ± 0.03	0.30 ± 0.06	0.31 ± 0.06
15～21	0.31 ± 0.02	0.39 ± 0.06	0.31 ± 0.03	0.38 ± 0.08
22～28	0.28 ± 0.01	0.41 ± 0.07	0.27 ± 0.01	0.40 ± 0.05

注:1. 新鲜鱼油组、氧化鱼油 1 组、氧化鱼油 2 组和氧化鱼油 3 组 POV 值分别为 11.78、399.81、701.62 和 1 065.74 meq O_2/kg。

2. 同行肩注字母不同者,差异显著($p<0.05$)。

(引自:袁施彬,2007)

4.2.2.2 以 Diquat 为应激原建立仔猪氧化应激模型

以氧化鱼油构建食源性氧化应激动物模型的试验发现，由于过氧化脂质在混入饲粮前后过氧化指标发生了较大的变化，以及过氧化脂质进入动物体后发生的复杂的代谢反应，使其应激效应难以体现。为了建立一种效应更确切、操作性更强的氧化应激模型，袁施彬(2007)研究了以 Diquat 为应激原建立仔猪氧化应激模型，并比较研究了 Diquat 和氧化鱼油诱导仔猪氧化应激的效应。Diquat 又称敌快死，是双吡啶除草剂，它和百草枯(Paraquat)一样可以利用分子氧产生$^1O_2$ 和 H_2O_2，诱导动物产生氧化应激。Diquat 的主要靶器官是肝脏，而主要的物质代谢都集中于肝脏。因此，以 Diquat 作为氧化应激原构建动物氧化应激模型，有助于研究动物氧化应激效应及可能机理。Diquat 对大鼠的半数致死剂量(LD_{50})为 120 mg/kg。有研究发现，以 LD_{50} 的 1/10 作为腹腔注射剂量可诱导野生型大鼠氧化应激且不会引起动物死亡。

袁施彬(2007)采用 12 mg/kg BW 的剂量给断奶仔猪一次性腹腔注射 Diquat，并比较其与饲喂含 5%氧化鱼油饲粮(在混入饲粮前油脂 POV 值为 786.50 meq O_2/kg，混入饲粮后抽提油脂 POV 值为 122.63 meq O_2/kg)的仔猪的应激效应。结果发现，在注射 Diquat 后，所有试猪在 30 min 内都出现呕吐、厌食等症状，但在 3 d 后都基本恢复采食，在试验期(26 d)结束时，未见猪只死亡，但是大多数试猪在试验后期出现增重下降、厌食、精神萎靡不振的现象。

进一步比较分析发现，与正常组相比，氧化鱼油和 Diquat 都诱导仔猪产生了氧化应激效应。与氧化鱼油组相比，Diquat 组诱导的效应更强烈，表现为生产性能(表 4.4)、养分利用率(表 4.5)、血红蛋白浓度和血小板数量(表 4.6)和空肠绒毛高度(表 4.7)下降以及血清 MDA 含量(表 4.8)和空肠隐窝深度(表 4.7)增加都达到了显著($p< 0.05$)或极显著($p< 0.01$)水平。与氧化鱼油组相比，Diquat 组在第 14 天的血清 SOD 活性、抑制羟自由基的能力(CIHR)和 GSH-Px 活性分别下降 16.91%、21.0%和 26.44%，而 MDA 含量上升 30.77%。由此可见，Diquat 诱导的氧化应激效应更明确，可操作性更强。原因可能是 Diquat 进入机体后，利用分子氧产生$^1O_2$ 和 H_2O_2，启动了脂质过氧化的发生，这些脂质过氧化产物不断连锁、放大。而大量产生的自由基需要消耗大量的抗氧化酶，随氧化和抗氧化过程的不断进行，造成了机体抗氧化能力的耗竭，出现了氧化与抗氧化的不平衡，对机体构成了严重的难以修复的氧化损伤，如肝脏出现大量的病理性坏死。因此，本试验结果表明，使用 Diquat 一次性腹腔注射可成功构建氧化应激模型，但采用 12 mg/kg BW 的注射剂量可能不太适合构建长期氧化应激状态的动物模型。随后，进一步研究表明，通过一次性腹腔注射 Diquat 10 mg/kg BW 可有效诱导仔猪氧化应激，能建立稳定可靠的氧化应激模型。

表 4.4 各氧化应激模型组仔猪生产性能比较($n=8$)

项目	试验阶段/d	新鲜鱼油组	氧化鱼油组	Diquat 组
ADG/(g/d)	0～14	362.86±24.79^{A}	303.04±15.78^{B}	213.56±29.34^{C}
	15～26	452.50±60.00^{Aa}	448.54±38.55^{Aa}	350.84±75.01^{Bb}
	0～26	404.23±30.91^{Aa}	370.19±20.71^{Ab}	276.92±36.60^{Bc}

续表 4.4

项　目	试验阶段/d	新鲜鱼油组	氧化鱼油组	Diquat 组
ADFI/(g/d)	0～14	510.66±26.91[Aa]	449.69±26.64[Bb]	338.46±46.95[Cc]
	15～26	693.84±86.53[a]	721.05±64.87[a]	589.11±129.56[b]
	0～26	595.19±42.51[Aa]	574.93±34.99[Aa]	454.15±66.72[Bb]
F/G	0～14	1.41±0.07[Bb]	1.48±0.03[Ba]	1.59±0.07[A]
	15～26	1.54±0.05[Bab]	1.61±0.04[ABab]	1.68±0.11[Aa]
	0～26	1.47±0.03[C]	1.55±0.03[B]	1.64±0.05[A]

注：同行肩注大写字母不同者，差异极显著($p<0.01$)，小写字母不同者差异显著($p<0.05$)。

(引自：袁施彬，2007)

表 4.5　各氧化应激模型组仔猪养分表观消化利用率比较($n=8$)

项　目	新鲜鱼油组	氧化鱼油组	Diquat 组
CP 表观消化率/%	67.96±2.68[a]	61.11±3.69[b]	58.16±2.28[b]
蛋白质生物学价值	0.65±0.03	0.66±0.03	0.61±0.04
表观代谢能/%	66.70±2.18[a]	58.29±4.17[ab]	57.41±1.99[b]
DM 表观消化率/%	66.43±2.21	57.82±5.04	57.26±1.88
EE 表观消化率/%	69.99±3.78[a]	73.63±2.95[a]	58.20±4.13[b]

注：同行肩注字母不同者，差异显著($p<0.05$)。

(引自：袁施彬，2007)

表 4.6　各氧化应激模型组仔猪血小板数量和血红蛋白浓度比较($n=8$)

项　目	新鲜鱼油组	氧化鱼油组	Diquat 组
血小板数量 PLT/($\times10^9$/L)			
第 1 天	497.88±18.91	486.75±19.33	487.25±18.22
第 14 天	512.75±35.62[A]	478.63±34.07[A]	393.38±30.33[B]
第 26 天	345.38±32.84[a]	316.75±20.71[b]	333.25±21.11[ab]
血红蛋白浓度 HGB/(g/L)			
第 1 天	110.63±3.30	113.75±5.41	118.88±4.55
第 14 天	94.25±1.25[Aa]	87.38±1.16[Bb]	90.13±0.88[ABb]
第 26 天	100.75±1.44[A]	89.50±2.41[B]	89.75±1.87[B]

注：同行肩注大写字母不同者，差异极显著($p<0.01$)，小写字母不同者差异显著($p<0.05$)。

(引自：袁施彬，2007)

表 4.7　各氧化应激模型组仔猪肠道组织结构比较($n=8$)　　μm

项　目	新鲜鱼油组	氧化鱼油组	Diquat 组
空肠绒毛高度	489.42±75.87[A]	454.17±63.17[AB]	416.80±67.28[B]
空肠隐窝深度	264.50±39.63[a]	271.12±34.55[ab]	291.10±52.25[b]

注：同行肩注大写字母不同者，差异极显著($p<0.01$)，小写字母不同者差异显著($p<0.05$)。

(引自：袁施彬，2007)

表 4.8　各氧化应激模型组仔猪血清抗氧化酶活性和 MDA 含量比较

项　目	新鲜鱼油组	氧化鱼油组	Diquat 组
SOD/(U/mL)	87.01±6.21[A]	74.13±3.77[B]	61.59±5.29[C]
CIHR/(U/mL)	704.21±48.47[Aa]	663.43±49.61[Ab]	523.69±44.92[B]
GSH-Px/(U/mL)	576.67±54.66[A]	489.40±37.04[B]	360.00±66.63[C]
MDA/(nmol/mL)	2.11±0.266[A]	2.73±0.41[B]	3.57±0.49[C]

注：同行肩注大写字母不同者，差异极显著($p<0.01$)，小写字母不同者差异显著($p<0.05$)。

(引自：袁施彬，2007)

4.2.2.3　Diquat 诱导氧化应激模型的持续时间和适宜标识

通过腹腔注射 Diquat 可以诱导仔猪产生氧化应激，但氧化应激的程度与其注射剂量、次数和注射后的时间有关。研究一次性注射一定剂量的 Diquat 后动物应激持续时间，以及反映应激的敏感指标对于以 Diquat 为应激原建立可靠的氧化应激模型十分重要和必要。徐静(2009)选用体重(36.43±0.17) kg 的 DLY 生长猪，一次性腹腔注射 Diquat 8 mg/kg BW，在试验第 0、1、2、3、7、14、21、28 和 35 天空腹前腔静脉采血，检测血清中抗氧化能力、抗氧化酶活性以及代谢产物浓度。结果发现，在注射后第 1 天，所有试猪都厌食且有少数出现呕吐并伴有轻度腹泻，但在 3 d 后试猪基本恢复采食。注射 Diquat 极显著降低了试验前期和全期试猪的生产性能(表 4.9)，显著或极显著降低第 7、14、21 和 28 天血清 GSH-Px(图 4.1)、SOD(图 4.2)

表 4.9　氧化应激组与正常组生产性能比较

项　目	试验阶段/d	正常组 (生理盐水)	氧化应激组 (注射 Diquat 8 mg/kg BW)	p
ADG/(kg/d)	0～7	0.732±0.656	0.054±0.136	0.004
	8～14	0.714±0.020	0.557±0.083	0.114
	15～21	0.704±0.109	0.682±0.057	0.860
	22～28	0.789±0.051	0.764±0.317	0.690
	29～35	0.886±0.077	0.929±0.034	0.630
	0～35	0.765±0.040	0.597±0.051	0.041
ADFI/(kg/d)	0～7	1.446±0.639	0.757±0.182	0.01
	8～14	1.848±0.068	1.452±0.095	0.015
	15～21	1.899±0.815	1.703±0.103	0.187
	22～28	2.109±0.070	1.900±0.180	0.320
	29～35	2.222±0.137	2.119±0.214	0.649
	0～35	1.909±0.051	1.586±0.147	0.084
F/G	0～7	2.061±0.244	2.55±0.220	0.500
	8～14	2.591±0.108	2.754±0.395	0.704
	15～21	2.884±0.397	2.518±0.100	0.406
	22～28	2.699±0.158	2.471±0.155	0.343
	29～35	2.558±0.192	2.268±0.170	0.368
	0～35	2.511±0.123	2.653±0.088	0.386

和 CAT(图 4.3)活性，显著提高血清 MDA(图 4.4)和 H_2O_2(图 4.5)含量。到试验第 35 天时，与对照组相比，各项指标的差异均不显著。分析各阶段的考察指标显示，一次性腹腔注射 Diquat 8 mg/kg BW 可以诱导生长猪产生氧化应激，氧化应激效应持续时间约为 28 d，到第 35 天时，应激效应基本消除。在应激前期血清 SOD 活性和 H_2O_2 含量是反映氧化应激效应的敏感指标，而在应激中后期血清中 GSH-Px 和 CAT 活性以及 MDA 含量是反映氧化应激效应的敏感指标。

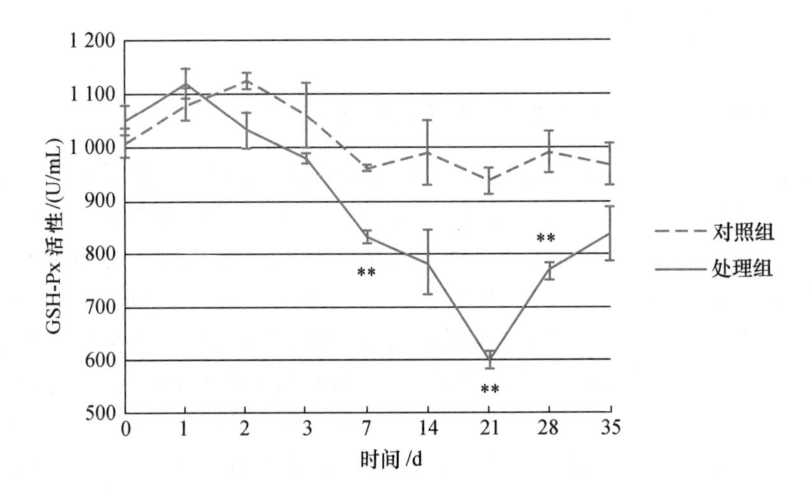

** 表示处理组与对照组差异极显著($p<0.01$)

图 4.1 氧化应激组与正常组血清 GSH-Px 活性比较

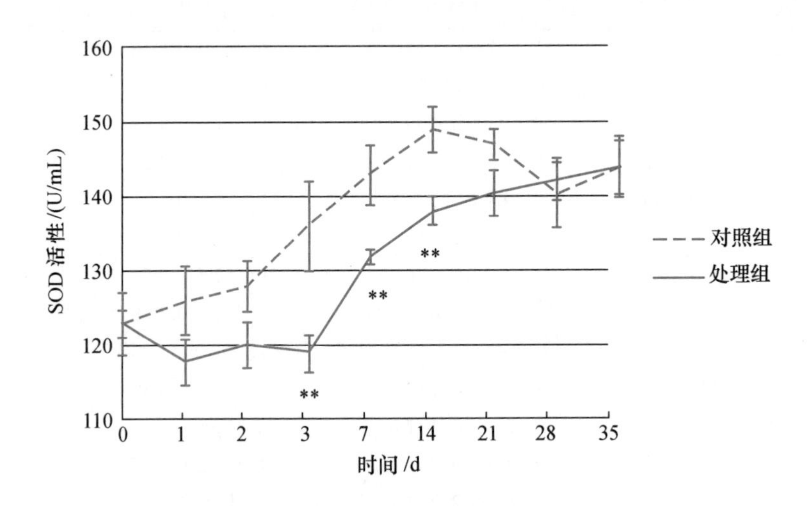

** 表示处理组与对照组差异极显著($p<0.01$)

图 4.2 氧化应激组与正常组血清 SOD 活性比较

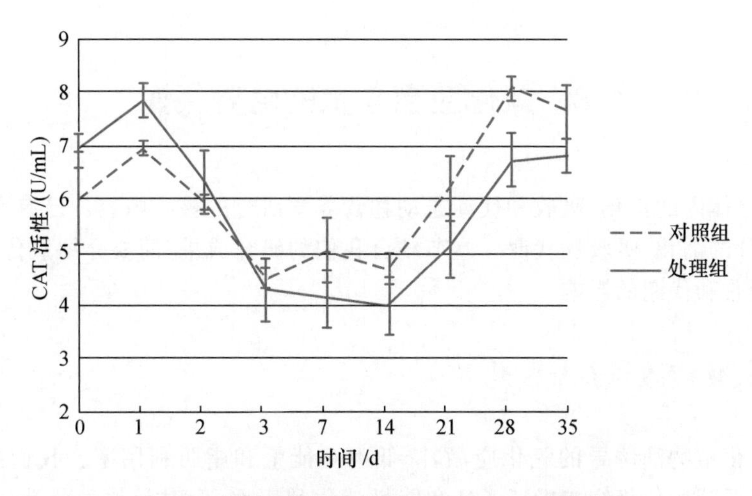

图 4.3 **氧化应激组与正常组血清 CAT 活性比较**

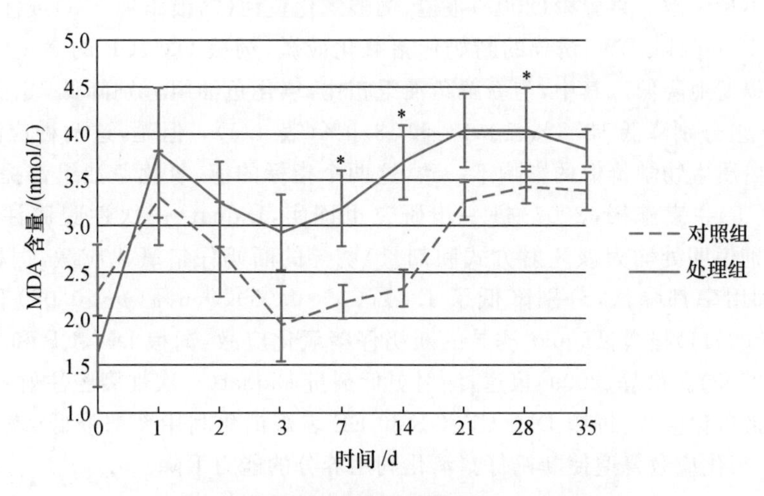

*表示处理组与对照组差异显著($p<0.05$)

图 4.4 **氧化应激组与正常组血清 MDA 含量比较**

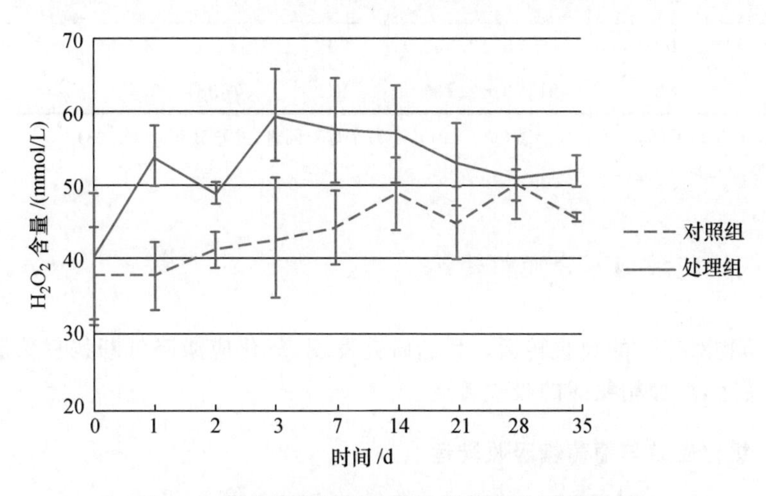

图 4.5 **氧化应激组与正常组血清 H_2O_2 含量比较**

4.3 氧化应激与猪的营养代谢

养分在动物体内的消化、吸收和代谢是动物营养学研究的核心内容。已有研究表明,应激影响动物对养分的消化、吸收和代谢。本节结合我们的研究成果,简要介绍氧化应激对断奶仔猪养分消化、吸收和代谢的影响。

4.3.1 氧化应激与养分消化

据报道,氧化植物油诱导的氧化应激,降低肉鸡能量和脂肪利用率。我们的系列研究表明,氧化应激降低断奶仔猪饲粮 DM、CP 和能量消化利用率,但对其他养分消化利用的影响,几个试验结果不尽一致。袁施彬(2007)报道,饲喂氧化鱼油(饲粮添加 5%)或注射 Diquat(一次性腹腔注射 12 mg/kg BW)诱导的断奶仔猪氧化应激,饲粮 DM、CP 的表观消化率及表观代谢能都不同程度地降低。其中,与新鲜鱼油组相比,氧化鱼油组分别降低 13.0%、10.1%和 12.6%,Diquat 组分别降低 13.8%、14.4%和 13.9%(表 4.5)。但是,这两种应激原对 EE 表观消化率和蛋白质生物学价值的影响不一致,这两个指标的值,氧化鱼油组都提高,Diquat 组则都降低(表 4.5)。袁施彬(2007)进一步研究也证实,Diquat(一次性腹腔注射 10 mg/kg BW;本章未特别说明处均为该注射方式和剂量)诱导的断奶仔猪氧化应激,饲粮 DM、CP 和 GE 表观消化利用率都降低,分别降低了 1.8%($p>0.05$)、9.6%($p<0.05$)和 1.2%($p>0.05$)。李永义(2011)报道,Diquat 诱导的断奶仔猪氧化应激,饲粮 DM、CP 和 GE 表观消化率也降低($p>0.05$)。徐静(2009)报道,注射更低剂量 Diquat(一次性腹腔注射 8 mg/kg BW)诱导的断奶仔猪氧化应激,饲粮 DM、CP、GE 和 EE 表观消化利用率都降低(表 4.10)。这些研究结果表明,氧化应激普遍使断奶仔猪消化利用养分的能力下降。

表 4.10 正常与氧化应激仔猪养分消化率比较($n=7$) %

项目	正常组	氧化应激组	项目	正常组	氧化应激组
DM	80.14±3.90	76.76±2.66	CP	64.89±2.91	60.96±2.57
GE	85.97±2.62[b]	81.73±2.73[a]	EE	76.81±3.41[B]	70.79±2.40[A]

注:同行肩注大写字母不同者,差异极显著($p<0.01$),小写字母不同者,差异显著($p<0.05$)。

(引自:徐静,2009)

4.3.2 氧化应激与养分吸收转运

应激影响动物对养分的吸收转运。我们研究发现,氧化应激降低断奶仔猪肠道葡萄糖和色氨酸的吸收转运,增加精氨酸的吸收转运。

4.3.2.1 氧化应激与葡萄糖吸收转运

在其他动物(大鼠、鸡)上的研究表明,各种应激原诱导的氧化应激普遍影响动物肠道和肠黏膜刷状缘囊泡(BBMV)钠离子依赖性葡萄糖吸收转运。其可能机制是:氧化应激影响葡萄糖转运载体(GLUT)-4 表达和转位并增加 GLUT-1 表达而直接或间接影响胰岛素信号通路,通过核因子 NF-κB 途径,引起胰岛素诱导的低密度微粒体(LDM)中胰岛素受体底物-1(IRS-1)磷酸化水平下降,导致胞浆和 LDM 中磷脂酰肌醇-3 激酶(PI3K)转位障碍,最终引起 GLUT-4 向浆膜转位异常,从而导致葡萄糖摄取降低。

李丽娟(2007)报道,Diquat 诱导的断奶仔猪氧化应激,空肠黏膜 BBMV 和基底膜囊泡(BLMV)钠离子依赖性葡萄糖转运极显著($p<0.01$)降低,BBMV 标志酶——碱性磷酸酶和蔗糖酶以及 BLMV 标志酶——Na^+-K^+-ATP 酶活性都极显著($p<0.01$)下降,钠依赖性葡萄糖转运载体 1(SGLT1)和 GLUT-2 mRNA 表达极显著降低。这些研究结果表明,氧化应激损伤仔猪肠黏膜,降低肠黏膜中与葡萄糖吸收转运有关的关键酶活性和转运载体基因表达,从而减少肠道葡萄糖的吸收转运。

4.3.2.2 氧化应激与色氨酸吸收转运

色氨酸(Trp)是维持动物生长的必需氨基酸之一。色氨酸由动物肠上皮细胞中的转运载体经主动转运吸收入体内。尽管介导肠道上皮氨基酸吸收转运的载体有多种,但至今尚未发现大分子中性氨基酸(LNAA)——色氨酸的特定转运载体。但有研究表明,钠离子依赖性氨基酸转运载体 B^0AT 介导肠上皮对中性氨基酸的吸收转运,γ-谷氨酰转肽酶(γ-GT)也影响许多组织的氨基酸转运。吕美(2009)报道,与正常对照组和采食配对组(采食量为氧化应激组水平,其余条件与对照组相同)相比,Diquat 诱导的氧化应激断奶仔猪,十二指肠黏膜 γ-GT 活性显著($p<0.05$)提高,B^0AT mRNA 表达也有增加趋势($p>0.05$)。该研究结果表明,氧化应激可能并不降低断奶仔猪肠道色氨酸的吸收转运。

4.3.2.3 氧化应激与精氨酸吸收转运

大多数哺乳动物体内能够合成满足机体所需的精氨酸(Arg),但幼年和应激动物的精氨酸合成量不能满足机体需要,因此 Arg 是幼年和应激动物的必需氨基酸。哺乳动物细胞中吸收转运 Arg 的载体有多种,如 y^+、$b^{0,+}$、$B^{0,+}$、y^{+L} 系统等。其中,y^+ 系统是不依赖钠离子的阳离子氨基酸转运系统,包括 cDNA 编码跨膜蛋白阳离子氨基酸转运载体 CAT-1、CAT-2、CAT-3;$b^{0,+}$、y^{+L} 系统参与阳离子氨基酸和中性氨基酸转运,但 $b^{0,+}$ 优先转运无支链的中性大分子氨基酸;$B^{0,+}$ 以钠离子依赖方式转运阳离子氨基酸和中性小分子氨基酸。研究表明,炎症、应激上调精氨酸的转运。

郑萍(2010)报道,氧化应激刺激断奶仔猪空肠精氨酸转运载体——cDNA 编码跨膜蛋白阳离子氨基酸转运载体(CAT)基因表达。与正常对照组和采食配对组相比,Diquat 诱导的氧化应激分别导致断奶仔猪空肠 CAT-1 mRNA 表达水平提高 87%($p<0.01$)和 38%($p>0.05$)。郑萍(2010)进一步研究发现,与正常对照组相比,Diquat 诱导的氧化应激极显著($p<0.01$)提高断奶仔猪空肠 CAT-1、CAT-2 和 CAT-3 mRNA 表达。这些研究结果提示,氧化应激可能促进断奶仔猪肠道精氨酸的吸收转运。

4.3.3 氧化应激与养分代谢

应激影响动物养分代谢。我们发现,氧化应激增强色氨酸(Trp)的分解代谢,促进精氨酸的分解代谢和合成代谢，但总体降低循环中精氨酸的有效性。

4.3.3.1 氧化应激与色氨酸代谢

色氨酸吸收进入动物体内后，主要有两个去向：一是合成机体蛋白质，二是进行分解代谢。其中，分解代谢有三条途径：主要途径是，色氨酸在限速酶——色氨酸-2，3-加双氧酶（TDO）和吲哚胺-2，3-加双氧酶（IDO）共同催化下，经犬尿氨酸（kynurenine，Kyn）途径代谢，其代谢产物主要包括犬尿氨酸、犬尿烯酸（KYNA）、3-羟基犬尿氨酸（3-OH-Kyn）、3-羟基-2-氨基苯甲酸（3-HAA）、喹啉酸（QUIN）等，其次是，色氨酸经羟化和脱羧作用，转变成 5-羟色胺（5-HT）；另一条途径是，色氨酸经脱氨和脱羧作用，最后生成吲哚乙酸从胃中排出。据报道，饲粮色氨酸约 95%经犬尿氨酸途径代谢，约 1%转变成 5-HT，有少量的色氨酸还可经保留吲哚环的途径代谢。此外，研究发现，色氨酸的一些代谢产物如 5-HT、3-OH-KYN 和 3-HAA 具有抗氧化活性，氧化应激可诱导大鼠肝脏 TDO 表达，表明氧化应激与色氨酸代谢之间有密切联系。

吕美（2009）报道，氧化应激促进断奶仔猪色氨酸经犬尿氨酸途径的分解代谢，降低血清色氨酸浓度，增加血清色氨酸代谢产物 5-HT 和 Kyn 浓度及 Kyn/Trp 比值，降低下丘脑 5-HT 含量，提高肝脏色氨酸分解代谢关键酶 TDO 总活性、全酶、酶蛋白活性和 mRNA 表达以及十二指肠 IDO 活性。与正常对照组相比，Diquat 诱导的氧化应激仔猪血清 Trp 浓度和 Trp/LNAA 比值分别降低了 29%（$p<0.01$）和 43%（$p<0.01$），Kyn、LNAA、5-HT 浓度和 Kyn/Trp 比值分别增加了 32%（$p<0.05$）、13.6%（$p>0.05$）、37%（$p<0.05$）和 103%（$p<0.01$），与采食配对组相比，氧化应激仔猪血清 Trp 浓度和 Trp/LNAA 比值分别降低了 18%（$p>0.05$）和 33%（$p<0.05$），Kyn、LNAA、5-HT 浓度和 Kyn/Trp 比值分别增加了 78%（$p<0.01$）、11%（$p>0.05$）、42%（$p<0.05$）和 111%（$p<0.01$）。与正常对照组和采食配对组相比，氧化应激仔猪下丘脑 5-HT 水平显著（$p<0.05$）降低；与正常对照组相比，氧化应激仔猪肝脏 TDO 总活性、全酶和酶蛋白活性分别提高了 21%（$p<0.05$）、23%（$p<0.05$）和 24%（$p<0.05$），与采食配对组相比，氧化应激仔猪前述指标分别提高了 23%（$p<0.05$）、27%（$p<0.05$）和 25%（$p<0.05$）；此外，氧化应激仔猪十二指肠 IDO 活性也有升高趋势（$p>0.05$）。在克隆猪 TDO 基因部分序列（GenBank，登录号为 FJ810127）基础上检测 TDO 基因表达发现，与正常对照组和采食配对组相比，氧化应激仔猪肝脏 TDO mRNA 表达极显著（$p<0.01$）增加。这些研究结果表明，氧化应激主要促进了 TDO 介导的色氨酸分解代谢。

4.3.3.2 氧化应激与精氨酸代谢

动物体内的精氨酸来源于消化道吸收和内源合成，体内精氨酸的去路包括合成蛋白质和代谢转化成其他物质。精氨酸的内源合成主要通过小肠-肾脏轴途径[即脯氨酸（谷氨酰胺/谷氨酸）-鸟氨酸-瓜氨酸-精氨酸途径]来实现，其次是在肝脏经由尿素循环途径来合成，虽然后者的合成速率高于前者，但肝脏中并没有或只有少量精氨酸净合成。涉及小肠-肾脏轴途径合成精氨酸的关键酶主要包括脯氨酸氧化酶（PO）、依赖磷酸化的谷氨酰胺酶（PDG）、鸟氨酸转氨酶（OAT）、鸟氨酸转氨甲酰酶（OCT）、精氨（基）琥珀酸合成酶（ASS）和精氨（基）琥珀酸裂解酶（ASL）等。该途径的大致过程是：在小肠（空肠）中，脯氨酸在 PO 和/或谷氨酰胺（谷氨酸）在 PDG 催化下转变成含吡啉咯-5-羧化物，后者在 OAT 作用下合成鸟氨酸，鸟氨酸在 OCT 作用下合成瓜氨酸，后者转运到肾脏后在 ASS 和 ASL 作用下合成精氨酸。研究表明，虽然肾脏精氨酸合成能力远大于小肠瓜氨酸合成能力，但精氨酸内源合成主要受小肠瓜氨酸浓度调控。在动物体内，精氨酸可经多条途径分解代谢，涉及的关键酶主要包括精氨酸酶（ARG）（包括 ARGⅠ和 ARGⅡ，催化精氨酸分解成鸟氨酸和尿素）、一氧化氮合成酶（NOS）[催化精氨酸氧化分解成瓜氨酸和一氧化氮（NO）]、精氨酸脱羧酶（ADC）（催化精氨酸分解成二氧化碳和精胺）和精氨酸甘氨酸转氨酶（AGAT）（催化精氨酸转化成胍乙酸和鸟氨酸）。研究表明，氧化应激影响精氨酸代谢，主要表现为：提高 ARG 活性；增加不对称二甲基精氨酸（ADMA，一种 NOS 抑制剂）生成，减少 eNOS 合成 NO；诱导 iNOS 活化，大量生成 NO。

郑萍（2010）报道，氧化应激提高仔猪血清 NO 和瓜氨酸浓度，降低精氨酸浓度，提高 iNOS 活性；增加空肠精氨酸和瓜氨酸浓度，提高 OAT 和 PO 活性；降低肾脏精氨酸和瓜氨酸浓度；降低肝脏和肺脏 NOS（iNOS 和 eNOS）mRNA 表达。与正常对照组和采食配对组相比，Diquat 诱导的氧化应激仔猪血清 NO 浓度分别增加 22.8%（$p>0.05$）和 31.5%（$p<0.05$），iNOS 活性分别提高 17.7%（$p>0.05$）和 7.8%（$p>0.05$），精氨酸浓度减少（$p<0.05$），瓜氨酸浓度增加（$p<0.05$）；空肠瓜氨酸浓度分别增加 28.0%（$p<0.01$）和 34.5%（$p<0.01$），精氨酸浓度分别增加 74.7%（$p<0.01$）和 69.3%（$p<0.01$），OAT 活性分别增加 5.8%（$p<0.01$）和 8.7%（$p<0.01$），PO 活性分别提高 63.9%（$p<0.01$）和 16.8%（$p>0.05$）；肾脏精氨酸浓度分别降低 30.2%（$p<0.05$）和 17.4%（$p>0.05$），瓜氨酸浓度分别降低 13.9%（$p<0.05$）和 11.8%（$p<0.05$）；肝脏 eNOS mRNA 表达分别减少 8.6%（$p<0.05$）和 9.7%（$p<0.05$），iNOS mRNA 表达分别减少 32.3%（$p<0.05$）和 20.1%（$p<0.05$）；肺脏 eNOS mRNA表达分别减少 19.3%（$p>0.05$）和增加 24.1%（$p>0.05$），iNOS mRNA 表达分别减少 20.1%（$p<0.05$）和 17.9%（$p>0.05$）。这些研究结果表明，氧化应激既促进了仔猪体内精氨酸的合成代谢，又促进了分解代谢，但总体而言，降低了循环中精氨酸的有效性。

4.3.4 氧化应激与养分需要量

当动物遭受氧化应激时，体内的抗氧化系统将会产生应答以淬灭自由基。因此，在动物的饲料中其必需养分除了能满足基本的营养需要外，还要求能维持营养物质及其代谢与自由基动态稳恒性的关系。也就是说，可以推测在氧化应激条件下，动物对抗氧化营养素的需要量可能会发生改变。

4.3.4.1 氧化应激与色氨酸需要量

吕美（2009）在研究氧化应激对断奶仔猪养分消化、吸收转运和代谢影响的基础上，通过饲粮添加不同水平的色氨酸，以生产性能、血液生化参数、色氨酸代谢指标等为标识，进一步探讨了氧化应激对断奶仔猪色氨酸需要特点的影响。结果发现：饲粮添加色氨酸（饲粮中含量为 0.30%或 0.45%）能够改善 Diquat 诱导的氧化应激断奶仔猪的生产性能，且以 0.30%色氨酸饲粮改善幅度较大；降低氧化应激仔猪血浆尿素氮（PUN）浓度增加的幅度，且以 0.30%色氨酸饲粮降低幅度更大；较大地影响氧化应激断奶仔猪血浆游离赖氨酸、色氨酸、苏氨酸、精氨酸、缬氨酸、异亮氨酸、酪氨酸、苯丙氨酸、LNAA、Trp/LNAA，并且，随着饲粮色氨酸水平的增加，血浆游离色氨酸浓度、Trp/LNAA 呈上升趋势，而苏氨酸、精氨酸、缬氨酸、异亮氨酸以及酪氨酸浓度总体上呈下降趋势；影响肝脏、下丘脑色氨酸浓度（$p<0.01$）及下丘脑 5-HT 浓度（$p<0.01$），且随着色氨酸水平的增加，肝脏和下丘脑色氨酸浓度，下丘脑 5-HT 浓度增加；影响氧化应激断奶仔猪十二指肠绒毛高度（$p<0.05$）和绒毛高度/隐窝深度比值（$p>0.05$），且 0.30%色氨酸饲粮使这两项指标都提高，而 0.45%色氨酸饲粮则使其降低。这些研究结果表明，饲粮添加一定水平的色氨酸能够缓解氧化应激仔猪生产性能的下降，影响体内色氨酸的代谢和分布，改善体内氮代谢、血液必需氨基酸模式和十二指肠结构完整性；同时还表明，在氧化应激情况下，仔猪对色氨酸的需要量增加。因此，为了缓解仔猪氧化应激，推荐断奶仔猪饲粮色氨酸水平以 0.30%为宜。

4.3.4.2 氧化应激与精氨酸需要量

人和鼠上的大量研究表明，在各种疾病和应激状态下，补充精氨酸有减缓应激、降低损伤、增强组织修复的效果。郑萍（2010）在考察 Diquat 诱导的氧化应激对断奶仔猪精氨酸代谢的影响，并证实氧化应激降低断奶仔猪循环中精氨酸有效性的基础上，通过饲粮添加不同水平的精氨酸，以生产性能、血液生化参数、精氨酸代谢指标等为标识，进一步探讨了氧化应激对断奶仔猪精氨酸需要特点的影响。结果发现：饲粮添加精氨酸（饲粮中含量为 1.99%或 2.79%，Arg/Lys 为 1.26 或 1.76）能够提高 Diquat 诱导的氧化应激断奶仔猪的 ADFI 和 ADG，且以 2.79%精氨酸（Arg/Lys=1.76）饲粮提高幅度更大；进一步提高氧化应激仔猪 PUN 浓度，但表现出先增加后降低的趋势；不同程度地提高血浆赖氨酸和异亮氨酸浓度，降低血浆瓜氨酸、谷氨酸和蛋氨酸浓度；影响（$p>0.05$）组织精氨酸和瓜氨酸浓度。这些试验结果表明，饲粮添加一定水平的精氨酸能够缓解氧化应激仔猪生产性能的下降，改善体内氮代谢和血液必需氨基酸模式；同时还表明，在氧化应激情况下，仔猪对精氨酸的需要量增加。因此，为了缓解仔猪氧化应激，推荐断奶仔猪饲粮精氨酸水平以 2.79%（Arg/Lys=1.76）为宜。

4.3.4.3 氧化应激与硒需要量

袁施彬（2007）在研究氧化应激对断奶仔猪养分消化影响的基础上，通过饲粮添加不同水平的硒，以生产性能和养分消化利用率为标识，进一步探讨了氧化应激对断奶仔猪硒需要特点的影响。结果发现，饲粮添加硒（饲粮中添加量为 0.2、0.4 或 0.6 mg/kg）以剂量依赖方式提高 Diquat 诱导的氧化应激断奶仔猪的生产性能，尤其是 ADG 和 F/G，三个剂量组均显著（$p<0.05$）提高，但中等剂量组与高剂量组无显著差异（$p>0.05$）；以剂量依赖方式提高氧化应激断奶仔猪饲粮养分消化利用率，其中中等剂量组和高剂量组的粗蛋白表观消化率、干物质表观消化率和能量表观利用率分别提高 8.58%和 8.78%、4.60%和 4.87%、4.97%和 4.05%，但差异都不显著（$p>0.05$）。这些研究结果表明，在氧化应激状态下，仔猪对硒的需要量增加。因此，为了缓解仔猪氧化应激，推荐断奶仔猪饲粮硒添加水平以 0.4～0.6 mg/kg 为宜。

4.4 氧化应激与猪的生产性能和健康

动物遭受氧化应激，机体内环境平衡受破坏，生产性能降低，机体健康受危害。本节结合我们的系列研究成果，简要介绍氧化应激对断奶仔猪生产性能和健康的影响。

4.4.1 氧化应激与生产性能

在其他动物上的大量研究表明，氧化应激普遍降低动物生产性能。我们研究发现，无论是氧化鱼油，还是 Diquat 诱导的氧化应激，普遍导致仔猪生产性能降低。袁施彬(2007)报道，断奶仔猪饲喂含 5%氧化鱼油饲粮，应激后 0～14 d 的 ADG 和 ADFI 极显著($p<0.01$)降低，F/G 显著($p<0.05$)增加，应激后 0～26 d 的 ADG 显著($p<0.05$)降低，F/G 极显著($p<0.01$)增加；断奶仔猪一次性腹腔注射 Diquat 12 mg/kg BW，应激后 0～14、15～26、0～26 d 的 ADG 和 ADFI 显著($p<0.05$)或极显著($p<0.01$)降低，F/G 显著($p<0.05$)或极显著($p<0.01$)增加；并且，Diquat 诱导的氧化应激对断奶仔猪生产性能的影响程度显著($p<0.05$)或极显著($p<0.01$)高于氧化鱼油(表 4.4)。袁施彬(2007)进一步发现，Diquat 诱导的氧化应激断奶仔猪，应激后 0～1、2～3、6～7、0～7 周的 ADG 显著($p<0.05$)降低，应激后 0～1、6～7、0～7 周 F/G 显著($p<0.05$)增加，ADFI 也有降低趋势($p>0.05$)。吕美(2009)、郑萍(2010)报道，Diquat 诱导的氧化应激断奶仔猪，应激后 0～7 d 的 ADG 和 ADFI 分别降低了 54%($p<0.01$)和 33%($p<0.01$)，F/G 增加 42%。吕美(2009)、郑萍(2010)进一步研究也证实，Diquat 诱导的氧化应激断奶仔猪，应激后 0～4 d(郑萍，2010)和 0～7 d(吕美，2009)的 ADG 和 ADFI 均极显著($p<0.01$)降低，0～7 d 的 F/G 极显著($p<0.01$)增加(吕美，2009)，并且应激后 0～4 d 一些仔猪出现负增重，F/G 为负值(郑萍，2010)。Deng 等(2010)报道，Diquat 诱导的氧化应激断奶仔猪，应激后 1～7 d 的 ADG 和 ADFI 极显著($p<0.01$)降低，应激后 8～14 和 1～14 d 的 ADG 和 ADFI 有降低、1～7 d 的 F/G 有增加(但 8～14 d 的 F/G 有降低)的趋势($p>0.05$)。李永义(2011)报道，Diquat 诱导的氧化应激断奶仔猪，应激后 1～7 d 的 ADG 和 ADFI 极显著($p<0.01$)降低，F/G 极显著增加($p<0.01$)。徐静(2009)报道，断奶仔猪一次性腹腔注射 Diquat 8 mg/kg BW，应激后 0～7 d 的 ADG 和 ADFI 也极显著($p<0.01$)降低，8～14 d 的 ADG 和 ADFI 有降低而 0～7 和 8～14 d 的 F/G 有增加的趋势($p>0.05$)。此外，徐静(2009)还报道，生长猪一次性腹腔注射 Diquat 8 mg/kg BW，应激后 0～7 d($p<0.01$)和 0～35 d 的 ADG 明显降低($p<0.05$)，0～7 和 8～14 d 的 ADFI 显著($p<0.05$)降低，而 8～14 和 0～35 d 的 F/G 有增加的趋势($p>0.05$)(表 4.9)，并且应激后 0～7 d 一些生长猪出现负增重。

上述研究表明：①氧化应激不同程度地降低仔猪生产性能，主要表现为 ADG 和 ADFI 降低，F/G 升高，其中对 ADG 的影响最明显，其次是 ADFI，而对 F/G 的影响不尽一致；②Diquat诱导氧化应激对仔猪生产性能的影响程度强于氧化鱼油，但主要表现为短期效应，尤其是在应激后的 0～7 d 内。

4.4.2 氧化应激与机体抗氧化能力

正常情况下，动物体内的抗氧化系统可以及时清除体内过剩的自由基，使机体内自由基的产生与清除保持动态平衡，但在某些异常或病理情况下，会导致大量自由基的产生，平衡状态受到破坏，使动物处于氧化应激状态之下，对机体产生严重的破坏作用。我们的系列研究发现，氧化应激普遍降低断奶仔猪机体抗氧化能力。

4.4.2.1 氧化应激与循环系统抗氧化能力

袁施彬(2007)报道,断奶仔猪饲喂氧化鱼油(占饲粮的5%)或注射Diquat(一次性腹腔注射12 mg/kg BW)诱导氧化应激,氧化鱼油组引起血清SOD和GSH-Px活性极显著($p<0.01$)降低,CIHR显著($p<0.05$)降低,MDA浓度极显著($p<0.01$)升高,Diquat除导致CIHR极显著($p<0.01$)降低外,其余指标变化情况与氧化鱼油类似,但后者所有相应指标的变化程度极显著($p<0.01$),强于前者(表4.8)。袁施彬(2007)进一步研究还发现,Diquat诱导的断奶仔猪氧化应激,应激后第3周末血清GSH-Px1和CAT活性显著($p<0.05$)以及GSH浓度极显著($p<0.01$)降低;第7周末血清GSH-Px1和CAT活性以及GSH浓度均显著($p<0.05$)降低;第3和7周末血清SOD活性也降低($p>0.05$),而MDA浓度显著($p<0.05$)升高。吕美(2009)、郑萍(2010)报道,Diquat诱导的断奶仔猪氧化应激,血清SOD和GSH-Px活性极显著($p<0.01$)降低,CAT活性也降低($p>0.05$),MDA浓度极显著($p<0.01$)升高。吕美(2009)进一步研究发现,Diquat诱导的断奶仔猪氧化应激,应激后24和48 h血浆SOD和GSH-Px活性分别显著($p<0.05$)和极显著($p<0.01$)降低,MDA浓度均极显著($p<0.01$)升高,总抗氧化能力(TAOC)分别显著($p<0.05$)和极显著($p<0.01$)提高,但不显著影响($p>0.05$)抗超氧阴离子自由基活力(ASARA)。郑萍(2010)进一步研究发现,Diquat诱导的断奶仔猪氧化应激,血浆GSH-Px活性在应激后6、24和48 h均极显著($p<0.01$)降低,而在96 h则极显著($p<0.01$)升高,血浆SOD活性在应激后24、48和96 h均极显著($p<0.01$)降低,血浆TAOC在应激后6和96 h分别极显著($p<0.01$)降低和升高,而在应激后24和48 h分别降低($p>0.05$)和升高($p>0.05$),血浆MDA浓度在应激后6、24和48 h均极显著($p<0.01$)升高,且在应激后96 h也升高($p>0.05$)。李永义(2011)也报道,Diquat诱导的断奶仔猪氧化应激,血液SOD($p<0.01$)、GSH-Px($p<0.05$)和CAT($p<0.05$)活性降低,TAOC下降($p>0.05$),MDA浓度升高($p>0.05$)。这些研究结果表明,氧化应激明显降低断奶仔猪血液和淋巴循环系统的抗氧化能力。

4.4.2.2 氧化应激与免疫系统抗氧化能力

李永义(2011)报道,一定剂量(200、400、600和800 μmol/L)的H_2O_2可不同程度地降低体外培养的断奶仔猪外周血淋巴细胞培养液中SOD和GSH-Px活性,提高MDA浓度。其中,400 μmol/L及以上浓度的H_2O_2极显著($p<0.01$)影响上述各指标,400 μmol/L H_2O_2导致培养液中SOD和GSH-Px活性分别降低21.1%($p<0.01$)和41.9%($p<0.05$),MDA浓度增加31.1%($p<0.01$)。李永义(2011)进一步研究也发现,400 μmol/L H_2O_2诱导体外培养的断奶仔猪外周血淋巴细胞氧化应激,培养液中SOD和GSH-Px活性分别降低21.1%($p<0.01$)和35.9%($p<0.05$),MDA浓度升高30.2%($p<0.01$)。这些研究结果表明,氧化应激降低断奶仔猪免疫系统的抗氧化能力。

4.4.2.3 氧化应激与消化系统抗氧化能力

袁施彬(2007)报道,断奶仔猪饲喂氧化鱼油(饲粮中含量为5%)或注射Diquat(一次性腹腔注射12 mg/kg BW)诱导氧化应激,氧化鱼油组肝脏SOD和GSH-Px活性极显著($p<0.01$)降低,CIHR显著($p<0.05$)降低,MDA浓度极显著($p<0.01$)升高,Diquat组导致

CIHR 极显著($p<0.01$)降低,并且除了 CIHR 外,后者所有相应指标的变化幅度极显著($p<0.01$)大于前者。吕美(2009)报道,Diquat 诱导的断奶仔猪氧化应激,肝脏 SOD 活性、TAOC 和 ASARA 降低,GSH-Px 活性提高,MDA 浓度增加。郑萍(2010)报道,Diquat 诱导的断奶仔猪氧化应激,肝脏 SOD 活性和 TAOC 降低($p<0.01$),GSH-Px 活性升高($p>0.05$),MDA 浓度升高($p<0.01$)。此外,李丽娟(2007)还报道,Diquat 诱导的断奶仔猪氧化应激,空肠黏膜 SOD 和 GSH-Px 活性极显著($p<0.01$)降低,黄嘌呤氧化酶(XOD)活性和 MDA 浓度极显著($p<0.01$)提高。这些研究结果表明,氧化应激降低断奶仔猪肝脏和肠上皮细胞的抗氧化能力。

上述研究结果表明,氧化应激降低断奶仔猪体内抗氧化酶活性,促进脂质过氧化,最终破坏体内的氧化还原平衡状态,降低机体抗氧化能力。

4.4.3 氧化应激与机体免疫功能

机体免疫包括体液免疫(由抗体介导)和细胞免疫(由 T 淋巴细胞介导)。体液免疫功能主要通过测定免疫球蛋白(Ig)水平和特异性抗体效价来反映;细胞免疫功能可通过玫瑰花环试验、淋巴细胞增殖转化试验、细胞因子含量和表达检测等来评价。在人和小鼠上的研究表明,氧化应激造成胸腺和脾脏萎缩,导致细胞免疫抑制,影响淋巴细胞增殖、分化与成熟以及自然杀伤(NK)细胞和杀伤(K)细胞的杀伤能力,降低机体抗感染能力。

4.4.3.1 氧化应激与体液免疫功能

袁施彬(2007)报道,Diquat 诱导的氧化应激极显著($p<0.01$)影响断奶仔猪血清免疫球蛋白水平,应激后第 3 和 7 周末血清 IgA、IgG 和 IgM 水平显著($p<0.05$)降低。李永义(2011)报道,Diquat 诱导的氧化应激显著($p<0.05$)影响断奶仔猪血清 IgA 水平,应激后第 7 天血清 IgA、IgG 和 IgM 水平都降低($p>0.05$)。此外,袁施彬(2007)还报道,Diquat 诱导的氧化应激极显著($p<0.01$)影响猪瘟疫苗免疫后血清猪瘟抗体滴度,猪瘟疫苗免疫后第 21 和 28 天氧化应激断奶仔猪血清猪瘟抗体滴度降低($p<0.05$)。这些研究结果表明,氧化应激降低断奶仔猪体液免疫功能。

4.4.3.2 氧化应激与细胞免疫功能

1. 氧化应激与血液白细胞参数

袁施彬(2007)报道,氧化鱼油和 Diquat 诱导的氧化应激引起断奶仔猪应激后第 14 和 26 天外周血白细胞数量以及中性粒细胞和单核细胞百分率增加($p>0.05$),淋巴细胞百分率降低($p>0.05$)。其中,Diquat 组应激后第 14 和 26 天白细胞数量以及第 26 天中性粒细胞百分率显著($p<0.05$)提高。李丽娟(2007)报道,Diquat 诱导的氧化应激引起断奶仔猪血液白细胞直方图中淋巴细胞峰下降。Deng 等(2010)报道,Diquat 诱导的氧化应激降低($p>0.05$)断奶仔猪应激后第 7 和 14 天外周血白细胞数量和单核细胞百分率、第 7 天淋巴细胞百分率以及第 14 天粒细胞百分率,增加($p>0.05$)第 7 天粒细胞数量和第 14 天淋巴细胞百分率,其中应激后第 14 天淋巴细胞百分率提高了 8.7%($p>0.05$),单核细胞百分率降低了 36.4%($p>0.05$)。这些研究结果表明,氧化应激改变断奶仔猪血液白细胞参数。

2. 氧化应激与T淋巴细胞增殖转化

袁施彬等(2008)报道,Diquat诱导的氧化应激引起断奶仔猪应激后第3和7周末外周血淋巴细胞转化率分别降低29.1%($p<0.05$)和40.4%($p<0.05$)。Deng等报道,Diquat诱导的氧化应激引起断奶仔猪应激后第7和14天外周血淋巴细胞转化率分别降低24.4%($p>0.05$)和17.3%($p>0.05$)(Deng等,2010)。李永义(2011)报道,H_2O_2诱导的氧化应激引起体外培养的断奶仔猪外周血淋巴细胞转化率降低58.9%($p<0.01$)。这些研究结果表明,氧化应激降低断奶仔猪外周血T淋巴细胞增殖转化。

3. 氧化应激与T淋巴细胞E玫瑰花环率

袁施彬等(2008)报道,氧化应激降低断奶仔猪外周血T淋巴细胞E玫瑰花环率。Diquat诱导的氧化应激引起断奶仔猪应激后第3周末外周血T淋巴细胞总玫瑰花环(E_t)和活性花环(E_a)分别降低24.5%($p<0.05$)和30.2%($p<0.05$),第7周末总玫瑰花环(E_t)和活性花环(E_a)分别降低28.1%($p<0.05$)和39.1%($p<0.05$)。

4. 氧化应激与T淋巴细胞亚群

T淋巴细胞根据其表面标志和功能特点可分为不同的亚群,如CD3+ T细胞(代表成熟T细胞)、CD4+ T细胞[代表辅助性T细胞(TH细胞),分泌细胞因子]、CD8+ T细胞[代表细胞毒性T细胞(CTL)]。我们研究发现,氧化应激不同程度地改变断奶仔猪外周血T淋巴细胞亚群的百分率和/或比值。Deng等(2010)报道,Diquat诱导的氧化应激提高($p>0.05$)应激后第7天断奶仔猪外周血CD3+,降低($p>0.05$)第14天CD4+和CD8+亚群百分率。李永义(2011)报道,Diquat诱导的氧化应激降低($p<0.01$)应激后第7天断奶仔猪外周血CD4+百分率和CD4+/CD8+比值,提高($p<0.01$)CD8+百分率。这些研究结果说明,氧化应激主要通过抑制T细胞向TH细胞分化,促进向CTL细胞分化,提高CTL细胞比例来清除体内受感染的组织和细胞,但这会使机体受到进一步损伤。

5. 氧化应激与细胞因子

免疫细胞分泌的细胞因子,参与机体免疫应答的全过程,涉及抗原提呈,淋巴细胞活化、增殖、分化和效应等,其中:单核-巨噬细胞主要分泌TNF-α、IL-1等,主要功能是参与免疫应答、介导炎症反应等;TH1细胞主要分泌IL-2、IFN-γ和TNF-β等,主要功能是活化T细胞,参与细胞免疫,介导迟发型超敏反应性炎症;TH2细胞主要分泌IL-4、IL-5和IL-6等,主要功能是刺激B细胞增殖、分化为浆细胞并产生抗体,参与体液免疫。已有研究表明,氧化应激影响动物体内细胞因子分泌和表达。

氧化应激不同程度地影响断奶仔猪细胞因子水平。袁施彬等(2008)报道,Diquat诱导的氧化应激使断奶仔猪应激后第3和7周末外周血IL-1β水平分别提高41.9%($p<0.05$)和54.8%($p<0.05$),IL-6水平分别提高79.4%($p<0.05$)和128.8%($p<0.05$)。Deng等(2010)报道,Diquat诱导的氧化应激使断奶仔猪应激后第7和14天血清IL-1水平提高13.7($p<0.05$)和10.6%($p<0.05$),第7天血清IFN-γ/IL-4比值提高25.0%($p<0.05$),降低($p>0.05$)第7和14天血清IL-4水平,提高($p>0.05$)第7和14天血清IFN-γ水平以及第14天IFN-γ/IL-4比值。李永义(2011)报道,H_2O_2诱导的氧化应激提高体外培养的断奶仔猪外周血淋巴细胞培养液中IL-2($p>0.05$)、TNF-α($p<0.05$)和IFN-γ($p<0.01$)水平,降低IL-4水平($p<0.01$)。作者进一步研究发现,Diquat诱导的氧化应激提高($p>0.05$)断奶仔猪血清IL-2、IFN-γ和TNF-α水平,降低($p>0.05$)IL-4水平。这些研究结果表明,氧化应激可能刺激断奶仔猪炎症反应的发生，导致机体产生病理性损伤。

此外，氧化应激影响断奶仔猪基因表达(李永义，2011)，甚至造成免疫组织器官损伤和细胞凋亡(袁施彬等，2008；李永义，2011)。这些内容将在接下来的部分逐一介绍。

4.4.4 氧化应激与组织器官结构和功能

4.4.4.1 氧化应激与消化系统结构和功能

氧化应激降低仔猪空肠绒毛高度、绒毛宽度、隐窝深度和固有膜厚度，提高绒毛高度/隐窝深度比值。郑萍(2010)报道，与对照组相比，Diquat 诱导的氧化应激断奶仔猪，空肠绒毛高度、绒毛宽度、隐窝深度、固有膜厚度分别降低了 2.2%($p>0.05$)、32.3%($p<0.01$)、31.4%($p<0.01$)、69.8%($p<0.01$)，绒毛高度/隐窝深度比值增加 44.6%($p<0.05$)。袁施彬等(2008a, 2009, 2011)报道，Diquat 诱导的氧化应激导致断奶仔猪空肠绒毛高度下降和隐窝深度增加，空肠黏膜组织和肝细胞发生水泡变性、空泡变性和坏死等病理变化；肝细胞核膜严重扩张、内陷或溶解，核皱缩、染色质聚集，线粒体肿胀、破裂、嵴紊乱，见中性粒细胞和糖原异常聚集；肝脏 DNA 片段化比较明显，出现明显的呈梯形条带(DNA ladder)，而肠道未见类似现象。李永义(2011)报道，Diquat 诱导的氧化应激导致断奶仔猪肝细胞出现空泡变性，肝细胞崩解，肝索排列紊乱，肝血窦淤血，肝组织间质出现红细胞和炎性细胞浸润。这些研究结果表明，氧化应激损伤断奶仔猪消化道和肝脏结构，引起肝脏细胞凋亡。

4.4.4.2 氧化应激与免疫组织器官结构和功能

氧化应激引起断奶仔猪免疫组织器官发生病理变化和细胞凋亡。袁施彬等(2008a)报道，Diquat 诱导的氧化应激引起断奶仔猪脾脏出现大量白细胞和红细胞，不同程度的浆细胞、网状细胞和淋巴细胞病变，线粒体肿胀，内质网微扩，细胞器坏死；还出现较明显的 DNA 片段化和降解(但没有肝脏严重)。李永义(2011)报道，Diquat 诱导的氧化应激引起断奶仔猪脾脏脾小体内的淋巴细胞和巨噬细胞数量减少，并出现严重变性和坏死，脾小体内有大量红细胞浸润，脾红髓脾血窦内皮细胞损坏而发生出血，脾索结构紊乱；淋巴结弥散淋巴组织中淋巴细胞数量明显减少，并伴有大量浆细胞浸润。这些研究结果说明，氧化应激可引起断奶仔猪免疫组织器官不同程度的损伤，甚至造成 DNA 氧化损伤和细胞凋亡。

4.5 缓解氧化应激的营养措施

自然界、活体生物及其产品中存在多种氧化源，致使动物在其生长发育、生产过程中可能遭受不同程度的氧化应激，改变其体内养分代谢，影响养分需要量和生产性能，甚至造成机体损伤或死亡。同时，这些氧化源还可作用于动物的食物——饲料，造成饲料及其原料氧化酸败，降低其营养价值，进而影响动物的生产性能，危害其健康。鉴于此，已研发了多种抗氧化剂，并用于生产实践。抗氧化剂在畜牧业和饲料工业上的应用，为动物养殖的持续、健康发展做出了重大贡献。常用的抗氧化剂主要包括丁基羟基茴香醚(BHA)、二丁基羟基甲苯(BHT)、特丁基对苯二酚(TBHQ)、没食子酸丙酯(PG)、抗氧化维生素及其前体(维生素 E、维生素 C、维生素 A、β-类胡萝卜素)、抗氧化微量矿物元素(Se、Zn、Cu、Mn 等)、GSH、一些蛋白质/氨基酸等。关于这些物质的抗氧化效应,已有大量的研究报道。然而,在动物遭受氧化应激情况下,这些抗氧化剂缓解应激的效果及其机制方面的研究仍不多见。因此,探索养分和其他物质的抗氧化机制,寻求缓解仔猪氧化应激的营养措施,具有重要的学术意义和实践价值。本节结合我们近年来的研究成果就缓减仔猪氧化应激的营养措施做简要介绍。

4.5.1 硒的抗氧化作用及机制

硒(Se)是动物必需微量元素之一,具有多种生物学作用,尤其是抗氧化作用。机体硒水平的高低,直接影响机体的抗氧化性以及对疾病的抵抗力。

4.5.1.1 硒的抗氧化效应

饲粮中添加一定剂量的硒可缓解氧化应激仔猪的生产性能下降和养分消化利用率降低,提高应激仔猪抗氧化酶活性,减少脂质过氧化。袁施彬(2007)报道,Diquat 诱导的氧化应激断奶仔猪饲喂添加 0.2、0.4 或 0.6 mg/kg 硒的饲粮,ADG 随硒添加水平的增加而分别提高了 9.9%($p<0.05$)、16.8%($p<0.05$)和 20.4%($p<0.05$),F/G 则分别下降了 10.2%($p<0.05$)、12.3%($p<0.05$)和 13.9%($p<0.05$),ADFI 以及蛋白质、干物质和能量的表观消化率也有增加的趋势。同时还发现,随着硒添加水平的增加,试验第 3 和 7 周末血清 GSH 浓度以及 GSH-Px1、SOD 和 CAT 活性升高,MDA 浓度降低。这些研究结果表明,提高饲粮硒水平有缓解断奶仔猪氧化应激的效果。

4.5.1.2 硒抗氧化应激机制

硒可能主要通过维持组织器官的正常结构和功能,减少细胞凋亡,增强机体免疫功能,调控内分泌等来缓解仔猪氧化应激。具体可能途径如下:

第一,减轻氧化应激所致的组织器官损伤和细胞凋亡,维持组织器官的正常结构和功能。袁施彬(2007)报道,饲喂添加 0.2 或 0.4 mg/kg 硒的饲粮,可减轻 Diquat 诱导的氧化应激断奶仔猪肝脏和脾脏损伤。0.2 mg/kg 硒组肝细胞核膜严重扩张,内质网扩张,线粒体肿胀、破裂、空泡化,嵴紊乱,核膜内陷、溶解,核皱缩,染色质聚集,糖原异常聚集,见中性粒细胞浸润,而 0.4 mg/kg 硒组仅出现肝细胞核膜微扩,内质网和线粒体扩张;0.2 mg/kg 硒组脾脏浆细胞病变、细胞器坏死,网状细胞初期凋亡、线粒体肿胀,淋巴细胞线粒体肿胀、胞浆内有空泡,网状细胞间见大量白细胞和红细胞,而 0.4 mg/kg 硒组脾脏浆细胞病变和线粒体肿胀以及网状细胞病变和细胞器坏死轻微。凝胶电泳分析发现,硒还可以减轻氧化应激所致的肝脏和脾脏 DNA 氧化损伤。与 0.2 mg/kg 硒组相比,0.4 mg/kg 硒组 DNA 降解程度减轻(即 DNA 梯形条带数减少)。

第二,提高机体体液和细胞免疫力,增强机体免疫功能。袁施彬(2007)报道,随着饲粮中硒添加水平的提高,试验第 3 和 7 周末 Diquat 诱导的氧化应激断奶仔猪血液淋巴细胞的 E_a、E_t 和转化率以及血液 IgG、IgA 和 IgM 含量增加,猪瘟抗体滴度上升,血清 IL-1β 和 IL-6 水平降低。

第三，调控内分泌，缓解氧化应激对甲状腺功能造成的损伤，促进 T_4 向 T_3 转化。袁施彬(2007)报道，随着饲粮中硒添加水平的提高，试验第3和7周末 Diquat 诱导的氧化应激断奶仔猪血液 T_3 浓度提高、T_4 浓度降低和 T_3/T_4 比值提高。

第四，抑制氧化应激所致的 NF-κB 活化，减少细胞凋亡发生。袁施彬(2007)报道，随着饲粮中硒添加水平的提高，Diquat 诱导的氧化应激断奶仔猪肝脏和脾脏 NF-κB 活性下降。与0.2 mg/kg 硒组相比，0.4 mg/kg 硒组肝脏和脾脏总 p65、核定位序列(NLS) p65、磷酸化 p65 都下降，其中肝脏总 p65 和 NLS p65 的下降达到显著水平($p<0.05$)，肝脏磷酸化 p65、脾脏总 p65 和磷酸化 p65 的下降达到极显著水平($p<0.01$)。

4.5.2 色氨酸的抗氧化作用及机制

4.5.2.1 色氨酸的抗氧化效应

补充色氨酸可缓解氧化应激仔猪的生产性能下降，提高应激仔猪机体抗氧化能力。吕美(2009)报道，Diquat 诱导的氧化应激断奶仔猪补充色氨酸(尤其是0.30%色氨酸)可提高生长性能，饲喂0.30%色氨酸饲粮的应激仔猪，其 ADG 和 ADFI 分别提高了58.6%和34.1%($p>0.05$)，F/G 降低了18.8%($p>0.05$)。同时还发现，补充色氨酸(尤其是0.30%色氨酸)提高氧化应激仔猪血浆和肝脏 SOD 活性，提高血浆和肝脏 TAOC 以及肝脏 ASARA，降低血浆和肝脏 MDA 浓度，但降低血浆和不影响(0.45%色氨酸降低)肝脏 GSH-Px 活性。这些研究结果表明，补充色氨酸有缓解断奶仔猪氧化应激的效果。

4.5.2.2 色氨酸抗氧化机制

色氨酸主要通过调控自身代谢、改善血液必需氨基酸模式、保持肠道结构完整性、调控内分泌、抑制炎症相关因子分泌和基因表达、增加促食欲相关因子分泌和表达、影响生长相关因子和基因表达等来缓解仔猪氧化应激。具体可能途径如下：

第一，维持肠道结构完整性，保证养分吸收。吕美(2009)报道，Diquat 诱导的氧化应激断奶仔猪，补充色氨酸(尤其是0.30%色氨酸)增加($p>0.05$)十二指肠绒毛高度，降低(以剂量依赖方式)($p>0.05$)绒毛宽度，影响(0.30%色氨酸降低，0.45%色氨酸增加)($p>0.05$)隐窝深度，降低(尤其是0.30%色氨酸)固有膜厚度，增加(尤其是0.30%色氨酸)绒毛高度/隐窝深度比值。

第二，影响体内蛋白质代谢，改善血液必需氨基酸模式。吕美(2009)报道，Diquat 诱导的氧化应激断奶仔猪，补充色氨酸(尤其是0.30%色氨酸)降低应激所致仔猪血浆尿素氮含量的增加，影响血浆赖氨酸(48 h)、苏氨酸(24 h)、精氨酸(48 h)、缬氨酸(48 h)、异亮氨酸(24和48 h)、酪氨酸(24 h)、LNAA(24、48 h和7 d)和 Trp/LNAA(48 h)。

第三，促进自身吸收，影响自身的组织分布，调控自身代谢。吕美(2009)报道，补充色氨酸影响(0.30%色氨酸增加，0.45%色氨酸降低，$p>0.05$)Diquat 诱导的氧化应激断奶仔猪十二指肠黏膜 B^0AT mRNA 表达。同时还发现，补充色氨酸以剂量依赖方式提高肝脏($p<0.01$)和下丘脑($p<0.01$)色氨酸浓度以及下丘脑 5-HT($p<0.01$)和犬尿氨酸($p>0.05$)浓度，降低

(0.30%色氨酸,$p>0.05$)或不影响(0.45%色氨酸)肝脏犬尿氨酸浓度。进一步研究发现,补充色氨酸影响(0.30%色氨酸增加,0.45%色氨酸降低,$p>0.05$)肝脏 TDO 酶蛋白(Apo TDO)活性,提高 TDO 全酶(尤其是 0.30%色氨酸,$p>0.05$)和总 TDO(尤其是 0.30%色氨酸,$p<0.05$)活性;影响(0.30%色氨酸增加,0.45%色氨酸降低,$p>0.05$)肝脏 TDO mRNA 表达;以剂量依赖方式提高下丘脑 TPH2 mRNA 表达(0.45%色氨酸,$p<0.01$)。

第四,刺激促食欲相关因子分泌和基因表达,增加动物采食量。吕美(2009)报道,Diquat 诱导的氧化应激断奶仔猪,补充色氨酸增加血浆生长激素释放肽(ghrelin)浓度和十二指肠黏膜 Ghrelin mRNA 表达(0.30%色氨酸增加幅度大于 0.45%色氨酸,$p<0.01$)以及胃黏膜($p<0.01$)和下丘脑($p<0.05$)Ghrelin mRNA 表达(以剂量依赖方式),增加下丘脑神经肽 Y (NPY)(以剂量依赖方式,$p<0.01$)和刺鼠相关蛋白(AgRP) mRNA 表达(0.30%色氨酸增加幅度大于 0.45%色氨酸,$p<0.01$)。

第五,降低应激相关因子分泌和基因表达,增强机体抗应激能力。吕美(2009)报道,Diquat 诱导的氧化应激断奶仔猪,补充色氨酸以剂量依赖方式降低应激后 1 d($p>0.05$)、2 d ($p<0.01$)和 7 d($p<0.01$)血浆皮质醇浓度,降低肝脏游离血红素浓度($p>0.05$)和肝脏 HO-1 mRNA 表达[0.30%色氨酸($p<0.01$)降低幅度大于 0.45%色氨酸]。

第六,降低炎症相关因子基因表达,增强机体抗炎症能力。吕美(2009)报道,Diquat 诱导的氧化应激断奶仔猪,补充色氨酸以剂量依赖方式降低肝脏($p<0.05$)和十二指肠黏膜($p<0.01$)过氧化物酶体增殖物激活受体 γ(PPAR-γ) mRNA 表达;色氨酸降低肝脏(0.30%色氨酸降低幅度大于 0.45%色氨酸,$p>0.05$)和十二指肠黏膜(以剂量依赖方式,$p<0.01$)IL-6 mRNA 表达;色氨酸降低肝脏(以剂量依赖方式,$p>0.05$)和十二指肠黏膜(0.30%色氨酸降低幅度大于 0.45%色氨酸,$p>0.05$)TNF-α mRNA 表达。

第七,影响生长相关因子分泌和基因表达,促进动物生长。吕美(2009)报道,Diquat 诱导的氧化应激断奶仔猪,补充色氨酸提高应激后 1 d($p<0.05$,尤其是 0.3%色氨酸)和 7 d($p>0.05$,尤其是 0.3%色氨酸)血浆 IGF-Ⅰ浓度,但以剂量依赖方式降低应激后 2 d 血浆 IGF-Ⅰ浓度;提高($p<0.01$,尤其是 0.3%色氨酸)肝脏 IGF-Ⅰ和胰岛素样生长因子结合蛋白 3 (IGFBP-3) mRNA 表达,降低($p<0.01$,以剂量依赖方式)肝脏 IGF-ⅠR mRNA 表达;降低($p<0.01$,尤其是 0.3%色氨酸)氧化应激所致的肌肉 IGF-Ⅰ、IGF-ⅠR 和 IGFBP-3 mRNA 表达。

4.5.3 精氨酸的抗氧化作用及机制

4.5.3.1 精氨酸的抗氧化效应

补充精氨酸能够缓解氧化应激仔猪的采食量下降,提高应激仔猪机体抗氧化能力。郑萍(2010)报道,Diquat 诱导的氧化应激断奶仔猪,补充精氨酸[尤其是 2.79%精氨酸(Arg/Lys=1.76)更明显]可提高 ADFI 和 ADG,提高血浆和肝脏 SOD 和 GSH-Px 活性,提高肝脏 TAOC,降低血浆 MDA 浓度(但增加肝脏 MDA 浓度)。这些研究结果表明,提高饲粮中精氨酸水平能有效缓解断奶仔猪氧化应激。

4.5.3.2 精氨酸抗氧化机制

精氨酸主要通过调控自身代谢、维持自身内源稳定性、提高自身有效性，并维持肠道正常结构和功能、调控内分泌、促进蛋白质合成、抑制炎症相关因子分泌和基因表达、增加促食欲相关因子分泌和表达、影响生长相关因子和基因表达等来综合缓解断奶仔猪氧化应激。具体可能途径如下：

第一，维持肠道正常结构和功能，保证养分吸收。郑萍(2010)报道，Diquat 诱导的氧化应激断奶仔猪，补充精氨酸虽然不影响空肠绒毛高度，但增加($p>0.05$)绒毛宽度、固有膜厚度和绒毛高度/隐窝深度比值，降低($p>0.05$)隐窝深度。

第二，改变体内蛋白质代谢，影响血液必需氨基酸浓度和模式。郑萍(2010)报道，Diquat 诱导的氧化应激断奶仔猪，补充精氨酸进一步促进氧化应激所致的血浆尿素氮含量上升，提高血浆赖氨酸、瓜氨酸、异亮氨酸浓度，降低血浆蛋氨酸、谷氨酸、亮氨酸和酪氨酸浓度。

第三，促进自身吸收，影响自身的组织分布，调控自身代谢，维持自身有效性。郑萍(2010)报道，Diquat 诱导的氧化应激断奶仔猪，补充精氨酸显著($p<0.05$)或极显著($p<0.01$)抑制空肠 CAT-1 和 CAT-3 mRNA 表达，降低($p>0.05$)CAT-2 mRNA 表达。同时还发现，补充精氨酸影响空肠精氨酸和瓜氨酸浓度(1.99%精氨酸降低，2.79%精氨酸增加)以及肾脏和肌肉精氨酸和瓜氨酸浓度(1.99%精氨酸增加，2.79%精氨酸降低)。进一步研究发现，补充精氨酸虽然不影响血浆 tNOS 和 iNOS 活性，但 1.99%精氨酸降低($p<0.01$)应激后 48 h 血浆一氧化氮浓度，2.79%精氨酸降低($p<0.05$)应激后 96 h 血浆一氧化氮浓度；补充精氨酸提高肝脏 tNOS 和 iNOS 活性，降低 NO 浓度。此外郑萍(2010)还发现，补充精氨酸增加($p<0.01$)氧化应激断奶仔猪空肠 eNOS mRNA 表达，1.99%和 2.79%精氨酸分别降低($p<0.01$)和增加($p<0.01$)iNOS mRNA 表达，以剂量依赖方式增加($p<0.01$)ARGⅡ mRNA 表达；补充精氨酸以剂量依赖方式增加($p<0.01$)肾脏 eNOS mRNA 表达，1.99%精氨酸降低($p<0.05$)iNOS mRNA 表达，2.79%精氨酸增加($p<0.01$)ARGⅡ mRNA 表达；但补充精氨酸不显著($p>0.05$)影响肝脏 eNOS、iNOS 和 ARGⅠ mRNA 表达。

第四，减少应激相关因子分泌，降低炎症相关因子基因表达，增强机体抗应激和抗炎症能力。郑萍(2010)报道，Diquat 诱导的氧化应激断奶仔猪，补充精氨酸可提高应激后 24 h 血浆皮质醇浓度，极显著($p<0.01$)降低应激后 48 和 96 h 皮质醇浓度；补充精氨酸以剂量依赖方式提高应激后 24 h 血浆胰岛素浓度，1.99%精氨酸提高应激后 48 h 胰岛素浓度，以剂量依赖方式显著($p<0.05$)或极显著($p<0.01$)升高应激后 96 h 胰岛素浓度。同时还发现，补充精氨酸以剂量依赖方式增加($p<0.01$)空肠 IL-6 和降低($p>0.05$)TNF-α mRNA 表达，增加($p>0.05$)空肠 PPAR-γ mRNA 表达；降低肝脏 IL-6($p<0.05$)和 TNF-α($p>0.05$)mRNA 表达，但不影响肝脏 PPAR-γ mRNA 表达。

第五，降低分解代谢，增强肌肉蛋白质合成。郑萍(2010)报道，Diquat 诱导的氧化应激断奶仔猪，补充精氨酸以剂量依赖方式极显著($p<0.01$)提高应激后 48 h 血浆 IGF-Ⅰ浓度，2.79%精氨酸水平提高应激后 24 h($p>0.05$)和 96 h($p<0.05$)IGF-Ⅰ浓度。郑萍(2010)进一步研究发现，精氨酸以剂量依赖方式增加肝脏 IGF-Ⅰ mRNA 表达，2.79%精氨酸增加肝脏 IGF-ⅠR 和 IGFBP-3 mRNA 表达，以剂量依赖方式[2.79%精氨酸达到极显著水平($p<0.01$)]增加肌肉 IGF-Ⅰ、IGF-ⅠR 和 IGFBP-3 mRNA 表达。

4.5.4 茶多酚的抗氧化作用及机制

茶多酚(TP)是从茶叶中提取的酚类化合物的总称，占茶叶总量的15%～30%，主要成分是儿茶素，占茶多酚的50%～70%，主要有表没食子儿茶素没食子酸酯(EGCG)、表儿茶素没食子酸酯(ECG)、表没食子儿茶素(EGC)和表儿茶素(EC)。

4.5.4.1 茶多酚的抗氧化效应

饲粮中添加茶多酚(TP)可缓解氧化应激所致的仔猪生产性能下降，提高应激仔猪机体抗氧化能力。李永义(2011)报道，饲粮添加茶多酚(TP，500和1 000 mg/kg)以剂量依赖方式提高($p<0.01$)Diquat诱导的氧化应激断奶仔猪ADG和ADFI，不同程度地降低(1 000 mg/kg，$p<0.01$)F/G，但降低($p>0.05$)饲粮能量、粗蛋白和干物质的表观消化率。进一步研究发现，饲粮添加茶多酚以剂量依赖方式提高应激仔猪血液SOD($p<0.01$)、GSH-Px(1 000 mg/kg时，$p<0.05$)和CAT(1 000 mg/kg时，$p<0.05$)活性以及血液TAOC($p>0.05$)，降低血液MDA含量($p>0.05$)。此外，体外研究发现，用20、40、80 μg/mL EGCG预处理体外培养的断奶仔猪外周血淋巴细胞后加入400 μmol/L H_2O_2，可提高($p<0.01$)淋巴细胞SOD和GSH-Px活性，以剂量依赖方式降低[40 μg/mL达极显著($p<0.01$)、80 μg/mL达极显著水平($p<0.01$)]培养液中MDA含量。

4.5.4.2 茶多酚抗氧化机制

茶多酚可通过调控内分泌和增强机体免疫功能来缓解断奶仔猪氧化应激。具体可能途径如下：

第一，抑制氧化应激所致的下丘脑-垂体-肾上腺轴(HPA)兴奋，减慢氧化应激所致的能量代谢增强。李永义(2011)报道，饲粮添加茶多酚(500和1 000 mg/kg)引起Diquat诱导的氧化应激断奶仔猪血液促肾上腺皮质激素(ACTH)分别下降0.73%($p>0.05$)和6.61%($p>0.05$)，糖皮质激素(GC)分别下降2.29%($p>0.05$)和6.58%($p>0.05$)。

第二，提高抗体水平，改变细胞因子分泌和T淋巴细胞亚群，刺激淋巴细胞增殖转化，缓解氧化应激所致的组织病理损伤，抑制氧化应激敏感基因表达。李永义(2011)报道，饲粮添加茶多酚(500和1 000 mg/kg)引起Diquat诱导的氧化应激断奶仔猪血液IgG、IgA和IgM含量以及IL-2和IL-4水平提高($p>0.05$)，血液IFN-γ和TNF-α水平降低($p>0.05$)，虽然不影响血液CD3+T淋巴细胞百分率，但以剂量依赖方式提高血液CD4+T淋巴细胞百分率和CD4+/CD8+比值以及降低CD8+T淋巴细胞百分率(尤其是1 000 mg/kg TP)。体外研究发现，EGCG预处理断奶仔猪外周血淋巴细胞后加入400 μmol/L H_2O_2，淋巴细胞转化率随EGCG剂量(20、40和80 μg/mL)的增加而提高($p<0.01$)，同时还发现培养液中IL-4水平也随EGCG剂量的增加而提高，IL-2水平也提高[20($p>0.05$)、40($p<0.01$)和80 μg/mL($p<0.01$)]，而TNF-α[20($p>0.05$)、40($p<0.01$)和80 μg/mL($p<0.01$)]和IFN-γ[20($p>0.05$)、40($p>0.05$)和80 μg/mL($p<0.01$)]水平降低。组织病理学研究发现，饲粮添加茶多酚(500和1 000 mg/kg)使Diquat诱导的氧化应激断奶仔猪肝细胞颗粒变性和肝索排列紊乱减轻，局部肝血窦扩张并见其窦腔隙内有少量血细胞残留，中央静脉近区见少量炎性细胞浸

润；脾脏组织中脾小体萎缩减轻，脾小体内淋巴细胞和巨噬细胞减少，脾小体内有少量红细胞浸润；淋巴结中局部次级淋巴滤泡出现浆细胞和红细胞，弥散淋巴组织见红细胞浸润。基因表达分析发现，饲粮添加茶多酚（500 和1 000 mg/kg）以剂量依赖方式降低 Diquat 诱导的氧化应激断奶仔猪肝脏、脾脏和淋巴结中 NF-κB、FOS 和 JUN mRNA 表达。体外研究也发现，EGCG（20、40 和 80 μg/mL）预处理断奶仔猪外周血淋巴细胞后加入 400 μmol/L H_2O_2，淋巴细胞中 NF-κB、FOS 和 JUN mRNA 表达随 EGCG 剂量的增加而降低（$p<0.01$）。

参考文献

李丽娟，陈代文，余冰，等. 2007. 氧化应激对断奶仔猪氧化还原状态的影响. 动物营养学报，19(3)：199-203.

李丽娟. 2007. 氧化应激对仔猪细胞葡萄糖转运能力及转运载体表达量的影响：硕士论文. 雅安：四川农业大学动物营养研究所.

李永义，段绪东，赵娇，等. 2011. 茶多酚对氧化应激仔猪生长性能和免疫功能的影响. 中国畜牧杂志，47(15)：53-57.

李永义. 2011. 茶多酚对氧化应激仔猪的保护作用及机制研究：博士论文. 雅安：四川农业大学动物营养研究所.

刘仿，董群，李会强. 2010. 医学免疫学. 武汉：武汉大学出版社.

吕美，余冰，郑萍，等. 2010. 氧化应激对断奶仔猪色氨酸分解代谢的影响. 畜牧兽医学报，41(7)：823-828.

吕美. 2009. 氧化应激对仔猪色氨酸代谢和需求特点的影响及机制研究：博士论文. 雅安：四川农业大学动物营养研究所.

吴永魁，胡仲明. 2005. 动物应激医学及应激的分子调控机制. 中国兽医学报，25(2)：557-560.

徐静，余冰，陈代文. 2008. Diquat 诱导生长猪氧化应激的持续时间及适宜标识研究. 中国农业科学，(12)：4359-4364.

徐静. 2009. 仔猪氧化应激及茶多酚的抗氧化研究：硕士论文. 雅安：四川农业大学动物营养研究所.

余冰，张克英，袁施彬，等. 2008. 仔猪氧化应激及硒的抗氧化效应与机制. 畜牧与饲料(6)：8-13.

袁施彬，陈代文，余冰，等. 2007. 氧化应激对断奶仔猪生产性能和养分利用率的影响. 中国饲料(8)：19-22.

袁施彬，陈代文. 2011. 添加硒对氧化应激仔猪抗氧化能力和组织细胞超微结构的影响. 中国兽医学报，31(8)：1200-1204.

袁施彬，陈代文. 2009. 氧化应激对断奶仔猪组织抗氧化酶活性和病理学变化的影响. 中国兽医学报，29(1)：74-78.

袁施彬，余冰，陈代文. 2008a. 硒添加水平对氧化应激仔猪生产性能和免疫功能营养的研究. 畜牧兽医学报，39(5)：677-681.

袁施彬，陈代文. 2008b. 不同氧化应激模式下仔猪血细胞参数变化的比较研究. 动物营养学报，20(6)：617-622.

袁施彬. 2007. 仔猪氧化应激及硒的抗应激效应和机理的研究：博士论文. 雅安：四川农业大学动物营养研究所.

郑萍. 2010. 氧化应激对仔猪精氨酸代谢和需求特点的影响及机制研究：博士论文. 雅安：四川农业大学动物营养研究所.

Britan A, Maffre V, Tone S, et al. 2006. Quantitative and spatial differences in the expression of tryptophan-metabolizing enzymes in mouse epididymis. Cell Tissue Res, 324: 301-310.

Cadenas E, Simic M G, Sies H. 1989. Antioxidant activity of 5-hydroxytryptophan, 5-hydroxyindole, and DOPA against microsomal lipid peroxidation and its dependence on vitamin E. Free Radic Res Commun, 6: 11-17.

Cheung C W, Cohen N S, Raijman L. 1989. Channeling of urea cycle intermediates in situ in permeabilized hepatocytes. J Biol Chem, 264: 4038-4044.

Chin S F, 秦崇德. 2003. 氧化及其对动物生长和性能的影响. 饲料工业手册, 11: 23-26.

Christen S, Peterhans E, Stocker R. 1990. Antioxidant activities of some tryptophan metabolites: possible implication for inflammatory diseases. PNAS, 87: 2506-2510.

Closs E I, Simon A, Vékony N, et al. 2004. Plasma membrane transporters for arginine. J Nutr, 134: 2752s-2759s.

Coman D, Yaplito-Lee J, Boneh A. 2008. New indications and controversies in arginine therapy. Clin. Nutr, 27: 489-496.

Deng Q, Xu J, Yu B, et al. 2010. Effect of dietary tea polyphenol on growth performance and mediated immune response of post-weaning piglets under oxidative stress. Arch Anim Nutr, 64(1): 12-21.

Dhanakoti S N, Brosnan J T, Herzberg G R, et al. 1990. Renal arginine synthesis: studies in vitro and in vivo. Am J Physiol, 259: E437-E442.

Engberg R M, Lauridsen C, Jensen S K, et al. 1996. Inclusion of oxidized vegetable oil in broiler diets. Its influence on nutrient balance and on the antioxidative status of broilers. Poult Sci, 75: 1003-1011.

Galan P, Preziosi P, Monget A L. 1997. Effects of trace elements and/or vitamin supplementation on vitamin and mineral status, free radical metabolism and immunological markers in elderly long hospitalized subjects. Int J Vit Nutr Res, 67: 450-460.

Grattagliano I, Palmieri V O, Portincasa P, et al. 2008. Oxidative stress-induced risk factors associated with the metabolic syndrome: a unifying hypothesis J Nutr Biochem, 19(8): 491-504.

Hawkins R A, O'Kane R L, Simpson I A, et al. 2006. Structure of the blood-brain barrier and its role in the transport of amino acids. J Nutr, 136: 218S-226S.

Heuil A J, Meddings J B. 2001. Oxidative and drug-induced alterations in brush border membrane hemileaflet fluidity, functional consequences for glucose transport. BBA-Biomembranes, 1510(1): 342-353.

Kaliman P, Barannik T, Strel′chenko E, et al. 2005. Intracellular redistribution of heme in rat liver under oxidative stress: the role of heme synthesis. Cell Biol Int, 29: 9-14.

Liao M, Pabarcus M K, Wang Y, et al. 2007. Impaired dexamethasone-mediated induction of tryptophan 2,3-dioxygenase in heme-deficient rat hepatocytes: translational control by a hepatic eIF2-alpha-kinase, the heme-regulated inhibitor. J Pharmacol Exp Ther, 323: 979-989.

Lv M, Yu B, Mao X, et al. 2011. Responses of growth performance and tryptophan metabolism to oxidative stress induced by Diquat in weaned pigs. Animal,6(6): 928-934.

Meijer A J, Lamers W H, Chamuleau R A F M. 1990. Chamuleau nitrogen metabolism and ornithine cycle function. Physiol Rev, 70:701-748.

Meister A. 1973. On the enzymology of amino acid transport. Science, 180:33-39.

Palacin M, Estevez R, Bertran J, et al. 1998. Molecular biology of mammalian plasma membrane amino acid transporters. Physiol Rev, 78: 969-1054.

Prabhu R, Anup R, Balasubramanian K A. 2000. Surgical stress induces phospholipid degradation in the intestinal brush border membrane. J Surg Res, 94(2):178-184.

Russo S, Kema I P, Fokkema M R, et al. 2003. Tryptophan as a link between psychopathology and somatic states. Psychosom Med, 65: 665-671.

Vina J R, Blay P, Ramirez A, et al. 1990. Inhibition of gamma-glutamyl transpeptidase decreases amino acid uptake in human keratinocytes in culture. FEBS Lett, 269: 86-88.

Wiesinger H. 2001. Arginine metabolism and the synthesis of nitric oxide in the nervous system. Prog Neurobiol, 64: 365-391.

Wu G, Davis P K, Flynn N E, et al. 1997. Endogenous synthesis of arginine plays an important role in maintaining arginine homeostasis in postweaning growing pigs. J Nutr, 127: 2342-2349.

Yuan S, Chen D, Zhang K, et al. 2007. Effects of oxidative stress on growth performance, nutrient digestibilities and activities of antioxidant enzymes of weanling pigs. Asia-Austr J Anim Nutr, 20(10): 1600-1605.

Zheng P, Yu B, Lv M, et al. 2010. Effects of oxidative stress induced by Diquat on arginine metabolism of postweaning pigs. Asia-Austr. J Anim Nutr, 23(1): 98-105.

第5章

营养与霉菌毒素

5.1 霉菌毒素的生物学基础

集约化养殖需要大量的饲料原料来满足动物对配合饲料的需求。饲料原料在收获、运输、贮存及加工过程中,霉菌的生长都是很普遍的。霉菌的生长会破坏饲料原料中的养分,降低饲料蛋白质的消化率,减少代谢能,还能产生对动物具有较大毒性的次级代谢物,严重危害动物健康甚至导致死亡。

5.1.1 概述

霉菌是一种真菌。它的生长从单细胞开始,直至生成具有分枝状菌丝的结构。菌丝对于霉菌的生存和传播非常重要,菌丝的网状结构使谷物饲料“黏结”,从而导致谷物的结团。霉菌还可以产生孢子,这些孢子聚集在一起形成了不同霉菌的特征颜色,另外孢子能通过空气进行传播,昆虫也可以把孢子黏附在身体上充当传播载体。孢子可以潜伏数月或数年,直到出现其生长的适宜环境。

霉菌按生态群落分为田间霉菌和贮藏霉菌。田间霉菌是一些当农作物还在田间时就侵入种子的霉菌,这些霉菌在种子中生长需要较高的湿度条件(20%~21%),而当种子贮藏后,种子的水分含量降低,不利于此类霉菌的繁殖。田间霉菌主要包括交链孢霉菌属、芽枝霉菌属、镰刀菌属、孺孢霉菌属和黑孢霉菌属等几属霉菌,此外还有甘薯黑斑病菌、麦类麦角病菌等。贮藏霉菌是那些在种子贮藏期间侵入谷物或种子的霉菌,此类霉菌繁殖适宜条件一般需要较低的湿度(13%~18%)。在仓库贮藏条件不良,如种堆表面吸湿、水分转移、结露和早期发热等情况下易发生此类霉菌入侵谷物原料。贮藏霉菌主要包括曲霉菌和青霉菌。

霉菌毒素是由霉菌在基质(饲料)上生长繁殖过程中产生的有毒代谢产物,或称次生代谢产物。此外,霉菌毒素也包括某些霉菌使基质的成分转变而形成的有毒物质。产生霉菌毒素是微生物自身的防御或进攻机能，一种霉菌可产生几种不同的毒素，而一种霉菌毒素也可能是由几种霉菌产生。霉菌毒素中毒是因食入被霉菌毒素污染的食物或饲料后引起的一种中毒疾病。据估计，每年全世界有25%的粮食作物受到霉菌毒素的污染。联合国粮农组织估算，全世界每年由此造成的经济损失可达数千亿美元。因此，饲料霉菌毒素污染已成为饲料工业和畜牧业发展过程中不可忽视的问题。

5.1.1.1 饲料中主要的产毒霉菌属

饲料中主要的产毒霉菌属包括产毒曲霉菌属、产毒青霉菌属、产毒镰刀菌属等。

产毒曲霉菌属主要有黄曲霉、赭曲霉、杂色曲霉、构巢曲霉、寄生曲霉、烟曲霉、棕曲霉、棒曲霉等。

产毒青霉菌属主要有扩展青霉、展青霉、橘青霉、鲜绿青霉、红色青霉、黄绿青霉、岛青霉、圆弧青霉、斜卧青霉等。

产毒镰刀菌属主要有禾谷镰刀菌、三线镰刀菌、拟枝孢镰刀菌、茄病镰刀菌、木贼镰刀菌、草镰刀菌、雪腐镰刀菌、粉红镰刀菌等。

5.1.1.2 霉菌产生的主要毒素

产毒霉菌所产生的霉菌毒素已报道的有300多种，其中在饲料安全中影响较大的霉菌毒素大部分来源于曲霉菌属、镰刀菌属和青霉菌属。曲霉菌属产生的重要霉菌毒素包括黄曲霉毒素B_1（AFB_1）、黄曲霉毒素B_2（AFB_2）、黄曲霉毒素G_1（AFG_1）、黄曲霉毒素G_2（AFG_2）、赭曲霉毒素A、柄曲霉毒素和环匹克尼酸。黄曲霉毒素主要是由黄曲霉和寄生曲霉模式曲霉产生，被认为是人类和多种动物的强致癌物质。赭曲霉毒素A是一种强肾脏毒素、致畸剂和致癌物质，主要由赭曲霉菌A和一些青霉属产生。柄曲霉毒素是黄曲霉毒素的前体，主要由杂色曲霉产生。

青霉菌属产生的霉菌毒素以赭曲霉毒素、展青霉毒素和橘霉素这三种毒素最为重要。赭曲霉毒素在温度较低时可由疣孢青霉产生，而曲霉菌属则在较暖的气候下产生赭曲霉毒素。展青霉毒素对神经系统和胃肠道产生不利影响，由水果真菌展青霉产生。橘霉素是一种肾脏毒素，主要是由橘青霉、展青霉和疣孢青霉产生。

镰刀菌属在收获的谷物饲料中最为普遍，会产生多种霉菌毒素，其中主要包括单端孢霉烯醇、伏马毒素、玉米赤霉烯酮、串珠镰孢毒素和萎蔫酸。镰刀菌可以在谷物籽实中存活，它可能是污染谷物籽实的最重要的菌种来源。收获前的霉菌孢子随着谷物进入贮存仓库开始繁殖，感染谷物籽实，且感染后的大部分谷类籽实看不出损伤。单端孢霉烯醇有100多种不同的化学结构，根据其结构分为A型和B型。A型单端孢霉烯醇包括T-2毒素、HT-2毒素、新茄病镰刀菌烯醇和蛇形菌素；B型单端孢霉烯醇包括脱氧雪腐镰刀菌烯醇、雪腐镰刀菌烯醇和镰刀菌烯酮-X。A型单端孢霉烯醇主要由拟杆孢镰孢和有梨孢镰孢产生；B型单端孢霉烯醇主要由黄色镰孢和禾谷镰孢产生。

5.1.2 饲料中主要的霉菌毒素

5.1.2.1 黄曲霉毒素

黄曲霉毒素主要由黄曲霉和寄生曲霉产生。它是结构相近的一群衍生物，化学结构式为二呋喃香豆素。目前已鉴定出的有十多种，分为 B_1 和 G_1 两大类，B_1 类在紫外线下产紫色荧光，G_1 类在紫外线下产黄绿色荧光。自然环境中饲料污染的黄曲霉毒素以 AFB_1 最多见，毒性和致癌性最强，故在研究和监测工作中以 AFB_1 作为主要污染指标。AFB_1 的分解温度为 237～299℃，故制粒中一般不能破坏其毒性，但可在有氧条件下用紫外线照射去毒。寄生曲霉全部菌株都能产生 AFB_1，但此菌在我国罕见。黄曲霉生长、产毒最适温度为 25～30℃，相对湿度 80%以上。AFB_1 产生的条件中，除菌株本身的产毒能力外，适宜的湿度（相对湿度 80%～90%）、温度（25～30℃）、氧气（1%以上）和培养时间（7 d 左右）皆为产毒菌株生长、繁殖和产毒必不可少的条件。菌株腐生的基质也很重要。一般天然培养基比人工综合培养基产毒量高。黄曲霉虽非全部菌株都产毒，但它却是粮食食品中常见的污染菌，特别是在气候温湿地区的花生和玉米，污染比较严重，产毒株所占比例也较多。

5.1.2.2 T-2 毒素

T-2 毒素是主要由梨孢镰刀菌、木贼镰刀菌、禾谷镰刀菌、三线镰刀菌、拟枝孢镰刀菌产生的有毒代谢产物。它主要污染谷实类饲料，为无色结晶，难溶于水，溶于有机溶剂，在制粒加工过程中很少被破坏。化学结构中虽含有反应性能较活泼的环氧乙烷环系，化学性质却非常稳定，因为环氧基团不易受亲核试剂攻击而遭受破坏。此环一旦开裂，生物活性随即丧失，因为 12,13-环氧基是产生生物活性必不可少的基团。C9 和 C10 位之间的双键可经氢化还原，还原后的产物比其母体的毒性下降 75%～80%。T-2 毒素化学结构式右侧的环可被开裂，但裂解后的产物即使保留环氧基，也不再具有细胞毒性。

5.1.2.3 赭曲霉毒素

赭曲霉毒素（OCT）是 *L-β*-苯基丙氨酸与异香豆素的联合，包括 7 种结构类似的化合物，其中赭曲霉毒素 A（OTA）在谷物、饲料中的污染率和污染水平最高。OTA 是一种无色结晶化合物，溶于水和稀碳酸氢钠溶液，有很高的化学稳定性和热稳定性，在极性有机溶剂中是稳定的，其乙酸溶液可置冰箱中贮存一年以上不破坏。OTA 溶于苯-冰乙酸（99∶1，*V/V*）混合溶剂中的最大吸收峰波长为 333 nm，在乙醇溶液中最大吸收波长为 213 和 332 nm。OTA 主要侵害动物肝脏与肾脏。在动物饲料中 OTA 的污染率和污染水平远远超过供人食用的粮食。OTA 对动物的毒性主要表现为肾脏毒和肝脏毒，并有致畸和致癌作用。饲料中的 OTA 一般是在贮藏期间产生，赭曲霉在 8～37℃的条件下均能生长，最佳生长温度范围为 24～31℃，生长繁殖所需的最适水分活性为 0.95～0.99，在含糖、含盐培养基上生长所需的最低水分活性分别为 0.79 和 0.81，因此在热带和亚热带地区，农作物在田间或贮存过程中污染的 OTA 主要是由赭曲霉产生的，侵害水分大于 16%的粮食和饲料；纯绿青霉生长所需的环境条件为温度 0～30℃（最适 20℃），水分活性可至 0.8（相当于 17%），因此在寒冷干燥的北方等地区，谷物及其制品中赭曲霉毒素 A 的产毒真菌主要为纯绿青霉。

5.1.2.4 呕吐毒素

呕吐毒素（deoxynivalenol，DON），又名脱氧雪腐镰刀菌烯醇，属于单端孢霉烯醇族化合物 B 类，其主要产毒菌是禾谷镰刀菌和黄色镰刀菌。DON 易溶于极性溶剂，如甲醇、乙醇和水。没有紫外吸收性质，紫外光下不显荧光，经对甲基苯甲醛喷雾后呈黄色。DON 化学性质十分稳定，主要是由于环氧基团不易受亲核试剂攻击而破坏，12，13-环氧基是产生生物活性必不可少的基团。

5.1.2.5 玉米赤霉烯酮

玉米赤霉烯酮类是一类非蛋白、非甾类的激素物质，包括玉米赤霉烯酮（zearalenone，ZEA）、玉米赤霉烯醇（zearalenol）、4-酰基玉米赤霉烯酮（4-acetylzearalenol，4-AcZEA）等。饲料中常见的是玉米赤霉烯酮，又称 F-2 毒素。

ZEA 主要产毒菌有禾谷镰刀菌、拟枝孢镰刀菌和木贼镰刀菌，是一种无色结晶化合物，熔点 164～165℃。它易溶于碱性水溶液、乙醚、苯、乙醇、三氯甲烷、乙腈、乙酸乙酯，微溶于石油醚，不溶于水、二硫化碳和四氯化碳，在紫外线照射下呈蓝绿色。其在甲醇中紫外最大吸收波长为 236 nm。性质稳定，贮藏、加工、烹调时，处于高温条件下不会发生降解，但在碱性条件下 ZEA 的酮环会发生水解，酯键断裂而导致 ZEA 破坏。

5.1.2.6 伏马毒素

伏马毒素（fumonisins）又称烟曲霉毒素，主要产生菌是串珠镰刀菌。纯物质为一种白色吸湿性粉末，溶于水、乙腈-水和甲醇。伏马毒素因为有 4 个自由羧基、羟基和氨基而易溶于水。伏马毒素在一些有机溶剂（例如氯仿、己烷）中的不溶性用在真菌毒素分析中部分地解释原始鉴定的难点。伏马毒素 B_1 和 B_2 在－18℃能够稳定贮存，在 25℃及以上温度稳定性将下降。然而，有报道称在乙腈-水溶液（1∶1）中 25℃可以贮存 6 个月。

5.1.3 霉菌毒素的毒性

5.1.3.1 黄曲霉毒素

黄曲霉毒素是一种肝毒素，会造成肝脏脂肪化，肝细胞变性、坏死和肝脏功能改变，表现症状是：肝脏苍白、肿大或脂肪化，同时肝脏出现无规律的纹理。黄曲霉毒素的吸收、分布和排泄均非常快。AFB_1 被吸收后，在肝脏中蓄积，并在肝脏和其他组织器官内代谢。AFB_1 的代谢物还会与蛋白质和核酸等大分子物质结合，没有被结合的水溶性代谢物会通过尿液和其他体液排出体外，结合物会通过粪便排出体外。AFB_1 在肝脏和其他组织细胞内的微粒体中被代谢为黄曲霉毒素 P_1、M_1 和 Q_1，或者转化为黄曲霉 B_1-8，9-环氧化物。在肝脏中，细胞色素 P450 酶能激活黄曲霉毒素 B_1、M_1 和 P_1，使其都能与核酸、谷胱甘肽结合，或转变成二氢二醇，或与血清蛋白或其他大分子结合。在畜禽出现可疑中毒时，尿液和血液中黄曲霉毒素络合物的含量可作为判断是否为黄曲霉毒素中毒症的一项生化指标。

AFB_1 对猪具有严重危害性，抑制其免疫机能，降低生产性能，引起继发感染，甚至死亡，还可在动物产品中残留而威胁人类健康，主要是肝脏受侵害，影响肝功能，导致肝细胞变性、坏死、出血、胆管和肝细胞增生，引起腹水、脾肿大、体质衰竭等病症。AFB_1 对猪的危害可分为三种类型：一是慢性型，饲料中 AFB_1 含量较低，其慢性毒性表现为饲料利用率下降，生长障碍，体重减轻，生长发育迟缓。随时间积累，肝实质逐渐被破坏和纤维化，常见到肝脏变形，胆囊瘪缩，胆汁浓稠和严重黄疸现象。随着肝脏、肾脏等代谢系统遭受黄曲霉毒素 B_1 影响而出现病变后，继而损害免疫系统，并发各种传染病。二是亚急性型，食欲逐渐降低、口渴、便血、生长缓慢、发育停顿、皮肤出血和充血，并出现以低凝血酶原血为特征的凝血病。随着病程的发展，病猪出现间隙性抽搐、过度兴奋、黄疸、角弓反张等症状。三是急性型，精神沉闷和厌食，死亡迅速，肝大、发黄，小叶中心出血，肝实质细胞坏死，病猪全身黏膜、浆膜、皮下和肌肉出血，肾、胃弥漫性出血，胸腔、腹腔积液以及胃肠道中有游离血块，有时可见脾脏被膜微血管扩张和出血性梗死。我国广西地区曾流行的猪的"黄膘病"就是 AFB_1 所致的急性中毒症。

5.1.3.2 T-2 毒素

T-2 毒素对动物具有广泛而强烈的生物学活性。T-2 毒素可经胃肠道、呼吸道、皮肤黏膜等多种途径吸收进入机体，造成全身多系统、多器官损伤。T-2 毒素中毒特征为皮肤出现典型的出血斑点，坏死性咽炎，极度的白细胞减少、中性粒细胞缺乏以及多发性出血、败血症、骨髓造血功能衰竭乃至死亡。动物中毒症状：精神不振、呕吐、采食量下降或废食，鼻腔和口腔黏膜溃疡，皮肤出现红斑、疥疮或坏死，流产，步态失调。

5.1.3.3 赭曲霉毒素 A

OTA 降低动物生产性能，造成畜禽肾脏损伤、肝脏损伤和免疫抑制，引起动物继发感染，甚至死亡。OTA 可导致人地方性肾病。动物采食被 OTA 污染的饲料后导致体内 OTA 的蓄积，而且不易被代谢降解，威胁动物健康。OTA 能比 AFB_1 更严重地引起血清类胡萝卜素降低，损害鸡利用日粮类胡萝卜素于胴体着色的能力。巴尔干半岛国家的地方性流行性肾病在病变上与 OTA 诱发的动物肾病相似，该地区食品污染这种毒素较多。流行病学调查表明，南斯拉夫及保加利亚的尿路肿瘤高发，与巴尔干流行性肾病的分布密切相关。

5.1.3.4 呕吐毒素

DON 是动物摄食和生长中有效的抑制剂。动物食用含有 DON 的食物后引起的中毒症状一般表现为厌食、恶心、呕吐、腹泻、运动失调、内脏出血、免疫和繁殖机能受影响。猪对 DON 很敏感，尤其是母猪，牛、羊次之，家禽对 DON 有较高的耐受性。

猪中毒后表现为食欲减退、呕吐、体重减轻、流产、死胎和弱仔、免疫机能下降。当饲料中含有 1 mg/kg 以上的呕吐毒素时，可引起猪采食量显著下降，生长缓慢，连续食用低浓度 DON 的饲料，会使猪体温降低，胃食管区域变厚，血浆中 α-球蛋白降低。DON 的主要作用机理是抑制粒状单核细胞增殖，其结构中的 C9 和 C10 位双键及 C12 和 C13 位环氧基团与毒性有关。此外，DON 常与其他真菌毒素并存，如与雪腐镰刀菌烯醇（NIV）、T-2 毒素、ZEA、青霉酸等并存，使得其对畜禽的毒性作用有明显的协同效应。DON 与 ZEA 并存，其毒性同时产生并互相增强效力，引起繁殖功能障碍。

5.1.3.5 玉米赤霉烯酮

ZEA 具有类雌激素作用，可与子宫内雌激素受体不可逆结合，从而影响动物的生殖生理状况。ZEA 中毒的临床症状主要包括：饲料转化率降低，器官重量发生变化，生育力下降以及行为异常。各种动物对 ZEA 的敏感程度依次是猪、大鼠、牛和禽。青年母猪对 ZEA 最为敏感，饲料中含 0.1～0.15 mg/kg 的 ZEA 即可引起阴门红肿，子宫的体积和重量增加。ZEA 含量在 0.5 mg/kg 以上时,就会导致仔猪的平均日采食量极显著下降,平均日增重和饲料转化率显著降低。

5.1.3.6 伏马毒素

伏马毒素因对神经鞘脂的合成有影响而成为有毒物质。动物在接触该毒素后,立即通过抑制神经酰胺合成酶改变鞘脂的基本比率。玉米中伏马毒素的含量较高。马和猪最容易感染伏马毒素,伏马毒素在家禽和鼠中也具有一定的致毒性。猪食入受伏马毒素污染的饲料主要表现为肺水肿和胸腔积水,胸腔积有黄色液体,严重时导致呼吸困难和胎儿死亡。猪每天每千克体重食用含有 20 mg 伏马毒素 B_1 的饲料 3～4 d,就会出现肺水肿病,断奶仔猪采食含有 330 mg/kg 伏马毒素 B_1 的饲料 1 d 可出现胸腔积水和肺水肿。

5.2 饲料霉菌毒素的污染状况

杨晓飞等(2006)从成都、新津、眉山、绵阳、自贡等四川地区采集 28 份玉米、11 份玉米蛋白粉、32 份小麦及其他谷物副产品(11 份小麦、12 份米糠和 9 份次粉)、38 份饼粕类(25 份豆粕和 13 份菜籽粕)、24 份鱼粉及其他动物性蛋白类(14 份鱼粉、2 份血粉、4 份肉粉和 4 份骨粉)、23 份猪用全价饲料(15 份乳猪料、5 份仔猪料和 3 份大猪料)、21 份禽用全价饲料(12 份肉鸡料、7 份蛋鸡料和 2 份肉鸭料)、20 份猪用浓缩饲料(7 份乳猪料、8 份仔猪料和 5 份大猪料)等饲料及原料共 197 个样品。张自强(2009)和甄阳光(2009)从全国 11 个省(包括辽宁省、河北省、陕西省、江西省、河南省、湖南省、山东省、福建省、四川省、贵州省、广东省)采集包括能量饲料中的玉米、小麦、小麦麸,植物性蛋白质饲料中的豆粕、菜棉籽粕,动物性蛋白质饲料中的鱼粉以及仔猪配合料和家禽配合饲料样品共 1 100 个(表 5.1)。在对以上两次所有采集的

表 5.1 各地区各种饲料原料采样数量 个

省份	能量饲料			植物蛋白		动物蛋白	产品		合计
	玉米	小麦	小麦麸	豆粕	菜棉籽粕	鱼粉	仔猪配合料	家禽配合料	
辽宁	20	15	10	15	10	10	10	10	100
河北	20	15	10	15	10	10	10	10	100
河南	20	15	10	15	10	10	10	10	100
湖南	20	15	10	15	10	10	10	10	100
广东	20	15	10	15	10	10	10	10	100
福建	20	15	10	15	10	10	10	10	100
江西	20	15	10	15	10	10	10	10	100
山东	20	15	10	15	10	10	10	10	100
四川	20	15	10	15	10	10	10	10	100
贵州	20	15	10	15	10	10	10	10	100
陕西	20	15	10	15	10	10	10	10	100
合计	220	165	110	165	110	110	110	110	1 100

(引自:甄阳光,2009)

样品进行黄曲霉毒素 B_1、T-2 毒素、赭曲霉毒素、呕吐毒素、玉米赤霉烯酮和伏马毒素的检测，得出我国尤其是四川省饲料霉菌毒素的污染现状。

5.2.1 黄曲霉毒素 B_1

黄曲霉毒素污染是个全球性的问题，世界各地的作物均有黄曲霉毒素的污染。中国国家标准《饲料卫生标准》(GB 13078—2001)中关于饲料中 AFB_1 的限定标准是：玉米、花生粕、棉粕、菜粕≤50 μg/kg，豆粕≤30 μg/kg，仔猪配合饲料及浓缩饲料≤10 μg/kg，生长育肥猪、种猪配合饲料及浓缩饲料≤20 μg/kg，肉用仔鸡后期、生长鸡、产蛋鸡配合饲料及浓缩饲料≤20 μg/kg。饲料及产品中黄曲霉毒素 B_1 含量检测值超过此标准的均为超标样品。

杨晓飞(2007)报道，2006 年四川省各种饲料原料及产品中 AFB_1 的检出率为 100%，但仅有玉米样品超标，超标率为 21.43%(表 5.2)。张自强(2009)报道，2008 年全国饲料中 AFB_1 检出率为 99.51%，但超标率仅为 2.27%。除山东省饲料的 AFB_1 检出率为 94.51%，其余各省的检出率均达 100%(表 5.3)。贵州省样品中 AFB_1 的超标率最高，达到 14.81%，湖南省、陕西省、山东省、四川省、河南省、广东省的超标率依次降低，分别为 3.30%、2.41%、2.20%、1.77%、1.18%、1.05%，辽宁省、福建省、江西省和河北省样品中 AFB_1 的超标率为零。

表 5.2 2006 年四川省饲料样品中 AFB_1 的污染情况

样品种类	样品数/个	最低含量/(μg/kg)	最高含量/(μg/kg)	平均含量/(μg/kg)	检出率/%	超标率/%
玉米	28	0.31	55.92	9.87±15.73	100.00	21.43
小麦	25	0.83	11.39	3.67±3.03	100.00	0.00
玉米蛋白粉	9	1.63	10.14	3.27±2.66	100.00	0.00
饼粕类饲料	22	1.96	13.07	4.70±2.35	100.00	0.00
动物蛋白类	18	1.12	11.00	4.47±3.07	100.00	0.00
猪用全价料	21	1.31	19.64	5.57±5.59	100.00	0.00
猪用浓缩料	19	2.10	11.62	4.72±2.44	100.00	0.00

(引自：杨晓飞，2007)

全国总体情况是饲料中 AFB_1 含量 3 月份较 8 月份高，但山东省、福建省、辽宁省 2 个月份无显著差异。3 月份，全国饲料中 AFB_1 平均检出率为 99.21%；除山东省为 91.67%外，其余省份均为 100%。全国饲料中 AFB_1 平均超标率较低，为 2.22%，其中贵州省最高，为 12.5%；其次是湖南省、陕西省、四川省、广东省、河南省，超标率分别为 3.92%、3.33%、3.13%、2.27%、1.75%；其余省份样品 AFB_1 超标率为零。8 月份，全国饲料中 AFB_1 检出率均为 100%，超标率仍较低，为 2.36%，其中贵州省样品中 AFB_1 超标率最高，达到 18.19%；山东省超标率为 6.45%，湖南省超标率为 2.5%，其余各省超标率为零(表 5.3)。

表 5.3 2008 年不同省份饲料中 AFB_1 的污染情况

省份	3月份					8月份					全年				
	n	平均含量/(μg/kg)	范围/(μg/kg)	检出率/%	超标率/%	n	平均含量/(μg/kg)	范围/(μg/kg)	检出率/%	超标率/%	n	平均含量/(μg/kg)	范围/(μg/kg)	检出率/%	超标率/%
福建省	68	3.80±1.66^{Bb}	0.52～16.61	100	0	17	5.27±1.79^{BCc}	1.83～6.92	100	0	85	4.12±1.26^{Bb}	0.52～16.61	100	0
广东省	44	5.47±2.10^{Bb}	1.26～35.51	100	2.27	51	6.34±1.13^{BCc}	1.66～7.62	100	0	95	5.58±1.19^{Bb}	1.26～35.51	100	1.05
贵州省	48	19.31±1.96^{Aa}	2.38～239.97	100	12.5	33	13.38±1.30^{Aa}	1.25～101.24	100	18.19	81	16.83±1.29^{Aa}	1.25～239.97	100	14.81
河北省	99	3.99±1.43^{Bb}	0.32～18.0	100	0						99	4.27±1.19^{Bb}	0.32～18.0	100	0
河南省	57	8.10±1.87^{Bb}	0.7～39.3	100	1.75	28	5.82±1.41^{BCbc}	1.70～8.37	100	0	85	7.38±1.27^{Bb}	0.7～39.3	100	1.18
湖南省	51	7.82±1.89^{Bb}	1.70～22.72	100	3.92	40	5.97±1.15^{BCbc}	0.83～30.34	100	2.5	91	7.04±1.21^{Bb}	0.83～30.34	100	3.30
江西省	30	7.45±2.55^{Bb}	1.84～34.19	100	0	61	4.72±1.02^{Cc}	0.82～9.35	100	0	91	5.31±1.22^{Bb}	0.82～34.19	100	0
辽宁省	50	3.95±1.94^{Bb}	0.42～22.88	100	0	49	4.79±1.06^{BCbc}	2.29～13.90	100	0	99	4.41±1.18^{Bb}	0.42～22.88	100	0
山东省	60	4.10±1.76^{Bb}	0.94～33.37	91.67	0	31	9.02±1.32^{ABb}	1.77～67.93	100	6.45	91	5.29±1.22^{Bb}	0.94～33.37	94.51	2.20
陕西省	60	6.61±1.74^{Bb}	1.44～23.47	100	3.33	23	7.21±1.55^{BCbc}	1.01～18.22	100	0	83	6.77±1.27^{Bb}	1.01～23.47	100	2.41
四川省	64	7.63±1.68^{Bb}	0.63～16.72	100	3.13	49	6.36±1.09^{BCbc}	2.29～9.45	100	0	113	6.96±1.09^{Bb}	0.63～16.72	100	1.77
合计	631	6.78±0.48	0.32～239.97	99.21	2.22	382	5.42±0.62	0.82～101.24	100	2.36	1 013	6.27±0.38	0.32～239.97	99.51	2.27

注：1. 表中空格表示样品缺失。
2. 同列肩注大写字母不同者，差异极显著（$p<0.01$），小写字母不同者，差异显著（$p<0.05$）。
（引自：张自强，2009）

全国各类饲料中 AFB_1 检出率高，除玉米和小麦的检出率分别为 97.95%和 98.89%外，其余饲料检出率均达 100%，但超标率较低，由高到低依次是仔猪配合饲料、家禽配合饲料、玉米和棉粕，分别为 12.63%、7.78%、1.54%和 1.28%，小麦、小麦麸、豆粕、菜粕和鱼粉中 AFB_1 超标率为零。各类原料中 AFB_1 含量由高到低依次为棉粕、家禽配合饲料、菜粕、玉米、仔猪配合饲料、豆粕、小麦麸、鱼粉和小麦(表 5.4)。棉粕中 AFB_1 含量极显著地高于玉米、仔猪配合饲料、小麦麸、豆粕、鱼粉和小麦($p<0.01$)，显著高于菜粕($p<0.05$)。菜粕中 AFB_1 含量极显著高于小麦($p<0.01$)。3 月份，AFB_1 检出率以玉米最低，为 96.40%，其次是小麦，为 96.97%，小麦麸、豆粕、菜粕、棉粕、鱼粉、仔猪配合料、家禽配合料的检出率均达 100%。小麦、小麦麸、豆粕、菜粕、鱼粉、棉粕的超标率均为零，仅仔猪配合料、家禽配合料和玉米存在超标，仔猪配合料中 AFB_1 的超标率最高，为 11.43%，其次是家禽配合料，超标率为 6.25%，玉米的超标率是 1.80%。从 AFB_1 含量来看，棉粕中 AFB_1 含量显著高于仔猪配合料、小麦麸、豆粕、鱼粉和小麦($p<0.05$)，家禽配合料和菜粕中 AFB_1 含量显著高于小麦($p<0.05$)。8 月份，所有饲料的 AFB_1 检出率均为 100%。玉米超标率为 1.19%，仔猪配合料、家禽配合料、棉粕分别为 16%、11.54%和 6.67%。小麦、小麦麸、豆粕、菜粕和鱼粉中 AFB_1 超标率为零。棉粕中 AFB_1 含量极显著地高于仔猪配合料、菜粕、鱼粉、小麦麸、豆粕、玉米和小麦($p<0.01$)，与家禽配合料差异不显著($p>0.05$)。家禽配合料的 AFB_1 含量极显著地高于玉米和小麦($p<0.01$)，显著地高于鱼粉、小麦麸、豆粕、玉米和小麦($p<0.05$)。仔猪配合料和菜粕的 AFB_1 含量显著高于小麦($p<0.05$)。其余各饲料中 AFB_1 含量无显著差异($p>0.05$)。

5.2.2 T-2 毒素

T-2 毒素污染农作物后，会导致其产量减少，同时还会产生有毒物质。中国国家标准《配合饲料中 T-2 毒素允许量》(GB 21693—2008)规定配合饲料中 T-2 毒素的允许量为 ≤1 000 μg/kg。饲料原料及产品中 T-2 毒素含量检测值超过此规定值的均视为超标样品。

杨晓飞(2007)报道，2006 年四川省各种饲料原料及产品中 T-2 毒素的平均检出率为 92.45%，平均超标率为 75.94%，尤其是猪用全价料样品超标率为 100.00%(表 5.5)。张自强(2009)报道，2008 年全国饲料 T-2 毒素平均检出率为 96.05%，超标率为零。福建省、江西省、河南省、四川省饲料样品中 T-2 毒素检出率均为 100%，山东省饲料样品中 T-2 毒素检出率最低，为 82.42%(表 5.6)。广东省饲料中 T-2 毒素含量极显著地高于河北、陕西、湖南、福建、贵州、江西和辽宁($p<0.01$)，与其余各省差异不显著($p>0.05$)。四川和河南省饲料中 T-2毒素含量极显著高于福建、贵州、江西、辽宁、湖南和陕西省($p<0.01$)。四川省饲料中 T-2 毒素含量显著高于河北省($p<0.05$)。山东省饲料中 T-2 毒素含量极显著高于江西、辽宁、湖南和陕西省($p<0.01$)，显著高于福建和贵州省($p<0.05$)。河北省饲料中 T-2 毒素含量极显著地高于陕西省($p<0.01$)，显著高于湖南省($p<0.05$)。

从采样时间分析，2008 年全国饲料中 T-2 毒素含量 8 月份高于 3 月份($p<0.01$)。3 月份，全国饲料中 T-2 毒素检出率为 94.29%，福建省、江西省、河南省、四川省饲料样品中 T-2 毒素检出率均为 100%。山东省饲料样品中 T-2 毒素检出率最低，为 75%；超标率均为零(表 5.6)。河南省饲料中 T-2 毒素含量最高，且极显著高于四川、贵州、湖南、广东、福建、陕西和辽宁省($p<0.01$)，显著高于江西省($p<0.05$)。陕西省和辽宁省饲料中 T-2 毒素含量极显著低

表 5.4 2008 年不同种类饲料原料及产品中 AFB_1 的污染情况

饲料	3 月份					8 月份				
	n	平均含量/(μg/kg)	范围/(μg/kg)	检出率/%	超标率/%	n	平均含量/(μg/kg)	范围/(μg/kg)	检出率/%	超标率/%
玉米	111	8.05 ± 1.33^{abc}	0.32～239.97	96.40	1.80	84	4.98 ± 0.80^{Ccd}	0.82～101.24	100	1.19
小麦	33	2.78 ± 2.42^{c}	0.63～8.40	96.97	0	57	2.74 ± 0.99^{Cd}	0.93～7.20	100	0
小麦麸	64	5.47 ± 1.70^{bc}	0.94～20.05	100	0	46	5.61 ± 1.07^{BCcd}	1.25～9.59	100	0
豆粕	114	5.94 ± 1.32^{bc}	1.03～14.94	100	0	77	5.30 ± 0.85^{BCcd}	1.88～8.33	100	0
菜粕	33	8.23 ± 2.37^{ab}	3.07～15.69	100	0	12	8.57 ± 2.15^{BCbc}	3.20～9.90	100	0
棉粕	63	11.73 ± 1.71^{a}	1.64～39.30	100	0	15	13.59 ± 1.94^{Aa}	3.28～67.93	100	6.67
鱼粉	79	4.84 ± 1.53^{bc}	0.56～9.87	100	0	40	5.38 ± 1.18^{BCcd}	1.99～18.22	100	0
仔猪配合料	70	6.72 ± 1.62^{bc}	1.06～23.47	100	11.43	25	5.80 ± 1.50^{BCbc}	1.65～12.82	100	16
家禽配合料	64	10.24 ± 1.71^{ab}	1.23～41.42	100	6.25	26	10.03 ± 1.47^{ABab}	2.44～77.11	100	11.54
合计	631	6.78 ± 0.48^{a}	0.32～239.97	99.21	2.22	382	5.42 ± 0.62^{b}	0.82～101.24	100	2.36

饲料	全年							
	n	平均含量/(μg/kg)	范围/(μg/kg)	检出率/%	超标率/%	≤20 μg/kg/%	20～50 μg/kg/%	>50 μg/kg/%
玉米	195	6.46 ± 0.82^{BCbcd}	0.32～239.97	97.95	1.54	97.44	1.02	1.54
小麦	90	2.49 ± 1.23^{Cd}	0.63～8.40	98.89	0	100	0	0
小麦麸	110	5.41 ± 1.10^{BCcd}	0.94～20.05	100	0	99.09	0.91	0
豆粕	191	5.47 ± 0.83^{BCcd}	1.03～14.94	100	0	100	0	0
菜粕	45	8.30 ± 1.73^{ABbc}	0.82～101.24	100	0	100	0	0
棉粕	78	12.09 ± 1.31^{Aa}	1.64～67.93	100	1.28	78.21	20.51	1.28
鱼粉	119	4.80 ± 1.06^{BCcd}	0.56～18.22	100	0	100	0	0
仔猪配合料	95	6.13 ± 1.18^{BCbcd}	1.06～23.47	100	12.63	98.95	1.05	0
家禽配合料	90	9.82 ± 1.22^{ABab}	1.23～77.11	100	7.78	92.22	6.67	1.11
合计	1 013	6.27 ± 0.38	0.32～239.97	99.51	2.27	96.94	2.57	0.49

注：同列肩注大写字母不同者，差异极显著($p<0.01$)，小写字母不同者，差异显著($p<0.05$)。

（引自：张自强，2009）

表 5.5　2006 年四川省饲料样品中 T-2 毒素的污染情况

样品种类	样品数/个	最低含量/(μg/kg)	最高含量/(μg/kg)	平均含量/(μg/kg)	检出率/%	超标率/%
玉米	27	0.00	430.52	108.85±89.59	92.59	51.85
小麦	32	0.00	935.58	285.64±291.65	87.50	53.12
玉米蛋白粉	11	0.00	444.76	167.86±131.97	90.91	63.64
饼粕类饲料	38	0.00	1 032.45	345.18±258.40	89.47	76.32
动物蛋白类	24	0.00	671.76	272.59±158.96	91.67	91.67
猪用全价料	23	101.41	929.59	423.33±255.75	100.00	100.00
猪用浓缩料	20	0.00	1 135.29	562.53±334.50	95.00	95.00

(引自:杨晓飞,2007)

于江西省($p<0.01$),显著低于四川省($p<0.05$)。河北和山东省饲料中 T-2 毒素含量显著高于陕西省($p<0.05$)。四川、贵州、湖南、广东和福建省饲料中 T-2 毒素含量极显著高于辽宁省($p<0.01$)。陕西省饲料中 T-2 毒素含量显著高于辽宁省($p<0.05$)。其余各省饲料中 T-2 毒素含量间无显著差异($p>0.05$)。8 月份,全国饲料中 T-2 毒素检出率为 98.95%,辽宁省和山东省饲料样品中 T-2 毒素检出率分别为 93.88%和 96.77%,其余各省饲料样品中 T-2 毒素检出率均为 100%,超标率均为零。福建、广东和四川省饲料中 T-2 毒素含量极显著高于辽宁、贵州、江西、湖南和陕西省($p<0.01$),显著高于河南省($p<0.05$)。山东省和河南省饲料中 T-2 毒素含量极显著高于江西、湖南和陕西省($p<0.01$),山东省饲料中 T-2 毒素含量显著高于贵州省和江西省($p<0.05$),河南省饲料中 T-2 毒素含量显著高于江西省($p<0.05$)。辽宁省饲料中 T-2 毒素含量显著高于江西、湖南和陕西省($p<0.05$)。其余各省饲料中 T-2 毒素含量间无显著差异($p>0.05$)。

从采集饲料种类分析,2008 年全国各类饲料中 T-2 毒素检出率麦麸、豆粕、鱼粉、仔猪配合饲料、家禽配合饲料的检出率最高,为 100%,棉粕最低,为 80.77%;超标率均为 0(表 5.7)。从饲料样品中 T-2 毒素含量范围来看,T-2 毒素含量≤200 μg/kg 的比例为 88.35%,在各类饲料中其比例依次升高的顺序是豆粕、仔猪配合饲料、家禽配合饲料、麦麸、小麦、玉米、棉粕、鱼粉、菜粕。豆粕中 T-2 毒素含量极显著高于其他各类饲料($p<0.01$)。家禽配合饲料和仔猪配合饲料中 T-2 毒素含量极显著高于麦麸、鱼粉、玉米、小麦、菜粕和棉粕($p<0.01$)。麦麸和鱼粉中 T-2 毒素含量极显著高于玉米、小麦、菜粕和棉粕($p<0.01$)。其余饲料中 T-2 毒素含量无显著差异($p>0.05$)。3 月份饲料中 T-2 毒素含量极显著低于 8 月份($p<0.01$)。3 月份,样品中以小麦 T-2 毒素检出率最低,为 78.79%,麦麸、豆粕、鱼粉、仔猪配合饲料、家禽配合饲料中均为 100%;超标率均为 0。豆粕中 T-2 毒素含量最高且极显著高于其他饲料($p<0.01$);仔猪配合饲料和家禽配合饲料中 T-2 毒素含量极显著高于鱼粉、麦麸、玉米、小麦、棉粕和菜粕($p<0.01$);鱼粉和麦麸中 T-2 毒素含量极显著高于玉米、小麦、棉粕和菜粕($p<0.01$);其余各饲料间 T-2 毒素含量差异不显著($p>0.05$)。8 月份,饲料样品中 T-2 毒素检出率以棉粕最低,为 86.67%,其次为玉米、小麦,分别为 98.81%、98.25%,麦麸、豆粕、菜粕、鱼粉、仔猪配合饲料、家禽配合饲料中 T-2 毒素检出率均为 100%;超标率均为 0。豆粕、家禽配合饲料和仔猪配合饲料中 T-2 毒素含量极显著高于鱼粉、棉粕、玉米、小麦和菜粕($p<0.01$),豆粕中 T-2 毒素含量极显著高于麦麸($p<0.01$)。麦麸和鱼粉中 T-2 毒素含量极显著高于棉粕、玉米、小麦和菜粕($p<0.01$)。其余饲料间 T-2 毒素含量无显著差异($p>0.05$)。

表 5.6 2008 年不同省份饲料中 T-2 毒素的污染情况

省份	3月份					8月份					全年				
	n	平均含量/(μg/kg)	范围/(μg/kg)	检出率/%	超标率/%	n	平均含量/(μg/kg)	范围/(μg/kg)	检出率/%	超标率/%	n	平均含量/(μg/kg)	范围/(μg/kg)	检出率/%	超标率/%
河北省	99	93.92±4.88^{ABab}	10.18～249.42	98.99	0					0	99	93.92±6.28^{BCDbc}	10.18～249.42	98.99	0
陕西省	60	54.06±5.96^{DEd}	3.14～215.00	95	0	23	76.64±13.13^{Cd}	2.13～211.64	100	0	83	60.32±6.68^{Ee}	2.13～215.00	96.39	0
湖南省	51	66.01±6.48^{CDcd}	4.95～296.97	92.16	0	40	76.64±9.79^{Cd}	10.98～213.64	100	0	91	70.69±6.40^{DEde}	4.95～296.97	95.60	0
辽宁省	50	35.46±6.64^{Ee}	3.00～142.24	82	0	49	115.76±8.99^{BCbc}	16.98～329.84	93.88	0	99	75.20±6.19^{DEcde}	3.00～329.84	87.88	0
贵州省	48	71.69±6.68^{BCDcd}	7.05～268.66	97.92	0	33	101.97±10.99^{BCcd}	13.82～221.77	100	0	81	84.03±6.78^{CDEcd}	7.05～221.77	98.77	0
福建省	68	64.37±5.69^{CDcd}	0.73～317.54	100	0	17	166.73±15.21^{Aa}	80.19～367.24	100	0	85	84.84±6.63^{CDEcd}	0.73～367.24	100	0
江西省	30	80.56±8.71^{ABCbc}	4.00～195.40	100	0	61	82.32±8.64^{Cd}	6.59～315.88	100	0	91	81.74±6.41^{DEcd}	4.00～315.88	100	0
河南省	57	103.77±6.39^{Aa}	6.86～247.28	100	0	28	129.99±12.00^{ABbc}	21.69～256.49	100	0	85	112.41±6.71^{ABab}	6.86～256.49	100	0
山东省	60	92.41±6.02^{ABab}	3.87～366.94	75	0	31	138.36±11.18^{ABab}	9.58～296.19	96.77	0	91	108.06±6.44^{ABCab}	3.87～369.94	82.42	0
四川省	64	78.40±5.74^{BCDbc}	15.50～225.30	100	0	49	165.77±9.29^{Aa}	40.73～313.59	100	0	113	116.29±5.74^{ABa}	15.50～313.59	100	0
广东省	44	64.97±7.13^{CDcd}	4.07～340.61	93.18	0	51	168.74±9.59^{Aa}	76.59～362.24	100	0	95	120.68±6.25^{Aa}	4.07～362.24	96.84	0
合计	631	74.89±2.84^{B}	0.73～366.94	94.29	0	382	121.41±4.41^{A}	2.13～367.24	98.95	0	1 013	92.43±2.53	0.73～367.24	96.05	0

注:1. 表中空格表示样品缺失。

2. 同列肩注大写字母不同者,差异极显著($p<0.01$),小写字母不同者,差异显著($p<0.05$)。

(引自:张自强,2009)

表 5.7　2008 年不同种类饲料原料及产品中 T-2 毒素的污染情况

饲料	3 月份					8 月份				
	n	平均含量/(μg/kg)	范围/(μg/kg)	检出率/%	超标率/%	n	平均含量/(μg/kg)	范围/(μg/kg)	检出率/%	超标率/%
玉米	111	16.96 ± 4.85^{Dd}	0.73～57.63	86.49	0	84	73.32 ± 7.36^{CDd}	6.59～251.1	98.81	0
小麦	33	16.62 ± 8.55^{Dd}	4.95～65.47	78.79	0	57	55.04 ± 10.41^{Dd}	2.13～213.98	98.25	0
麦麸	64	59.12 ± 5.99^{Cc}	4.07～150.7	100	0	46	146.74 ± 9.83^{ABab}	30.64～362.24	100	0
豆粕	114	163.10 ± 4.80^{Aa}	52.25～317.54	100	0	77	187.16 ± 7.80^{Aa}	7.67～329.84	100	0
菜粕	33	26.35 ± 8.15^{Dd}	0.95～134.92	96.97	0	12	48.95 ± 19.25^{Dd}	12.73～154.46	100	0
棉粕	63	18.33 ± 6.09^{Dd}	1.41～71.44	79.37	0	15	87.21 ± 20.10^{CDcd}	10.75～367.24	86.67	0
鱼粉	79	70.71 ± 5.48^{Cc}	10.96～180.55	100	0	40	114.21 ± 11.11^{ABCbc}	35.13～296.19	100	0
仔猪配合饲料	70	114.04 ± 5.76^{Bb}	6.67～366.94	100	0	25	168.03 ± 14.91^{Aa}	42.78～281.77	100	0
家禽配合饲料	64	106.44 ± 6.31^{Bb}	3.61～315.69	100	0	26	174.71 ± 13.61^{Aa}	47.45～281.41	100	0
合计	631	74.89 ± 2.84^{B}	0.73～366.94	94.29	0	382	121.41 ± 4.41^{A}	2.13～367.24	98.95	0

饲料	全年							
	n	平均含量/(μg/kg)	范围/(μg/kg)	检出率/%	超标率/%	≤100 μg/kg/%	100～200 μg/kg/%	>200 μg/kg/%
玉米	195	43.37 ± 4.59^{Dd}	0.73～251.1	91.79	0	86.15	11.79	2.05
小麦	90	38.81 ± 7.20^{Dd}	2.13～213.98	91.11	0	83.33	10.00	6.67
麦麸	110	96.79 ± 5.89^{Cc}	4.07～362.24	100	0	59.09	31.82	9.09
豆粕	191	173.56 ± 4.68^{Aa}	7.67～329.84	100	0	17.80	50.26	31.94
菜粕	45	32.38 ± 9.05^{Dd}	0.95～154.46	97.78	0	93.33	6.67	0.00
棉粕	78	29.15 ± 7.25^{Dd}	1.41～367.24	80.77	0	96.15	2.56	1.28
鱼粉	119	85.08 ± 5.81^{Cc}	10.96～296.18	100	0	66.39	32.77	0.84
仔猪配合饲料	95	126.60 ± 6.54^{Bb}	6.67～366.94	100	0	42.11	40.00	17.89
家禽配合饲料	90	127.18 ± 6.83^{Bb}	3.61～315.69	100	0	41.11	41.11	17.78
合计	1 013	92.43 ± 2.53	0.73～367.24	96.05	0	60.71	27.64	11.65

注：同列肩注大写字母不同者，差异极显著（$p<0.01$），小写字母不同者，差异显著（$p<0.05$）。

（引自：张自强，2009）

5.2.3 赭曲霉毒素

OTA在饲料中的污染率和污染水平要高于食品和原料，并且污染在不同国家间分布很不均匀。欧洲国家如英国、丹麦、芬兰等污染最严重。中国国家标准《饲料卫生标准》(GB 13078.2—2006)中规定OTA在玉米、配合饲料中≤100 μg/kg。饲料原料及产品中赭曲霉毒素含量检测值超过此规定值的均视为超标样品。

杨晓飞(2007)报道，2006年四川省各种饲料原料及产品中赭曲霉毒素的平均检出率为90.93%，但仅有猪用浓缩料样品存在超标，超标率为5.00%(表5.8)。张自强(2009)报道，2008年全国饲料中OTA检出率为93.58%，超标率为0.30%。对各省进行比较，检出率以山东省饲料样品最低，为74.73%。河南省、广东省的检出率最高，为100%(表5.9)。辽宁省和福建省样品中OTA的超标率分别是1.01%、2.35%，其余各省样品中OTA的超标率为零。福建省饲料中OTA含量极显著地高于其他各省($p<0.01$)。辽宁省饲料中OTA含量极显著高于江西省($p<0.01$)，显著高于河南、山东和湖南省($p<0.05$)。四川省饲料中OTA含量显著高于江西省($p<0.05$)。其余各省饲料中OTA含量无显著差异($p>0.05$)。

从采样时间分析，3月份饲料中OTA含量较8月份高($p<0.05$)。3月份，全国饲料中OTA检出率为93.19%，超标率为0.32%。对各省进行比较，检出率以山东省饲料样品最低，为61.67%，河南省、广东省、贵州省、湖南省的检出率最高，为100%。福建省饲料中OTA含量极显著地高于其他各省，而其他各省饲料中该毒素含量无显著差异($p>0.05$)。8月份，全国饲料中OTA检出率为94.24%，超标率为0.26%。对各省进行比较，检出率以辽宁省饲料样品最低，为77.55%，山东省、陕西省、四川省、福建省、河南省、广东省的检出率最高，为100%(表5.9)。辽宁省饲料中OTA含量极显著地高于江西、贵州和湖南三省($p<0.01$)，显著高于河南和福建省($p<0.05$)。陕西省饲料中OTA含量显著高于湖南、江西和贵州省($p<0.05$)。

表5.8　2006年四川省饲料样品中赭曲霉毒素的污染情况

样品种类	样品数/个	最低含量/(μg/kg)	最高含量/(μg/kg)	平均含量/(μg/kg)	检出率/%	超标率/%
玉米	27	0.00	26.79	6.21±5.69	81.48	0.00
小麦	32	0.00	24.36	6.48±5.27	81.25	0.00
玉米蛋白粉	10	9.30	76.47	26.36±20.87	100.00	0.00
饼粕类饲料	38	0.00	98.33	16.24±23.31	86.84	0.00
动物蛋白类	24	6.11	97.42	24.40±21.34	100.00	0.00
猪用全价料	23	0.00	22.04	8.15±5.52	86.96	0.00
猪用浓缩料	20	5.17	104.70	29.40±26.84	100.00	5.00

(引自：杨晓飞，2007)

从饲料种类分析，全年玉米中OTA检出率最低，为88.72%，菜粕的检出率为100%。菜粕中OTA含量超标，超标率为6.67%(表5.10)。菜粕中OTA含量极显著地高于其他各饲料($p<0.01$)。家禽配合饲料和棉粕中OTA含量显著高于玉米($p<0.05$)。3月份，饲料中

表 5.9 2008 年不同省份饲料中赭曲霉毒素的污染情况

省份	3 月份					8 月份					全年				
	n	平均含量/(μg/kg)	范围/(μg/kg)	检出率/%	超标率/%	n	平均含量/(μg/kg)	范围/(μg/kg)	检出率/%	超标率/%	n	平均含量/(μg/kg)	范围/(μg/kg)	检出率/%	超标率/%
河北省	99	4.96 ± 1.21^{Bb}	1.86～35.12	94.95	0						99	4.96 ± 1.17^{BCbcd}	1.86～35.12	94.95	0
陕西省	60	5.59 ± 1.48^{Bb}	2.86～35.57	91.67	0	23	9.39 ± 2.28^{Abab}	1.31～86.33	100	0	83	6.64 ± 1.24^{BCbcd}	1.31～86.33	93.98	0
湖南省	51	5.57 ± 1.61^{Bb}	2.02～63.14	100	0	40	2.38 ± 1.70^{Bc}	1.15～27.10	85	0	91	4.17 ± 1.19^{BCcd}	1.15～63.14	93.41	0
辽宁省	50	6.00 ± 1.65^{Bb}	2.86～63.82	92	0	49	10.58 ± 1.56^{Aa}	1.16～113.13	77.55	2.04	99	8.26 ± 1.15^{Bb}	1.16～113.13	84.85	1.01
贵州省	48	7.72 ± 1.66^{Bb}	1.28～74.83	100	0	33	2.05 ± 1.91^{Bc}	1.22～3.61	90.91	0	81	5.41 ± 1.20^{BCbcd}	1.22～74.83	96.30	0
福建省	68	18.30 ± 1.41^{Aa}	1.69～218.41	98.53	2.94	17	3.89 ± 2.64^{Abbc}	1.31～11.86	100	0	85	15.42 ± 1.23^{Aa}	1.31～218.41	98.82	2.35
江西省	30	5.20 ± 2.16^{Bb}	1.65～38.85	86.67	0	61	2.26 ± 1.50^{Bc}	1.25～13.90	96.72	0	91	3.23 ± 1.19^{Cd}	1.25～38.85	93.41	0
河南省	57	4.33 ± 1.59^{Bb}	1.29～26.44	100	0	28	4.36 ± 2.08^{Abbc}	0.83～21.50	100	0	85	4.34 ± 1.25^{BCcd}	0.83～26.44	100.00	0
山东省	60	3.74 ± 1.49^{Bb}	1.73～66.92	61.67	0	31	5.10 ± 1.94^{Ababc}	1.17～21.03	100	0	91	4.21 ± 1.19^{BCcd}	1.17～66.92	74.73	0
四川省	64	8.04 ± 1.43^{Bb}	2.97～68.50	98.44	0	49	5.92 ± 1.61^{Ababc}	1.26～47.44	100	0	113	7.12 ± 1.07^{BCbc}	1.26～68.50	99.12	0
广东省	44	6.58 ± 1.77^{Bb}	1.75～53.46	100	0	51	5.27 ± 1.66^{Ababc}	1.85～9.65	100	0	95	5.88 ± 1.16^{BCbcd}	1.75～53.46	100.00	0
合计	631	7.06 ± 0.55^{a}	1.28～218.41	93.19	0.32	382	5.08 ± 0.59^{b}	0.83～113.13	94.24	0.26	1 013	6.31 ± 0.41	0.83～218.41	93.58	0.30

注:1. 表中空格表示样品缺失。

2. 同列肩注大写字母不同者,差异极显著($p<0.01$),小写字母不同者,差异显著($p<0.05$)。

(引自:张自强,2009)

表 5.10 **2008 年不同种类饲料原料及产品中赭曲霉毒素的污染情况**

饲料	3月份					8月份				
	n	平均含量/(μg/kg)	范围/(μg/kg)	检出率/%	超标率/%	n	平均含量/(μg/kg)	范围/(μg/kg)	检出率/%	超标率/%
玉米	111	3.55±1.13^{Bbc}	1.28～14.26	91.89	0	84	2.98±1.18^{Bc}	1.15～70.85	84.52	0
小麦	33	2.22±2.05^{Bc}	1.77～5.83	72.73	0	57	5.16±1.46^{Bbc}	0.83～86.33	98.25	0
麦麸	64	6.45±1.44^{Bbc}	2.17～78.66	87.50	0	46	2.70±1.58^{Bc}	1.21～11.39	95.65	0
豆粕	114	6.81±1.12^{Bbc}	1.95～45.95	97.37	0	77	3.89±1.25^{Bbc}	1.21～15.00	100	0
菜粕	33	36.16±2.01^{Aa}	3.64～218.41	100	6.06	12	24.71±3.16^{Aa}	1.98～113.13	100	8.33
棉粕	63	7.22±1.45^{Bb}	1.62～66.92	96.83	0	15	6.79±2.86^{Bbc}	1.60～18.88	100	0
鱼粉	79	5.44±1.30^{Bbc}	1.43～21.58	93.67	0	40	3.03±1.73^{Bc}	1.33～8.15	97.50	0
仔猪配合饲料	70	4.51±1.38^{Bbc}	1.75～21.23	90	0	25	7.77±2.20^{Bbc}	1.13～43.19	96	0
家禽配合饲料	64	6.37±1.45^{Bbc}	1.70～28.51	100	0	26	9.95±2.16^{Bb}	1.16～95.62	84.62	0
合计	631	7.06±0.55	1.28～218.41	93.19	0.32	382	5.08±0.59	0.83～113.13	94.24	0.26

饲料	全年							
	n	平均含量/(μg/kg)	范围/(μg/kg)	检出率/%	超标率/%	≤50 μg/kg/%	50～100 μg/kg/%	>100 μg/kg/%
玉米	195	3.30±0.81^{Bc}	1.28～70.85	88.72	0	99.49	0.51	0
小麦	90	4.08±1.21^{Bbc}	0.83～86.33	88.89	0	98.89	1.11	0
麦麸	110	4.88±1.07^{Bbc}	1.21～78.66	90.91	0	99.09	0.91	0
豆粕	191	5.63±0.82^{Bbc}	0～45.95	98.43	0	100	0	0
菜粕	45	33.11±1.69^{Aa}	1.98～218.41	100	6.67	71.11	22.22	6.67
棉粕	78	7.14±1.29^{Bb}	1.60～66.92	97.44	0	98.72	1.28	0
鱼粉	119	4.63±1.03^{Bbc}	0.95～21.58	94.96	0	100	0	0
仔猪配合饲料	95	5.37±1.16^{Bbc}	1.13～33.58	91.58	0	100	0	0
家禽配合饲料	90	7.40±1.19^{Bb}	1.16～95.62	95.56	0	98.89	1.11	0
合计	1 013	6.31±0.41	0.83～218.41	93.58	0.30	98.22	1.48	0.3

注：同列肩注大写字母不同者，差异极显著（$p<0.01$），小写字母不同者，差异显著（$p<0.05$）。

（引自：张自强，2009）

OTA 检出率最低的是小麦，为 72.73%，菜粕、家禽配合饲料的检出率为 100%。菜粕中 OTA 含量极显著地高于其他各饲料($p<0.01$)，棉粕中 OTA 含量显著高于小麦($p<0.05$)。8 月份，玉米中 OTA 检出率最低，为 84.52%，豆粕、棉粕、菜粕中 OTA 检出率最高，为 100%，在 9 类样品中，只有菜粕超标，超标率为 8.33%。菜粕中 OTA 含量极显著地高于其他各饲料($p<0.01$)。

5.2.4 呕吐毒素

中国国家标准《饲料卫生标准》(GB 13078.3—2007)规定猪、犊牛、泌乳期动物配合饲料中 DON 含量不得超过 1 mg/kg，牛和家禽的配合饲料中 DON 含量不得超过 5 mg/kg。饲料原料及产品中呕吐毒素含量检测值超过此规定值的均视为超标样品。

杨晓飞(2007)报道，2006 年四川省各种饲料原料及产品中 DON 的平均检出率为 98.51%，平均超标率为 69.20%。除小麦和动物蛋白类的检出率分别为 93.75%和 95.83%外，玉米、玉米蛋白粉、饼粕类饲料、猪用全价料和猪用浓缩料均为 100%检出。猪用全价料样品超标率为 100.00%，猪用浓缩料、玉米蛋白粉、饼粕类饲料、玉米、小麦和动物蛋白类依次降低，分别为 85.00%、81.82%、65.79%、64.28%、50%和 37.50%(表 5.11)。

表 5.11 2006 年四川省饲料样品中呕吐毒素的污染情况

样品种类	样品数/个	最低含量/(μg/kg)	最高含量/(μg/kg)	平均含量/(μg/kg)	检出率/%	超标率/%
玉米	27	224.83	17 163.13	3 926.99±4 347.43	100.00	64.28
小麦	32	0.00	5 686.86	1 599.69±1 459.56	93.75	50.00
玉米蛋白粉	11	178.57	14 617.39	3 294.80±4 115.01	100.00	81.82
饼粕类饲料	38	381.98	2 921.75	1 326.16±607.34	100.00	65.79
动物蛋白类	24	0.00	3 730.31	1 169.13±954.47	95.83	37.50
猪用全价料	23	1 165.16	13 347.86	4 521.89±1 987.44	100.00	100.00
猪用浓缩料	20	459.22	10 582.22	2 555.56±1 624.26	100.00	85.00

(引自：杨晓飞，2007)

甄阳光(2009)报道，2008 年全国饲料样品中 DON 的平均检出率达到 90%以上，其中以西南地区的检出率为最高，达 99.0%；超标率以西北地区最高，达 38.1%，其次为华北、华中地区，分别为 21.0%和 20.1%(表 5.12)。华南、西南、华东和东北地区饲料样品中 DON 虽然检出率也超过 90%，但超标率均低于 16%，其中以华南地区的超标率最低，仅 7.6%。各区域的 DON 平均含量存在显著差异，其中西北地区的平均含量极显著高于其他地区($p<0.01$)，华北地区的平均含量极显著低于西北地区，显著高于东北和华东地区($p<0.05$)，极显著高于华南地区($p<0.01$)，而与华中、西南地区差异不显著($p>0.05$)。东北、华东、华南、华中和西南地区之间的 DON 平均含量差异不显著($p>0.05$)。

2008 年全国各类饲料原料及配合饲料的 DON 检出率均较高，都在 90%以上，其中配合饲料的检出率达 100%(表 5.13)。配合饲料中 DON 的平均含量极显著高于能量类饲料原料和蛋白类饲料原料($p<0.01$)，而能量类饲料原料中 DON 的平均含量极显著高于蛋白类饲料原料($p<0.01$)；超标率以能量类饲料原料为最高，其次为配合饲料，蛋白类饲料超标率相对较低。

表 5.12 2008 年全国各区域饲料中呕吐毒素的污染情况

区域	样品数/个	最大值/(μg/kg)	平均值/(μg/kg)	检出率/%	超标率/%
东北	100	2 104.91	628.54±465.63[ABa]	97.0	14.0
华北	100	5 725.38	970.88±1 047.49[Bb]	92.0	21.0
华东	267	4 016.82	651.40±591.18[ABa]	95.5	14.6
华南	92	2 299.68	512.38±421.91[Aa]	92.4	7.6
华中	179	4 851.94	803.64±768.88[ABab]	97.8	20.1
西北	84	21 935.78	1 642.79±2 884.15[Cc]	91.7	38.1
西南	196	9 827.67	784.14±971.17[ABab]	99.0	15.8
合计	1 018	21 935.78	802.10±1 129.69	95.8	17.7

注：同列肩注大写字母不同者差异极显著($p<0.01$)，小写字母不同者，差异显著($p<0.05$)。

(引自：甄阳光，2009)

表 5.13 2008 年蛋白质饲料、能量饲料及配合饲料产品中呕吐毒素的污染情况

样品种类	样品数/个	最大值/(μg/kg)	平均值/(μg/kg)	检出率/%	超标率/%
蛋白质饲料	439	1 857.99	457.99±259.90[A]	95.9	3.2
能量饲料	396	21 935.78	970.82±1 636.33[B]	93.7	30.6
配合饲料	183	4 857.99	1 262.50±772.56[C]	100	24.6
合计	1 018	21 935.78	802.10±1 129.69	95.8	17.7

注：同列肩注字母不同者，差异极显著($p<0.01$)。

(引自：甄阳光，2009)

能量饲料原料中以玉米污染最为严重，检出率 97.9%，超标率 47.7%；其次为小麦麸，检出率与玉米接近，超标率低于玉米(表 5.14)。小麦中 DON 的检出率和超标率为能量饲料中最低。玉米中 DON 的平均含量极显著高于小麦麸和小麦($p<0.01$)，小麦麸与小麦中 DON 平均含量差异不显著($p>0.05$)。植物蛋白类饲料原料中 DON 的平均检出率在 94%左右，超标率均低于能量饲料原料，其中以豆粕的污染最为严重，超标率 4.7%，最高检出值 1 307.20 μg/kg。动物蛋白类饲料原料鱼粉 DON 检出率 99.2%，居饲料原料类检出率的首位，超标率 3.3%，平均含量 0.47 mg/kg。配合饲料中 DON 的检出率均为 100%。仔猪配合饲料的超标率 46.9%。

从采样时间分析，在春季和夏季所采集的各种饲料原料及产品的 DON 含量间均不存在季节性差异($p>0.05$)，但是春季采集的能量饲料原料玉米、小麦中的 DON 平均含量和超标率要略高于夏季(表 5.15)。

5.2.5 玉米赤霉烯酮

中国国家标准《饲料卫生标准》(GB 13078.2—2006)规定配合饲料中 ZEA 的允许限量为≤500 μg/kg；中国国家标准《食品中真菌毒素限量》(GB 2761—2005)规定玉米、小麦中 ZEA 的允许限量为≤60 μg/kg。饲料原料及产品中 ZEA 含量检测值超过相应规定值的均视为超标样品。

表 5.14 **2008 年饲料原料及产品中呕吐毒素的污染情况**

饲料	样品数/个	平均值/(μg/kg)	最大值/(μg/kg)	检出率/%	超标率/%	0～1 000 μg/kg/%	1 000～2 000 μg/kg/%	2 000～2 500 μg/kg/%	2 500～5 000 μg/kg/%	5 000 μg/kg以上/%
能量饲料										
玉米	195	1 446.85±2 171.01^{Bc}	21 935.78	97.9	47.7	52.3	26.7	7.7	9.7	3.6
小麦	93	353.84±462.06^{Aab}	2 287.83	80.6	10.8	89.2	9.7	1.1	0.0	0.0
小麦麸	108	642.61±550.25^{Ab}	4 016.82	97.2	16.7	83.3	15.7	0.0	0.9	0.0
植物蛋白										
豆粕	191	535.07±254.63^{Aab}	1 307.20	94.8	4.7	95.3	4.7	0.0	0.0	0.0
菜棉籽粕	128	334.44±240.32^{Aa}	1 857.99	94.5	0.8	99.2	0.8	0.0	0.0	0.0
动物蛋白										
鱼粉	120	467.10±239.66^{Aab}	1 354.52	99.2	3.3	96.7	3.3	0.0	0.0	0.0
产品										
仔猪配合料	96	1 243.24±759.36^{Bc}	4 789.51	100	46.9	53.1	34.4	4.2	8.3	0.0
家禽配合料	87	1 283.76±790.73^{Bc}	4 851.94	100	0	42.5	46.0	4.6	6.9	0.0
合计	1 018	802.10±1 129.69	95.8	17.7	21 935.78	77.4	16.2	2.4	3.3	0.7

注：同列肩注大写字母不同者，差异极显著（$p<0.01$），小写字母不同者，差异显著（$p<0.05$）。

（引自：甄阳光，2009）

表 5.15 **2008 年不同季节采集的饲料原料及产品中呕吐毒素的污染情况**

饲料	春季(3 月份)					夏季(8 月份)				
	样品数/个	检出率/%	超标率/%	平均值/(μg/kg)	最大值/(μg/kg)	样品数/个	检出率/%	超标率/%	平均值/(μg/kg)	最大值/(μg/kg)
能量饲料										
玉米	111	97.3	57.6	1 728.44±2 587.15	21 935.78	84	98.8	34.5	1 074.76±1 378.31	9 827.67
小麦	35	82.8	20	477.47±508.15	1 970.09	58	79.3	5.2	279.23±418.96	2 287.83
小麦麸	62	98.4	17.7	608.58±449.17	1 997.66	46	95.6	15.2	688.48±665.36	4016.82
植物蛋白										
豆粕	114	92.1	3.5	483.89±260.73	1 307.20	77	98.7	6.5	610.84±226.42	1 239.78
菜棉籽粕	98	96.9	1.0	361.24±258.08	1 857.99	30	86.7	0	246.88±140.63	527.46
动物蛋白										
鱼粉	80	100	1.2	470.49±15.62	1 305.01	40	97.5	7.5	460.33±284.63	1 354.52
配合饲料										
仔猪配合料	70	100	47.1	1 211.77±764.92	4 789.51	26	100	46.2	1 327.96±752.40	3 022.58
肉鸡配合料	59	100	0	1 186.86±689.64	3 506.89	28	100	0	1 487.94±951.91	4 851.94
合计	629	96.5	19.2	841.58±1 263.95	21 935.78	389	94.6	15.2	738.27±867.60	9 827.67

(引自:甄阳光,2009)

杨晓飞(2007)报道,2006 年四川省各种饲料原料及产品中 ZEA 的平均检出率为 90.41%,平均超标率为 29.98%。猪用全价料和浓缩料中 ZEA 的检出率均为 100%。饼粕类饲料和动物蛋白类的 ZEA 的超标率为 0(表 5.16)。

表 5.16 2006 年四川省饲料样品中玉米赤霉烯酮的污染情况

样品种类	样品数/个	最低含量/(μg/kg)	最高含量/(μg/kg)	平均含量/(μg/kg)	检出率/%	超标率/%
玉米	27	0.00	1 816.09	192.77±398.15	74.07	14.81
小麦及其加工副产物	31	0.00	3 004.29	434.78±731.06	87.10	25.81
玉米蛋白粉	11	0.00	5 297.32	1 564.46±1 616.78	90.91	72.73
饼粕类饲料	38	0.00	483.72	39.17±85.67	89.47	0.00
动物蛋白类	24	0.00	426.85	71.20±140.40	91.30	0.00
猪用全价料	23	0.38	2 806.10	789.05±718.74	100.00	56.52
猪用浓缩料	20	0.41	3 161.40	799.92±906.69	100.00	40.00

(引自:杨晓飞,2007)

甄阳光(2009)报道,2008 年全国饲料样品中 ZEA 的平均检出率在 60%以上,其中以华北地区的检出率为最高,其次为西南和华东地区,华中和东北地区的检出率较低;超标率也以华北地区为最高,达 38%,西南,西北地区次之,分别为 30.0%和 25.0%,而东北和华南地区的超标率相对较低,分别为 10.0%和 5.4%(表 5.17)。各区域的 ZEA 平均含量情况存在显著差异。

表 5.17 2008 年全国各区域饲料中玉米赤霉烯酮的污染情况

区域	样品数/个	最大值/(μg/kg)	平均值/(μg/kg)	检出率/%	超标率/%
东北	100	360.56	48.38 ± 81.87^{Aa}	60	10
华北	100	1 132.22	182.11 ± 217.82^{Cd}	79	38
华东	267	1 543.47	88.12 ± 189.23^{ABab}	74.5	14.6
华南	92	821.45	64.11 ± 119.51^{Aab}	72.8	5.4
华中	179	600.71	72.94 ± 128.40^{ABab}	61.4	15.1
西北	84	1 257.34	115.60 ± 178.53^{ABCbc}	69.0	25.0
西南	196	4 904.30	153.06 ± 412.03^{BCcd}	76.5	30.0
合计	1 018	4 904.30	103.38±236.03	71.0	18.2

注:同列肩注大写字母不同者,差异极显著($p<0.01$),小写字母不同者,差异显著($p<0.05$)。

(引自:甄阳光,2009)

2008 年全国配合饲料中 ZEA 的平均含量极显著高于能量饲料和蛋白质饲料($p<0.01$),而能量类饲料原料中 ZEA 的平均含量极显著高于蛋白类饲料($p<0.01$),三者的检出率都在 60%以上,其中配合饲料的检出率达 100%;超标率以能量类饲料原料为最高,其次为配合饲料和蛋白类饲料原料(表 5.18)。

表 5.18 2008 年蛋白质饲料、能量饲料及配合饲料产品中玉米赤霉烯酮的污染情况

饲料	样品数/个	最大值/(μg/kg)	平均值/(μg/kg)	检出率/%	超标率/%
蛋白质饲料	439	441.75	30.78±56.77[A]	62.9	11.8
能量饲料	396	4 904.30	106.58±315.83[B]	66.7	28.0
配合饲料	183	1 543.47	270.64±214.94[C]	100	12.0
合计	1 018	4 904.30	103.38±236.03	71.0	18.2

注:同列肩注字母不同者,差异极显著($p<0.01$)。

(引自:甄阳光,2009)

2008 年中国能量饲料原料中以玉米污染最为严重,检出率 81.0%,超标率 51.8%,其次为小麦麸,检出率 55.6%,超标率 7.4%,小麦中 ZEA 的检出率和超标率为能量饲料中最低。玉米中 ZEA 的平均含量极显著高于小麦和小麦麸($p<0.01$),而小麦与小麦麸中 ZEA 含量均集中在 60 μg/kg 以下(表 5.19)。植物蛋白类饲料原料的污染以豆粕最为严重,检出率 81.7%,超标率 19.1%,且有 13%左右的 ZEA 含量在 100 μg/kg 以上。菜棉籽粕的检出率为 48.4%,超标率为 8.6%,在饲料原料中,仅次于玉米和豆粕的水平。动物蛋白类饲料原料鱼粉检出率 48.3%,在饲料原料类中检出率最低,超标率 2.5%,平均含量 10.95 μg/kg,菜棉籽粕和鱼粉的 ZEA 含量均集中在 60 μg/kg 以下。配合饲料的检出率均为 100%。从 ZEA 的平均含量来看,家禽配合饲料的 ZEA 平均含量显著高于仔猪配合饲料($p<0.05$),而两种配合饲料的 ZEA 平均含量均极显著高于除玉米外的其他饲料原料($p<0.01$)。近 70%左右的样品 ZEA 含量在 100 μg/kg 以上。

从采样时间分析,2008 年春季和夏季所采集的各种饲料原料及产品中 ZEA 平均含量间均不存在季节性差异($p>0.05$),而能量饲料原料玉米中的 ZEA 平均含量和超标率春季高于夏季,春季小麦样品中 ZEA 的超标率要高于夏季(表 5.20)。

5.2.6 伏马毒素

参考美国食品药品管理局对伏马毒素的限量标准,禽配合饲料≤20 mg/kg,猪配合饲料≤4 mg/kg,饲料原料玉米≤4 mg/kg,其余饲料原料参照玉米的限量标准,饲料原料及产品中伏马毒素含量检测值超过此限定值视为超标样品。

杨晓飞(2007)报道,2006 年四川省各种饲料原料及产品中伏马毒素的平均检出率为 98.43%,平均超标率为 30.41%。除小麦及其加工副产物和饼粕类饲料中伏马毒素的检出率分别为 96.88%和 92.11%外,其他饲料原料及产品中伏马毒素的检出率均为 100.00%。玉米蛋白粉中伏马毒素的超标率最高,为 81.82%;其次是猪用全价料、玉米和猪用浓缩料,分别为 43.48%、40.74%和 35.00%;动物蛋白类和小麦及其加工副产物类饲料中伏马毒素的超标率较低(表 5.21)。

甄阳光(2009)报道,2008 年全国饲料原料及产品中伏马毒素的检出率除东北地区为 83%外,其余地区检出率均在 95%以上,其中华北、华南、西北及西南地区的检出率均为 100%;超标率以西北和华北地区最高,分别达 31%和 30%,以华南地区的超标率最低,仅 1.1%(表 5.22)。各区域的伏马毒素平均含量情况存在显著差异,其中华北地区的平均含量极显著高于其他地区($p<0.01$)。

表 5.19 2008 年饲料原料及产品中玉米赤霉烯酮的污染情况

饲料	样品数/个	平均值/(μg/kg)	最大值/(μg/kg)	检出率/%	超标率/%	60 μg/kg以下/%	60～100 μg/kg/%	100～200 μg/kg/%	200～500 μg/kg/%	500～1 000 μg/kg/%	1 000 μg/kg以上/%
能量饲料											
玉米	195	198.40±430.52[Bb]	4 904.30	81.0	51.8	48.2	7.7	12.8	24.1	4.6	2.6
小麦	93	12.58±16.20[Aa]	86.47	49.5	2.2	97.8	2.2	0.0	0.0	0.0	0.0
小麦麸	108	21.72±40.55[Aa]	288.80	55.6	7.4	92.6	1.8	4.6	0.9	0.0	0.0
植物蛋白											
豆粕	191	47.83±71.90[Aa]	441.75	81.7	19.1	80.1	6.3	7.8	5.8	0.0	0.0
菜棉籽粕	128	23.92±47.03[Aa]	274.72	48.4	8.6	91.4	3.1	2.3	3.1	0.0	0.0
动物蛋白											
鱼粉	120	10.95±18.28[Aa]	140.61	48.3	2.5	97.5	1.7	0.8	0.0	0.0	0.0
产品											
仔猪配合料	96	230.35±176.95[Bb]	849.56	100.0	8.3	19.8	10.4	20.8	40.6	8.3	0.0
家禽配合料	87	315.09±243.66[Bc]	1 543.47	100.0	16.1	6.9	4.6	23.0	49.4	13.8	2.3
合计	1 018	103.38±236.03	4 904.30	71.0	18.2	68.5	5.0	8.7	14.2	2.8	0.7

注：同列肩注大写字母不同者，差异极显著($p<0.01$)，小写字母不同者，差异显著($p<0.05$)。

(引自：甄阳光，2009)

表 5.20 2008 年不同季节采集的饲料原料及产品中玉米赤霉烯酮的污染情况

饲料	春季(3 月份)					夏季(8 月份)				
	样品数/个	检出率/%	超标率/%	平均值/(μg/kg)	最大值/(μg/kg)	样品数/个	检出率/%	超标率/%	平均值/(μg/kg)	最大值/(μg/kg)
能量饲料										
玉米	111	82.9	67.6	257.42±522.84	4904.30	84	78.6	31.0	120.41±245.19	1 303.84
小麦	35	22.8	2.9	6.64±17.12	86.47	58	65.5	1.7	16.17±14.62	77.80
小麦麸	62	29.0	8.1	17.53±49.89	288.80	46	91.3	6.5	27.36±27.90	116.98
植物蛋白										
豆粕	114	70.2	28.1	58.59±87.85	441.75	77	98.7	7.8	31.90±31.89	275.54
菜棉籽粕	98	38.8	11.2	24.46±53.21	274.72	30	80.0	0	22.12±14.54	55.51
动物蛋白										
鱼粉	80	28.8	2.5	7.40±19.68	140.61	40	87.5	2.5	18.03±12.59	62.56
配合饲料										
仔猪配合料	70	100.0	2.8	222.74±153.54	582.38	26	100.0	23.1	250.85±230.91	849.56
家禽配合料	59	100.0	10.2	299.57±256.93	1543.47	28	100.0	28.6	347.80±213.70	899.96
合计	629	61.7	21.3	115.78±267.78	4904.30	389	86.1	13.1	83.32±171.22	1 303.84

(引自:甄阳光,2009)

表 5.21　2006 年四川省饲料样品中伏马毒素的污染情况

样品种类	样品数/个	最低含量/(μg/kg)	最高含量/(μg/kg)	平均含量/(μg/kg)	检出率/%	超标率/%
玉米	27	959.60	21 399.29	6 882.03±6 265.88	100.00	40.74
小麦及其加工副产物	32	0.00	7 736.25	2 091.44±1 467.64	96.88	3.13
玉米蛋白粉	11	1 324.00	26 570.93	13 946.23±7 797.19	100.00	81.82
饼粕类饲料	38	0.00	4 018.25	1 473.29±993.95	92.11	0.00
动物蛋白类	24	825.06	16 163.88	2 626.48±3 132.19	100.00	8.70
猪用全价料	23	1 302.61	17 297.91	6 307.25±4 545.42	100.00	43.48
猪用浓缩料	20	913.03	17 488.12	4 922.40±4 276.33	100.00	35.00

（引自：杨晓飞，2007）

表 5.22　2008 年全国各区域饲料中伏马毒素的污染情况

区域	样品数/个	最大值/(μg/kg)	平均值/(μg/kg)	检出率/%	超标率/%
东北	100	19 571.68	1 083.12±2 384.10^{Aa}	83.0	6.0
华北	100	15 794.81	4 658.81±5 174.63^{Bc}	100.0	30.0
华东	267	42 569.17	2 026.44±4 529.01^{Aab}	96.2	9.0
华南	92	11 884.11	1 335.03±1 599.80^{Aab}	100	1.1
华中	179	17 237.77	1 779.70±2 789.37^{Aab}	99.4	12.8
西北	84	20 411.27	2 264.04±3 880.49^{Ab}	100	31.0
西南	196	30 427.42	1 619.40±2 994.87^{Aab}	100	23.5
合计	1 018	42 569.17	2 027.72±3 731.46	97.2	10.5

注：同列肩注大写字母不同者，差异极显著($p<0.01$)，小写字母不同者，差异显著($p<0.05$)。

（引自：甄阳光，2009）

2008 年全国各类饲料原料及配合饲料中伏马毒素的检出率均在 97%以上，其中配合饲料的检出率达 100%，配合饲料中伏马毒素的平均含量极显著高于能量饲料和蛋白质饲料，而能量类饲料原料中伏马毒素的平均含量极显著高于蛋白类饲料；超标率以能量类饲料原料为最高，其次为配合饲料，蛋白类饲料超标率相对较低(表 5.23)。

表 5.23　2008 年蛋白质饲料、能量饲料及配合饲料产品中伏马毒素的污染情况

样品种类	样品数/个	最大值/(μg/kg)	平均值/(μg/kg)	检出率/%	超标率/%
蛋白质饲料	439	1 857.99	457.99±259.90^{A}	97.3	0.2
能量饲料	396	30 427.42	2 568.24±4 514.31^{B}	98	18.7
配合饲料	183	42 569.17	4 247.42±4 748.67^{C}	100	16.9
合计	1 018	42 569.17	2 027.72±3 731.46	98	10.4

注：同列肩注字母不同者，差异极显著($p<0.01$)。

（引自：甄阳光，2009）

能量饲料原料中以玉米污染最为严重，检出率 98.5%，超标率 36.9%，最高检出值 4 571.31 μg/kg；其次为小麦麸，检出率与玉米接近，超标率低于玉米。小麦中伏马毒素的检出率和超标率为能量饲料中最低。玉米中伏马毒素的平均含量极显著高于小麦和小麦麸（$p<0.01$）（表 5.24）。植物蛋白类饲料原料的检出率均在 94%左右，超标率均低于能量类饲料原料，其中以豆粕的污染较为严重，超标率 0.5%。豆粕与菜棉籽粕间差异不显著（$p>0.05$）。动物蛋白类饲料原料鱼粉检出率 98.3%，居蛋白类饲料原料类检出率的首位，超标率 0.8%，平均含量 680.62 μg/kg。配合饲料的检出率均为 100%，仔猪配合饲料的伏马毒素平均含量极显著高于除玉米外的其他饲料原料。

从采样时间分析，2008 年春季和夏季所采集的各种饲料原料及产品的伏马毒素平均含量间均不存在季节性差异（$p>0.05$），而能量饲料原料玉米、小麦中的伏马毒素平均含量在数值上夏季要高于春季，玉米和仔猪配合饲料的超标率春季要高于夏季（表 5.25）。

5.3 饲料霉菌毒素对动物的危害

5.3.1 霉菌毒素对动物生产性能的影响

霉菌毒素对动物生产性能的影响程度因霉菌毒素种类、浓度，动物体重、年龄、性别，试验持续时间、试验设计方法等方面的不同而存在差异。在断奶仔猪上的研究表明，含有 3 983 μg/kg 呕吐毒素、1 300 μg/kg玉米赤霉烯酮和 576.5 μg/kg 伏马毒素的饲粮使仔猪的平均日增重和平均日采食量与对照组相比均出现了显著下降。猪采食自然污染呕吐毒素（DON）的饲料后，采食量和增重降低（Trenholm 等，1984；Rotter，1996）。Goyarts 等（2005）用污染 DON 的小麦日粮（6.64 mg DON/kg 日粮）喂猪，结果使猪的采食量降低 15%，增重降低 13%，但饲料/增重比不受影响。Young 等（1981）指出，用污染了 ZEA 的霉玉米饲喂 64 kg 的母猪，其增重、采食量和增重/饲料比随饲粮中霉玉米比例的增加而下降。Rainey 等（1990）用自然污染 ZEA 的饲粮（2 mg ZEA/kg 饲粮和 1.5 mg DON/kg 饲粮）饲喂 70 日龄的小母猪，未见对其体重产生影响。

苏军（2008）研究了自然霉变玉米污染饲粮对断奶仔猪生产性能的影响。自然霉变玉米中 AFB_1 22 μg/kg，AFB_2<3 μg/kg，AFG_1<3 μg/kg，AFG_2<3 μg/kg，ZEA 2 600 μg/kg，DON 7 966 μg/kg，赭曲霉毒素<2 μg/kg，伏马毒素 B_1 1 153 μg/kg，伏马毒素 B_2 343 μg/kg。主要受 ZEA、DON 和伏马毒素 B_1 污染。用自然霉变的玉米分别以 25%和 50%的比例等量替换玉米-豆粕型基础饲粮中的正常玉米。研究发现，随饲粮中霉玉米的增加，断奶仔猪平均日采食量和平均日增重在试验各阶段呈线性或二次曲线降低，对料重比没有影响（表 5.26）。25%及 50%的霉玉米饲粮使断奶仔猪 0～14 d 的平均日采食量分别降低了 16.76%和 25.80%，平均日增重分别降低了 17.70%和 30.68%。25%及 50%的霉玉米饲粮使仔猪 15～28 d 的平均日采食量分别降低了 20.98%和 21.21%，平均日增重分别降低了 27.30%和 32.51%。25%及 50%的霉玉米饲粮使试验仔猪全期的平均日采食量分别降低了 20.39%和 23.04%，平均日增重分别降低了 24.78%和 24.78%。

表 5.24　**2008 年饲料原料及产品中伏马毒素的污染情况**

饲料	样品数/个	平均值/(μg/kg)	最大值/(μg/kg)	检出率/%	超标率/%	0～1 mg/kg/%	1～4 mg/kg/%	4～5 mg/kg/%	5～10 mg/kg/%	10～20 mg/kg/%	20 mg/kg以上/%
能量饲料											
玉米	195	4 571.31±5 779.78[BCc]	30 427.42	98.5	36.9	38.5	24.6	6.7	13.3	14.4	2.6
小麦	93	520.01±283.18[Aa]	2 110.62	94.6	0	96.8	3.2	0.0	0.0	0.0	0.0
小麦麸	108	781.35±643.68[Aa]	5 225.81	98.1	1.8	83.3	14.8	0.9	0.9	0.0	0.0
植物蛋白											
豆粕	191	442.72±286.98[Aa]	2 778.22	94.8	0.5	97.4	2.6	0.0	0.0	0.0	0.0
菜棉籽粕	128	754.36±514.61[Aa]	2 953.32	95.3	0	73.4	26.6	0.0	0.0	0.0	0.0
动物蛋白											
鱼粉	120	680.62±477.10[Aa]	4 883.25	98.3	0.8	86.7	12.5	0.8	0.0	0.0	0.0
产品											
仔猪配合料	96	3 497.39±3 525.04[Bb]	20 153.14	100.0	31.2	15.6	53.1	11.4	15.6	3.1	1.0
家禽配合料	87	5 075.03±5 716.17[Cc]	42 569.17	100.0	1.1	10.3	46.0	10.3	18.4	13.8	1.1
合计	1 018	2 027.72±3 731.46	42 569.17	97.2	10.5	65.1	20.8	3.4	5.7	4.2	0.7

注：同列肩注大写字母不同者，差异极显著($p<0.01$)，小写字母不同者，差异显著($p>0.05$)。

（引自：甄阳光，2009）

表 5.25 **2008 年不同季节采集的饲料原料及产品中伏马毒素的污染情况**

饲料	春季(3 月份)					夏季(8 月份)				
	样品数/个	检出率/%	超标率/%	平均值/(μg/kg)	最大值/(μg/kg)	样品数/个	检出率/%	超标率/%	平均值/(μg/kg)	最大值/(μg/kg)
能量饲料										
玉米	111	100.0	48.6	5 793.55±6 045.49	30 427.42	84	96.4	21.4	2 956.21±5 000.64	28 622.71
小麦	35	91.4	0.0	482.96±352.60	2 110.62	58	100.0	0.0	542.37±232.21	1 365.55
小麦麸	62	98.4	3.2	880.36±800.72	5 225.81	46	97.8	0.0	647.90±290.42	1 541.59
植物蛋白										
豆粕	114	97.4	0.0	462.10±205.50	1 155.15	77	96.0	0.0	414.03±376.44	2 778.22
菜棉籽粕	98	100.0	0.0	497.76±50.28	2 953.32	30	90.0	0.0	483.13±481.26	2 084.88
动物蛋白										
鱼粉	80	100.0	1.2	742.52±543.31	4 883.25	40	97.5	0.0	556.80±270.19	1 184.30
配合饲料										
仔猪配合料	70	100.0	34.3	3 549.24±3 308.49	1 5794.81	26	100.0	23.1	3 357.79±4 120.62	20 153.14
家禽配合料	59	100.0	1.7	6 111.77±2 890.48	42 569.17	28	100.0	0.0	2 890.48±2 958.82	13 577.83
合计	629	98.9	13.0	2 412.97±4 106.49	42 569.17	389	96.6	6.2	1 404.79±2 927.86	28 622.71

(引自:甄阳光,2009)

表 5.26 日粮中不同水平的镰刀菌毒素污染玉米对断奶仔猪生产性能的影响[1]

生产性能[2]	日粮中霉玉米含量/%			SEM[3]	p^4	
	0	25	50		线性	二次曲线
日均增重/(g/d)						
1～14 d	333.4±36.3^{Aa}	274.4±44.1^{ABbc}	231.1±16.9^{Bc}	0.01	0.000 3	0.001 8
15～28 d	453.1±29.8^{Aa}	329.4±46.0^{Bb}	305.8±36.6^{Bb}	0.01	0.000 2	0.000 1
1～28 d	389.8±32.9^{a}	293.2±38.8^{b}	293.2±21.2^{b}	0.02	0.001 8	0.000 5
日均采食量/(g/d)						
1～14 d	537.5±67.9^{Aa}	447.4±50.1^{BCbc}	398.8±22.4^{Cc}	0.02	0.000 7	0.003 1
15～28 d	816.9±134.4^{a}	645.5±69.8^{a}	643.6±120.6^{a}	0.01	0.033 9	0.047 7
1～28 d	677.2±81.8^{Aa}	539.1±54.0^{ABbc}	521.2±67.1^{Bc}	0.03	0.004 8	0.006 9
料重比						
1～14 d	1.61±0.12^{a}	1.64±0.11^{a}	1.74±0.21^{a}	0.05	NS	NS
15～28 d	1.81±0.28^{a}	1.97±0.11^{a}	2.10±0.28^{a}	0.03	NS	NS
1～28 d	1.74±0.21^{a}	1.88±0.17^{a}	1.80±0.17^{a}	0.06	NS	NS

注：1. 试验猪前期每圈 5 头为一重复，后期每圈 2 头为一重复，表中数据为 5 个重复的平均值。试验猪的平均始重为(8.04±0.62)kg，平均末重为(17.33±2.50)kg。

2. 同行肩注大写字母不同者，差异极显著($p<0.01$)，小写字母不同者，差异显著($p<0.05$)。

3. 标准误。

4. 多项式比较。NS，差异不显著，$p>0.05$。

(引自：苏军，2008)

雷晓娅(2011)用自然霉变玉米 100%替代饲粮中的正常玉米研究对仔猪生长性能的影响。结果表明，霉变玉米日粮显著降低仔猪平均日增重和平均日采食量，霉变玉米组仔猪前 2 周平均日增重(ADG)和平均日采食量(ADFI)以及全期 ADG 和 ADFI 与对照组相比分别降低了 17.82%、15.03%、12.95%、14.03%。叶涛(2009)研究了自然霉变玉米对生长育肥猪((43.41±5.20)kg)生长性能的影响。用自然霉变玉米分别以 25%和 50%替代基础饲粮中的玉米。自然霉变玉米中霉菌毒素检测结果见表 5.27。随着霉变玉米替代比例增加，日粮中 DON 含量明显增加，对照组、25%霉变玉米替代组、50%霉变玉米替代组 DON 平均含量分别为 533、1 733、2 067 μg/kg，达到或超出相关限量标准的 2～3 倍；伏马毒素含量随着霉变玉米替代比例的增加呈明显递减趋势，各组平均含量分别为 4 283、3 403、2 823 μg/kg，为相关规定上限的 4～7 倍，属于严重污染；ZEA、T-2 毒素含量随霉变玉米的添加变化较小，其各组的平均含量分别达到限量标准的 2 倍，属于中度污染；AFB_1、OTA 平均含量均低于限量标准，属于轻度污染。

研究发现，随霉变玉米比例增加，猪各阶段日增重及出栏时间未受到显著影响($p>0.05$)；各阶段平均日采食量呈降低趋势，但无显著差异($p>0.05$)；25%及 50%霉变玉米替代组的第 14 天至屠宰的料肉比分别降低 5.33%和 11.24%，全期料肉比分别下降 3.47%、10.41%，其中 50%霉变玉米替代组与对照组差异显著($p<0.05$)(表 5.28)。

表 5.27 试验玉米中主要霉菌毒素的含量 μg/kg

项目	AFB_1	DON	ZEA	伏马毒素	T-2 毒素	OTA
霉变玉米	0.8	4 300	210	3 100	160	11.60
对照玉米	1.2	570	130	6 230	110	9.31
限量标准	20	500	100	500	80	20

注：标准参照王若军等，2003，《中国饲料及饲料原料受霉菌毒素污染调查报告》。

（引自：叶涛，2009）

表 5.28 自然霉变玉米对生长育肥猪[(43.41±5.20)kg]生长性能的影响

项目	对照组	25%替代组	50%替代组
BW/kg			
第 0 天	43.55±4.73	44.92±3.46	42.08±7.12
第 14 天	55.20±6.29	56.10±3.25	54.00±6.71
屠宰	109.00±4.32	108.38±1.93	108.10±1.47
ADFI/(kg/d)			
第 0～14 天	1.89±0.06	1.87±0.12	1.79±0.16
第 14 天至屠宰	3.07±0.37	3.00±0.27	2.78±0.17
第 0 天至屠宰	2.84±0.28	2.78±0.23	2.59±0.10
ADG/(g/d)			
第 0～14 天	832.7±126.1	798.2±58.9	851.0±60.1
第 14 天至屠宰	916.7±11.9	938.5±83.1	922.6±45.9
第 0 天至屠宰	900.5±112.4	910.0±75.5	908.3±44.8
F/G			
第 0～14 天	2.30±0.27	2.34±0.12	2.13±0.30
第 14 天至屠宰	3.38 ± 0.22^{b}	3.20 ± 0.24^{ab}	3.00 ± 0.07^{a}
第 0 天至屠宰	3.17 ± 0.19^{b}	3.06 ± 0.23^{ab}	2.84 ± 0.04^{a}
出栏时间/d	73.5±9.0	70.0±5.7	72.8±8.0

注：同行肩注字母不同者，差异显著($p<0.05$)。

（引自：叶涛，2009）

同时，在该试验的基础上增加霉变玉米替代的比例，进一步考察了霉变玉米对生长肥育猪[(55.61±3.89)kg]生长性能的影响。霉变玉米替代基础日粮中玉米的比例为0%、25%、50%和100%。霉变玉米、对照玉米中霉菌毒素污染情况与上一试验基本相同。25%和50%霉变玉米替代组全价日粮中霉菌毒素的污染情况、毒素含量与上一试验基本相同。100%霉变玉米替代组DON平均含量超过3 000 μg/kg，超出相关限量标准5倍，属于严重污染；伏马毒素平均含量达到2 317 μg/kg，达到限量标准的4倍以上，污染严重。研究发现，25%、50%霉变玉米替代组平均日增重、平均日采食量及出栏时间较对照组无显著差异($p>0.05$)。与对照组相比，各霉变玉米替代组前14 d料肉比分别下降11.26%、11.19%、13.24%，100%霉变玉米替代组试验前 14 d 平均日采食量下降 12.89%($p<0.05$),第 14 天至屠宰平均日采食量下降 6.72%、平均日增重下降 18.79%、料肉比上升 12.57%,出栏时间延长,但差异不显著(表 5.29)。

表 5.29　自然霉变玉米对生长育肥猪[(55.61±3.89)kg]生长性能的影响

项目	对照组	25%替代组	50%替代组	100%替代组
BW/kg				
第 0 天	55.27±3.05	57.04±3.36	55.32±4.58	54.99±4.47
第 14 天	70.33±3.01	73.50±4.95	70.25±5.57	70.00±6.29
屠宰	109.00±1.00	109.50±2.60	108.00±1.70	106.71±1.73
ADFI/(kg/d)				
第 0～14 天	3.18±0.11[b]	3.14±0.38[b]	2.85±0.23[ab]	2.77±0.21[a]
第 14 天至屠宰	3.72±0.48	3.54±0.22	3.83±0.58	3.47±0.49
第 0 天至屠宰	3.55±0.30	3.42±0.25	3.53±0.41	3.28±0.37
ADG/(g/d)				
第 0～14 天	1 076.2±200.2	1 175.7±147.4	1 066.7±168.5	1 072.5±233.6
第 14 天至屠宰	1 144.1±325.0	1 034.3±90.0	1 133.3±185.8	929.7±157.8
第 0 天至屠宰	1 110.3±166.3	1 076.1±93.4	1 113.2±152.6	969.8±124.5
F/G				
第 0～14 天	3.02±0.51	2.68±0.22	2.72±0.35	2.66±0.47
第 14 天至屠宰	3.34±0.50	3.43±0.26	3.39±0.27	3.76±0.32
第 0 天至屠宰	3.21±0.29	3.19±0.12	3.18±0.18	3.40±0.31
出栏时间/d	49.0±7.0	49.0±5.0	47.8±5.3	54.0±7.8

注:同行肩注字母不同者,差异显著($p<0.05$)。

(引自:叶涛,2009)

虞洁(2008)用自然霉变玉米替代基础饲粮中正常玉米饲喂大鼠。试验饲粮中污染的霉菌毒素主要是呕吐毒素、伏马毒素、T-2 毒素和 OTA。其中,对照组饲粮中的呕吐毒素含量低于国家限量标准,50%替代组和 100%替代组饲粮中的呕吐毒素超过国家限量标准,达到中度污染程度。对照组、50%替代组、100%替代组饲粮中的伏马毒素含量均低于美国 FDA 标准。对照组和 50%替代组饲粮中 T-2 毒素含量均达到中度污染程度,而 100%替代组饲粮中的T-2 毒素含量达到了严重污染程度。对照组、50%替代组、100%替代组饲粮中的 OTA 含量均高于粮食中的限量标准,并达到了严重污染的程度。研究发现,各试验组在试验各阶段的 ADG 均没有显著差异,但 50%和 100%替代组的 ADG 与对照组相比均有提高的趋势。各试验组在试验 0～14 d 的 ADFI 没有显著差异,但有随着自然霉变玉米替代比例升高而提高的趋势。50%和 100%替代组在试验 15～28 d 的 ADFI 显著高于同期对照组的 ADFI($p<0.05$)。而从全期来看,100%替代组的 ADFI 显著高于对照组($p<0.05$),但与 50%替代组无显著差异。50%替代组的全期 ADFI 与对照组相比有提高的趋势,差异不显著。对照组、50%替代组和 100%替代组在试验 0～14 d、15～28 d 以及全期的增重耗料比(FCR)均没有显著差异(表 5.30)。

表 5.30 饲粮中霉变玉米含量对大鼠生长性能的影响

项目	对照组(CT)	50%替代组(LM)	100%替代组(HM)
ADG/(g/d)			
0～14 d	5.82±0.54	6.23±0.96	6.05±0.88
15～28 d	3.31±0.45	3.52±0.46	3.73±0.44
0～28 d	4.56±0.38	4.87±0.49	4.89±0.64
ADFI/(g/d)			
0～14 d	16.75±0.66	17.15±0.75	17.45±1.15
15～28 d	16.72±1.12[a]	17.90±0.90[b]	18.41±1.06[b]
0～28 d	16.73±0.71[a]	17.52±0.73[ab]	17.93±1.01[b]
F/G			
0～14 d	0.35±0.04	0.36±0.05	0.35±0.05
15～28 d	0.20±0.02	0.20±0.02	0.20±0.02
0～28 d	0.27±0.02	0.28±0.02	0.27±0.03

注：同行肩注字母不同者，差异显著($p<0.05$)。

(引自：虞洁，2008)

5.3.2 霉菌毒素对养分消化吸收的影响

小肠是体内营养物质消化和吸收的主要场所。Hunder 等(1991)指出亚慢性摄取呕吐毒素(DON)污染的饲粮可导致鼠小肠对葡萄糖、5-甲基四氢叶酸的吸收不良。苏军(2008)用自然霉变玉米按 25%和 50%的比例替代断奶仔猪基础饲粮中的玉米发现，有机物质、蛋白质、磷的表观消化率和蛋白质生物学价值随日粮中霉玉米的增加呈线性或二次曲线降低($p<0.05$)，钙的表观消化率呈线性下降($p<0.05$)(表 5.31)。

表 5.31 日粮中不同水平的镰刀菌毒素污染玉米对断奶仔猪养分利用率的影响[1] %

养分利用率[2]	日粮中霉玉米含量			SEM[3]	p[4]	
	0	25	50		线性	二次曲线
有机物表观消化率	88.48±1.83[Aa]	85.09±1.40[ABbc]	82.60±2.37[Bc]	1.09	0.000 5	0.003
蛋白质表观消化率	86.10±3.77[Aa]	80.29±4.76[ABbc]	77.81±4.88[Bc]	2.00	0.010 6	0.035 2
蛋白质生物学价值	69.29±2.99[Aa]	54.27±2.01[Ab]	51.90±13.02[Ab]	3.61	0.011 9	0.037 4
钙表观消化率	71.67±3.34[a]	65.66±2.02[ab]	61.74±8.54[b]	2.32	0.021 7	NS
磷表观消化率	69.86±6.74[Aa]	56.92±2.38[BCbc]	49.31±4.35[Cc]	2.19	0.000 1	0.000 8

注：1. 试验猪前期每圈 5 头为一重复，后期每圈 2 头为一重复，表中数据为 5 个重复的平均值。试验猪的平均始重为(8.04±0.62)kg，平均末重为(17.33±2.50)kg。

2. 同行肩注大写字母不同者，差异极显著($p<0.01$)，小写字母不同者，差异显著($p<0.05$)。

3. 标准误。

4. 多项式比较。NS，差异不显著，$p>0.05$。

(引自：苏军，2008)

进一步以原代培养的新生仔猪肠上皮细胞(porcine intestinal epithelium cell,pIEC)为模型,研究 DON、ZEA 对主要养分吸收的影响。结果表明,DON 和 ZEA 对 pIEC 蔗糖酶、麦芽糖酶和 Na^+-K^+-ATPase 活性及葡萄糖和头孢氨苄的吸收有显著影响,对蔗糖酶活性、Na^+-K^+-ATPase 活性及葡萄糖和头孢氨苄吸收的影响,DON 比 ZEA 敏感,而对麦芽糖酶活性的影响,在两者联合作用时,ZEA 比 DON 敏感(表 5.32 和表 5.33)。

表 5.32 **DON、ZEA 对 pIEC 消化酶活性的影响**

处理	DON/(μg/mL)	ZEA/(μg/mL)	蔗糖酶活性/[U/(mg 蛋白・min)]	麦芽糖酶活性/[U/(mg 蛋白・min)]	Na^+-K^+-ATPase 活性/[mol P/(mg 蛋白・h)]
1	0	0	3.14±0.21[a]	3.69±0.22[a]	0.41±0.03[ab]
2	0	5	2.67±0.06[ab]	3.11±0.16[a]	0.42±0.03[ab]
3	0	10	2.35±0.11[b]	2.83±0.15[a]	0.31±0.02[cd]
4	2	0	2.50±0.28[b]	2.84±0.07[a]	0.38±0.03[bc]
5	2	5	3.12±0.14[a]	2.40±0.11[b]	0.49±0.04[a]
6	2	10	2.14±0.20[b]	2.14±0.19[b]	0.46±0.04[ab]
7	4	0	0.96±0.15[c]	1.88±0.07[b]	0.32±0.03[cd]
8	4	5	1.20±0.26[c]	1.49±0.09[c]	0.26±0.01[de]
9	4	10	0.32±0.10[d]	2.19±0.17[b]	0.21±0.01[e]

注:同列肩注字母不同者,差异显著($p<0.05$)。

(引自:苏军,2008)

表 5.33 **DON、ZEA 对 pIEC 养分吸收的影响**

处理	DON/(μg/mL)	ZEA/(μg/mL)	*D*-葡萄糖吸收量/(g/g 蛋白)	头孢氨苄吸收量/(g/g 蛋白)
1	0	0	0.27±0.02[a]	25.47±1.09[a]
2	0	5	0.27±0.01[a]	20.86±1.57[b]
3	0	10	0.17±0.02[d]	20.48±0.79[b]
4	2	0	0.22±0.01[bc]	19.61±1.31[b]
5	2	5	0.20±0.01[bcd]	19.59±1.56[b]
6	2	10	0.20±0.01[bcd]	17.97±2.03[b]
7	4	0	0.24±0.01[ab]	22.77±1.75[ab]
8	4	5	0.22±0.01[bc]	20.24±1.51[b]
9	4	10	0.19±0.02[cd]	21.26±1.31[ab]

注:同列肩注字母不同者,差异显著($p<0.05$)。

(引自:苏军,2008)

进一步研究 DON、ZEA 单独或联合作用对分化的肠上皮细胞中与养分消化相关的蔗糖酶-异麦芽糖酶(SI)、亮氨酰氨肽酶(LAP)的 mRNA 以及与养分吸收相关的载体蛋白 Na^+-葡萄糖共转运载体 1(SGLT1)、二肽转运载体 1(PepT1)mRNA 丰度的影响。研究发现,DON 可下调 SI、LAP、SGLT1 及 PepT1 mRNA 的表达,ZEA 对 LAP 和 SGLT1 mRNA 的表达有轻微的下调作用。DON 与 ZEA 协同下调 SI 和 PepT1 mRNA 的表达,DON 对消化相关酶活性及转运载体 mRNA 表达的影响比 ZEA 大。

雷晓娅(2011)研究表明,自然霉变玉米 100%替代仔猪饲粮中的正常玉米后,仔猪饲粮有机物和能量消化率均极显著低于对照组($p<0.01$),钙和磷消化率显著降低($p<0.05$),蛋白质消化率与对照组无显著差异,有降低的趋势。

5.3.3 霉菌毒素对动物健康的影响

5.3.3.1 霉菌毒素对动物免疫功能的影响

霉菌毒素的主要毒性效应是对动物免疫功能的抑制作用。早在 1987 年,就有学者发现含 10 mg/kg 呕吐毒素的饲粮会降低小鼠对单核细胞增多性李氏杆菌(*Listeria monocytogenes*)的主动防御能力,并且影响了小鼠的迟发型变态反应。研究证实黄曲霉毒素可与 DNA、RNA 结合,并抑制其合成,引起动物胸腺发育不良和萎缩,生成的淋巴细胞减少,影响巨噬细胞功能,抑制补体 C4 的产生,抑制 T 淋巴细胞产生白细胞介素和其他细胞因子。镰刀菌毒素通过影响细胞和体液免疫来降低动物机体的抵抗力。用自然污染的饲粮(4.6 mg DON/kg 饲粮)饲喂猪 21 d,显著增加了血清中 IgA 和 IgM。生长猪饲喂用自然污染的玉米配制成含 DON 分别为 1.78 和 2.85 mg/kg 的饲粮 28 d,对绵羊红细胞的抗体反应延迟,对刀豆素 A(ConA)、植物血凝素(PHA)和美洲商陆有丝分裂原刺激的外周血淋巴细胞增殖无影响,白细胞总数随 DON 浓度的增加而增加,单核细胞和嗜酸性粒细胞无显著变化。配对试验表明这种效应并非是单一的营养性效应,表明 DON 对免疫的未观察到损害作用剂量(no observed adverse effect level,NOAEL)是 0.04 mg/(kg BW·d)(0.95 mg/kg 饲粮)(Rotter 等,1994)。

苏军(2008)研究了自然霉变玉米对断奶仔猪血清免疫球蛋白浓度的影响。研究发现,霉玉米饲粮对仔猪各阶段血清 IgA、IgG、IgM 浓度无影响($p>0.05$)(表 5.34)。

表 5.34 日粮中不同水平的镰刀菌毒素污染玉米对断奶仔猪血清 Ig 的影响[1] g/L

阶段	Ig[2]	日粮中霉玉米含量/%			SEM[3]	p[4]	
		0	25	50		线性	二次曲线
第 14 天	IgA	0.87±0.08[a]	1.04±0.20[a]	0.86±0.04[a]	0.05	NS	NS
	IgG	1.69±0.23[a]	1.53±0.13[a]	1.69±0.22[a]	0.09	NS	NS
	IgM	0.84±0.02[a]	0.80±0.15[a]	0.90±0.10[a]	0.04	NS	NS
第 28 天	IgA	1.17±0.16[a]	1.27±0.14[a]	1.09±0.08[a]	0.06	NS	NS
	IgG	2.53±0.26[a]	2.29±0.19[a]	2.31±0.23[a]	0.11	NS	NS
	IgM	1.87±1.12[a]	1.76±0.46[a]	1.49±0.79[a]	0.39	NS	NS

注:1. 试验猪前期每圈 5 头为一重复,后期每圈 2 头为一重复,表中数据为 5 个重复的平均值。试验猪的平均始重为(8.04±0.62)kg,平均末重为(17.33±2.50)kg。

2. 同行肩注字母不同者,差异显著($p<0.05$)。

3. 标准误。

4. 多项式比较。NS,差异不显著,$p>0.05$。

(引自:苏军,2008)

5.3.3.2 霉菌毒素对动物组织器官的影响

霉菌毒素对动物组织器官有一定的影响，但不同种类霉菌毒素的影响程度不同。Rotter等(1994)报道，仔猪饲喂自然污染DON的玉米饲粮，随毒素浓度增加，胃黏膜增厚，皱褶加深。Ito等(1993)以46 mg DON/kg BW强饲4周龄小鼠，结果损伤小鼠胃肠道内皮细胞，贲门窦可见溃疡和细胞浸润，小肠未成熟隐窝细胞坏死，黏膜细胞浸润。Hauptman(2001)指出，DON损伤肝实质细胞，刺激天冬氨酸转氨酶(ASAT)释放，并随DON剂量的增加而升高，即使小剂量也可导致肝细胞的局部空泡变性，表明DON可损伤细胞脂质膜。Döll等(2003)用被镰刀菌毒素污染的玉米(1.2 mg ZEA/kg玉米和8.6 mg DON/kg玉米)按0.6%、12.5%、25%和50%的比例替换基础日粮中的玉米饲喂初始体重(12.4±2.2)kg断奶小母猪34 d，各处理间猪的食管、胃、肝、肾和心脏重量无差别($p>0.05$)，而Bergsjø等(1993)用自然污染了镰刀菌毒素的燕麦饲喂平均初始体重21 kg的生长猪95 d，肝脏的相对重增加。Swamy等(2003)用自然污染镰刀菌毒素的谷物配制的污染饲粮饲喂(9.3±1.1)kg的仔猪21 d，对肝、肾及脾相对重无影响($p>0.05$)。

苏军(2008)研究了自然霉变玉米污染饲粮对断奶仔猪器官相对重和小肠黏膜形态结构的影响。用自然霉变的玉米分别以25%和50%的比例等量替换玉米-豆粕型基础饲粮中的正常玉米。研究发现，随日粮中霉玉米的增加，肾脏相对重呈二次曲线下降($p<0.05$)，脾脏相对重呈线性增加($p<0.05$)，而肝、胰、胸腺的相对重不受影响($p>0.05$)。50%霉玉米饲粮使脾脏相对重显著增加($p<0.05$)，25%霉玉米饲粮显著或极显著降低胆囊($p<0.05$)和肾脏($p<0.01$)相对重，而50%霉玉米饲粮对肾脏重却无显著影响($p>0.05$)(表5.35)。

表5.35 日粮中不同水平的镰刀菌毒素污染玉米对断奶仔猪内脏器官相对重的影响[1]

g/kg BW

器官相对重[2]	日粮中霉玉米含量/%			SEM[3]	p[4]	
	0	25	50		线性	二次曲线
肝脏	30.11±2.95^{a}	27.14±2.07^{a}	29.27±1.59^{a}	1.01	NS	NS
胆囊	1.02±0.25^{a}	0.71±0.16^{Bb}	1.00±0.29^{a}	0.10	NS	NS
脾脏	1.88±0.18^{b}	2.22±0.36^{ab}	2.39±0.40^{a}	0.16	0.024 8	NS
肾脏	6.55±0.98^{Aa}	5.34±0.33^{Bb}	5.97±0.22^{ab}	0.23	NS	0.021 0
胰脏	2.03±0.37^{a}	2.11±0.07^{a}	1.98±0.15^{a}	0.09	NS	NS
胸腺	0.72±0.07^{a}	0.60±0.15^{a}	0.66±0.14^{a}	0.05	NS	NS

注：1. 试验猪前期每圈5头为一重复，后期每圈2头为一重复，表中数据为5个重复的平均值。试验猪的平均始重为(8.04±0.62)kg，平均末重为(17.33±2.50)kg。

2. 同行肩注大写字母不同者，差异极显著($p<0.01$)，小写字母不同者，差异显著($p<0.05$)。

3. 标准误。

4. 多项式比较。NS，差异不显著，$p>0.05$。

(引自：苏军，2008)

叶涛(2009)用不同比例自然霉变玉米替代基础日粮中的玉米发现，饲喂不同比例霉变玉米替代组中猪的肝脏指数、脾脏指数和肾脏指数没有显著差异($p>0.05$)。而各处理组中猪的心脏指数均高于对照组，其中 50%霉变玉米替代组猪心脏指数与对照组差异显著（$p<0.05$）（表 5.36）。在本试验的基础上增加霉变玉米的替代比例（0%、25%、50%、100%），各处理组肝脏、脾脏和肾脏指数差异不显著（$p>0.05$）。心脏指数随霉变玉米的替代比例提高而增加，其中 25%霉变玉米替代组与对照组相比有提高的趋势，但差异不显著（$p>0.05$），50%、100%霉变玉米替代组育肥猪心脏指数显著高于对照组（$p<0.05$）。

表 5.36 不同比例霉变玉米对猪内脏器官指数的影响 g/kg

器官指数	对照组	25%替代组	50%替代组
肝脏指数	14.05±1.10	14.37±1.19	13.88±1.48
脾脏指数	1.36±0.23	1.23±0.18	1.27±0.21
肾脏指数	3.33±0.15	3.11±0.31	3.40±0.40
心脏指数	3.11±0.10[a]	3.38±0.33[ab]	3.52±0.27[b]

注：同行肩注字母不同者，差异显著（$p<0.05$）。

（引自：叶涛，2009）

虞洁（2008）在大鼠上用自然霉变玉米替代基础饲粮中正常玉米的研究也发现，各试验组的肝脏指数、肾脏指数和脾脏指数均没有显著差异。50%替代组（LM）和 100%替代组（HM）的肝脏指数与对照组相比均有提高的趋势。50%替代组和 100%替代组的肾脏指数分别比对照组增加了 10.06%和 11.59%，但差异不显著（表 5.37）。

表 5.37 饲粮中霉变玉米含量对大鼠内脏器官指数的影响 mg/g

器官指数	对照组（CT）	50%替代组（LM）	100%替代组（HM）
肝脏指数	41.01±3.79	41.35±2.36	41.29±2.33
肾脏指数	3.28±0.53	3.61±0.25	3.66±0.48
脾脏指数	2.34±0.40	2.48±0.35	2.39±0.38

（引自：虞洁，2008）

胃肠道作为抵御摄入化学药物、食物污染物以及天然毒素的第一道屏障，在动物摄入被镰刀菌毒素污染的饲料后，肠上皮细胞便暴露在高浓度的毒素中（Prelusky 等，1996；Shephard 等，1996），成为镰刀菌毒素首先作用的靶器。Kasuga（1998）用不同浓度的 DON 暴露 Caco-2 细胞系 2 周，结果导致细胞刷状缘形态异常，单层细胞的完整性显著降低，细胞通透性呈剂量依赖性增加，随剂量和培养时间的增加，碱性磷酸酶和蔗糖-异麦芽糖酶活性下降，表明 DON 可干扰肠上皮细胞的结构和功能分化，慢性暴露导致肠损伤。苏军（2008）发现，随日粮中霉玉米的增加，十二指肠和空肠前段的绒毛高度和黏膜厚度呈线性或二次曲线降低（$p<0.05$），十二指肠前段隐窝深度线性增加（$p<0.05$），空肠前段隐窝深度呈线性或二次曲线增加（$p<0.01$），各肠段绒毛宽度受到显著影响（$p<0.05$ 或 $p<0.01$）。与对照组相比，25%霉玉米饲粮显著降低了十二指肠前段、空肠前段的绒毛高度和宽度（$p<0.01$），增加隐窝深度、降低黏膜厚度（$p>0.05$）；50%霉玉米饲粮使十二指肠前段绒毛变短变粗（$p<0.05$），使空肠前段的绒毛极显著变短变细（$p<0.01$），使十二指肠前段（$p<0.05$）、空肠前段隐窝加深（$p<0.01$），显著或极显著降低十二指肠前段、空肠前段黏膜厚度（表 5.38）。雷晓娅（2011）研究表明，霉变玉米 100%替代饲粮中的正常玉米后，显著提高仔猪空肠隐窝深度（$p<0.05$），显著降低绒

毛高度与隐窝深度比值($p<0.05$)。

表 5.38 日粮中不同水平的镰刀菌毒素污染玉米对断奶仔猪小肠黏膜形态的影响[1] μm

肠黏膜形态	日粮中霉玉米含量/%			SEM[3]	p[4]	
	0	25	50		线性	二次曲线
十二指肠前段[2]						
绒毛高度	349.00±46.90^{Aa}	296.40±22.49^{Bb}	307.29±27.88^{ABb}	21.57	0.011 0	0.023 1
绒毛宽度	148.57±9.34^{Ab}	116.83±8.40^{Bc}	158.40±8.26^{Aa}	15.14	NS	NS
隐窝深度	143.50±22.90^{b}	166.10±13.89^{ab}	177.43±40.41^{a}	9.25	0.017 6	NS
黏膜厚度	867.23±113.50^{a}	795.24±84.25^{ab}	767.68±124.52^{b}	26.14	0.014 9	0.040 8
空肠前段[2]						
绒毛高度	378.88±31.40^{Aa}	346.83±21.25^{BCb}	330.00±20.27^{Cb}	18.59	0.008 4	0.014 4
绒毛宽度	183.80±5.31^{Aa}	149.27±4.29^{Bb}	147.82±11.26^{Bb}	6.40	NS	NS
隐窝深度	139.25±29.82^{Bb}	173.12±49.99^{Aa}	175.59±43.03^{Aa}	8.78	0.005 3	0.007 2
黏膜厚度	997.64±63.12^{Aa}	899.86±172.71^{ABab}	829.22±134.15^{Bb}	27.51	0.000 6	0.002 9

注:1. 试验猪前期每圈 5 头为一重复,后期每圈 2 头为一重复,表中数据为 5 个重复的平均值。试验猪的平均始重为(8.04±0.62)kg,平均末重为(17.33±2.50)kg。

2. 同行肩注大写字母不同者,差异极显著($p<0.01$),小写字母不同者,差异显著($p<0.05$)。

3. 标准误。

4. 多项式比较。NS,差异不显著,$p>0.05$。

(引自:苏军,2008)

5.3.3.3 霉菌毒素与动物机体的氧化损伤

由于霉菌毒素是饲料中最重要的营养应激因子,并且营养应激因子对机体的氧化/抗氧化平衡有着消极的影响,因此霉菌毒素能够造成动物机体的氧化损伤。丙二醛(MDA)是脂质过氧化的主要产物之一,硫代巴比妥酸反应物(TBARS)涵盖了大部分氧化损伤产生的醛酮类物质,因此在研究中常常将 MDA 和 TBARS 作为评价动物机体氧化损伤的主要指标。Yang 等(2000)体外研究表明,黄曲霉毒素 B_1 会诱导原代培养的大鼠肝细胞产生 TBARS,同时还会造成细胞培养基中氧自由基(ROS)含量大量增加。Meki 等(2001)用含有 250 μg/kg OTA 的饲料饲喂大鼠 4 周后发现,OTA 显著提高了大鼠血清、肝脏和肾脏中 MDA 的水平,表明 OTA 造成了大鼠机体的氧化损伤。Vaca 等(1988)指出,ZEA 以浓度依赖方式增加 MDA 的生成,通过增强脂质过氧化反应诱导 Vero 细胞和 Caco-2 细胞的氧化损伤。因此,氧化损伤可能也是 ZEA 发挥毒性作用的主要途径之一。

虞洁(2008)在大鼠上用自然霉变玉米替代基础饲粮中正常玉米的研究发现,各试验组的血清 MDA 含量无显著差异。其中,50%替代组和 100%替代组的 MDA 含量分别比对照组提高了 20.73%和 67.07%,但差异不显著。50%替代组和 100%替代组的血清 SOD 活性分别比对照组降低了 20.41%和 24.06%,差异显著($p<0.05$)。100%替代组的血清 GPX 活性比对照组下降了 23.36%,差异显著($p<0.05$),而 50%替代组的血清 GPX 活性与对照组相比有提高的趋势,但差异不显著(表 5.39)。雷晓娅(2011)在仔猪上的研究也发现,霉变玉米 100%替代正常玉米后,显著降低仔猪空肠黏膜 SOD 活性和总抗氧化力(TAOC)($p<0.05$),有提

高 MDA 含量的趋势。

表 5.39 饲粮中霉变玉米含量对大鼠血清氧化和抗氧化状况的影响

项目	对照组(CT)	50%替代组(LM)	100%替代组(HM)
MDA/(nmol/mL)	0.82±0.36	0.99±0.30	1.37±0.40
SOD/(U/mL)	223.58±9.35[a]	177.94±3.28[b]	169.79±8.49[b]
GPX/(U/mL)	980.00±90.18[a]	1 191.11±176.22[a]	751.11±169.90[b]

注：同行肩注字母不同者，差异显著($p<0.05$)。

(引自：虞洁，2008)

苏军(2008)以 pIEC 为模型，研究 DON 和 ZEA 对 pIEC 增殖及氧化损伤的影响，结果表明：DON 在 2 μg/mL、ZEA 在 5 μg /mL 及以上浓度单独或联合作用显著降低 pIEC 的增殖，显著增加丙二醛(MDA)生成量($p<0.05$)。两毒素联合作用于 pIEC，对降低其增殖、增加 MDA 的生成量存在显著、极显著的互作效应；DON 在 2 μg/mL、ZEA 在 10 μg/mL 及以上浓度单独或联合作用于 pIEC，显著增加乳酸脱氢酶(LDH)的逸出率；DON 单独或与 ZEA 联合作用显著降低 pIEC 内谷胱甘肽(GSH)含量和超氧化物歧化酶(SOD)活性的最低可观察到的损害作用剂量(LOAEL)是 2 μg DON/mL。ZEA 单独作用显著降低 GSH 含量的 LOAEL 是 1 μg/mL($p<0.05$)，显著降低 SOD 活性的 LOAEL 是 10 μg/mL。两毒素联合作用于 pIEC，降低细胞内 GSH 含量和 SOD 活性的程度大于毒素各自的单一作用。对细胞抗氧化系统的损伤 DON 比 ZEA 强，并在降低 GSH 含量上表现出协同效应(表 5.40)。

表 5.40 DON、ZEA 对 pIEC 细胞膜完整性及氧化应激的影响

处理	DON/(μg/mL)	ZEA/(μg/mL)	LDH 逸出率/%	MDA/(mmol/g 蛋白)	GSH/(mg/g 蛋白)	SOD/(μkat/g 蛋白)
1	0	0	6.70±0.42[f]	6.59±0.26[g]	22.98±0.44[a]	20.86±0.47[a]
2	0	1	7.28±0.28[f]	6.78±0.09[fg]	21.15±0.34[b]	18.91±0.51[ab]
3	0	5	9.17±1.16[ef]	7.45±0.16[abcd]	20.75±0.18[bc]	18.56±0.37[abc]
4	0	10	11.01±0.71[de]	7.24±0.16[cdef]	19.54±0.45[cde]	17.43±0.57[bc]
5	2	0	11.11±0.75[de]	7.49±0.13[abcd]	20.26±0.53[bcd]	17.80±0.52[bc]
6	2	1	12.53±0.13[d]	6.94±0.10[efg]	18.65±0.40[efg]	17.33±0.37[bc]
7	2	5	11.91±2.01[de]	7.56±0.06[abc]	17.95±0.46[fg]	15.80±0.64[cde]
8	2	10	13.80±2.08[d]	7.01±0.12[defg]	17.76±0.51[fg]	14.60±0.71[def]
9	4	0	19.20±2.40[c]	7.77±0.099[ab]	19.196±0.688[def]	16.575±0.777[bcd]
10	4	1	19.52±1.02[bc]	7.86±0.058[a]	18.707±0.807[efg]	15.855±0.664[cde]
11	4	5	21.99±1.87[abc]	7.56±0.208[abc]	18.071±0.629[efg]	13.841±0.757[efg]
12	4	10	21.73±3.88[abc]	7.41±0.089[abcde]	17.571±0.503[g]	13.306±0.359[efg]
13	6	0	23.24±1.69[a]	7.03±0.178[def]	17.442±0.243[g]	12.872±0.328[fg]
14	6	1	22.51±2.55[ab]	7.09±0.163[cdef]	17.725±0.340[fg]	11.746±1.169[g]
15	6	5	22.87±1.04[a]	7.25±0.230[cdef]	17.780±0.452[fg]	11.691±1.488[g]
16	6	10	23.02±3.01[a]	7.32±0.218[bcde]	17.245±0.496[g]	11.648±1.307[g]

注：同列肩注字母不同者，差异显著($p<0.05$)。

(引自：苏军，2008)

陈平(2010)考察 0、0.05、0.1、0.2、0.4、0.8、1、1.5、2 μmol/L 的 OTA 处理 IPEC-J2 细胞 12、24、48 h 对细胞存活率的影响。结果表明，OTA 以时间-剂量依赖方式降低 IPEC-J2 细胞存活率，OTA 浓度和处理时间均对细胞存活率产生显著影响($p<0.05$)，且二者间存在显著交互效应($p<0.05$)(表 5.41)。

表 5.41　OTA 暴露时间和浓度对细胞存活率的影响

浓度/(μmol/L)	细胞存活率/%	SEM	时间/h	细胞存活率/%	SEM
0	100.00^{a}		0	100.00^{b}	
0.05	101.16^{a}				
0.1	98.42^{b}		12	111.37^{a}	
0.2	90.77^{c}				
0.4	89.10^{d}	0.72	24	76.08^{c}	0.48
0.8	80.89^{e}				
1	74.35^{f}		48	56.08^{d}	
1.5	70.57^{g}				
2	67.68^{h}				

注：1. SEM 为标准误。

2. 同列肩注字母不同者，差异显著($p<0.05$)。

(引自：陈平，2010)

在上述结果的基础上，选用 0、0.1、0.5 和 1 μmol/L 的 OTA 与细胞共培养 24 h，考察 OTA 对 IPEC-J2 细胞结构功能完整性和氧化还原状态相关指标的影响，并初步探讨 OTA 对 IPEC-J2 细胞 Nrf2 活性的影响。研究结果表明，培养液 LDH 活性随 OTA 浓度增加呈线性或二次曲线增加($p<0.01$)，细胞 Na^{+}-K^{+}-ATPase 活性则呈线性或二次曲线降低($p<0.01$)；细胞 TAOC 和 GSH 含量以及 GPX、GST 和 GR 酶活性均随 OTA 浓度增加而呈极显著的线性或二次曲线降低($p<0.01$)，培养液中 MDA 含量则呈极显著的线性或二次曲线增加($p<0.01$)；OTA 暴露对细胞 SOD 和 CAT 活性无显著影响；GSTA2、GSTO1、TrxR1、GR、GCLC 和 GCLM 的 mRNA 相对表达量随 OTA 浓度增加呈极显著的线性或二次曲线降低($p<0.01$)，OTA 对 GPX2mRNA 的表达无显著影响；随 OTA 浓度的增加，Nrf2 活性呈先增加然后逐渐降低变化。

5.3.3.4　霉菌毒素对动物血清生化指标的影响

霉菌毒素对动物血清生化指标有一定的影响，其影响程度与动物的品种、性别及年龄有关。Bergsjø 等(1993)用污染燕麦配制成含 DON 3.5 mg/kg 的饲粮，饲喂生长猪，降低了血清蛋白质和白蛋白浓度，暂时性地使血清钙、血清磷下降。猪饲喂含 DON 0～3.0 mg/kg 的饲粮，血清 α-球蛋白有下降趋势(Rotter 等，1994)。生长猪(初始重 18 kg)饲喂含 DON 4.0 mg/kg的饲粮 2～3 周后，血浆 β-球蛋白降低，但 6 周后恢复到对照水平(Rotter 等，1995)。与上述研究结论相反，Lusky 等(1998)报道，生长猪饲喂含 DON 0～4.9 mg/kg 的饲粮，血浆中总球蛋白水平、IgA 浓度不受影响。Goyarts 等(2006)用 40 kg 猪急性或慢性(4 周)暴露 DON 污染日粮(5.7 mg/kg日粮)或静脉注射 DON 53 μg/kg BW，各试验组血浆总蛋白、白蛋白、纤维蛋白原以及血清酶活无差异，但白蛋白的合成分速率（FSR，%/d）显著下降，急性暴露组、慢性暴露组和静脉注射组分别下降43%、45%和26%，淋巴细胞的FSR分别下降27%、19%和24%，纤维蛋白原不受处理的影响。给雌性大鼠腹腔内注射ZEA（1.5～5.0 mg/kg BW），48 h后谷丙转氨酶（GPT）、谷草转氨酶（GOT）、碱性磷酸酶（ALP）、血清肌酐、胆红素等生化指标，以及红细胞压积、平均红细胞容积（MCV）、血小板和白细胞等血液学参数发生改变，表明ZEA有一定的肝毒性，对血凝过程也有一定损害作用（Maaroufi等，1996）。

苏军（2008）在断奶仔猪上的研究发现，随日粮中霉玉米的增加，第14天猪血清中谷丙转氨酶活性和白蛋白（ALB）浓度呈二次曲线下降（$p<0.05$），在第28天却无变化（$p>0.05$）。血清总蛋白（TP）浓度在第14天，25%霉玉米饲粮不受影响（$p>0.05$），50%霉玉米饲粮显著高于对照组（$p<0.05$），第28天呈现二次曲线变化（$p<0.05$）。血清球蛋白（GLO）、A/G和血清尿素氮（BUN）不受影响（$p>0.05$）。与对照组相比，25%霉玉米饲粮显著降低仔猪第14天血清中GPT活性（$p<0.05$），50%霉玉米饲粮极显著提高仔猪第14天血清中GPT活性（$p<0.01$），两种霉玉米饲粮对仔猪第28天血清中GPT活性无显著影响（$p>0.05$）；25%和50%霉玉米饲粮对仔猪第14天血清中TP浓度无显著影响（$p>0.05$），但显著或极显著降低血清中ALB浓度，除25%霉玉米饲粮显著降低仔猪第28天血清中TP浓度（$p<0.05$）外，霉玉米饲粮对仔猪第28天血清中TP、ALB浓度无显著影响（$p>0.05$），对试验猪第14和28天血清中GLO和BUN也无影响（$p>0.05$）（表5.42）。

虞洁（2008）在大鼠上的研究发现，用不同比例的自然霉变玉米替代正常玉米后，试验各组的血清GPT活性没有显著差异。50%替代组（LM）和100%替代组（HM）的血清谷草转氨酶（GOT）活性显著低于对照组（$p<0.05$）。50%替代组和100%替代组中的血清乳酸脱氢酶（LDH）活性分别比对照组提高了27.26%和32.88%，差异均达到显著水平（$p<0.05$）。50%替代组和100%替代组的血清碱性磷酸酶（ALP）活性均显著高于对照组（$p<0.05$）（表5.43）。

表5.42 日粮中不同水平的镰刀菌毒素污染玉米对断奶仔猪血清生化指标的影响[1]

阶段	项目[2]	日粮中霉玉米含量/%			SEM[3]	p^4	
		0	25	50		线性	二次曲线
第14天	GPT/(IU/L)	31.00 ± 2.83^{Bb}	23.25 ± 1.50^{BCc}	39.50 ± 7.72^{Aa}	2.01	NS	0.003 5
	TP/(g/L)	55.70 ± 2.62^{Ab}	54.90 ± 7.34^{Aab}	60.65 ± 4.09^{Aa}	2.34	NS	NS
	ALB/(g/L)	28.82 ± 2.17^{Aa}	20.68 ± 4.28^{Bd}	24.77 ± 0.74^{ABbc}	1.22	NS	0.014 2
	GLO/(g/L)	29.98 ± 3.61^{Aab}	29.54 ± 5.73^{Aab}	32.98 ± 2.91^{Aa}	1.88	NS	NS
	A/G	0.85 ± 0.18^{ABb}	0.84 ± 0.08^{ABb}	0.75 ± 0.03^{Bbc}	0.05	NS	NS
	BUN/(mmol/L)	4.57 ± 1.56^{a}	3.06 ± 1.07^{a}	3.58 ± 0.97^{a}	0.58	NS	NS

续表 5.42

阶段	项目[2]	日粮中霉玉米含量/%			SEM[3]	p^4	
		0	25	50		线性	二次曲线
第28天	GPT/(IU/L)	30.50±10.63[a]	29.00±5.29[a]	36.75±2.99[a]	3.15	NS	NS
	TP/(g/L)	65.44±1.30[Aa]	62.46±2.48[Ab]	65.55±1.31[Aa]	0.78	NS	0.038 3
	ALB/(g/L)	27.18±2.03[a]	27.00±1.51[a]	26.46±2.76[a]	0.97	NS	NS
	GLO/(g/L)	37.30±1.97[a]	37.20±1.13[a]	36.70±2.15[a]	0.87	NS	NS
	A/G	0.71±0.10[a]	0.69±0.04[a]	0.70±0.12[a]	0.04	NS	NS
	BUN/(mmol/L)	4.29±0.57[Aab]	5.10±0.69[Aa]	5.00±0.13[Aa]	0.23	NS	NS

注:1. 试验猪前期每圈5头为一重复,后期每圈2头为一重复,表中数据为5个重复的平均值。试验猪的平均始重为(8.04±0.62)kg,平均末重为(17.33±2.50)kg。

2. 同行肩注大写字母不同者,差异极显著($p<0.01$),小写字母不同者,差异显著($p<0.05$)。

3. 标准误。

4. 多项式比较。NS,差异不显著,$p>0.05$。

(引自:苏军,2008)

表 5.43 饲粮中霉变玉米含量对大鼠肝脏功能血清指标的影响

项目	对照组(CT)	50%替代组(LM)	100%替代组(HM)
GPT/(U/mL)	8.99±0.82	7.79±0.47	8.23±1.19
GOT/(U/mL)	53.07±3.28[a]	42.84±1.09[b]	44.59±1.34[b]
LDH/(U/mL)	5.87±1.19[a]	7.47±0.07[b]	7.80±0.50[b]
ALP/(U/100 mL)	37.13±1.53[a]	47.69±3.70[b]	41.64±0.72[c]

注:同行肩注字母不同者,差异显著($p<0.05$)。

(引自:虞洁,2008)

5.4 缓解霉菌毒素危害的营养措施

饲料一旦产生霉菌毒素,防止霉变的措施就不再有效,而需要采取其他一些方法和手段来对饲料霉菌毒素进行脱毒。一般认为饲料霉菌毒素的脱毒方法主要有两类,一是在霉菌毒素进入动物体内前进行脱毒,二是针对霉菌毒素的毒性效应给予反向调节剂使其脱毒。在过去的研究和实践中,曾经使用过加热、紫外线或γ射线照射脱毒等物理方法和一乙胺、氢氧化钙、臭氧或氨水降解脱毒等化学方法,但无论是可操作性、安全性还是效果都不能令人满意。现在,在饲料中添加霉菌毒素吸附剂逐渐成为一种在实际生产中较为成熟和可行的霉菌毒素体外脱毒方法。苏军等(2006)发现酯化葡甘露聚糖(EGM)对于饲喂霉菌毒素污染饲料的仔猪具有良好的保护作用，并且对动物吸收饲料中的营养成分没有负面影响。但由于霉菌毒素吸附剂品种繁多，不同吸附剂的吸附效果存在很大的差异，同时，由于霉菌毒素检测的困难和检测方法的不成熟，也使吸附剂的效果存在着较大的争议。鉴于霉菌毒素会对动物造成氧化损伤，添加抗氧化剂作为一种解决动物霉菌毒素中毒的方案已受到人们的广泛关注。在被黄曲霉毒素污染的妊娠和泌乳母猪饲料中添加 60 IU/kg 维生素 E 和 11 000 IU/kg 维生素 A，结果发现母猪的细胞免疫功能、T 淋巴细胞和 B 淋巴细胞数都与对照组无差异，维生素 A 和维生素 E 能有效对抗黄曲霉毒素的免疫毒性(Miduri 等，2003)。实验动物上的研究也指出，通过饲料给予小鼠维生素 C 和维生素 E 可以有效缓解其饲料赭曲霉毒素 A(OTA)中毒，促进了肾脏 DNA 加合物的形成，从而抵抗了 OTA 造成的肾脏 DNA 损伤(Grosse 等，1997)。本书主要介绍甘露寡糖(MOS)、水合铝硅酸钠钙盐及其复合物和维生素 E、硒对霉菌毒素危害的缓解作用。

5.4.1 甘露寡糖的效果

甘露寡糖是一种新型饲料添加剂，是从酵母培养物细胞壁中提取的甘露糖，可以吸附病原菌、促进有益菌增殖、改善肠道微生态环境，增强动物免疫力，促进动物生长，还能吸附霉菌毒素，在疾病或应激下对动物促生长作用更明显。雷晓娅(2011)研究了甘露寡糖对摄入自然霉变玉米仔猪的保护作用。由自然霉变玉米 100%替代基础饲粮中正常玉米，在此基础上添加 0.2%甘露寡糖。霉变玉米主要受黄曲霉毒素 B_1 污染，含量超标，呕吐毒素和玉米赤霉烯酮可检出，含量未超标。研究表明，添加甘露寡糖对采食自然霉变玉米组仔猪的能量和磷的消化率有极显著的提高作用，但对自然霉变玉米导致的其他不良影响无明显改善作用(表 5.44)。

表 5.44 添加甘露寡糖对仔猪养分消化率的影响 %

养分消化率	对照组	霉变玉米组	霉变玉米+MOS 组
干物质消化率	88.21 ± 0.93^{aAB}	83.05 ± 1.81^{bC}	84.64 ± 1.03^{bBC}
粗蛋白消化率	80.34 ± 2.19	75.20 ± 2.98	82.50 ± 1.53
能量消化率	86.70 ± 1.03^{aA}	79.88 ± 2.09^{bB}	85.71 ± 1.04^{aA}
钙消化率	52.41 ± 1.52^{ab}	45.74 ± 2.09^{c}	47.78 ± 1.98^{bc}
磷消化率	50.87 ± 1.66^{aA}	23.99 ± 5.02^{bB}	49.91 ± 1.98^{aA}

注：同行肩注大写字母不同者，差异极显著($p<0.01$)，小写字母不同者，差异显著($p<0.05$)。
(引自：雷晓娅，2011)

5.4.2 霉菌毒素吸附剂的效果

目前，常见的霉菌毒素吸附剂主要有沸石、膨润土、硅藻土等铝硅酸盐类吸附剂，酵母细胞壁类吸附剂，PVPP(一种树脂)，活菌制剂(益生素)，活性炭等，此外，还存在许多由多种成分复合而成的吸附剂。但各种霉菌毒素吸附剂都有优、缺点，如何将几种霉菌毒素吸附剂复合使用以达到最优的吸附效果是目前关注的重点。刘媛婷(2010)选用五种霉菌毒素吸附剂(吸附剂 A，主成分为酵母细胞壁提取物；吸附剂 B，主成分为水合铝硅酸钠钙盐；吸附剂 C，主成分是酵母细胞壁提取物及水合铝硅酸钠钙盐的复合物；吸附剂 D，主成分是水合铝硅酸钠钙盐和活性炭；吸附剂 E，主成分是酵母细胞壁提取物和活性炭），研究其对 AFB_1 的吸附能力和吸附特性，并探讨复合霉菌毒素吸附剂对动物免疫的保护作用。体外试验表明，五种吸附剂均对 Freundlich 等温式拟合程度较高，吸附方式主要是以化学吸附为主的多分子层吸附。吸附剂 B、D 在吸附量和亲和力上表现最优；进一步研究表明，在 pH 6.0 条件下，吸附剂 B 在 90 min 内对 AFB_1 吸附率为 85.49%，吸附剂 D 为 91.71%，吸附剂 D 与 AFB_1 形成的复合体解吸附率为 15.05%，吸附剂 B 为 6.99%，说明体外条件下，吸附剂 B、D 对 AFB_1 脱毒量大、作用力强、结合速度快，在 90 min 内基本达到一个动态平衡状态，形成较为稳定的吸附剂-AFB_1 复合体，解吸附率低。吸附剂 D 脱毒量优于吸附剂 B，吸附剂 B 的稳定性优于吸附剂 D。

以生长猪为试验动物，进行 15 d 的体内试验，分别在由自然霉变玉米 100%替代基础饲粮正常玉米的霉变饲粮中添加 5 000 mg/kg 吸附剂 B 和 5 000 mg/kg 吸附剂 D。结果表明：与基础组相比较，霉菌毒素组生长猪采食量（FI）、ADG 有下降的趋势，料重比有增加的趋势（$p>0.05$）；两种添加吸附剂组对生长猪 FI 没有明显的影响（$p>0.05$），但有增加生长猪的 ADG 和降低料重比的趋势（$p>0.05$），且吸附剂 D 添加组的效果要优于吸附剂 B 的添加组（表 5.45）。

表 5.45　不同吸附剂对摄入 AFB_1 的生长猪生长性能的影响

处理	平均日增重/(kg/d)			全期采食量	料重比		
	前期	后期	全期	/(kg/d)	前期	后期	全期
基础日粮	0.90±0.18	1.16±0.57	1.03±0.25	2.59±0.34	2.93±0.36	2.75±1.42	2.68±0.85
AFB_1	−0.15±0.36	0.67±0.24	0.26±0.12	2.14±0.21	−10.70±18.08	3.74±2.18	9.9±4.67
AFB_1＋吸附剂 B	0.67±0.15	0.86±0.41	0.77±0.13	2.45±0.17	3.80±0.967	3.60±2.03	3.26±0.55
AFB_1＋吸附剂 D	0.68±0.23	1.18±0.33	0.93±0.24	2.60±0.21	4.08±0.98	2.38±0.81	2.94±0.78

（引自：刘媛婷，2010）

5.4.3　维生素 E、酵母硒的效果

添加抗氧化剂作为一种有效的体内脱毒办法，以解决动物霉菌毒素中毒的问题越来越受到人们的关注。虞洁（2008）以大鼠为模型，探讨了抗氧化剂硒和维生素 E 对摄入自然霉变玉米大鼠的保护作用。用 100%的自然霉变玉米替代基础饲粮中的正常玉米，然后分别在此基础上添加 0.4 mg/kg 的酵母硒和 100 mg/kg 的维生素 E。研究结果表明，霉变玉米组（MCM 组）的体增重（BWG）与对照组相比有下降的趋势，而酵母硒组（YSe）和维生素 E 组（VE 组）的 BWG 比 MCM 组分别提高了 5.65%和 4.43%，有改善的趋势。MCM 组的平均日采食量（ADFI）与对照组相比有降低的趋势，而 YSe 组和 VE 组的 ADFI 比 MCM 组分别提高了 5.77%和 3.97%，但差异不显著（表 5.46）。

表 5.46　霉变玉米饲粮添加酵母硒和维生素 E 对大鼠生长性能的影响

项目	对照组(CT)	霉变玉米组(MCM)	酵母硒组(YSe)	维生素 E 组(VE)
BWG/g	20.85±6.72	20.54±6.29	21.70±6.65	21.45±9.04
ADFI/(g/d)	21.10±1.71	20.78±0.77	21.98±1.56	21.64±2.17
F/G	26.31±0.16	26.30±0.20	26.33±0.26	26.24±0.12

(引自:虞洁,2008)

对大鼠氧化、抗氧化状态及肝脏功能的研究发现,与对照组相比,MCM 组大鼠的血清 SOD 和 GPX 活性显著降低($p<0.05$),而 YSe 组和 VE 组的 SOD 和 GPX 活性与 MCM 组相比,则有显著提高($p<0.05$)。VE 组的 TAOC 显著高于其他各组($p<0.05$),MCM 组的 TAOC 低于对照组和 YSe 组,但差异不显著。MCM 组的 NO 浓度显著高于其他试验组($p<0.05$),而 VE 组的 NO 浓度也显著高于对照组($p<0.05$)(表 5.47)。MCM 组的 GPT、GOT、LDH 和 ALP 活性显著提高($p<0.05$),同时也显著高于 YSe 组和 VE 组($p<0.05$);而 VE 组的 GOT 显著高于对照组($p<0.05$),YSe 组的 ALP 则显著低于对照组($p<0.05$),YSe 组的 LDH 显著低于对照组($p<0.05$),VE 组的 LDH 显著低于霉变玉米组($p<0.05$)(表 5.48)。表明在霉菌毒素污染饲粮中添加 0.4 mg/kg 酵母硒和 100 mg/kg 维生素 E 能够有效缓解大鼠因摄入霉菌毒素造成的机体氧化应激和肝功能损伤。

表 5.47　霉变玉米饲粮添加酵母硒和维生素 E 对大鼠血清氧化和抗氧化状况的影响

项目	对照组(CT)	霉变玉米组(MCM)	酵母硒组(YSe)	维生素 E 组(VE)
MDA/(nmol/mL)	3.17±0.46	3.46±0.96	2.85±0.20	3.50±0.63
SOD/(U/mL)	263.51±2.74	$182.53±4.81^{a}$	$267.59±5.51^{b}$	$218.14±3.08^{ab}$
GPX/(U/mL)	1 573.68±70.09	$542.11±133.29^{a}$	$1\,205.26±49.75^{ab}$	$1\,271.05±99.26^{ab}$
TAOC/(U/mL)	5.78±1.55	4.50±1.95	6.27±1.88	$8.67±1.54^{ab}$
NO/(μmol/mL)	8.96±2.19	$50.00±1.73^{a}$	$7.51±0.94^{b}$	$39.31±2.91^{ab}$

注:^{a} 与对照组相比差异显著($p<0.05$);^{b} 与霉变玉米组相比差异显著($p<0.05$);^{ab} 与对照组和霉变玉米组相比差异均显著。

(引自:虞洁,2008)

表 5.48　霉变玉米饲粮添加酵母硒和维生素 E 对大鼠肝脏功能血清指标的影响

项目	对照组(CT)	霉变玉米组(MCM)	酵母硒组(YSe)	维生素 E 组(VE)
GPT/(U/mL)	5.75±1.44	$22.61±7.08^{a}$	$6.23±2.45^{b}$	$7.46±1.56^{b}$
GOT/(U/mL)	30.45±5.70	$53.05±5.39^{a}$	$24.35±6.28^{b}$	$39.24±5.19^{ab}$
LDH/(U/mL)	3.11±0.19	$4.82±0.08^{a}$	$2.40±0.33^{ab}$	$3.82±0.18^{ab}$
ALP/(U/100 mL)	6.08±0.62	$7.39±1.24^{a}$	$2.15±0.58^{ab}$	$5.98±0.78^{b}$

注:^{a} 与对照组相比差异显著($p<0.05$);^{b} 与霉变玉米组相比差异显著($p<0.05$);^{ab} 与对照组和霉变玉米组相比差异均显著。

(引自:虞洁,2008)

5.4.4 硒对赭曲霉毒素A暴露下仔猪空肠上皮细胞的保护作用

对赭曲霉毒素A(OTA)进行的危险性评估认为猪是最敏感的动物，肾脏是OTA作用的主要靶器官，有关OTA毒性效应及机制的研究主要以肝、肾作为研究器官，肠道的毒性效应及机制的研究常被忽略。而肠道是外源化学物质进入动物机体后遇到的第一道屏障，它的解剖学定位使其比其他器官接触到更高浓度的有毒物质，同时也大量表达了代谢酶类，具有一定的代谢转化能力，通过肠道能够显著影响毒物在整个机体的浓度水平。肠道具有重要的营养物质吸收和免疫等功能，一旦肠道受损，将影响动物的生产性能，严重时可能导致全身系统的紊乱甚至死亡。同时，霉菌毒素毒性机制领域的研究表明，导致器官、组织、细胞氧化应激可能是霉菌毒素毒性效应的重要原因。陈平(2010)以仔猪肠细胞系IPEC-J2为模型，以细胞氧化还原稳态为出发点，研究了硒(亚硒酸钠源)对OTA诱导的IPEC-J2细胞氧化应激的保护效应，并探讨了硒是否能激活Nrf2系统而发挥抗氧化作用。结果表明，硒可以提高OTA暴露下的细胞存活率。然后考察了硒能否提高OTA染毒条件下细胞的抗氧化防御能力。试验共设4个处理，即先用0、4、8 μmol/L硒分别预处理细胞12 h，再与OTA (1 μmol/L)共培养24 h，分别表示为PBS/OTA组、SS4/OTA组、SS8/OTA组，其中PBS/OTA组为负对照组，同时另设一个未用OTA暴露的正对照组，即PBS/乙醇组。研究发现，与负对照组相比，硒预处理可显著降低OTA暴露细胞培养液中LDH的活性($p<0.05$)，提高细胞Na^+-K^+-ATPase活性($p<0.05$)，且8 μmol/L硒预处理对细胞的保护效果优于4 μmol/L硒预处理组(表5.49)。

表5.49 亚硒酸钠对OTA暴露IPEC-J2细胞的Na^+-K^+-ATPase和LDH活性的影响

项目	处理			
	PBS/乙醇(正)	PBS/OTA(负)	SS4/OTA	SS8/OTA
Na^+-K^+-ATPase/(mU/mg蛋白)	101.39 ± 7.26^a	72.36 ± 4.99^b	96.97 ± 4.44^a	91.89 ± 7.12^a
LDH/(U/L)	18.70 ± 4.50^c	124.00 ± 6.99^a	97.68 ± 4.59^b	96.94 ± 9.07^b

注：同行肩注字母不同者，差异显著($p<0.05$)。

(引自：陈平，2010)

硒预处理能提高IPEC-J2细胞T-AOC，在8 μmol/L时达到显著水平($p<0.05$)；与负对照组相比，硒预处理(SS4/OTA组和SS8/OTA组)降低了MDA的含量，显著提高OTA暴露下细胞的GPX、GST、谷胱甘肽还原酶(GR)活性($p<0.05$)，对SOD活性有降低的趋势，但是GSH含量显著低于正和负对照组($p<0.05$)(表5.50)，且随培养基中硒浓度的提高，GCLC、GLCM、GPX2、GSTO1、GSTA2、TrxR1、GR的mRNA相对表达量均呈递增趋势，GCLC和TrxR1的mRNA表达水平甚至接近或超过正对照组。

表 5.50 亚硒酸钠对 OTA 暴露 IPEC-J2 细胞的氧化还原状态及抗氧化酶活性的影响

项 目	处 理			
	PBS/乙醇(正)	PBS/OTA(负)	SS4/OTA	SS8/OTA
TAOC/(U/g 蛋白)	0.37±0.04[a]	0.09±0.01[c]	0.14±0.02[bc]	0.17±0.02[b]
MDA/(nmol/mg 蛋白)	66.88±3.27[ab]	72.32±2.85[a]	59.72±3.92[b]	63.62±1.43[ab]
GPX/(U/mg 蛋白)	4.60±0.32[a]	1.32±0.19[c]	2.11±0.26[bc]	2.75±0.35[b]
GST/(U/mg 蛋白)	3.46±0.31[a]	1.66±0.27[b]	3.89±0.64[a]	2.89±0.26[a]
SOD/(U/mg 蛋白)	8.61±0.14[a]	8.26±0.37[ab]	7.50±0.46[b]	7.87±0.31[ab]
GR/(U/g 蛋白)	5.39±0.37[b]	5.27±0.37[b]	8.26±0.55[a]	6.56±0.59[b]
GSH/(μg/g 蛋白)	9.03±0.15[a]	5.86±0.23[b]	4.16±0.23[c]	4.56±0.19[c]

注:同行肩注字母不同者,差异显著($p<0.05$)。

(引自:陈平,2010)

参考文献

陈代文. 2010. 饲料安全学. 北京:中国农业出版社.

陈平. 2010. 赭曲霉毒素 A 对 IPEC-J2 细胞 Nrf2 抗氧化系统的影响及硒的保护效应研究:硕士论文. 雅安:四川农业大学动物营养研究所.

雷晓娅. 2011. 自然霉变玉米及甘露寡糖对仔猪生长性能和肠道健康的影响:硕士论文. 雅安:四川农业大学动物营养研究所.

刘媛婷. 2010. 霉菌毒素吸附剂对黄曲霉毒素 B_1 吸附特性及效果研究:硕士论文. 雅安:四川农业大学动物营养研究所.

苏军. 2008. 镰刀菌毒素对猪的抗营养效应及其机制研究:博士论文. 雅安:四川农业大学动物营养研究所.

苏军,陈代文,余冰,等. 2006. 镰刀霉菌毒素对断奶仔猪的抗营养效应及葡配甘露聚糖吸附剂的保护作用. 中国畜牧杂志,42(19):26-29.

杨晓飞. 2007. 四川主要饲料霉菌毒素污染状况的调查:硕士论文、雅安:四川农业大学动物营养研究所.

叶涛. 2009. 自然霉变玉米对生长育肥猪生产性能及肉质的影响:硕士论文. 雅安:四川农业大学动物营养研究所.

虞洁. 2008. 自然霉变玉米对大鼠抗氧化能力的影响及抗氧化剂的保护作用研究:硕士论文. 雅安:四川农业大学动物营养研究所.

张自强. 2009. 我国饲料中黄曲霉毒素 B_1、T-2 毒素和赭曲霉毒素 A 分布规律的研究:硕士论文. 雅安:四川农业大学动物营养研究所.

甄阳光. 2009. 我国主要饲料原料及产品中镰刀菌毒素污染及分布规律的研究:硕士论文. 雅安:四川农业大学动物营养研究所.

Bergsjø B, Langseth W, Nafstad I, et al. 1993. The effects on naturally deoxynivalenol-contaminated oats on the clinical condition, blood parameters, performance and carcass composition of growing pigs. Vet Res Commun, 17: 283-294.

Döll S, Danicke S, Schnurrbusch U. 2003. The effect of increasing concentrations of Fusarium toxins in the diets of piglets on histological parameters of uterus. Mycotox Res, 19: 73-76.

Goyarts T, Dänicke S, Rothkötter H J J, et al. 2005. On the effects of a chronic deoxynivalenol intoxication on performance, haematological and serum parameters of pigs when diets are offered either for ad libitum consumption or fed restrictively. J Vet Med A, 52: 305-314.

Grosse Y, Chekir-Ghedira L, Huc A, et al. 1997. Retinol, ascorbic acid and α-tocopherol prevent DNA adduct formation in mice treated with mycotoxins ochratoxin A and zearalenone. Cancer Letters, 114: 225-229.

Hauptman K, Tichy F, Knotek Z, et al. 2001. Clinical diagnostics of hepatopathies in small mammals: evaluation of importance of individual methods. Acta Veterinaria, 70: 297-311.

Hunder G, Schumann K, Strugala G, et al. 1991. Influence of subchronic exposure to low dietary deoxynivalenol, a trichothecene mycotoxin, on intestinal absorption of nutrients in mice. Food Chem Toxicol, 29: 809-814.

Ito E, Okusu M, Terao K, et al. 1993. Light and scanning electron microscopical observations on gastrointestinal tracts injured by trichothecenes. Maikotokishin, 38: 11-18.

Kasuga F, Kudo Y H, Saito N, et al. 1998. In vitro effect of deoxynivalenol on the differentiation of human colonic cell lines Caco-2 and T84. Mycopathologia, 142, 161-167.

Krough P. 1987. Mycotoxins in Foods. Food Science & Technology, A series of monographs 97-121.

Meki A R, Hussein, A A. 2001. Melatonin reduces oxidative stress induced by ochratoxin A in rat liver and kidney. Comp Biochem Physiol C Toxicol Pharmacol, 130: 305-313.

Miduri C E, Losio L G, Fusari M N, et al. 2003. Aflatoxicosis and immune response of alatoxin intoxicated pregnant sows: effect of vitamin A and E supplemention. Atti della Societa Italianà di Patologia ed Allevamento dei Suini 2003 XXIX Meeting Annuale, Salsomaggiore Terme, Italy.

Prelusky D B, Trenholm H L, Rotter B A, et al. 1996. Biological fate of fumonisin B1 in food-producing animals. Adv Exp Med Biol, 392: 265-278.

Rainey M R, Tubbs R C, Bennet L W, et al. 1990. Prepubertal exposure to dietary zearalenone alters hypothalamo-hypophyseal function but does not impair postpubertal reproductive functions in gilts. J Anim Sci, 68: 2015-2022.

Rotter B A, Prelusky D B, Pestka J J. 1996. Toxicology of deoxynivalenol (vomitoxin). J Toxicol Environ Health, 48: 1-34.

Shephard G S, Thiel P G Stockenstrom S. et al. 1996. Worldwide survey of fumonisin contamination of corn and corn-based products. JAOAC Int, 79: 671-687.

Swamy H V, Smith T K, MacDonald E J, et al. 2003. Effects of feeding a blend of grains naturally contaminated with Fusarium mycotoxins on growth and immunological measurements of starter pigs, and the efficacy of a polymeric glucomannan mycotoxin adsorbent. J Anim Sci, 81: 2792-2803.

Thompson B K, Lessard M, Trenholm H L, et al. 1994. Influence of low-level exposure to fusarium mycotoxins on selected immunological and hematological parameters in young swine. Fundam Appl Toxicol, 23: 117-124.

Trenholm H L, Hamilton R M G, Friend D W, et al. 1984. Feeding trials with vomitoxin (deoxynivalenol) contaminated wheat: effects on swine, poultry and dairy cattle. J Am Vet Med Assoc, 185: 527-531.

Vaca C E, Wilhelm J, Hartwig A, et al. 1988. Interaction of lipid peroxidation products with DNA. A review. Mutation Research, 195: 137-149.

Yang C F, Liu J, Shen H M, et al. 2000. Protective effect of ebselen on aflatoxin B1-induced cytotoxicity in primary rat hepatocytes. Pharm Toxicol, 86: 156-161.

Young L G, Vesonder R F, Funnell H S, et al. 1981. Moldy corn in diets of swine. J Anim Sci, 52:1312.

第6章

营养与抗病基因

猪在生长发育过程中常常遭受各种病原微生物的攻击,但长期的实践观察发现,并非所有暴露于病原微生物并感染的猪都会发病。进一步的研究揭示,猪传染性疾病的发病与其本身的遗传背景密切相关,一些疾病的发病受单基因或多基因控制,这些基因能在外来环境的刺激下使动物体产生抗性物质,抵抗疾病侵袭。近年的研究发现,与其他功能基因一样,这类抗病基因表达的时间、空间及产物含量等会因某些营养物质水平的变化而发生改变。本章在简述猪抗病基因研究现状的基础上,主要综述了本团队近年来在不同品种猪抗病基因差异表达和营养对抗病基因表达影响及可能信号途径方面的研究结果。

6.1 猪抗病基因研究概况

猪的疾病感染是目前养猪生产面临的最严峻的问题之一。而消费者对猪肉产品安全和动物福利意识的提高以及抗生素的限用等,使得从事养猪生产的研究人员不得不寻求新的措施来提高猪的疾病抵抗力。因此,从遗传角度(表型和控制宿主防疫及疾病抵抗或敏感性的基因型)认识和提高猪的疾病抵抗力成为科研人员共同关注的焦点问题之一。

6.1.1 猪抗病力的概念

猪抗病力根据指代范围的不同可分为广义和狭义的抗病力。广义的抗病力一般泛指抗性,即动物对环境变化适应能力的水平和范围,包括猪对疾病的抵抗性、对不良气候的耐热性、耐寒性等,是猪在长期进化过程中形成且能稳定遗传的。而本章所指的抗病力为狭义的抗病力,即猪对病原(如病毒、细菌、真菌、寄生虫等)的抵抗能力或易感性。

一般认为,猪抗病力性状属于阈性状和数量性状的范畴,往往受主效基因、微效多基因与环境的共同互作影响。其中,个体免疫力是衡量猪抗病能力的重要指标,属于数量性状。不过，对于大多数的抗病力性状而言，不能简单归为阈性状或数量性状。虽然发病与不发病体现了阈性状的特征，但与单纯的阈性状不同，在进入病理状态后又会表现出发病严重程度不同的数量性状特征。例如，兽医临床化验猪的白细胞总数得到的资料属于数量性状的计数资料，根据化验的目的，可按白细胞总数正常或不正常分为两组，清点各组的次数，计数资料就转化为质量性状次数资料。如果按白细胞总数过高、正常、过低分为三组，清点各组次数，就转化成了阈性状资料。可见，多数抗病力性状是同时具备阈性状和数量性状特征的复合性状。现有资料显示，猪的多数抗病力性状具有中等偏低遗传力(h^2)，如猪对螺旋体的抗病力 h^2 为 0.20～0.21，对呼吸道疾病易感性 h^2 为 0.14，对萎缩性鼻炎易感性 h^2 为 0.16，对肠道疾病易感性 h^2 为 0.59，对支气管败血波氏杆菌和伪狂犬病病毒疫苗免疫应答 h^2 为 0.05～0.52，对大肠杆菌抗原的免疫应答 h^2 为 0.29～0.45。

6.1.2 抗病基因的概念

抗病基因(defence gene 或者 resistance gene)，指能使动物体内产生抗体，在外来环境的刺激下能抵抗病原侵袭，使动物对疾病产生抗病力的基因。按效应大小，抗病基因一般可分为三类：①单一主基因，这种基因主要控制抗病性状的表达；②微效多基因，这种基因所控制的抗病性状由多个基因共同作用；③独立的多基因，与微效多基因不同的是其基因数量少，每个基因对表型的影响相对较大，可以相互区别。然而，大多数抗病力性状一般受到微效和独立的多基因及环境的综合影响，遗传机制相当复杂。

6.1.3 抗病基因研究进展

由于与其他生长性状不同，抗病性状测定的成本高、难度大且没有统一的测定指标，构建抗病性状的资源家系十分困难，致使与猪抗病有关的数量性状位点定位研究较少。目前，猪抗病相关基因研究主要集中在运用分子数量遗传学的研究方法挖掘和筛选功能候选基因。相关的研究主要集中在三类基因，即受体类基因、免疫相关基因和信号传导基因。

6.1.3.1 受体类基因

受体类基因主要指作为病原菌或配体分子特异结合并吸附到宿主组织细胞上的一类功能基因。该类基因的突变，会引起其编码蛋白结构和功能的改变或丧失，从而使病原菌和配体分子不能结合上去，表现出对特定病原菌和遗传缺陷病的抗性。目前研究比较多的受体类基因是肠毒素型大肠杆菌(enterotoxigenic *E. coli*，ETEC)受体基因。

猪的肠毒素型大肠杆菌是仔猪黄痢、白痢、猪水肿病等多种大肠杆菌病的主要病原菌。研究发现 ETEC 的致病能力决定于它们在宿主小肠上皮细胞的定居能力和产生肠毒素能力，而 ETEC 定居于宿主小肠上皮细胞的能力由菌体表面的特异菌毛(黏附素)介导，按黏附素性质可将大肠杆菌分为 K88(F4)、K99(F5)、F41(F6)、F17 和 F18 等。因此，宿主小肠黏膜上皮细胞刷状缘有无黏附素受体决定着 ETEC 能否黏附能否致病。研究发现，黏附素受体受到一对等位基因的控制，有受体(敏感型)为显性，无受体(抗体型)为隐性。K88(F4)受体位点位于 13 号染色体的长臂 3.1 区段，与转铁蛋白(Tf)连锁，且 Tf 基因频率与 K88 抗性存在一定关系。Sellwood 等(1975)首次发现对 *E. coli* K88ac 黏附素引起的腹泻具有抗性的猪是由于小肠黏膜缺乏相应的受体。Chappuis 等(1984)和 Michaels 等(1994)报道,在梅山猪等中国地方猪种中未发现 F4ab 和 F4ac 黏附型。蒋隽等(2004)采用 13 号染色体上与 K88ab 和 K88ac 受体基因连锁的 2 对引物研究沙子岭猪和大约克猪的遗传差异性,结果表明,2 个猪种在 2 个基因座均存在多态性,且基因杂合度和 Shannon 信息指数存在很大差异,而中外猪种的 K88ab 和 K88ac 受体基因也存在遗传差异。*E. coli* F18 是引起断奶仔猪腹泻及水肿病的主要病原菌,F18 受体基因定位于猪的 6 号染色体,并与血型抑制因子 S、红细胞酶系统及氟烷基因紧密连锁。Meijerink 等(1997)研究发现,α(1,2)岩藻糖转移酶基因 1(FUT1)可作为 *E. coli* F18 受体的候选基因。施启顺等(2002)对 108 头大白猪、11 头长白猪和 39 头杜洛克猪 FUT1 基因型频率和基因频率的检测发现,不同品种猪 *E. coli* F18 受体敏感型均占绝对优势,而抗性型仅占 11%。

6.1.3.2 免疫相关基因

免疫相关基因是指编码与动物机体天然防御有很重要关系的蛋白产物的一类基因,其突变会引起其基因产物结构和功能的改变,如果这些变化引起的是机体天然抗菌活性的增强,机体则表现出对某些病原菌的抗性。

1. 天然抗性相关的巨噬蛋白基因

天然抗性相关的巨噬蛋白(natural resistance associated macrophage protein, NRAMP)基因家族最早发现于小鼠中,包括 NRAMP1 和 NRAMP2 基因。研究发现,哺乳动物 NRAMP1 和 NRAMP2 具有 66%的同源性,前者主要在吞噬细胞如巨噬细胞和中性粒细胞中特异表达,而后者主要则在绝大多数组织和细胞中表达。据报道,NRAMP1 编码具有完整膜的磷酸糖蛋白,含有 10~12 个特定的转膜区域,具有离子通道和转运功能。NRAMP1 蛋白可抵抗分枝杆菌、沙门氏菌等多种胞内寄生病原菌的侵染而发挥重要的免疫功能,其主要存在于外周血白细胞、脾脏、肺等网状内皮细胞。猪 NRAMP1 基因目前被定位于 15 号染色体的 q23-26(Sun 等,1998),其 cDNA 序列为 1 617 bp,共编码 539 个氨基酸,氨基酸序列与人和鼠的同源性分别为 87%和 85%(Tuggle 等,1997)。

Christopher 等(2004)发现猪 NRAMP1 基因存在 5 个多态性位点,通过攻毒试验表明其基因型与猪沙门氏菌的易感性有关。吴宏梅等(2008)研究发现,大白猪 NRAMP1 基因的 BB 基因型个体的单核细胞细胞毒百分率、中性粒细胞还原力值均显著高于 AB 基因型个体,且 180 日龄体重显著高于 AB 型而死亡率低于 AB 型;然而松辽黑猪中 NRAMP1 基因则是 AB 基因型个体的中性粒细胞还原力值显著高于 BB 型,且死亡率低于 BB 型。应三成等(2007)在藏猪上的检测发现 NRAMP1 基因在 10 个组织表达丰度从高到低的顺序为:脾脏、大脑、肺脏、回肠、肾脏、颌下淋巴结、结肠、心脏、肌肉和肝脏。

2. Mx1 基因

Mx(myxo-virus resistance)蛋白是由 I 型干扰素诱导宿主细胞产生的抗病毒蛋白的一种,具有广泛的抗病毒作用和 GTP 酶活性。1992 年 Muller 等最早在猪上克隆到了 Mx 基因,并且在其后的研究中发现 Mx1 具有抵抗水疱性口炎病毒和流感病毒的作用,而 Mx2 蛋白则无抗病毒活性。猪 Mx1 基因定位于第 13 号染色体上,包含一个含有 663 个氨基酸残基的开放阅读框(open reading frames,ORFs)(Rettenberger 等,1996)。Chung 等(2004)通过急性感染猪繁殖呼吸综合征病毒(porcine respiratory and reproductive syndrome virus,PRRSV)的猪细胞研究 α 干扰素(IFN-α)和 Mx1 的表达,发现两者对宿主早期抵抗 PRRSV 的感染有很重要的作用。吴圣龙等(2007)采用 PCR-RFLP 法对国内外 7 个猪种 Mx1 基因第 14 外显子的多态性进行分析,共检测到 3 个等位基因,6 种基因型,其中杜洛克猪中仅存在 AA 基因型,苏太猪中存在全部基因型,只有在梅山猪和具有梅山猪血统的苏太猪中出现基因型 BB。所有猪种中,只有在地方猪种和培育猪种中出现等位基因 B,所有猪种除松辽黑猪外均以 A 为优势等位基因。

3. 干扰素基因

干扰素(interferon,IFN)是脊椎动物受多种因素(如微生物)诱导产生的一组抗病毒蛋白。根据对酸的敏感性,目前通常将 IFN 分为Ⅰ型干扰素(酸敏感型)和Ⅱ型干扰素(耐酸型)。Ⅰ型干扰素有 7 种,即 IFN-α、IFN-β、IFN-ε、IFN-κ、IFN-ω、IFN-δ 和 IFN-τ,而Ⅱ型干扰素迄今为止仅发现 IFN-γ。研究表明,干扰素具有广谱、高效抗病毒作用,以及对免疫系统起关键调节作用等主要生物学功能。研究发现,丹系长白和法系长白、英系大白和法系大白猪的猪 IFN-α 基因核苷酸同源性均在 97.2%以上,氨基酸同源性均在 92.89%以上(刘占通等,2006);而巴马猪 IFN-β 基因氨基酸序列与梅山猪和长白猪的 IFN-β 基因氨基酸同源性分别为 98.4%和 98.9%。本团队郭万柱等(2007)从荣昌猪和内江猪中克隆到了 IFN-γ 基因,其开放阅读框有 501 个碱基,编码 166 个氨基酸,核苷酸同源性与其他已在 NCBI 刊载的猪 IFN-γ 基因在 99%以上。体内外试验表明,猪干扰素对对生产具重大威胁的传染病病毒均具有防御和抑制作用。用 IFN-γ 处理感染 PRRSV 的猪巨噬细胞,可抑制病毒增殖;同时注射猪瘟疫苗和干扰素可增强对猪瘟病毒的防御能力。姚清侠等(2007)报道,猪 IFN-γ 可以抵抗口蹄疫病毒感染,具有较强的抗病毒生物活性。

4. 主要组织相容性复合物基因

猪的主要组织相容性复合物(major histocompatibility complex,MHC),又称猪白细胞抗原(swine leukocyte antigen,SLA)复合物(Vaiman 等 1972),定位于猪的 7 号染色体(Geffrotin 等,1984),分为Ⅰ、Ⅱ、Ⅲ 3 类,共约 2 Mb,在宿主的免疫反应中,对病毒、细菌、寄生虫的遗传控制有重要作用,是与机体抗病力和免疫应答有密切关系的一组基因群。它的复杂性不是全细胞重组和变异的结果,而是复合体中 200 多个位点上大量等位基因变异的结果。SLA 作为抗病育种分子标记已被证明与对多种抗原的应答、细菌的噬菌作用、螺旋状旋毛虫和恶性黑素瘤的易感性等性状有相关。

姜范波等(2005)研究发现,二花脸猪的 MHC 基因表达水平高于丹麦长白猪,前者的 MHC 基因在多种组织的高表达可能是二花脸猪高抗逆性的基础之一,而后者的 MHC 基因在空肠上皮细胞的高表达可能与丹麦长白猪高的生长速度和饲料报酬有关。杨军等(2007)对 SLA-DQA 和 SLA-DQB 基因在大白猪上的时间(1、90、180、270、360 日龄)和空间(不同组织器官)表达规律研究发现,SLA-DQA 和 SLA-DQB 基因在大白猪的整个生长发育期的心、肝、胃、脾、肾、肺、大肠、小肠、肌肉、子宫和卵巢共 11 个组织与器官中均有表达,但表达量存在明显差异与变化;其中,DQA 基因在 90 日龄时表达量最高,在 1 日龄时最低;DQB 基因除了在 1 日龄的心、肝和肾中表达量高于 DQA 基因外,其余各时间点的不同组织与器官内的表达量均低于 DQA 基因。此外,施启顺(2004)报道,SLA Ⅰ类和Ⅱ类等位基因分布与感染伪狂犬病病毒的反应存在关联,SLA 的不同单倍型对寄生虫的抗性也存在类型差异。

5. 其他基因

除上述基因外，目前国内外的研究者也对猪免疫相关的其他一些基因进行了研究报道。例如，在荣昌猪上克隆了杀菌通透性增强蛋白基因，该基因型与猪沙门氏菌的易感性有关。同时，本团队成员还首次克隆出荣昌猪及内江猪的 IL-8、IL-10、IL-18 和 IL-2 受体 α 基因。另外，其他一些免疫相关基因如抗菌肽类基因也引起了研究者的关注，例如猪防御素基因（在 6.2 节做详细介绍）。

6.1.3.3 信号传导基因

信号传导基因是一类动物天然识别外源侵染物或病原微生物的受体类基因，它们能将识别的信号通过特定的信号传导途径传递给机体免疫系统，从而引起机体做出相应的免疫应答，从而起到天然防御作用。目前，在哺乳动物上研究和了解比较多的是模式识别受体（pattern recognition receptors，PRRs），其在先天性免疫系统中具有重要作用，主要包括 Toll 样受体（Toll-like receptors，TLRs）、NOD 样受体（NOD-like receptors，NLRs）、RIG 样解旋酶（RIG-like helicases，RLHs）以及 C-型凝集素样受体（C-type lectin-like receptors，CLRs）。其中，在猪上研究相对较多的是 TLRs（在 6.2 节做详细介绍）。

尽管目前通过候选基因法（candidate gene approach）和基因组扫描法（genome wide scan）在统计模型的支持下鉴定与猪抗病力相关性状的候选基因已积累了不少资料，然而，除类似猪大肠杆菌 K88 和 F18 受体基因等极少数近似于质量性状基因的主效基因外，对于猪抗病性状这类复合性状的研究尚没有普遍认可的结果，所鉴定的基因或标记还远未达到应用于分子育种的程度。某些潜在的候选基因产生生物学效应的分子机制多基于人为推测，缺乏细胞层面的详尽机理解析，且未见在不同遗传背景的中外猪种中通过标记辅助选择（marker assistant selection，MAS）获得广泛认可的成功结果。与此同时，猪抗病性状是典型的复合性状，拥有一套边界模糊但相对独立的多基因调控系统，其宏观表型的最终形成取决于多个基因在时间、空间和数量上的系统表达模式。到目前为止，质量性状基因的 MAS 是成功的，但对于典型的复合性状尚需注重功能基因的系统表达模式研究。

6.2 不同品种猪抗病基因的表达差异

一些研究结果发现，不同物种、同种动物的不同品种或品系、甚至个体之间，对于同一病原往往表现出不同的抵抗力或敏感性。例如前人研究发现，猪萎缩性鼻炎和呼吸道疾病易感性存在品种间差异，如外种猪比中国梅山猪对某些疾病具有天然的抗病性，而外种的杜洛克和大白猪间也存在着免疫力的差异。那么这种抗性的差异是否与某些特定的或一类抗病基因差异表达有关？近年的研究发现，某些抗病基因的表达确实具有猪品种差异性。本节重点介绍本团队近年有关猪 β-防御素基因和 TLRs 基因品种表达规律的研究结果。

6.2.1 β-防御素基因

6.2.1.1 防御素简介

防御素(defensin)是一类保守的富含精氨酸残基的阳离子多肽，一般由18～54个氨基酸残基组成，相对分子质量为3 000～5 000，分子中含有6～8个半胱氨酸残基，形成3～4对分子内二硫键，二硫键可以使小分子防御素连接紧密，有利于维持其结构稳定，是防御素与其他抗菌肽相区别的主要特征，也是防御素抗菌活性和细胞毒效应的结构基础(周联等，2005)。根据半胱氨酸的位置和二硫键的连接，哺乳动物防御素分为α-防御素、β-防御素和θ-防御素3类(Aono等，2006)。α-防御素为最早发现的防御素，主要在人、大鼠、豚鼠、兔、猕猴的中性粒细胞、巨噬细胞，哺乳动物肠的Paneth细胞和消化道、泌尿生殖道的上皮细胞等中表达。成熟的α-防御素由29～36个氨基酸残基组成，分子内含6个保守的半胱氨酸残基形成的3对二硫键，其连接位置分别为1-6、2-4和3-5，其中1-6二硫键连接N端和C端的半胱氨酸形成分子大环。β-防御素主要存在于哺乳动物的皮肤、黏膜等上皮细胞中，由38～42个氨基酸残基组成。同α-防御素一样含有6个保守的半胱氨酸残基，形成3对分子内二硫键，连接方式为2-4、1-5和3-6(Wu等，2003)。θ-防御素是从猕猴的白细胞中分离出来的，由18个氨基酸残基组成，区别于前两类防御素的特征是整个分子呈一个大的环状结构，3对分子内二硫键连接方式为1-6、2-5、3-4，形成环状结构，它主要存在于猕猴的中性粒细胞和单核细胞的颗粒中(Tang等，1999)。α-防御素和β-防御素对革兰氏阴性菌和革兰氏阳性菌均具有抑制作用，且抗菌活性较强。θ-防御素除具有抗菌活性之外，还具有抗滤过性病原体和抗毒素作用。

6.2.1.2 猪防御素研究概况

猪体内尚未发现α-防御素和θ-防御素，仅发现β-防御素。据报道，通过分子信息学方法鉴定，在猪体内共编码了11种β-防御素，这些β-defensin基因被命名为pBD-1(porcine β-defensin-1)、pBD-2、pBD-3、pBD-4、pBD-104、pBD-108、pBD-114、pBD-123、pBD-125、pBD-129、pBD-2E(Sang等，2006)。

pBD-1是在猪体内最早发现的防御素，含有2个精氨酸和7个赖氨酸残基，且在成熟的肽中不含有阴离子残基。pBD-1的cDNA序列编码一个含有64个氨基酸的前原肽。基因全长约1.9 kb，含有两个外显子，并被一个1.5 kb的内含子隔开。外显子1编码5′端非编码区(UTR)和信号肽序列；外显子2编码PRO序列、成熟肽和3′-UTR。pBD-1的mRNA在舌上皮细胞中有大量表达，在呼吸道和消化道中表达稍少。pBD-1基因在氨基酸序列、基因结构、表达部位等方面与许多诱导型β-防御素均比较相似。然而试验结果显示，pBD-1基因的表达不受LPS、TNF-α、IL-1β等刺激的影响，表明其属组成型表达模式。

pBD-1具有广谱的抗菌活性，可抗大肠杆菌、鼠伤寒沙门氏菌、单核细胞增多性李氏杆菌、白色念珠菌、埃希氏菌属、猪链球菌、放线杆菌属、金黄色葡萄球菌、百日咳杆菌(Shi等，1999)。与其他防御素相似，pBD-1对微生物的杀灭是pH、盐和血清依赖性的，当pH小于5.5、高盐或有血清时都可以使之失活。pBD-1还在猪的外周血单核细胞和淋巴结细胞中具有免疫调节作用，在10 mmol/L硫酸钠缓冲液中外加125 mmol/L NaCl时，pBD-1具有更好的抗大肠杆菌和白色念珠菌的活性，一定浓度的 pBD-1 制品和猪的中性粒细胞肽 PC-3、PR-39 和 PR-26 可协同抗 *E. coli* 和耐药性菌株。有研究结果表明，pBD-1 具有抗百日咳博德特氏菌引起的猪呼吸系统疾病的作用。在百日咳博德特氏菌引起的猪呼吸系统疾病模型中，发现新生猪对此细菌非常易感，且发展为严重的气管炎，但 4 周龄以上的猪对百日咳博德特氏菌有保护免疫作用，这种保护可能与上呼吸道表达的 pBD-1 有关。事实上，pBD-1 的表达量在发育中是有规律调节的，缺乏 pBD-1 表达的仔猪就会出现对百日咳易感(Elahi 等，2005)。

pBD-2 基因是最近几年研究的一个新的猪的防御素基因，由 113 个氨基酸残基组成，其 cDNA 可编码 70 个氨基酸，全长的 cDNA 由编码信号肽、前片段、成熟肽的序列组成，信号肽和前片段可以保证成熟肽正确折叠且免受蛋白酶的降解，也保证成熟肽在转运过程中以非活性形式存在，从而避免伤害宿主细胞。目前有关 pBD-2 的研究多数都是集中在体外基因工程的研究上。

6.2.1.3 不同品种猪 *β*-防御素基因表达规律

Chen 等(2010)首先对梅山猪和 DLY 猪的 pBD-1、pBD-2、pBD-3 基因分别进行了克隆测序，结果显示两种猪的 pBD-1、pBD-2、pBD-3 基因的序列高度一致，不存在品种间变异现象，证明两种猪体内的 pBD-1、pBD-2、pBD-3 基因为同一基因。测序结果均在 NCBI 上进行了登录，pBD-1、pBD-2 和 pBD-3 的登录号分别为 NM-213838、AY506573 和 AY4605575。

在克隆测序的基础上，Chen 等(2010)选取 7 日龄的纯种梅山猪和 DLY 杂交仔猪各 6 头(公母各半)，采用 RT-PCR 技术检测了 *β*-防御素在心、肝、脾、肺、肾、脑、舌、口腔黏膜、呼吸道黏膜、小肠黏膜、生殖道黏膜、胸腺、皮肤、肌肉、睾丸(公)或卵巢(母)等组织的表达情况。结果发现，pBD-1、pBD-2、pBD-3 mRNA 不仅能在梅山猪和 DLY 猪的小肠黏膜、呼吸道黏膜、口腔黏膜和生殖道黏膜等具有黏膜的组织中表达，而且在心、肝、脾、肺、肾等实体性器官中也能检测到，两个品种猪所测 16 个组织中均能检测到三个基因的分布，但具有组织表达量差异性。pBD-1 在梅山猪和 DLY 猪上均以舌和口腔黏膜表达量最高，而 pBD-2 表达模式不同于 pBD-1，梅山猪是以舌和口腔黏膜表达量最高，而 DLY 猪则在肾和肝中表达量最高。差异的原因可能在于 pBD-2 基因是一种诱导性防御素基因，这类基因可以被体外的细菌等病原微生物诱导产生，而梅山猪作为地方品种对某些特定病原具有较好的抗病力，从而出现表达模式不一致的原因。pBD-3 在口腔黏膜、舌和皮肤中表达较高。

进一步的比较分析发现，梅山猪多数组织中 pBD-1、pBD-2、pBD-3 基因的表达量均要高于 DLY 猪。其中，梅山猪小肠黏膜、呼吸道黏膜、舌、脑、口腔黏膜、心、肝、脾、肺、肾、肌肉、生殖道黏膜和卵巢 13 个组织中 pBD-1 基因的表达高于 DLY 猪，小肠黏膜、舌、脑、口腔黏膜、心、肺、肌肉、胸腺、生殖道黏膜和卵巢 10 个组织中 pBD-2 基因以及小肠黏膜、呼吸道黏膜、舌、脑、口腔黏膜、心、肝、脾、肺、肾、皮肤、肌肉、胸腺、生殖道黏膜和卵巢 15 个组织中 pBD-3 基因的表达均高于 DLY 猪。

Qi 等(2009)对藏猪的 pBD-1、pBD-2、pBD-3 基因分别进行了克隆测序，对比发现与网上公布的序列高度一致。进一步以 7 日龄藏猪和 DLY 猪为模型，研究发现 pBD-1、pBD-2、pBD-3 基因广泛表达于藏猪和 DLY 猪的小肠黏膜、呼吸道黏膜、舌、脑、口腔黏膜、心、肝、脾、肺、肾、皮肤、肌肉、胸腺、生殖道黏膜、睾丸(公)或卵巢(母)等 16 个组织中，表明防御素不仅可以对直接与外界微生物环境长期接触的黏膜组织起到防御作用，而且可以对全身的各个组织起保护作用。同时,藏猪和 DLY 猪 pBD-1 表达量最高的是舌和口腔黏膜,pBD-3 表达模式与 pBD-1 相似,在口腔黏膜、舌和皮肤中表达较高,而 pBD-2 在两种猪的肾和肝中表达量最高。

品种间表达差异分析发现,藏猪的小肠黏膜、呼吸道黏膜、舌、脑、口腔黏膜、心、肝、脾、肺、皮肤、肌肉、生殖道黏膜和卵巢 13 个组织中 pBD-1、pBD-3 基因的表达量高于 DLY 猪,而肾和睾丸中 pBD-1 基因以及脾、胸腺和睾丸中 pBD-3 基因表达量显著低于 DLY 猪。这种差异表达可能在于上皮组织作为机体和环境间的第一道防御线,长期与外界微生物相接触,在机体抵抗外界微生物入侵中起着重要的防御作用,这也可能是藏猪具有较高抗病力的原因之一。与之相反,pBD-2 基因的品种表达规律明显不同于 pBD-1 和 pBD-3,表现为藏猪的呼吸道黏膜、舌、脑、口腔黏膜、心、肝、脾、肺、皮肤、肌肉、生殖道黏膜和睾丸 12 个组织中 pBD-2 基因的表达量显著低于 DLY 猪,而小肠黏膜和卵巢中的表达高于 DLY 猪。原因可能在于 pBD-2 作为诱导性表达的抗菌肽,在受到微生物侵袭时有极大潜力迅速释放以保护机体。pBD 在不同品种猪的差异表达可能暗示在机体防御中 pBD-2 和 pBD-1、pBD-3 有不同的防御机制。

6.2.2 Toll 样受体基因

6.2.2.1 Toll 样受体简介

Toll 样受体(Toll-like receptors,TLRs)是参与天然免疫的细胞跨膜受体及病原模式识别受体,是一个广泛存在于昆虫、脊椎动物和植物中的进化上高度保守而古老的蛋白质家族,它通过启动天然免疫反应和激发适应性免疫反应的信号传导,在宿主防御微生物病原体感染过程中发挥重要作用。TLRs 广泛存在于多种组织细胞表面,包括先天免疫细胞和介导适应性免疫细胞。虽然各种细胞所表达的 TLRs 有所差异,但都属于病原相关分子模式(pathogen-associated molecular patterns,PAMPs)的模式识别受体。TLRs 通过与病原的固有分子结合、激发信号转导作用,诱导细胞因子和趋化因子的分泌(Akira 等,2004),发挥先天免疫的防御作用,并且激活一系列适应性免疫反应。哺乳动物中目前发现的 TLRs 至少包括 13 种,命名为 TLR1～TLR13,分别识别不同的 PAMPs(Takeda 等,2003)。TLRs 可识别包括肽聚糖、脂蛋白、双链病毒 RNA、LPS 以及细菌 CpG DNA 等在内的多种 PAMPs(Hawlisch 等,2006)。

TLRs 可据细胞内定位的不同被分为两个亚家族,即位于细胞膜表面的 TLR1、TLR2、TLR4、TLR5、TLR6 和 TLR11 以及位于胞内膜组分(如胞内体、溶酶体或内质网膜)的 TLR3、TLR7/8 和 TLR9(Kawai 等,2008)。由于定位的特点及自身结构的区别,它们所识别的 PAMPs 也相应存在差异。TLRs 对 PAMP 的识别,一方面快速启动天然免疫,另一方面通过调节信号途径,启动特异性免疫,最终综合表现为动物对疾病的抵抗能力。细胞膜表面的 TLRs 主要识别病原的膜成分。其中 TLR2 与 TLR1 或 TLR6 形成异源二聚体,分别识别细菌或支原体的三酰基脂肽和二酰基脂肽;TLR4 识别革兰氏阴性菌的 LPS 及某些病毒的包膜蛋白;TLR5 识别细菌的鞭毛成分;TLR11 识别一些尿道细菌(Kawai 等,2007)。而 TLR3、TLR7/8、TLR9 则主要识别经过自噬或内吞作用形成的胞质囊泡内的病毒核酸成分。

6.2.2.2 猪 Toll 样受体基因研究概况

哺乳动物体内已经发现至少 13 种 TLRs，其中在猪上已经获得 10 种 TLRs 受体基因的全长克隆。除 TLR8 外，TLR1～TLR10 基因的完整编码序列均已经有比较详细的报道。同时，研究发现，猪的 TLRs 基因均包含大量的单核苷酸多态性(SNPs)，增加了猪群对病原识别的变异性。

Yoshihiro 等(2003)从猪肺泡巨噬细胞中对 TLR2 和 TLR6 进行克隆和测序，结果发现 TLR2 和 TLR6 cDNA 的开放阅读框(ORFs)分别为 2 358 和 2 391 bp，分别编码 785 个和 796 个氨基酸；同源性分析表明，TLR2 和 TLR6 与人类的同源性分别为 72.3%和 74.4%；其基因均定位于猪的 8 号染色体。还有研究者对猪 TLR3 基因研究发现，该基因的 ORF 为 2 718 bp，编码 906 个氨基酸；同源性分析结果显示与 GeneBank 中猪 TLR 的相应序列同源性达 99%以上；与牛、马、羊和人的同源性较高；蛋白分子结构预测表明，猪 TLR3 为跨膜蛋白。周波等(2008)采用 PCR-SSCP 方法检测猪 TLR4 基因外显子 3 部分片段的单核苷酸多态性，结果发现猪 TLR4 的 SNP 出现频率在各猪种中有差异。魏麟等(2010)研究了猪 TLR5 蛋白的结构特征和进化关系，结果发现其序列全长 2 641 bp，其中 2 571 bp 的开放阅读框编码 856 个氨基酸残基的猪 TLR5，含 17.4%的亮氨酸，并有一段 19 个氨基酸的信号肽序列；同源性分析结果显示，TLR5 在进化过程中具有高度保守性；蛋白分子结构预测结果表明，该分子由胞外区(642 个氨基酸)、跨膜区(23 个氨基酸)和胞内区(191 个氨基酸)组成，胞外区具有富含亮氨酸的重复序列(leucine rich repeats，LRR)，胞内区具有 Toll-IL-1 受体结构域(Toll-IL-1 receptor domain，TIR 结构域)，表现出典型的 TLRs 家族结构特征。段凤云等(2010)从猪脾脏淋巴细胞中克隆猪 TLR7 基因，利用生物信息学技术预测其结构与功能。基因序列分析表明，克隆的 pTLR7 基因为 3 153 bp，编码 1 050 个氨基酸，富含 16.2%的亮氨酸；同源性分析显示，与 GenBank 上登载的猪 TLR7 参考序列(DQ333222)的同源性为 98.8%，与牛和绵羊的同源性较高；推导氨基酸的分子结构预测表明，该分子属于Ⅰ型跨膜受体，由胞外区(588 个氨基酸)、跨膜区(23 个氨基酸)和胞内区(174 个氨基酸)组成，有信号肽序列、LRR 和 TIR 结构域。

6.2.2.3 不同品种猪 TLRs 基因表达规律

朱浩妮等(2010)研究了荣昌猪和 DLY 猪 2 个品种、4 个日龄阶段(0、7、14 和 21 d)组织器官 TLRs 的基因发育表达规律。选取纯种荣昌仔猪和 DLY 仔猪各 4 窝，在仔猪出生后的 0、7、14 和 21 d，每窝各选 1 头正常公仔猪屠宰，分离肝脏、脾脏、肺、空肠和肠系膜淋巴结样品，液氮速冻。用 RT-PCR 方法检测组织中 TLR2、TLR3、TLR4、TLR7、TLR9 基因 mRNA 的表达水平。结果表明，不同品种仔猪肝、脾、肺、肠系膜淋巴结和空肠组织中 TLR2、TLR3、TLR4、TLR7、TLR9 的 mRNA 表达量存在差异，荣昌猪显著高于 DLY 猪($p<0.05$)，并且表达量随日龄增加呈现一定的变化规律，总体是随着日龄的增加，表达量显著增加($p<0.05$)。

刘筱等(2011)采用 PCR-SSCP 结合核苷酸测序法研究了梅山猪、二花脸猪、苏钟猪、姜曲海猪、淮猪、金华猪、大约克猪、皮特兰猪及金华与皮特兰杂交 F2 代猪(JPF2)9 个群体共 90 个样本 TLR4 基因外显子序列的单核苷酸多态性，并对猪 TLR4 基因进行了生物信息学分析。

结果检测到 4 个突变：G400A、G962A、C1027A、G960A，其中前 3 个为有义突变，且 C1027A 突变引起编码氨基酸性质的改变；生物信息学分析表明猪 TLR4 基因含有一个 2 526 bp 的开放阅读框，编码 841 个氨基酸；序列比较发现，猪与牛、绵羊、人和小鼠 TLR4 基因 cDNA 序列相似性分别为 87%、86%、79%、73%，编码的氨基酸序列相似性分别为 81%、80%、73%、64%；TLR4 基因多态性检测结果表明猪 TLR4 基因的单核苷酸多态性在中外猪种中存在明显差异，结合生物信息学分析推测该基因编码蛋白质 LRR 功能域上的突变可能与猪种对疾病的易感性不同有关。Sousa 等(2011)比较了注射支原体肺炎疫苗前后，TLR6 在商品白猪和巴西本地 Piau 猪外周血中的表达规律，结果发现 TLR6 mRNA 在 Piau 猪外周血的表达量显著高于商品白猪。

6.2.3 其他基因

赵叶等(2011，本团队未发表资料)对藏猪和 DLY 猪的研究发现，在所检测的 19 个组织器官中均能检测出视黄酸诱导基因-Ⅰ(RIG-Ⅰ)、TLR3 基因的表达；在藏猪中，RIG-Ⅰ、TLR3 分别在肝脏和胰腺的表达量最高；而 DLY 杂交猪中，RIG-Ⅰ、TLR3 均在肝脏的表达量最高；绝大部分组织 RIG-Ⅰ基因表达量均为藏猪高于 DLY 猪。当接种 PRRS 弱毒苗后，RIG-Ⅰ在脾脏、肝脏、肺、肠系膜淋巴结、腹股沟淋巴结的表达显著提高，TLR3 在脾脏、肝脏、心、肺、肠系膜淋巴结的表达也显著上调；接种 PRRS 弱毒苗对 DLY 猪肺组织 RIG-Ⅰ表达的影响强于藏猪。

6.3 营养对抗病基因表达的调控

营养物质是动物机体抵抗病原入侵的物质基础，是动物机体发挥最大免疫力的保障。大量的研究已经证明，猪的营养状态或某些营养素的特异性供给与机体的免疫应答及免疫功能密切相关。那么抗病基因的表达是否也同样会受到营养素或营养状态的调节呢？本团队的相关研究证实营养对某些抗病基因的表达具有调控作用。

6.3.1 *β*-防御素基因表达的营养调控

防御素是机体先天性免疫系统的重要组成部分，对动物抵抗疾病的能力有重要作用。本团队前期的试验证明，抵抗力不同的动物体内防御素的表达量不一致，具有较高抵抗能力的中国地方品种猪体内防御素基因的表达量较高。由此可以推测，防御素基因与动物抵抗力高度相关。猪 *β*-防御素表达调控的研究主要集中在细菌、病毒等方面，营养素对其表达影响的研究十分少见。陈金永(2010)和齐莎日娜(2010)通过体内外试验较系统地比较了一些单一养分对猪 *β*-防御素表达的影响。

陈金永(2010)以 IPEC-J2 细胞为模型，研究了不同浓度维生素 A、维生素 E 和维生素 D 各自对 *β*-防御素基因表达的影响。结果发现，维生素 A、维生素 D、维生素 E 均能不同程度诱导猪小肠上皮细胞 pBD 基因的表达并促进 pBD 蛋白的分泌。其中，0.5～20 μmol/L 维生素 A 可显著提高 pBD-1、pBD-2 和/或 pBD-3 基因的 mRNA 表达水平和蛋白质表达水平；5～50 nmol/L维生素 D 显著提高了 pBD-1、pBD-2 或 pBD-3 基因的 mRNA 表达水平或蛋白质表达水平；20 和 50 μg/mL 维生素 E 显著提高了 pBD-1 和 pBD-3 基因的 mRNA 表达水平或蛋白质表达水平。结果提示，在该实验浓度范围内，维生素 A、维生素 D、维生素 E 可以促进 pBD-1、pBD-2、pBD-3 基因 mRNA 与蛋白的表达，其中维生素 A 对 pBD-1、pBD-2、pBD-3 基因表达的促进作用效果较好。在此基础上，本团队选择维生素 A 作为营养素进一步研究其对不同品种猪组织器官 pBD 基因表达的影响。陈金永等(2010)选用产期相近、胎次相似、相同环境饲养的健康的 21 日龄断奶、体重 3.5～4 kg 荣昌猪断奶仔猪 24 头，按体重随机分为 4 组；另外选择产期相近、胎次相似、相同环境饲养条件下的健康的 21 日龄断奶、体重 6.5～7 kg DLY 断奶仔猪 30 头，按体重随机分为 5 组。本试验共设 9 个处理组，每个处理设有 6 个重复，每个重复 1 头猪。试验前 8 组采用 2×2×2 的三因子处理安排，另设一个高剂量维生素 A(5 倍 NRC 水平)日粮、接种 PRRS 弱毒疫苗的 DLY 猪作为对照组，即试验第 9 组，于正式试验开始后 14 d，对第 3、4、7、8、9 组的仔猪分别接种 PRRS 弱毒疫苗。结果发现，攻毒降低了试猪日采食量、日增重和血清维生素 A，提高了猪血清中免疫球蛋白 IgA、IgG、IgM 的浓度，提高了 pBD-2 基因在肺、脾、肠系膜淋巴结和腹股沟淋巴结中的表达，相比较而言，攻毒对 DLY 猪的影响要强于荣昌猪；维生素 A 缺乏降低了血清视黄醇的含量与体内部分组织中 pBD-1、pBD-3 基因的表达，攻毒可以加剧这种作用。

齐莎日娜(2010)选用猪肠上皮细胞系 IPEC-J2 为研究模型，在无血清 DMEM/F12 培养基上分别单独添加不同浓度的 Arg、Ile 和 Zn^{2+} 培养细胞，24 h 后，用 RT-PCR 法分别测定 pBD-1、pBD-2、pBD-3 基因 mRNA 表达水平，用 ELISA 方法测定 pBD-1、pBD-2、pBD-3 蛋白含量，考察 Arg、Ile 和 Zn^{2+} 对 pBD-1、pBD-2、pBD-3 基因 mRNA 与蛋白质表达水平的影响。结果显示，Arg、Ile 和 Zn^{2+} 均能不同程度诱导猪小肠上皮细胞 pBD 基因的表达并能促进 pBD 蛋白的分泌。不同水平的 Arg 均能提高 pBD 基因的 mRNA 和蛋白的表达，其中 100 μg/mL Arg 极显著提高了 pBD-1、pBD-2 基因的 mRNA 和蛋白的表达水平，显著提高了 pBD-3 基因的 mRNA 和蛋白质的表达水平，是 Arg 调控 pBD 表达的最佳添加浓度。Ile 和 Zn^{2+} 诱导 pBD 表达的最佳浓度分别是 25 μg/mL 和 100 μmol/mL。Arg 对 pBD 的诱导作用比 Ile 和 Zn^{2+} 效果好。在此基础上，本团队选择 Arg 作为重点考察的营养素，研究其对猪组织器官 pBD 基因表达的影响。齐莎日娜(2010)选择产期、胎次和饲养环境相近的 21 日龄断奶、体重 6.5～7 kg 的 DLY 仔猪 36 头，采用 2×3 因子试验设计，按体重随机分为 6 组。试验第 1～7 天，1、4 组饲喂基础日粮，处理 2、5 组饲喂基础＋0.5%精氨酸日粮，处理 3、6 组饲喂基础＋1%精氨酸日粮。试验第 8 天早上，空腹称重后，处理 4、5、6 组，共 18 头仔猪，实施免疫应激(接种 4 mL S. C500)，处理 1、2、3 组注射生理盐水，免疫应激后第 10 天屠宰取样。结果发现，在正常条件下添加精氨酸，会增加血清游离精氨酸、鸟氨酸和瓜氨酸，而降低赖氨酸、苏氨酸、蛋氨酸、缬氨酸及组氨酸浓度；增加血清 NO、tNOS 和 iNOS 活性以及 IgA、IgG 和 IgM 水平；降低血清 IL-1β、TNF-α、皮质醇浓度；降低 CAT-1、CAT-2、CAT-3 的表达，增加 pBD-1、pBD-2、pBD-3 的表达。在应激情况下，日粮补充精氨酸改善生产性能，有增加精氨酸分解代谢的趋势；添加精氨酸增加 S. C500 诱导的 NO 增加幅度；添加精氨酸减少接种 S. C500 引起的 IL-1β、TNF-α、皮质醇增加，减少接种 S. C500 引起的 IL-2 降低；精氨酸与 S. C500 互作对肠系膜淋巴结中 pBD-1 表达有显著影响，对口腔黏膜和空肠黏膜中 pBD-2 表达有显著影响，对肝、肌肉和空肠黏膜中 pBD-3 基因表达有显著影响。

6.3.2 TLRs 基因表达的营养调控

Toll 样受体(Toll-like receptors，TLRs)是参与天然免疫的细胞跨膜受体及病原模式识别受体，它通过启动天然免疫反应和激发适应性免疫反应的信号传导，在宿主防御微生物病原体感染过程中发挥重要作用。本团队在营养素对 TLRs 基因表达的影响方面主要做了如下工作。

朱浩妮(2010)选择健康、21 日龄断奶、体重 3.5～4 kg 的荣昌仔猪和体重 6.5～7 kg 的 DLY 仔猪各 24 头，采用 2×2×2 因子设计共 8 个处理，主效应分别为 2 个品种(荣昌和 DLY)、2 个维生素 A 添加水平(0 和 2 200 IU/kg)、2 种疫苗免疫状态(注射 PBS 液和注射蓝耳病弱毒疫苗)，每个处理 6 个重复，每个重复 1 头仔猪，试验期共 6 周。结果表明，猪品种、日粮维生素 A 水平、PRRSV 的攻毒状态，以及它们间的互作影响 TLRs mRNA 的组织表达量。荣昌仔猪各组织 TLR2、TLR3、TLR7、TLR9 的 mRNA 表达量均高于 DLY 仔猪，其中荣昌猪肝脏、肺、肠系膜淋巴结和空肠中 TLR2、TLR3、TLR7(肺例外)和 TLR9(肝和肠系膜淋巴结除外)的 mRNA 表达量均显著($p<0.05$)或极显著($p<0.01$)高于 DLY 仔猪。除脾脏外，维生素 A 缺乏均导致组织 TLR2、TLR3、TLR7、TLR9 的 mRNA 表达量显著($p<0.05$)或极显著($p<0.01$)增加。PRRSV 攻毒导致各组织中 TLR2、TLR3、TLR7、TLR9 的 mRNA 表达量均有不同程度增加，对各组织中 TLR7 和 TLR9 的影响大于 TLR2 和 TLR3。品种×维生素 A、品种×攻毒、维生素 A×攻毒、品种×维生素 A×攻毒对组织 TLR2、TLR3、TLR7、TLR9 的 mRNA 表达量存在不同程度的互作影响。

陈渝等(2011)研究了饲粮添加 Arg 对免疫应激仔猪生长性能和肠道组织细胞膜外 TLR2、TLR4、TLR5、TLR6 基因表达的影响。选用(24±1)日龄的断奶、体重(7.19±0.63)kg的杜洛克×长白×大白公猪 20 头，随机分为 4 个处理，分别为饲喂基础饲粮＋注射生理盐水(对照组)、饲喂基础饲粮＋注射沙门氏菌活疫苗(S. C500)(S. C500 组)、饲喂基础饲粮添加 0.5% Arg＋注射 S. C500(0.5% Arg 组)和饲喂基础饲粮添加 1.0% Arg＋注射 S. C500(1.0% Arg 组)，每个处理 5 个重复，每个重复 1 头仔猪。应激处理于第 8 天实施，肌肉注射 S. C500 4 mL。试验期 17 d。第 8(免疫应激前)、9、11、18 天采集血样测定血清沙门氏菌抗体水平和 IL-6 浓度，第 18 天仔猪屠宰采集空肠和回肠肠段组织样品，测定 Toll 样受体 mRNA 表达量。结果表明：与对照组相比，仔猪肌肉注射 S. C500 不同程度降低了平均日增重(ADG)($p<0.10$)和平均日采食量(ADFI)($p<0.05$)，显著增加在第 9、11 和 18 天血清 IL-6 水平($p<0.05$)，同时显著上调了空肠和回肠组织中 TLR4 和 TLR5 mRNA 表达量($p<0.05$)；添加 Arg(0.5%和 1.0%)能够缓解疫苗注射导致的以上抑制效应，显著抑制仔猪血清 IL-6 水平、空肠和回肠 TLR4 和 TLR5 mRNA 表达水平的上调($p<0.05$)。结果提示，饲粮添加 Arg 能显著减缓因 S. C500 注射引起的断奶仔猪肠道 TLR4 和 TLR5 基因的过度表达、血清 IL-6 含量的升高，从而缓解免疫应激对仔猪的损伤。

6.4 营养调控抗病基因表达的可能机理

营养对抗病基因的表达具有调控作用，其可能的机理是什么？本节主要就本团队近年来在研究维生素 A、Arg 等单一营养素调控 β-防御素和 TLR4 基因表达可能机理中的一些探索性研究结果进行总结。

6.4.1 营养素调控 β-防御素基因表达的可能机理

目前对防御素的研究还处于初级阶段，其信号转导机制研究比较少，关于营养素对防御素表达调控的信号通路的研究还未见报道。

陈金永(2010)为初步揭示维生素 A 诱导 pBD-1、pBD-2、pBD-3 基因表达的信号转导机制，以 IPEC-J2 细胞系为研究模型，考察了信号通路阻断剂对维生素 A 诱导 pBD-1、pBD-2、pBD-3 基因 mRNA 表达的影响。试验选用的信号通路阻断剂有细胞核转录因子蛋白(nuclear factor κB，NF-κB)通路阻断剂 MG-132 和丝裂原活化蛋白激酶(mitogen-activated protein kinases，MAPK)-细胞外调节蛋白激酶(extracellular regulated protein kinases，ERK)(MAPK-ERK)通路阻断剂 PD98059，采用单因子试验设计，共分对照组、维生素 A 组、MG-132 组、PD98059 组、维生素 A＋MG-132 组和维生素 A＋PD98059 组 6 个处理组。研究结果表明，MG-132 极显著降低了维生素 A 对 pBD-2 基因的诱导作用，PD98059 极显著降低了维生素 A 对 pBD-1 和 pBD-3 基因的诱导作用。结果提示，NF-κB 通路可能是维生素 A 影响 pBD-2 基因表达的信号转导通路之一；MAPK-ERK 通路可能是维生素 A 影响 pBD-1、pBD-3 基因表达的信号通路之一。

齐莎日娜(2010)采用相同的研究模型和方法，初步探索了 Arg 调控 β-防御素基因表达的可能机理。结果表明，MG-132 极显著降低了精氨酸对 pBD-2 基因的上调作用，PD98059 极显著降低了精氨酸对 pBD-1 和 pBD-3 基因的上调作用。结果提示，NF-κB 通路可能是精氨酸调控 pBD-2 基因表达的信号转导通路之一；MAPK-ERK 通路可能是精氨酸调控 pBD-1、pBD-3 基因表达的信号通路之一。

上述两个试验结果提示，在某些营养素对猪 β-防御素基因表达的调控中，NF-κB 通路和 MAPK-ERK 通路可能起着重要作用。

6.4.2 营养素调控 TLR4 基因表达的可能机理

Chen 等(2012)研究发现，饲粮添加 Arg 能够下调因 S. C500 注射导致的 TLR4、TLR5、MyD88、p65 NF-κB 和 TNF-α mRNA 的过量表达，抑制 TLR4-MyD88 信号通路的过度激活，进而缓解免疫应激。那么 Arg 抑制免疫应激状态下 TLR4-MyD88 信号通路过度活化的分子机制是什么？本团队正在以 IPEC-J2 细胞系为研究模型进行相关机理研究。

总之，鉴于目前世界养猪生产面临的疾病威胁难题，筛选鉴定具有提高猪疾病抵抗力的抗病基因非常重要。同时，基因型与表现型的互作受到各种环境因素的影响，其中营养是最重要也最易调控的因素。近年来,营养与抗病基因的互作越来越受到研究者们的高度关注,但总体来看相关研究还不多,还有大量的未知领域值得深入研究。

参考文献

陈金永. 2010. 猪β-防御素基因表达特点及维生素 A 的调节作用:博士论文. 雅安:四川农业大学动物营养研究所.

陈渝,陈代文,余冰,等. 2011. 精氨酸对免疫应激仔猪肠道组织 Toll 样受体基因表达的影响. 动物营养学报,9:1527-1535.

段凤云,房永祥,陈国华,等. 2010. 猪 Toll 样受体 7 基因的克隆及序列分析. 细胞与分子免疫学杂志,26(6):599-601.

姜范波,陈晨,邓亚军,等. 2005. 猪的主要组织相容性复合体表达谱分析. 科学通报,50(7):880-890.

蒋隽,施启顺,柳小春. 2004. 不同猪种肠毒素大肠杆菌(ETEC)F4 受体微卫星标记遗传差异性研究. 遗传,26(2):160-162.

刘占通,催保安,文英会,等. 2006. 不同品种猪 IFN-α 基因的克隆与序列分析. 动物医学进展,12:17-20.

齐莎日娜. 2010. 猪β-防御素基因表达特点及精氨酸的调节作用:博士论文. 雅安:四川农业大学动物营养研究所.

施启顺,谢新民,柳小春,等. 2002. 猪肠毒素大肠杆菌(ETEC)F18 受体基因型检测报告. 遗传,24(6):656-658.

魏麟,黎晓英,陈斌,等. 2010. 猪 Toll 样受体 5 基因 cDNA 克隆、蛋白质序列分析及其意义. 中国预防兽医学报,32(2):142-144.

吴宏梅,王立贤,程笃学,等. 2008. 猪 Nramp1 基因多态性与免疫功能的相关性. 中国农业科学,41(1):215-220.

吴圣龙,包文斌,鞠慧萍,等. 2007. 猪 Mx1 基因第 14 外显子多态性分析及新突变位点的发现. 遗传,29(6):693-698.

杨军,张冬杰,刘娣. 2007. 大白猪 SLA-DQ 基因表达规律的研究. 江苏农业科学,2:118-121.

姚清侠,钱平,曹毅,等. 2007. 口蹄疫病毒 VP1-3 免疫表位基因与猪 γ-干扰素基因的融合表达. 中国预防兽医学报,29(5):346-369.

应三成,张义正. 2007. 藏猪 NRAMP1 基因的定量表达研究. 四川大学学报(自然科学版),44(3):697-701.

周联,俞瑜,王培训. 2005. 防御素与先天性免疫及获得性免疫. 国外医学:免疫学分册,28(2):68-72.

朱浩妮. 2010. 不同品种仔猪 TLRs 表达规律及 VA 对仔猪 TLRs 表达量影响的研究:硕士论文. 雅安:四川农业大学动物营养研究所.

Akira S, Takeda K. 2004. Toll-like receptor signaling. Nat Rev Immnol, 4(7):499-511.

Aono S, Li C, Zhang G, et al. 2006. Molecular and functional characterization of bovine beta-defensin-1. Vet Immunol Immunopathol,113(1-2):181-190.

Chappuis J P,Duval Duval-Iflah Y,Ollivier L. 1984. *Escherichia coli* K88 adhesin:a comparison of Chinese and large white piglets. Genet,Select Eval. 16(3):358-390.

Chen J Y, Qi S R N, Guo R F, et al. 2010. Different messenger RNA expression for the antimicrobial peptides β-defensins between Meishan and crossbred pigs. Mol Biol Rep, 37 (3):1633-1639.

Chen Y, Chen D W, Tian G. 2012. Dietary arginine supplementation alleviates immune challenge induced by *Salmonella enterica* serovar *Choleraesuis* bacterin potentially through the Toll-like receptor 4-myeloid differentiation factor 88 signalling pathway in weaned piglets. J Brith Nutr(acceptted).

Chung H K, Lee J H, Kim S H, et al. 2004. Expression of interferon-alpha and Mx1 protein in pigs acutely infected with porcine reproductive and respiratory syndrome virus (PRRSV). J Comp Pathol,130(4):299-305.

Elahi S, Brownlie R, Korzeniowski J, et al. 2005. Infection of newborn piglets with *Bordetell apertussis*:a new model for pertussis. Infect Immun, 73:3636-3645.

Geffrotin C, Popescu C P, Cribiu E P, et al. 1984. Assignment of MHC in swine to chromosome 7 by in situ hybridization and serological typing. Ann Genet, 27, 213-219.

Hawlisch H, Kohl J. 2006. Complement and Toll-like receptors:key regulators of adaptive immune responses. Mol Immunol, 43:13-21.

Kawai T, Akira S. 2007. Signaling to NF-kappaB by Toll-like receptors. Trends Mol Med, 13(11):460-469.

Kawai T, Akira S. 2008. Toll-like receptor and RIG-I-like receptor signaling. Ann N Y Acad Sci, 1143:1-20.

Meijerink E, Freis R, Vŏgeli P, et al. 1997. Two α(1,2) fucosyltransferase gens on porcine chromosome 6q11 are closely linked to the blood group inhibitors (S) and *Escherichia coli* F18 receptor (ECF18R) Loci. Mammalian Genome, 8:736-741.

Michaels R D,Whipp S C,Rothschild M F. 1994. Resistance of Chinese Meishan,Fengjing and Minzhu pigs to the K88+ strain of *Escherichia coli*. Am J Vet Res, 55(3):333-338.

Qi S R N, Chen J Y, Guo R F, et al. 2009. β-defensins gene expression in tissues of the crossbred and Tibetan pigs. livestock Science. 123(2):161-168.

Rettenberger G, Bruch J, Fries R, et al. 1996. Assignment of 19 porcine type I loci by somatic cell hybrid analysis detects new regions of conserved synteny between human and pig. Mamm Genome,7(4):275-279.

Sang Y, Patil A A, Zhang G, et al. 2006. Bioinformatic and expression analysis of novel porcine beta-defensins. Mamm Genome,17(4):332-339.

Shi J S, Zhang G L, Wu H, et al. 1999. Porcine epithelial β-defensin 1 is expression in the dorsal tougue at antimicrobial concentrations. Infect Immun, 67:3121-3127.

Takeda K, Kaisho T,Akira S. 2003. Toll-like receptors. Annu Rev Immunol,21:335-376.

Tang Y Q, Yuan J, Osapay G, et al. 1999. A cyclic antimicrobial peptide produced in primate leukocytes by the ligation of two truncated alpha-defensins. Science, 286(5439):498-502.

Tuggle C K, Schmitz C B, Gingerich-Feil D. 1997. Rapid communication:cloing of pig full-length NRAMP1 cDNA. J Anim Sci, 75:277.

Vaiman M, Garnier H, Kunlin A, et al. 1972. The SL-A histocompatibility system in the Sus scrofa species. Transplantation 14, 541-550.

Wu Z, Hoover D M, Yang D, et al. 2003. Engineering disulfide bridges to dissect antimicrobial and chemotactic activities of human beta-defensin 3. Proc Natl Acad Sci U S A, 100(15):8880-8885.

第7章

营养与疾病

疾病的本质是代谢紊乱，而代谢的物质基础是养分。因此，营养与疾病存在本质联系。疾病发生改变营养代谢，营养也会影响疾病的发生发展过程。研究二者的定性定量关系规律是当今医学和营养学的重要内容，目前很多方面尚不清楚，在动物科学中几乎还是空白。深入研究动物营养与疾病的关系对揭示动物营养代谢和生命过程具有重要理论意义，对保障动物健康、控制发病或减轻疾病的危害、减少药物的使用、发挥动物生产潜力、确保畜产品品质和安全具有重要实践意义。本章重点介绍本团队的研究结果。

病因是引起疾病并赋予该病特征的因素，可分为环境因素（外因）和机体因素（内因）。营养既可能是引起疾病的外因，也可能是引起疾病的内因。饲粮供给的营养物质不足、过多或不平衡均可能引起猪机体营养不良，引发营养代谢性疾病，如缺铁引起缺铁性贫血；同时，可使抗体生成减少、吞噬细胞数量减少及吞噬作用减弱，因而容易感染疾病。

如何提高猪的免疫力是现代养猪业面临的重大问题之一。营养物质是猪生长发育和免疫系统的物质基础，营养物质不但是维持正常的生长发育所必需，而且是维持免疫系统的功能并使免疫活性得到充分表达的决定性因素。一方面，大部分营养物质的慢性缺乏可以损伤免疫应答，影响疫苗的免疫效果，增加对传染性疾病的易感性。早期发生营养缺乏（尤其是吃乳阶段）对免疫系统特别有害，因为初级淋巴器官（骨髓和胸腺）的成熟是逐步发生的。严重的慢性微量营养物质的缺乏对免疫系统发育的影响比常量营养物质（如能量、蛋白质等）缺乏的影响更严重，影响疫苗抗原不断刺激淋巴器官产生免疫活性细胞的快慢、数量及免疫活性细胞功能的发挥。另一方面，应激或疾病会增加某些营养物质的需求。猪的营养需要标准是在正常生产条件下制定的，未考虑在异常条件和免疫应激状况下对营养物质的额外需要，因此，在猪只发病过程或受到各种外界应激而导致的生理反应过程中，猪对某些营养物质的需要量特别是免疫系统的营养需求量相应提高，从而造成这些营养物质的相对缺乏，免疫系统的功能就会受到影响，疫苗的免疫效果就会受到影响和免疫不确切。合理的营养将使猪的免疫力调控在最佳状态，可以保证猪只免疫系统的正常发育和完善，保证和提高疫苗免疫的确切效果。

7.1 疾病的发生过程与机理

7.1.1 疾病的概念、类型和发生经过

7.1.1.1 健康和疾病的概念

健康是指机体在生命活动过程中，通过神经-体液调节，各器官的机能、代谢和形态结构维持着正常的协调关系而机体与变化着的外界环境也保持着相对平衡，即内外平衡。

疾病是机体在一定条件下，由病因与机体相互作用而产生的一个损伤与抗损伤斗争的有规律过程，体内一系列功能、代谢和形态改变，表现出许多不同的症状与体征，机体与外界环境间的协调发生障碍，其结局可以是康复（恢复正常）或长期残存，甚至死亡。

疾病的特征如下：病因作用的结果；完整机体的反应；损伤与抗损伤矛盾斗争的过程；动物生产力下降；是不同于正常生理现象的异常生命活动过程。

7.1.1.2 疾病的类型

根据疾病性质，猪的疾病可以分为三大类，即传染病、寄生虫病和普通病（包括内科、外科和产科疾病）。

1. 传染病

传染病是由病原微生物引起，具有一定潜伏期和临诊表现，并具有传染性的疾病。病原包括病毒、细菌、立克次氏体、衣原体、霉形体和真菌等微生物。传染病具有如下特点：

第一，每一种传染病都有其特异的致病性微生物。

第二，具有传染性和流行性。病原微生物能通过直接接触（舐、咬、交配等），间接接触（空气、饮水、饲料、土壤、授精精液等），死物媒介（畜舍用具、污染的手术器械等），活体媒介（节肢动物、啮齿动物、飞禽、人类等）从受感染的动物传于健康动物，引起同样疾病。

第三，被感染的机体能发生特异性反应，如产生特异性抗体和变态反应等，可以用血清学等方法检查出来。大多数耐过传染病的动物能获得特异性免疫。

第四，大多数传染病具有一定的潜伏期和特征性的临诊表现。

2. 寄生虫病

寄生虫病由寄生虫引起，寄生虫主要包括原虫、蠕虫和节肢动物三大类。前两者多为内寄生虫，后者绝大多数为外寄生虫。寄生虫多有较长的发育期和较复杂的生活史，有的需要在一种甚至几种宿主体内完成其发育，多数寄生虫都有其固定的终宿主。它们可以通过直接接触（如疥螨、马媾疫锥虫、钩虫丝状蚴、血吸虫尾蚴），吞入含感染性虫卵、幼虫或卵囊等的土壤、饮水或饲料（如蛔虫、圆线虫、球虫）以及蜱、虻等外寄生虫作媒介（例如血液原虫）而引起。

3. 普通病

普通病是相对于由特定病原体引起的传染病和寄生虫病而言，包括除传染病、寄生虫病以外的各种动物疾病，即涉及传统的内科病、外科病和产科病。

在这三类疾病中，传染病可以引起流行和大批死亡，造成重大的经济损失；一些传染病虽然引起猪的死亡率不高，但能降低猪的生产性能；一些人畜共患病严重危害人类的健康，影响产品销售。寄生虫病也可以急性暴发性的形式发生，引起猪批量死亡；也可能呈慢性经过，降低猪生长性能、猪肉品质和猪抗病力，并引发其他疾病。如感染猪蛔虫的猪只生长速度可降低30%，平均每天少长肉100 g，猪肉品质下降，甚至废弃。而普通病对养猪生产的危害不亚于传染病和寄生虫病。

7.1.1.3 疾病的发生经过

疾病的发生经过指疾病的发生到疾病的结束，可分为四个阶段。

1. 潜伏期

由病原体侵入机体并进行繁殖时起，直到疾病的临诊症状开始出现为止。不同疾病潜伏期长短常常不同，同一疾病潜伏期长短变动也很大，如猪瘟多为5～8 d；狂犬病一般为2～8周，长可达数月或数年。

2. 前驱期

是疾病的征兆阶段，特点是临诊症状开始表现出来，但该病的特征性症状仍不明显。多数传染病的前驱期，仅可察觉一般的症状，如体温升高、食欲减退、精神异常等。各传染病和各病例前驱期长短不一，通常只有数小时至一两天。

3. 临床症状明显期

在前驱期之后，该期病的特征性症状逐渐表现出来，如疹块型猪丹毒等，该期是疾病发展的高峰阶段。

4. 转归期(恢复期)

疾病进一步发展为转归期。疾病转归的两种形式为康复和死亡。

死亡：如果病原体的致病性增强，或动物机体的抵抗力减弱，则动物可发生死亡。

康复：动物逐步恢复健康发生在动物机体抵抗力增强时，或病原毒力较弱时，表现为临诊症状逐渐消退，病理变化逐渐减弱，生理机能逐渐恢复，一定时期保留免疫学特性，但病后一定时期内还有带菌排菌(带毒排毒)现象存在。

7.1.2 疾病发病机理

发病机理是疾病过程中各种变化之所以发生的一般规律。疾病的发病机理可分为五种。

1. 直接损伤

病原体进入细胞内，直接引起细胞死亡。如某些寄生虫幼虫侵入宿主体内，移行穿透各组织器官到达最后寄生部位过程中形成“虫道”，引起出血、组织损伤和炎症。寄生虫以虫体的头棘、吻突、吸盘等对附着的组织产生损伤，如阻塞、穿孔等。

2. 生物化学损伤

病原体释放内毒素或外毒素杀伤细胞，或释放酶降解组织成分，引起功能改变或代谢紊乱。

3. 免疫损伤

病原体引起机体免疫反应，进而由于免疫介导机制引起组织损伤，如变态反应、炎症反应、自身免疫反应。

4. 掠夺营养

寄生虫等吸取宿主血液、组织液，食取组织，竞争性夺取宿主的营养物质而引起宿主发生恶性贫血等。

5. 带入其他病原

寄生虫在侵入宿主时，也可能同时带入许多其他病原，导致继发感染。

7.1.3 疾病的防控措施

疾病的综合性防制措施包括“养”、“防”、“检”和“治”四个方面。

1. 养

通过饲养管理，提高猪的机体健康水平和非特异性抵抗力，是积极预防疾病的重要条件。

2. 防

根据“预防为主”的原则，通过疫苗接种来防制传染病，或采用药物对猪群定期驱虫。预防接种是防制动物传染病发生的关键措施，同时要防止环境污染，成为病原体的传播媒介。清圈消毒是消灭外界环境中的病原、防止疫病发生的主要措施，圈舍地面、墙、栏杆上的粪尿要及时清除，饲槽及用具要勤加清洗。根据当地疫情和具体条件，定期对圈舍、食槽及饲养管理用具进行消毒，做好粪、尿及污水的处理，防止环境污染。

3. 检

检疫就是应用各种诊断方法，对猪及产品进行疫病和寄生虫病等的检查，并采取相应的措施，防止疫病的发生和传播。

4. 治

治疗是防制畜禽传染病的重要措施之一，可减少因传染病造成的经济损失，同时也是消灭传染源的方法之一，是综合防疫措施的一个组成部分。可选择特异性的生物制剂、抗生素和化学药物进行治疗。

当前我国养猪业的疾病防控压力和难度很大：第一，市场经济的快速发展，带动了猪及其产品快速流通、交易频繁。第二，养猪经营主体多元化，盲目引种，忽视防疫工作。第三，我国对疫病的防控基础还比较薄弱。第四，我国各地养猪的规模和防疫条件很不相同，且差异较大，规模化和散养并存。许多规模化猪场或养殖户对疫病的控制手段和技术水平仍受旧的传统观念的束缚，重治疗，且过分依赖于疫苗与药物，对饲养管理和环境控制认识不足，生产上因饲养管理欠佳、卫生条件差，造成猪群抵抗环境应激和疾病的能力大大下降，从而导致很多疾病发生的现象屡见不鲜，特别是目前普遍存在猪繁殖与呼吸综合征病毒、猪圆环病毒2型感染。因此，要转变观念，注重科学、合理营养，加强饲养管理，综合防止疾病发生。

7.2 营养与仔猪的腹泻

7.2.1 仔猪腹泻规律及病因

由于仔猪腹泻导致严重的经济损失，制约养猪业的健康快速发展，因此，国内外许多学者对仔猪腹泻病因，即病原微生物、消化道损伤、饲粮抗原三方面进行了系统深入的研究，一致认为饲粮抗原引发的胃肠道局部免疫反应是消化道损伤和腹泻的重要原因，为选择优质原料、合理配制仔猪饲粮提供了理论依据。

7.2.1.1 仔猪腹泻及其危害

腹泻是消化道功能紊乱的一个综合症状。通常将粪中水分含量高于80%的症状叫临床性腹泻。为便于研究，可根据粪便含水量或外观对腹泻程度进行评分，从而将腹泻转化为数量性状（表7.1）。

表7.1 腹泻状况评分标准

程度	外 观	粪中初水含量/%	评分
正常	条形或粒状	<70	0
轻度	软粪，能成形	70～75	1
中度	稠状，不成形，粪水无分离现象	75～80	2
严重	液状，不成形，粪水有分离现象	>80	3

正常情况下，粪水含量在60%左右。腹泻时多余的水分来自体内，这是由于肠道功能紊乱打破了肠腔和血液中水和电解质双向平衡的结果。在健康动物，每天有大量水从肠腔吸收入血，同时有大量的水从血液进入肠腔，净差值很小。然而，如果肠壁渗透性、平滑肌的收缩活力、食糜的渗透压等发生改变，以及黏膜发炎，将会打破水的双向平衡，进入肠腔的水量大大高于进入血液的水量，从而导致腹泻。

腹泻是早期断奶仔猪生长受阻和死亡率高的重要原因。美国的调查表明，在31万多头仔猪中，腹泻率占57%，腹泻造成的死亡率占10.8%。工厂化养猪时，仔猪断奶后头7 d腹泻率为0.6%，8～13 d增加到32%，14～17 d为41.4%，到22～28 d时下降为8.4%，死亡率达20%～30%，耐过仔猪生长发育不良，总增重约下降33%。腹泻不仅使断奶仔猪生长明显下降，单位增重耗料比健康猪高65%～72%，同时引起血液学参数的明显改变。由此可见，腹泻给养猪生产带来了巨大的经济损失。据英国报道，仔猪腹泻造成的经济损失每年可达1 800万美元，而英国的养猪数仅为中国的2%。仔猪腹泻对我国养猪生产造成多大经济损失，未见准确估计，但按此比例推算，这种损失将是十分惊人的。

7.2.1.2 腹泻的病因学研究

1. 病原性腹泻

腹泻的病因是多方面的，早期的研究主要集中在病原微生物上。已知大肠杆菌的增殖和轮状病毒的活动均可导致仔猪腹泻。大肠杆菌附着于肠壁上，分泌毒素，活化肠细胞膜上的cAMP酶，改变细胞通透性，电解质和水从血液进入肠腔，从而导致腹泻。主要病原性腹泻的特点见表7.2。

2. 消化道损伤在腹泻发生中的地位

然而病原微生物可能不是腹泻的原发性病因，因为：第一，健康动物胃肠中也有大量病原微生物存在，如大肠杆菌、轮状病毒等；第二，将分离出的病原微生物或滤液（含病毒）引入健康动物体内并非总能诱发腹泻；第三，无病原微生物存在或用抗生素抑制微生物增殖时，动物仍可能发生腹泻。那么,什么是腹泻的原发性病因?微生物在腹泻中起何种作用?

表 7.2 仔猪病原性腹泻及其特点

病原	腹泻种类	特 点
大肠杆菌	黄痢	早发、急性、高死亡;传染源为母猪 预防措施:初乳+抗生素+清洁
	白痢	10～20 日龄高发;应激诱导或加剧感染 预防措施:抗生素+管理
梭菌	红痢	早发、急性、高死亡;粪及肠壁红色 预防措施:抗生素+管理
密螺旋体	痢疾	7～12 周龄多发;主要病变在大肠 预防措施:用药+管理
病毒	TGE	各年龄发病,小猪死亡率高 预防措施:抗生素防继发感染

注:TGE,传染性胃肠炎。

消化不良引起仔猪腹泻已早为人知。一方面,仔猪消化生理不健全使仔猪本身对非乳饲料的消化能力较低;另一方面,非乳饲料,特别是植物饲料,因养分结构的复杂性或多种抗营养因子的存在,其可消化性低。这种腹泻通常属高渗性腹泻,一般不伴随消化道损伤。即使有损伤,也不会发生在腹泻的早期,而且这是腹泻的结果而不是原因。

早在三四十年前人们就认识到,在微生物(如大肠杆菌)性肠炎和腹泻的发生发展之前,肠道发生了某种预先的变化,这种变化即现在所知的肠道损伤。近十多年的研究表明,早期断奶仔猪消化道组织学和形态结构的损伤性变化是仔猪腹泻和生长受阻的重要原因。这些变化包括绒毛萎缩,腺窝增生,黏膜双糖分解酶的数量和活力下降,木糖吸收率下降。绒毛高度和形状反映了绒毛中肠细胞的数量。正常指状绒毛中,高度和细胞数显著相关。而腺窝深度反映了腺窝细胞增殖率及成熟度。腺窝细胞从基部向绒毛上部迁移,迁移过程中,细胞逐步分化,形成具有吸收能力的绒毛肠细胞。这一过程对 3 周龄仔猪需 2～4 d。因此,腺窝增生表明细胞增殖率增加,细胞成熟度下降,消化酶的合成与分泌下降。绒毛萎缩表明吸收功能下降。故黏膜双糖酶活性和木糖吸收率可以反映小肠的受损程度和消化吸收能力。消化道的上述变化,一方面使养分消化吸收率下降,导致仔猪腹泻和生长受阻。如已发现,绒毛高度和木糖吸收率与仔猪增重呈正相关,黏膜结构受损使氨基酸转运能力下降。另一方面,消化道的损伤容易继发微生物的感染和增殖,一旦有微生物增殖,腹泻会更加严重。没有消化道损伤,微生物不能增殖,因此,认为微生物感染是腹泻的继发性病因。

已提出了多种假说来解释上述肠道变化。营养因素本身(营养不良,采食量低)可导致小肠结构和功能的变化。微生物代谢产物或分泌的毒素可使肠道产生炎症。然而,人们更感兴趣的是肠道对饲粮抗原的短期过敏理论,因为该理论对解释仔猪生产中的某些问题、指导断奶前后饲粮配制及确定饲料供应量均有积极作用。

3. 胃肠道局部免疫反应的致病作用

胃肠道是动物与环境进行物质交换的主要场所。一切外来物质,包括第一次进入消化道的食物,对动物均可能带来危害。动物的防护机制是胃肠黏膜的屏障作用:一是机械性屏障,这种屏障并非完全有效,有些病原物质能自由通过这个屏障;一是由淋巴组织构成的免疫性屏障。胃肠黏膜含有大量淋巴组织，约占25%，通过体液和/或细胞免疫对抗进入胃肠道的抗原物质。IgA是肠道分泌物中的主要免疫球蛋白，而70%～90%的IgA是由黏膜固有层中的抗体形成细胞产生的。在胃肠黏膜表面发生的抗原抗体免疫反应主要是由IgA介导的。IgA与抗原物质结合形成复合物，在黏膜层内受到肠道分泌的蛋白水解酶和抗菌酶的降解，从而防止抗原物质附着并穿透肠上皮，降低进入系统免疫的抗原量。试验发现，服过卵清蛋白的小鼠再次口服时，完整卵清蛋白的吸收率明显下降，表明肠道的免疫屏障发挥了重要作用。然而，尽管如此，仍有少量抗原进入血液，刺激机体产生分泌型IgA、血清IgA、IgM、IgG和IgE。血清IgA与吸收的抗原结合，形成的复合物迅速通过肝胆系统排出。当这种机制不能有效地发挥作用时，血清IgM、IgG和IgE则与抗原结合，形成的复合物能导致免疫损伤，其中IgE介导的反应可能是损伤的主要来源。然而，这种体液免疫反应可能并不导致肠道结构损伤，小肠黏膜的结构变化是由发生于黏膜上的局部细胞免疫引起的。肠道在饲粮抗原刺激下，T淋巴细胞被致敏并大量增殖，当再次与同种抗原接触时，致敏T细胞迅速分化增殖，并释放多种淋巴因子，导致一系列变化：细胞有丝分裂速度加快，腺窝加深；绒毛顶部细胞脱落加速，绒毛变短；黏膜双糖酶和双肽酶活性下降，养分消化吸收率降低。上述损伤一方面直接导致仔猪腹泻和生长受阻，另一方面对大肠杆菌附着、增殖的抵抗力下降，对肠毒素的敏感性提高，从而加剧腹泻和生长受阻。

发生于肠黏膜的局部细胞免疫反应一般为迟发型过敏，即引入抗原物质后不会立即发生过敏反应，须经若干小时或若干天后才能发生反应，故属Ⅳ型过敏反应，是抗原物质与敏感T细胞之间相互作用的结果。过敏损伤的程度和持续时间取决于抗原物质的种类和数量。给小鼠饲喂卵清蛋白25 mg/d，3～4 d后表现出明显的过敏反应，到第6天即可耐受这种抗原。用胃管给小鼠引入绵羊血细胞，5 d后，脚底皮肤厚度增加，10 d后皮肤厚度仍未降低，14 d后才恢复正常厚度，表明过敏反应持续了14 d。用大豆蛋白喂3周龄断奶仔猪，5 d以后发生过敏反应，13 d后才消失，木糖吸收试验及小肠组织学检查结果与此一致，表明过敏期达8 d。

肠道对饲粮抗原刺激的主要保护性机制是免疫耐受力。具有耐受力的动物对再次经口引入的同种抗原不会再发生应答反应。免疫耐受力建立的机制尚不清楚，可能与免疫排斥有关，但耐受力的建立对动物适应饲粮中大量无害的抗原非常重要。

肠道对饲粮抗原的过敏是早期断奶仔猪腹泻的重要原因已得到了一些试验的证实。据报道，断奶后的前几天发生腹泻，典型损伤是绒毛严重萎缩，酶水平下降，养分吸收率下降，微生物检查时未发现大肠杆菌增殖。未断奶仔猪用卵清蛋白诱发免疫反应时，仔猪肠道产生类似的损伤性变化。Miller(1984)直接证实了饲粮抗原与腹泻的关系。用营养价值相同而抗原性不同的两种饲粮（一种含天然酪蛋白、一种含水解酪蛋白）饲喂3周龄断奶仔猪，结果表明，喂天然酪蛋白时，仔猪出现轻度腹泻，下段小肠形态结构及蔗糖酶发生改变，而喂水解酪蛋白时，仔猪没有腹泻，对小肠结构没有影响。3周龄断奶仔猪喂豆饼饲粮时，与水解酪蛋白粮比较，绒毛变短、畸形，腺窝增生，用玉米代替部分豆饼后可减轻高豆饼饲粮对小肠的损伤作用。仔猪对大豆蛋白过敏在其他试验也得到了证明。喂大豆蛋白后，血清大豆蛋白浓度增加，20 d后恢复到断奶前水平。用^{125}I标记大豆蛋白的清除试验表明，血清大豆蛋白浓度的下降是由于肠道吸收量下降而不是血液清除率增加。20 d后肠道获得了免疫耐受力，肠细胞已可合成IgG和IgA抗大豆抗体。仔猪喂豆饼饲粮后1周左右发生腹泻，且无继发病原菌存在。断奶后2～3周粪样变干，腹泻消失。大豆过敏的肠道损伤与酪蛋白过敏的损伤相似，包括绒毛萎缩,腺窝增生,刷状缘双糖酶活性下降,木糖吸收率下降。皮肤试验结果与上述肠道损伤变化的时间一致,表明肠道损伤和腹泻确实是肠道迟发型过敏反应的结果。大豆蛋白中具有免疫活性的两种蛋白质为球蛋白和β-伴球蛋白,它们对一般的热处理稳定,但用65%～70%的热(78℃)乙醇处理可大大降低其含量。用醇处理的大豆蛋白喂犊牛,未发现肠道免疫反应。应用通径分析表明,养分消化率降低是腹泻的直接原因,肠道对饲粮抗原过敏是腹泻的最终原因,作用模式为:肠道过敏→肠道损伤→养分消化率下降→腹泻。

以上资料均说明饲粮抗原物质是仔猪腹泻的重要原因,消除抗原性即可消除或减轻腹泻。

7.2.2 营养与仔猪腹泻的关系

营养是影响动物健康和生产效率最易调控的因素,是提高动物疾病抵抗力的重要手段。弄清楚营养与仔猪腹泻的关系,对于合理配制易消化、营养全面均衡的仔猪饲粮具有重要的指导意义。在仔猪7日龄左右开始补饲是预防仔猪腹泻的重要手段,在生产中已得到广泛应用。

7.2.2.1 采食量与消化率

仔猪饲料消化率、采食量、腹泻及其与生产性能之间的关系见图7.1。饲料消化率越高,采食量就越高,仔猪生长速度就越快。采食量与消化率的关系为:

$$\text{仔猪自由采食量}=\frac{0.013\times\text{体重}}{1-\text{消化率}}$$

消化率低,腹泻程度就高;反之,腹泻越严重,消化率就越低。二者呈极显著负相关,$r=-0.84$ ($p<0.01$)。

由于仔猪消化道容积小、运动机能弱、胃排空速度快,采食量过高会导致腹泻。一般情况下,让仔猪随意采食就可使采食量过高,因此对哺乳仔猪和早期断奶仔猪通常采用限食饲养。

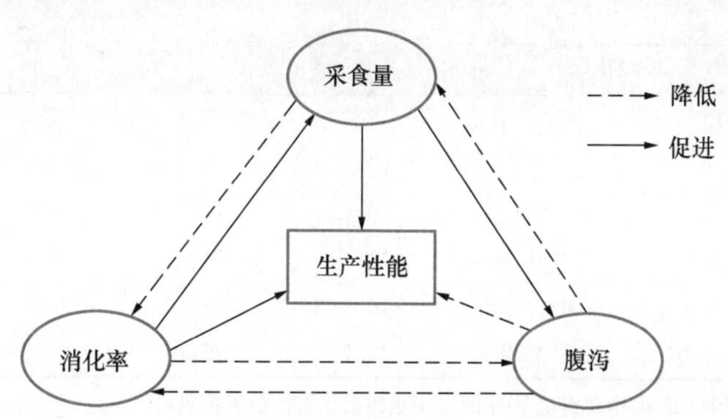

图7.1 采食量、消化率、腹泻及其与生产性能的相互关系

7.2.2.2 蛋白质

陈代文(1995)报道,对3周龄断奶仔猪,从7日龄起补饲,断奶后继续饲喂同种蛋白2周,或哺乳期不补饲,断奶后分别饲喂乙醇处理过的豆粕或含动物性饲料的复杂饲粮,则仔猪断奶后的腹泻开始时间(断奶至开始腹泻的间隔时间)、腹泻持续时间、腹泻指数(反映腹泻程度)、

皮褶厚度(反映机体过敏程度)、木糖吸收率(反映消化道完整性)、干物质消化率、十二指肠绒毛高度和肠黏膜蔗糖酶活性等指标均与蛋白质种类密切相关(表 7.3)。蛋白质种类对腹泻的影响规律符合肠道过敏理论。用豆粕作为唯一蛋白质源时,仔猪过敏反应严重,肠道损伤大,木糖吸收率和养分消化率低,腹泻开始最早、持续时间最长,腹泻指数最高。用乙醇破坏豆粕蛋白的抗原性后,仔猪的过敏反应减弱,腹泻程度降低。用玉米取代部分豆粕后,过敏程度和腹泻程度均下降,表明玉米蛋白的致敏性比大豆蛋白弱。酪蛋白虽然消化率高,仍具有轻微抗原性,因而该组仔猪仍有轻度腹泻。

表 7.3 饲料蛋白质种类对仔猪腹泻的影响

蛋白质种类	腹泻开始时间/d	腹泻持续时间/d	腹泻指数	皮褶厚度/mm	木糖吸收率/(mmol/L)	干物质消化率/%	十二指肠绒毛高度/μm	肠黏膜蔗糖酶活/(U/mg N)
玉米-豆粕	5.5	5.3	1.55	1.98	0.276	78.9	274	0.13
豆粕	2.5	10.3	3.25	1.54	0.296	79.5	242	0.09
醇处理豆粕	2.5	7.5	1.75	0.73	0.686	87.2	247	0.13
酪蛋白	3.8	2.8	0.55	0.33	0.546	87.6	309	0.11
断奶后喂醇处理豆粕	5.5	6.5	1.65	0.89	0.477	82.0	270	0.11
断奶后喂复杂饲粮	2.5	9.0	2.98	1.55	0.416	78.1	286	0.10

(引自:陈代文,1995b,1996)

高蛋白诱发仔猪腹泻在许多试验中得到了证实。表 7.4 显示,23%的饲粮蛋白水平导致严重腹泻,蛋白水平降至 20%及 17%,腹泻程度明显减轻。

表 7.4 饲粮蛋白、能量水平对 5 周龄断奶仔猪腹泻及生长性能的影响

项目	CP=23%		CP=20%		CP=17%	
	DE/(kJ/kg)		DE/(kJ/kg)		DE/(kJ/kg)	
	16.3	14.4	16.3	14.4	16.3	14.4
严重腹泻/头	13	12	2	3	3	4
轻度腹泻/头	9	10	12	10	9	13
不腹泻/头	2	2	10	11	12	7
合计/头	24	24	24	24	24	24
ADG/(g/d)	280	327	346	331	325	260
F/G	1.77	1.83	1.72	1.97	1.81	2.21

注:腹泻程度按全试验期(28 d)中观察记录的 24 d 中腹泻或不腹泻的天数表示。

(引自:陈代文,1988)

高蛋白腹泻的机制尚不清楚。陈代文(1995c)的研究发现,仔猪的腹泻程度不仅与蛋白水平有关,也与蛋白质来源有关。3 周龄断奶仔猪饲喂玉米-豆粕饲粮时,仔猪的腹泻程度(DI)与饲粮蛋白质水平 (x_1) 和豆粕蛋白占饲粮蛋白质的比例 (x_2) 呈二次曲线关系:

$$DI = 52.18 - 1.97x_1 - 1.97x_2 + 0.13x_1x_2 - 0.03x_1^2 + 0.006x_2^2$$

由此方程可得图 7.2。图 7.2(a)说明,当蛋白水平(CP)较低时,随豆粕(SBM)蛋白比例

增加，腹泻程度并不增加；但蛋白水平为20%及以上时，随豆粕蛋白比例增加，腹泻程度呈线性升高。图7.2(b)显示，当豆粕比例较低时，腹泻程度并不随蛋白水平增加而提高；只有当豆粕比例较高(60%以上)时，腹泻程度才与蛋白水平呈线性相关。由此证明，高蛋白不一定导致腹泻，关键取决于蛋白质的来源。当蛋白质的抗原性较强时，高蛋白就会导致高腹泻；当蛋白质的抗原性较弱时，高蛋白就不会诱发腹泻。由此认为，高蛋白腹泻的实质仍是过敏性腹泻。

高蛋白腹泻的另一机制可能与后肠蛋白质的腐败性发酵有关。仔猪蛋白质的消化吸收部位在胃和小肠。当蛋白质摄入量超过仔猪胃和小肠消化吸收能力，或摄入的蛋白质根本不能被消化酶分解，则多余的或不能消化的蛋白质进入大肠，在微生物作用下分解产生氨和胺类物质。这两类物质均对肠壁具有明显刺激作用，导致黏膜受损和吸收功能紊乱，从而导致腹泻。

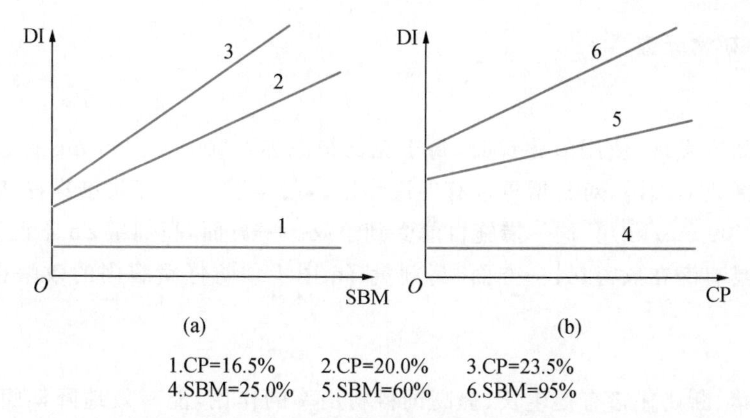

图7.2 仔猪腹泻指数(DI)随豆粕比例(a)或蛋白质水平(b)的变化曲线

(引自：陈代文，1995c)

7.2.2.3 碳水化合物

1. 纤维

仔猪消化粗纤维能力极弱，过高的粗纤维会使消化道黏膜发生机械损伤，肠腔渗透压升高，导致腹泻。然而，饲料中含有一定量的非淀粉多糖(NSP)将有益于后肠发酵，促进有益微生物区系的健全与维持，降低胺类物质的产量，从而减轻腹泻。对仔猪，最适的NSP来源之一是甜菜纤维。试验发现，以甜菜作为粗纤维主要来源时，饲粮含3%～5%的粗纤维有利于降低仔猪腹泻。断奶仔猪饲粮中甜菜粕的适宜水平在5%左右(约含可溶性NSP 3%)，偏低易发生腹泻，偏高则影响断奶仔猪的生长性能。

2. 淀粉

仔猪在出生后40 d内均存在淀粉酶不同程度供应不足的问题。通常认为，4～5周龄断奶仔猪难以获得对玉米淀粉最大程度的消化。宾石玉(2005)认为，饲粮淀粉来源显著影响仔猪的生产性能。玉米饲粮的饲养效果最好，其次是糙米饲粮，糯米和抗性淀粉饲粮的饲养效果最差。原因是糯米饲粮淀粉降低了饲粮蛋白质和能量的利用效率，抗性淀粉降低了采食量、能量和蛋白质消化利用率。生产中通过选择淀粉来源，提高仔猪对饲料淀粉的利用效率，可以获得较好的经济效益。但有研究指出，饲粮中含有可溶性非淀粉多糖或抗性淀粉可以降低粪pH，促进有益菌群——乳酸菌的生长繁殖，抑制有害菌群——大肠杆菌的生长繁殖。并且，饲粮中的 NSP 和抗性淀粉可以提高断奶仔猪机体的免疫力。因此，饲粮中添加适量的可溶性非淀粉多糖或抗性淀粉可以代替抗生素预防断奶仔猪腹泻的发生。

3. 乳糖

最近几十年的研究表明，早期断奶仔猪的饲粮中需要简单的碳水化合物，如乳糖，而像淀粉这样的碳水化合物很少会被仔猪充分利用。乳糖对断奶仔猪的作用在于其甜度高、适口性好、易于消化，而更主要的作用在于其发酵产酸，能够维持仔猪的肠道健康。乳糖与其他的糖类不同，乳糖是肠道乳酸杆菌的最佳营养来源，而其他菌类则不能利用乳糖。这一特性表明，乳糖在有效防止断奶仔猪发生腹泻方面起着不可低估的作用。通常乳糖的推荐量是：在 2.2～5.0 kg 仔猪的饲粮中占 18%～25%，在 5.0～7.0 kg 仔猪的饲粮中占 15%～20%，在 7.0～11.0 kg 仔猪的饲粮中占 10%。

7.2.2.4 矿物元素

1. 高锌

综合已有研究发现，使用氧化锌时，每千克饲粮添加 2 500～4 000 mg 锌（Zn，用 ZnO）可明显降低仔猪断奶后腹泻，对日增重也有促进作用。瑞典于 1992 年批准在仔猪断奶后前 2 周内使用 ZnO（2 500 mg/kg）。这一措施目前受到争议。一方面，高剂量 Zn 不但导致环境污染，对仔猪健康也具有潜在危害；另一方面，高剂量 Zn 用于预防仔猪腹泻的效果也不稳定，与很多因素有关。

2. 高铜

高铜对仔猪、断奶仔猪有促生长、提高饲料利用率的作用，能有效地降低腹泻。通常采用硫酸铜。硫酸铜是一种电解质饲料添加剂，属于强酸弱碱盐，在水溶液中以离子形式存在，使水溶液呈酸性。断奶仔猪饲粮中添加硫酸铜后，可降低胃液 pH，从而抑制胃内病原菌的繁殖，提高胃肠道的消化吸收能力。冷向军（2000）的试验表明，在断奶后前 2 周及第 3 周内，添加高铜分别提高仔猪日增重 8.6%、15.1%，提高采食量 5.0%、10.2%，降低了腹泻发生率。添加高铜提高了十二指肠脂肪酶活性和脂肪表观消化率，有降低结肠大肠杆菌数量的趋势。

但应用高铜时要注意与其他金属离子的相互作用，高铜会造成锌铁比例不当，导致营养障碍。高铜还会残留在排泄物中污染环境。

7.2.2.5 饲料添加剂

1. 酸化剂

添加酸化剂可以弥补仔猪胃酸分泌不足的缺陷，提高饲料消化率、抑制病原菌的增殖，从而减轻腹泻。然而，酸化剂的使用效果与饲料酸碱性、酸化剂种类和用量有关。饲料的酸碱性用酸合力（或系酸力）表示，100 g 饲料 pH 降到 4 所需盐酸的物质的量（mmol）为该饲料的酸合力。表 7.5 为部分饲料的酸合力。pH 定为 4，是因为仔猪胃 pH 的阈值为 4。pH 高于 4，将明显影响消化酶活性，降低养分消化率，促进病原菌增殖，只有低于 4 才有利于正常消化。饲料的 pH 通常高于 4，如仔猪补饲料和断奶料 pH 一般为 5.8～6.5。这种饲料进入胃后，胃酸分泌量不足以缓冲 pH 的增加，使胃 pH 超过阈值，从而降低消化率，诱发腹泻。饲料酸合力越高，饲料消化率就越低，腹泻就越严重。例如，当开食料酸合力为 40 mmol 时，由于 28 日龄断奶仔猪 24 h 胃内盐酸分泌量只相当于 20 mmol，仔猪对该开食料的消化量只有 50%。若断奶第一天实际采食量为 100 g，则有 50 g 不能消化，导致腹泻。当开食料酸合力为 30 mmol 时，消化量为 67 g，腹泻率降低；只有当酸合力降为 20 mmol 时，仔猪才能全部消化所摄入的 100 g 饲料。

表 7.5 仔猪饲料的酸合力 mmol

饲料	酸合力	饲料	酸合力
酸性脱脂乳	3.07	酵母	30.10
新鲜脱脂乳	7.12	豆饼	50.68
干脱脂乳粉	66.37	鱼粉	60.38
小麦	8.89	矿物质添加剂	1 260.50
大麦	9.97	常规仔猪开食料	30.00

(引自：Bolduan，1988)

降低饲粮酸合力的办法，一是降低矿物元素、蛋白质等高酸合力饲料原料的用量；二是添加酸化剂。目前所用酸化剂均是以有机酸为主、含一定量无机酸的复合酸化剂。适宜添加量取决于仔猪年龄和饲料酸合力。添加量过高将影响饲料的适口性。酸化剂与抗生素合用效果更好。图 7.3 说明，当乳酸宝的添加量达到 5 kg/t 时，仔猪腹泻指数下降到低于添加 10 mg/kg 黄霉素的水平。乳酸宝添加量为 1.5 或 3 kg/t 时，当与 10 mg/kg 黄霉素合用，酸化剂与黄霉素合用效果比只用酸化剂更好。

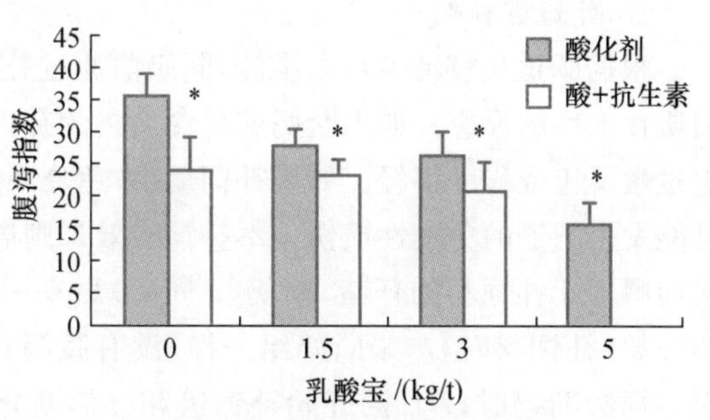

* 表示与对照相比差异显著($p<0.05$)

图 7.3 添加乳酸宝和黄霉素(10 mg/kg)对腹泻程度的影响

(引自：陈代文，2004)

2. 益生素

益生素是一种微生物添加剂，如乳酸杆菌、酵母等。在基础饲粮中添加益生素，通过有益微生物在胃肠道中的繁殖能抑制有害微生物的生长，可以有效提高饲料效率、促进仔猪生长、预防仔猪疾病、净化环境以及提高经济效益等。试验表明，仔猪早期接种乳酸杆菌可刺激免疫系统，抑制大肠杆菌，减少病原排出和再感染。许多饲养试验也表明，添加益生素能够提高断奶仔猪的日增重及饲料利用率，明显降低仔猪的腹泻和死亡率。

影响益生素在仔猪饲料中使用效果的因素很多，如仔猪所处的环境条件(应激条件下比在清洁、适宜的环境下效果明显)，益生素的使用方式(饮水、添加于粉料或颗粒料)与剂量，饲料中微量元素、抗菌物质的影响，尤其是益生素本身的菌种特性(耐酸碱、耐高温等)以及组合情况。

3. 寡糖

寡糖是碳水化合物分类上的一组物质，是由 2～10 个单糖单位通过糖苷键连接的具有直链或支链结构的小聚合体，介于单体单糖与高度聚合的多糖之间。寡糖也称为前生素、益生元等，英文为“prebiotics”，是一种非消化性食物成分，到达后肠可选择性地为大肠内的有益菌群降解利用，却不为有害菌群利用。饲料中添加少量寡糖，可以改善动物机体的健康状态，增强机体潜在的抵抗疾病的能力，从而达到提高动物生产性能的目的。

寡糖的效果主要表现在两个方面:提高断奶仔猪的日增重和饲料利用效率;提高断奶仔猪消化道乳酸杆菌、双歧杆菌等有益菌的数量,使大肠杆菌、沙门氏菌等有害菌的数量明显降低。据报道,在仔猪饲料中添加0.25%的果寡糖,可以提高仔猪增重及肠道中双歧杆菌和乳酸杆菌的数量;在4周龄断奶仔猪饲粮中添加1%半乳寡糖,同对照组相比,1%半乳寡糖组回肠pH更低,在试验期的第6天和第8天有一个更低的总大肠杆菌数,回肠K88大肠杆菌浓度也低于对照组;在断奶仔猪饲粮中添加1%乳寡糖可以降低断奶仔猪回肠pH和大肠杆菌浓度,并提高小肠内容物中挥发性脂肪酸(VFA)含量;寡糖能显著降低哺乳仔猪粪便中大肠杆菌的数量和pH;0.1%与0.2%的寡糖添加量能显著抑制直肠中大肠杆菌的增殖,促进结肠中双歧杆菌增殖。特别值得指出的是,目前所用的寡糖产品大多为混合物,产品中含有不同种类的寡糖、不同聚合度的同种寡糖、单糖、多糖及非糖类物质等,可能会造成试验结果不一致。

7.2.2.6 饲喂技术

1. 断奶前补饲

根据肠道免疫特性可以推测,断奶前通过补饲接触食物蛋白可以影响仔猪断奶后对同种蛋白质食入后的反应。如果断奶前采食大量的补饲料,免疫系统可能产生耐受力,断奶后就不会发生过敏反应或程度很轻。如果补饲量小,免疫系统可能处于待发状态而不是耐受状态,断奶后则可能发生肠道的免疫性损伤。不补饲的效果则居中。Miller(1984)证实了这一推测(表7.6)。断奶前喂3 d补饲料的仔猪,断奶(3周龄)后0~14 d的腹泻率达100%;断奶前喂2周(从7日龄开始)补饲料时,与未断奶组一样,没有腹泻;不补饲突然断奶组腹泻率居2组之中(33%)。而5周龄断奶时,7日龄开始补饲组和突然断奶组断奶后0~14 d无腹泻,而只喂3 d补饲料组腹泻率达83%。此后他又证明断奶前采食少量补饲料的仔猪不仅腹泻率高于突然断奶仔猪,而且腹泻暴发时间更早,持续时间更长。由此可见,从肠道免疫理论出发,早期断奶仔猪补饲的价值取决于是否能够使仔猪获得达到免疫耐受水平的饲料采食量。达不到足够采食量时,不补饲比补饲好;达到足够采食量时,补饲比不补饲好;断奶越晚,补饲对腹泻的影响就越小。

表7.6 **Miller(1984)补饲实验及效果** %

断奶时间	补饲时间	断奶后0~14 d腹泻率	断奶时间	补饲时间	断奶后0~14 d腹泻率
3周龄	补3 d	100	5周龄	补3 d	83
	补2周	0		补2周	0
	不断奶	0		不补饲	0
	不补饲	33			

然而,补饲对腹泻影响的结论并不一致,有些与过敏理论不符合。试验表明,断奶的确能改变小肠结构,导致腹泻和生长受阻,而这些变化与补饲关系不大。同时还发现补饲与否及补饲多少对小肠刷状缘酶活影响不大。用胃管准确控制饲料食入量来研究补饲的效果,结果发现,肠道形态结构,黏膜双糖酶活性,木糖吸收率,腹泻发生率及程度均与补饲及补饲量无关。还有一些试验也没有证实过敏理论。这些结果不一致的原因可能包括补饲的时间、数量、补饲料配方及营养水平、断奶以后的饲料配方及营养水平等,然而在这些方面还缺乏系统研究。另一方面,多少采食量才够耐受水平尚无充分研究。有人提出断奶前需采食600 g饲料才能使

消化道适应断奶后的饲粮抗原刺激，但这一数值尚缺乏充分证据。3周龄断奶仔猪很难达到这个采食量。Hampson(1986)发现，仔猪18日龄前很少吃饲料，10～21日龄总采食量平均只有236 g。如果600 g才够耐受水平，则对3周龄断奶仔猪，补饲只能造成免疫性损伤，导致比不补饲更严重的腹泻。然而，给3周龄断奶仔猪断奶前连续补饲2周(未见采食量报道)，断奶后未见腹泻，表明耐受水平可能不需要600 g。采食少量补饲料不但未使肠道受损，反而对某些个体有利。早期的研究指出，对早期断奶仔猪补饲可能有利于促进消化酶的产生。这些相互矛盾的结果表明补饲的价值不仅仅在于调节肠道免疫反应，还需从多方面进行研究。研究表明，如果母猪饲粮中含有大豆蛋白，则其抗体可通过乳汁传给仔猪。仔猪体内这种被动获得的抗体是否影响补饲的效果及耐受水平，目前还缺乏研究。

2. 断奶换料

一般来说，断奶后突然换料会导致腹泻。陈代文(1995b)的研究发现(图7.4)，换料后仔猪的腹泻程度与断奶前补饲料蛋白质种类和断奶后开食料蛋白质种类有关。一方面，断奶前用玉米-豆粕简单饲粮补饲时，断奶后即使换成营养价值更高、含动物性饲料的复杂饲粮，仔猪腹泻仍十分严重；补饲乳蛋白(酪蛋白)和乙醇处理大豆蛋白的仔猪依然如此；然而，补饲大豆蛋白时，断奶后换料明显降低腹泻程度。另一方面，断奶前不补饲的仔猪，断奶后饲喂乙醇处理大豆蛋白时，其腹泻程度也低于饲喂复杂饲粮的仔猪。由此证明，断奶换料是否导致腹泻以及腹泻程度与补饲料和开食料蛋白质的抗原性有关。当补饲料抗原性低，而开食料抗原性高时，断奶换料则会导致腹泻；反之，用高抗原性饲料补饲，断奶后换成低抗原性饲料时，换料不会导致严重腹泻；不补饲时，断奶后宜用抗原性低的开食料。

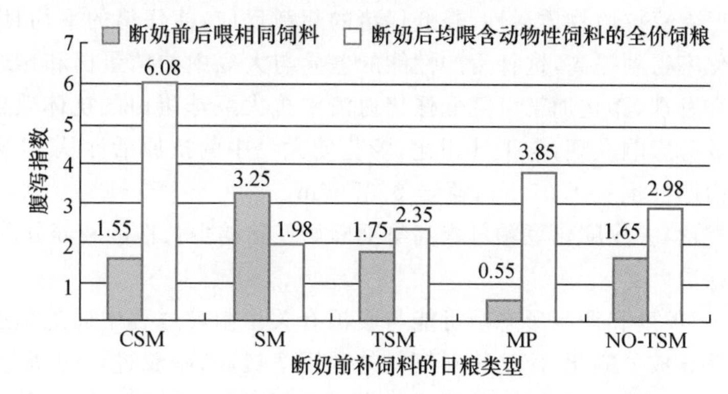

CSM，玉米-豆粕蛋白；SM，大豆蛋白；TSM，乙醇处理大豆蛋白；MP，酪蛋白；NO-TSM，不补饲，断奶后喂乙醇处理大豆蛋白

图7.4 **3周龄断奶仔猪断奶换料与否对断奶后0～14 d腹泻指数的影响**

(引自：陈代文，1995b)

7.2.2.7 其他营养因素

1. 饲料卫生状况

饲料霉变、脂肪酸败、病原微生物污染、重金属超标等均可导致腹泻。

当饲料遭受微生物(细菌、霉菌、病毒、弓形体等)污染后，所含的病原微生物随饲料一起直接进入消化道，引起消化道感染，从而发生感染型中毒性疾病(如沙门氏菌中毒等)。某些细菌可在饲料中繁殖并产生细菌毒素，从而引起动物细菌毒素型中毒(如由肉毒梭菌毒素等引起的细菌外毒素中毒)。另外,污染饲料自身的感官性状变差,适口性降低。如霉菌可导致饲料霉变,霉变过程中产生的一些代谢产物使饲料感官性状变差(如产生刺激性气味、颜色异常、黏稠、结块等),适口性下降;同时,霉菌产生的霉菌毒素以及代谢过程中产生的某些代谢产物可在组织器官(肝、肾、肌肉、骨骼等)中残留,从而导致仔猪中毒,造成腹泻。

油脂受光、热、空气、金属离子或微生物的作用,会产生氧化或水解反应,经过一系列的变化后生成挥发性的低分子醛类、酮类和酸类等物质,产生刺激的"哈喇"味或臭味,这就是油脂的变质。变质的油脂品质差,不仅适口性低,而且会影响到饲料利用率,降低消化率和动物增重,严重时会导致动物腹泻、死亡。

使用一些非饲料级质量低劣的矿物质添加剂,会引起一些重金属元素如汞、镉、铅、砷等以及毒性元素氟的超标。当仔猪采食低质量饲料后,吸收和富集大量毒性元素,结果必然出现中毒、腹泻,重者甚至死亡。其中氟的来源主要是磷酸氢钙中的氟残留,目前磷酸氢钙价格较高,导致劣质磷酸氢钙产品混入市场,其氟超标成为必须注意的问题。

2. 饲料加工

对生大豆和豆粕进行热处理、酶解或去皮处理,对生淀粉进行熟化可减轻过敏反应,提高消化率,降低腹泻。配合饲料经膨化后,所含淀粉被糊化,易于消化吸收,提高了饲料的能量含量,同时也破坏胰蛋白酶抑制剂等抗营养因子,提高蛋白质消化利用率;膨化还能限制某些脂肪酶的活性,减少氧化分解,延长饲料保存期;能够杀死原料中可能存在的沙门氏菌、大肠杆菌等病原菌,降低乳猪的腹泻。酶解豆粕饲喂断奶仔猪,可以降低胃内 pH,降低腹泻的发生。

对 35 日龄断奶仔猪的试验表明,膨化加工的熟豆粕能减轻过敏反应造成的肠道损伤程度。膨化可以降低大豆抗原物质活性,降低仔猪的超敏反应,使仔猪的平均日增重、氮和干物质及氨基酸的消化率得到提高,这种生产性能的差异与大豆中的球蛋白和伴球蛋白的生物活性降低相关。研究发现,膨化加工可降低仔猪血清中抗大豆球蛋白的抗体效价。比较膨化和干炒对大豆化学成分影响发现,与干炒相比,膨化使大豆中的抗原活性从 11%降至 3.5%,仔猪皮肤过敏的皮褶厚度也从 1.07 mm 降至 0.37 mm。

与普通豆粕相比,去皮膨化豆粕可提高早期断奶仔猪的生长性能和养分消化率及利用率,降低仔猪的腹泻指数。

此外,饲料加工粒度和调制形态都可能与腹泻有关。制粒过程中通过温度、压力、水分的结合作用使饲料营养成分糊化,使动物对饲料的利用率提高;制粒过程的高温、高压可以减少或抑制饲料中某些细菌、霉菌和抗营养因子的作用,延长贮存期,并可防止某些疾病通过饲料传播,减少了猪下痢现象。

饲料的物理形态与饲喂效果密切相关。有研究显示,与固态料相比,液态料可明显促进消化器官的发育,降低仔猪消化道受损和腹泻程度,提高小肠内容物中的淀粉酶和胰蛋白酶的比活力和含量,提高部分养分消化率。

3. 饲养管理

包括饲喂频率、饲喂方式、饲料供给量、环境状况等因素。

据报道,采用三阶段饲喂体系饲喂 7 日龄诱食、28 日龄断奶的仔猪,仔猪三阶段的日增重分别提高 3.99%、73.14%和 11.57%,饲料利用率提高 12.5%、29.95%和 5.51%,腹泻率降低 28.78%、75.88%和 16.88%。目前国内外采用的三阶段饲喂体系,从日龄上分因品种不同有一定的差异,但从体重上分基本一致,即第一阶段体重小于 7 kg,第二阶段体重为 7~

11 kg,第三阶段体重为 11～23 kg。但有学者建议,对断奶时体重低于 5 kg 的仔猪,应增加一个阶段,即分为体重小于 5 kg、5～7 kg、7～11 kg 和 11～23 kg。

很多研究认为,养猪过程中饲喂方法与仔猪的采食、营养物质的消化和吸收以及机体的健康状况有很大关系。目前生产上仔猪断奶后一般直接采用干喂法,但研究人员通过大量的试验发现,在仔猪断奶后先采用湿喂法、3～4 周后再转向干喂,可以有效地缓解料型突变带来的应激。仔猪断奶后采用湿喂法,不仅能有效防止断奶后的采食量下降、提高仔猪的生长性能,而且对维持消化道健康和功能,改善消化道环境有重要作用。

饲喂时采用少喂勤添方式,每次只喂七至八成饱有利于提高胃酸、胃蛋白酶、淀粉酶、麦芽糖酶等消化酶浓度,从而有利于蛋白质、糖、淀粉的消化吸收。仔猪在断奶后 24 h 内采食量很低,以后逐步增加。适宜的饲料供给量应依断奶后时间而变化。如果供给量突然过多,或让仔猪自由采食,可能会导致部分猪只采食过多,出现消化不良、腹泻等现象。

环境条件对仔猪采食、健康状况以及生产性能都具有不可忽视的影响。其中环境因子涉及环境温度、相对湿度、光照、饲喂空间和卫生条件。在各种温热环境因子中,环境温度对仔猪的影响最大。在新断奶的仔猪舍尽量使舍温保持在仔猪临界温度下限以上,一旦仔猪能正常采食,断奶仔猪舍温度可迅速下降。湿度和风速在温度适宜时对仔猪影响不大。仔猪补饲空间和生存空间对仔猪采食行为和生长有重要影响,应尽量满足仔猪空间需要,饲养密度不能太大。从卫生条件考虑,为仔猪创造舒适、干净的环境也是必需的。

7.2.3 预防腹泻的营养措施

影响仔猪腹泻的因素很多。从营养方面预防腹泻应掌握“三性”原则,一是消化性,二是抗原性,三是酸碱性。

7.2.3.1 提高饲料消化性

1. 尽量选用消化率高的饲料原料

饲料中适当使用一些鱼粉及奶制品,可提高仔猪的生产性能。仔猪饲粮中豆粕等植物性蛋白质饲料比例不能过高。在饲料成本允许条件下,应尽可能提高饲粮中动物蛋白比例。在鱼粉、脱脂奶粉、喷雾干燥血粉和喷雾干燥猪血浆蛋白粉几种动物蛋白质中,以喷雾干燥猪血浆蛋白粉效果最佳。

2. 添加饲用酶制剂

饲料中碳水化合物、脂肪、蛋白质进入消化道被体内分泌的各种酶分解后才能被利用,而各种酶的分泌在仔猪阶段还不完全成熟,加入一些外源酶可起到补充作用。断奶仔猪体内淀粉酶、胃蛋白酶不足,断奶后应激反应更加抑制了消化酶的活性,因此补充一些外源酶是非常必要的,特别是对一些不易消化的营养物质如纤维、果胶等更是如此。

3. 采用适当的饲料加工方式

对饲料进行膨化、制粒或酶解可提高动物对饲料的消化利用率。焙炒可使谷物等籽实饲料熟化,一部分淀粉转变为糊精而产生香味,也有利于消化。豆类焙炒可除去生味和有害物质,如大豆的胰蛋白酶抑制剂。焙炒谷物籽实主要用于仔猪诱食料和开口料。酶解豆粕饲喂断奶仔猪,可以降低胃内 pH,降低腹泻的发生,并在一定程度上改善能量和蛋白质的利用率。

7.2.3.2 降低饲料抗原性

1. 应尽可能降低饲粮的抗原性

在蛋白质饲料中，豆粕的抗原性最强，缓解豆粕抗原性的办法，一是通过豆粕加工来部分降低蛋白中的抗原成分，如通过60%～70%热乙醇浸提豆粕或大豆，或通过豆粕、大豆的湿膨化加工，或采取挤压技术等；二是限制大豆产品的用量，一般推荐断奶仔猪饲粮中大豆产品的用量以不超过20%为宜。此外，在仔猪早期补饲料中添加豆粕，免疫系统可尽早得到锻炼和适应，有利于缓解断奶后腹泻。

2. 降低蛋白水平

适当降低饲粮中的蛋白质含量，提高粗纤维、非淀粉多糖(NSP)含量，适当添加某些必需氨基酸，可预防仔猪腹泻。仔猪饲粮蛋白质含量以不超过21%为宜，低蛋白氨基酸平衡饲粮可显著降低仔猪断奶后腹泻、提高仔猪的生产性能，其中复合蛋白型氨基酸平衡饲粮的饲养效果优于全植物蛋白型氨基酸平衡饲粮。

3. 充分补饲

充分补饲，保证足够的采食量，可防止断奶后肠道的免疫损伤，或者对3周龄或更早断奶的仔猪不补饲，实行突然断奶。

7.2.3.3 平衡饲料酸碱性

1. 尽量选用酸合力低的饲料

一般来说，饲粮的初始酸碱值和酸合力越高，那么仔猪进食后，就必须分泌更多的胃酸或者额外添加更多的酸化剂才能将胃内的pH降低到4以下；反之，将胃内pH降到4以下时所需的胃酸或酸化剂的量就少。因此，不同的饲料配方，应根据其不同的酸碱值和酸合力确定酸化剂的添加量。饲粮的初始酸碱值和酸合力取决于组成配合饲料的各种原料。不同原料的酸合力差别很大，能量饲料的酸合力一般较小，蛋白质类饲料的酸合力稍大些，而石粉等矿物质的酸合力很高，应尽量降低用量。

2. 添加酸化剂

不同种类的酸化剂，由于相对分子质量大小、酸性强弱不同，同等质量的情况下酸化的效果也不同。有机酸既能酸化饲料，也是能量物质，还具有一些其他特殊功能，如柠檬酸的螯合作用、富马酸的弱抗氧化性和乙酸、乳酸的抑菌能力等，能提高饲料利用率和促进仔猪健康生长。但有机酸解离度小，酸性较弱，达到同样酸化能力的添加量比无机酸要大得多，添加成本高。复合酸化剂综合了无机酸和有机酸的优点，是目前应用最多的饲料酸化剂。但各品牌的复合酸化剂，由于各种酸的配比不同，有效成分含量不同，达到同样的酸化效果所需的添加量也不同。因此，使用不同的酸化剂时应根据供应商的推荐用量，结合自己的饲料配方情况确定合理的添加量。

7.2.3.4 改进饲喂技术

1. 分阶段配制饲粮

分阶段配制饲粮是根据仔猪消化道逐渐发育成熟的特点，分阶段配制饲喂适应仔猪消化生理特点的饲粮，使仔猪从断奶前的高脂肪、高乳糖的母乳逐渐向由谷物和豆粕(豆饼)组成的低脂、低乳糖、高淀粉饲粮平稳过渡。它是现代养猪生产中降低断奶仔猪营养性应激、最大限度地降低腹泻和发挥仔猪生产性能的一项先进技术措施。三阶段饲粮的基本特点是:第一阶段(断奶至 7 kg)饲粮为高营养浓度饲粮(1.5%赖氨酸,40%乳产品或用 8%～15%喷雾干燥猪血浆蛋白粉代替脱脂奶粉);第二阶段(7～11 kg)饲粮中含 1.25%赖氨酸,采用谷物-豆饼型饲粮,还含有一定量的乳清粉和其他高质量的蛋白质饲料;第三阶段(11～23 kg)采用含 1.10%赖氨酸的谷物-豆粕型饲粮。

2. 湿喂

仔猪断奶后先采用湿喂法,3～4 周后再转向干喂,可以有效地缓解料型突变带来的应激。

(1)仔猪湿喂料的配制　①手工法。在中、小型料筒或料槽中将仔猪干饲料与水直接混合后饲喂断奶仔猪,这种手工勾兑的方法适用于农村小群饲养或散养。在寒冷季节,预先将水加热则效果更好。②机械法。目前生产上已经有干湿喂料器或料水混合罐等用于湿喂的机械产品。机械化湿喂设施可节约人力,减少饲料浪费,提高饲料利用率,而且可增加仔猪的采食频率,饲喂效果较好。大、中型猪场的断奶仔猪生产中可推广应用这种技术。③微生物发酵法。按照青贮窖的要求在猪场内或附近建一小池,将固体饲料与水按一定比例混合后置于其中,最好再接种一批有益微生物(乳酸杆菌、酵母菌等),让其发酵。发酵原料可选择粗饲料或粗饲料+精饲料。饲喂时取出发酵料再配以其他精料,加水调制成湿喂料饲喂断奶仔猪。这种方法较适用于小型猪场。

(2)湿喂时的注意要点　①湿喂料的干物质浓度要适宜。适宜的干物质浓度有利于进一步减小湿喂料对断奶仔猪胃肠道的刺激。母猪常乳的干物质浓度为 19.6%左右,所以仔猪刚断奶时湿喂料的水∶饲料比在(3～5)∶1 效果较好,随着仔猪日龄的增加可逐渐降低。②保证充足的营养供给。良好的湿喂料必须能给断奶仔猪提供充足的蛋白质、能量、矿物质等营养成分,所以用于配制湿喂料的干饲料原料需要有很高的营养浓度。③保证湿喂料和料槽的清洁。采用发酵法配制湿喂料时,每次喂料后料槽中残留饲料的影响不大,因为剩余的饲料中仍有大量的有益微生物,不会霉变。但用其他湿喂方法时,需要经常清扫料槽,防止霉菌等有害微生物引起剩余的饲料腐败变质。如果用食品加工下脚料或泔水制作湿喂料时,要尽量新鲜,不能腐败变质。

7.3　提高猪对圆环病毒抗病能力的营养措施

7.3.1　圆环病毒概述

圆环病毒(porcine circovirus,PCV)是圆环病毒科的一种无被膜的单链环状 RNA 病毒,包括 1 型(PCV-1)和 2 型(PCV-2)。生产上 PCV-2 对养猪生产危害巨大,以断奶仔猪多系统衰竭综合征(postweaning multisystemic wasting syndrome, PMWS)为代表疾病,该病最早于 1991 年发生于加拿大西部(Harding,1998),主要临床症状为进行性消瘦,全身淋巴结增大,呼吸困难,腹泻、苍白及黄疸等(Morozov,1998),其他症状还有咳嗽、发热、胃炎、脑膜炎及突然死亡。所引起的病理损害表现为淋巴细胞减少、间质性肺炎、肾炎和肝炎。PCV-2 感染可导致仔猪出现免疫抑制。PCV-2 是一种嗜单核-巨噬细胞性的病毒,感染单核-巨噬细胞和树突状细胞却不在其内复制，也不引起巨噬细胞凋亡；感染 PCV-2 引起猪组织 IL-4、IL-10、IFN-α、单核细胞趋化因子 1(MCP-1)等细胞因子的水平发生变化(Maeda，1996)，淋巴细胞不能有效地激活和增殖，巨噬细胞表面抗原 MHC Ⅰ类分子和 MHC Ⅱ类分子表达下降，增殖不足的影响大于细胞凋亡；而 B 细胞可能是 PCV-2 复制的重要靶细胞，PCV-2 感染将引起 B 细胞凋亡，使外周血液中 B 细胞和 T 细胞减少等，导致对免疫系统的损伤和抑制。

PCV-2 对猪有较强的易感性，可经口腔、呼吸道途径感染不同年龄的猪。PMWS 可见于 5～16 周龄的猪，但最常见于 6～8 周龄的断奶猪群。猪群患病率为 3%～50%，死亡率为 8%～35%。用 PCV-2 人工感染仔猪后，其他同栏未接种猪的感染率高达 100%。少数怀孕母猪感染后可以垂直传播给仔猪(Allan，1995)。在我国，郎洪武等(2000)检测了北京、河北、山东、天津、江西、吉林、河南等地的猪群，阳性率高达 51%。鲍伟华等(2006)年，对宁波市 8 个县(市)区 19 个规模猪场的 524 份血清样品进行分析，发现有 16 个猪场发生了 PCV-2 感染，猪场感染率为 84.21%，全市猪的 PCV-2 平均感染率为 49.81% (261/524)，其中种猪的感染率为 45.72% (123/269)，断奶猪的感染率为 54.12% (138/255)。

试验研究发现，断奶仔猪的营养状况可影响猪体对 PCV-2 感染或继发感染的耐受能力(Vigneaund，1942)。在饲粮中补充适宜剂量的一些功能性养分可以调节或增进断奶仔猪的免疫功能，提高仔猪抗病力，减少仔猪断奶期疾病感染或免疫应激的危害(Harding，1998)。为此，本团队开展了生物素和叶酸对圆环病毒攻毒猪的效应研究。

7.3.2 生物素对 PCV-2 攻击下仔猪生产性能和免疫功能的影响

7.3.2.1 生物素的营养作用

生物素是猪必需的水溶性维生素，分子式为 $C_{10}H_{16}O_3N_2S$，由咪唑酮环和一个带戊酸的四氢噻吩环结合而成，含有三个不对称碳原子，有 8 种异构体，只有 *D*-生物素具有维生素活性。生物素作为羧化酶(如丙酮酸羧化酶、乙酰辅酶 A 羧化酶、丙酰辅酶 A 羧化酶和 β-甲基丁烯酰辅酶 A 羧化酶等)的辅酶，起着羧基载体的作用，参与碳水化合物、脂肪和蛋白质代谢。缺乏生物素，生长猪表现出生长缓慢、厌食、皮毛粗糙、皮炎、蹄裂、脱毛、角化。NRC(1998)推荐生物素需要量：仔猪和生长猪为 0.05～0.08 mg/kg 饲粮，母猪 0.20 mg /kg 饲粮。不同饲料原料中生物素生物学效价不同，断奶仔猪常用饲料原料生物素含量及利用率见表 7.7。

研究表明，仔猪、生长猪的饲粮添加生物素(分别为 100、55～550 μg/kg)可提高猪的日增重和饲料转化率，提高肉质 (Martelli，2005)。在断奶后仔猪饲粮中添加生物素 220 和 440 μg/kg，可提高仔猪对绵羊红细胞的免疫能力(Komegay 等，1989)。

7.3.2.2 生物素对 PCV-2 攻击下仔猪生产性能和免疫功能的影响

生物素对免疫功能的影响结果多来源于对小鼠、大鼠或人外周血单核细胞体外培养的研究，而生物素对猪免疫机能的作用效应及机制研究未见报道。

表 7.7 断奶仔猪常用饲料原料生物素含量及利用率

饲 料	生物素含量范围/(μg/kg)	生物素平均含量/(μg/kg)	有效利用率/%
玉米	56～115	79	101.2
豆饼	200～387	270	100.0
菜籽饼	648～1 180	984	70.0
葵花籽粕	447～1 352	989	35.0
大麦	80～246	140	10.0
高粱	173～429	288	20.0
小麦	70～276	101	0.0
小麦胚芽	244～303	273	55.0
小麦麸	209～509	360	20.0
小麦次粉	190～434	332	5.0
玉米蛋白粉	148～249	191	100
鱼粉	11～421	135	100
肉粉	17～322	88	100
肉骨粉	7～364	76	100
脱脂奶粉	158～430	254	65.0
乳清粉	192～393	275	115.0
苜蓿粉	197～780	543	75.0
啤酒酵母	165～1 070	634	100

本团队陈宏(2008)通过两个试验研究了添加生物素对PCV-2攻击条件下的断奶仔猪免疫功能的影响,探讨了生物素的适宜添加量。试验一采用2×3因子试验设计,以玉米-豆粕型日粮为基础饲粮,添加3个生物素水平:0.00、0.05和0.20 mg/kg,考察对PCV-2攻击或未攻击断奶仔猪免疫器官生长、生产性能、细胞免疫、体液免疫及细胞因子IL-2、IFN-γ与IL-2可溶性受体浓度的影响。试验猪为28日龄杜×长×大三元杂交断奶仔猪,在试验前经检测PCV-2抗体为阴性[$S/P<0.15$,S/P=(样品OD值－阴性OD值)/(阳性OD值－阴性OD值)]。在试验第一天对PCV-2攻击仔猪经口鼻接种1 mL PCV-2培养液(约$10^{5\sim6}$ $TCID_{50}$),试验期35 d。试验二考察生物素的适宜添加水平,试验设6个处理,饲粮添加生物素0、0.10、0.20、0.30、0.40和0.50 mg/kg,试验用28日龄断奶、PCV-2抗体检测为阴性的杜×长×大仔猪54头,在试验第1天试验猪全部口鼻接种PCV-2,试验期35 d。结果发现:

1. 生物素可提高仔猪生产性能

接种PCV-2降低仔猪日增重、日采食量,添加生物素0.05和0.20 mg/kg可显著提高仔猪日增重、降低料重比($p<0.01$),以0.20 mg/kg添加水平最好。

2. 生物素可缓解PCV-2攻击断奶仔猪的免疫器官损伤

与添加生物素0和0.05 mg/kg相比,添加生物素0.20 mg/kg可降低PCV-2引起的肺脏、脾脏、回肠和腹股沟淋巴组织病理损伤。在添加生物素0.5 mg/kg时(表7.8),仔猪胸腺指数最高,淋巴指数和脾脏指数最小,表明添加生物素可以维持PCV-2攻击的仔猪免疫器官的生长。

表 7.8 添加生物素对 PCV-2 攻击下断奶仔猪淋巴器官指数的影响($n=3$)

器官指数	生物素添加量/(mg/kg)					
	0	0.10	0.20	0.30	0.40	0.50
胸腺指数	0.83±0.16[b]	1.68±0.28[ab]	1.78±0.28[ab]	1.85±0.11[ab]	1.93±0.27[ab]	2.08±0.62[a]
淋巴指数	0.81±0.21[a]	0.49±0.10[ab]	0.48±0.10[ab]	0.47±0.03[ab]	0.45±0.04[ab]	0.38±0.07[b]
脾脏指数	3.19±0.33[a]	2.36±0.02[ab]	2.34±0.40[ab]	2.33±0.27[ab]	2.24±0.05[ab]	2.01±0.35[b]

注:同行肩注字母不同者,差异显著($p<0.05$)。

3. 生物素可以提高 PCV-2 攻击断奶仔猪的免疫反应强度

(1)细胞免疫应答　添加生物素可以提高 PCV-2 攻击断奶仔猪的细胞免疫反应强度,特别是添加 0.20 mg/kg 可提高淋巴细胞 ANAE+%(α-醋酸萘酯酶阳性淋巴细胞率)(表 7.9),无显著差异,E 玫瑰花环率有提高的趋势(表 7.10),以添加 0.30 mg/kg 组最高;T 淋巴细胞转化率显著提高,以添加 0.30 mg/kg 组最高。

表 7.9 生物素和 PCV-2 攻击对断奶仔猪淋巴细胞 ANAE+%的影响　　%

试验阶段	n	非攻毒组 生物素添加量/(mg/kg)		
		0.00	0.05	0.20
3 DPI	8	4.57±1.32	3.59±0.62	4.43±0.78
5 DPI	8	4.57±1.32[B]	3.00±0.67[B]	4.88±0.86[B]
7 DPI	8	6.17±0.74[B]	5.10±0.85[B]	5.84±1.17[B]
14 DPI	7	7.14±1.14	10.72±1.61	10.10±0.82
21 DPI	6	13.1±2.17[ab]	16.71±0.53[a]	15.02±1.98[ab]
28 DPI	5	16.22±0.8[a]	15.78±0.93[a]	17.13±0.69[a]
35 DPI	4	11.35±1.25[C]	11.94±1.15[BC]	16.66±0.37[A]

试验阶段	n	PCV-2 攻毒组 生物素添加量/(mg/kg)			p		
		0.00	0.05	0.20	B	V	B×V
3 DPI	8	6.05±1.38	3.53±0.56	5.21±0.93	0.20	0.37	0.74
5 DPI	8	16.26±3.02[A]	12.51±3.14[A]	10.27±1.33[A]	0.29	0.01	0.29
7 DPI	7	9.51±1.94[B]	7.62±1.67[B]	15.99±1.83[A]	0.01	0.01	0.02
14 DPI	6	8.43±0.83	8.78±0.75	9.97±1.54	0.14	0.79	0.41
21 DPI	5	11.25±1.43[b]	15.25±0.41[ab]	16.51±1.38[a]	0.03	0.64	0.51
28 DPI	4	13.23±0.24[b]	16.62±1.18[a]	17.08±0.69[a]	0.03	0.29	0.07
35 DPI	3	16.39±1.42[A]	15.45±1.36[AB]	17.31±1.44[A]	0.02	0.01	0.20

注:1. DPI(days postinoculation,接种后天数);B(biotin, 生物素);V (PCV-2,接种圆环病毒);B×V 表示生物素与接种病毒的交互作用。

2. 同行肩注大写字母不同者,差异极显著($p<0.01$),小写字母不同者,差异显著($p<0.05$)。

表 7.10 添加生物素对仔猪外周血淋巴细胞 E 玫瑰花环率(E_t)和淋巴细胞转化率(SI)的影响($n=5$) %

项目	生物素添加量/(mg/kg)					
	0	0.10	0.20	0.30	0.40	0.50
E_t	13.4±4.5	15.8±3.1	15.4±4.2	23.8±3.1	18.0±3.1	17.4±2.1
SI	0.811±0.033[b]	0.828±0.053[b]	1.077±0.200[ab]	1.575±0.313[a]	1.327±0.192[ab]	1.161±0.297[ab]

注:同行肩注字母不同者,差异显著($p<0.05$)。

(2)体液免疫应答 PCV-2 攻毒刺激仔猪体液免疫应答反应,第 7 天即可检测出 PCV-2 抗体(图 7.5),并随时间延长而增加,在第 28～35 天达高峰,添加生物素可提高 PCV-2 抗体滴度。PCV-2 攻击对仔猪血清 IgM 和 IgA 水平影响较小(表 7.11),对 IgG 影响较大,IgG 在第 21、35 天均显著下降($p<0.05$)。添加生物素可以显著提高 IgG 水平,并随生物素水平增加呈持续增加,在生物素达 0.30 mg/kg 后基本趋于稳定;血清 IgM 先增加后又下降,以生物素 0.30 mg/kg 组最高;IgA 变化趋势不明显,以生物素 0.30 mg/kg 组最高。

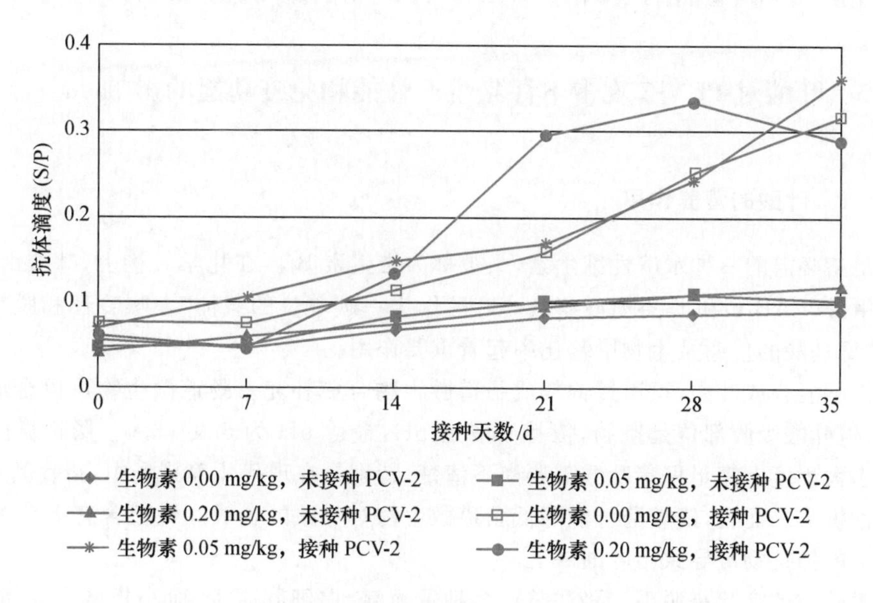

图 7.5 PCV-2 攻击及生物素对 PCV-2 抗体滴度的影响

4. 生物素可提高细胞因子水平和基因表达

PCV-2 攻击显著降低仔猪第 14 和 21 天血清 IFN-γ 浓度($p<0.01$),对 IL-2 和 sIL-2R (IL-2 可溶性受体)无显著影响。添加生物素可显著提高血清 IFN-γ 水平(表 7.12);血清 IFN-γ 浓度随生物素水平增加而增加,以添加 0.3 mg/kg 生物素组最高。生物素在基因水平影响 IL-2 和 IFN-γ 产生。生物素不足时将抑制脾脏和腹股沟淋巴细胞的 IL-2 和 IFN-γ 基因表达,导致血清 IL-2 和 IFN-γ 水平下降。添加生物素则可提高脾脏和腹股沟淋巴细胞中 IL-2 和 IFN-γ 基因表达,适宜水平为 0.30 mg/kg(表 7.13)。

表 7.11　生物素对 PCV-2 攻击下仔猪免疫球蛋白水平的影响($n=6$)　mg/mL

项目	生物素添加量/(mg/kg)						p
	0	0.10	0.20	0.30	0.40	0.50	
IgM							
起始	0.120±0.010	0.121±0.006	0.131±0.017	0.130±0.010	0.126±0.012	0.149±0.014	0.57
第 21 天	0.166±0.007^{ab}	0.178±0.007^{ab}	0.184±0.012^{ab}	0.193±0.012^{a}	0.148±0.008^{b}	0.170±0.018^{ab}	0.05
第 35 天	0.157±0.007^{ab}	0.169±0.015^{ab}	0.147±0.006^{b}	0.188±0.018^{a}	0.160±0.014^{ab}	0.149±0.005^{b}	0.05
IgG							
起始	0.977±0.043	1.125±0.029	1.119±0.041	1.067±0.079	1.010±0.108	0.985±0.108	0.57
第 21 天	0.859±0.013^{B}	0.836±0.007^{B}	0.840±0.011^{B}	1.126±0.050^{A}	1.046±0.014^{A}	1.143±0.048^{A}	0.00
第 35 天	0.827±0.004^{B}	0.857±0.017^{B}	0.851±0.013^{B}	1.033±0.006^{A}	1.061±0.011^{A}	1.048±0.014^{A}	0.01
IgA							
起始	0.088+0.012	0.071±0.005	0.086±0.040	0.067±0.007	0.059±0.007	0.084±0.020	0.87
第 21 天	0.098±0.013	0.093±0.010	0.069±0.015	0.113±0.011	0.077±0.012	0.093±0.030	0.66
第 35 天	0.066±0.006^{AB}	0.087±0.015^{A}	0.035±0.013^{B}	0.094±0.008^{A}	0.073±0.013^{A}	0.038±0.003^{B}	0.00

注：同行肩注大写字母不同者，差异极显著($p<0.01$)，小写字母不同者，差异显著($p<0.05$)。

7.3.3　叶酸对 PCV-2 攻击下仔猪生产性能和免疫功能的影响

7.3.3.1　叶酸的营养作用

叶酸是猪必需的一种水溶性维生素，又被称为维生素 B_9。在化学结构上，叶酸由蝶啶环、对氨基苯甲酸(PABA)和 *L*-谷氨酸组成。叶酸作为一碳单位的载体，在嘌呤环和脱氧胸苷酸合成、多种氨基酸的代谢及生物甲基化中起着重要作用。

猪体内不能合成叶酸，可通过饲料或肠道微生物合成补充。肠道微生物可以合成相当数量的叶酸，但叶酸吸收部位是空肠，依赖于肠道 pH，最适 pH 为 5.0～6.0。肠道微生物来源的叶酸在多大程度上满足仔猪叶酸需要尚不清楚，特别是在现代化养猪场中，猪食粪来获取叶酸的可能性极小。而且，磺胺药可能降低肠道微生物对叶酸的合成。饲粮含有 1%～2%磺胺药或者叶酸的拮抗物可导致猪叶酸缺乏。

猪缺乏叶酸的症状是脱毛、毛发褪色、多种贫血症、白细胞减少、血小板减少症、红细胞压积减少和腹泻。NRC(1998)推荐仔猪对叶酸的需要量为 0.3 mg/kg。

吮乳期仔猪机体的叶酸状况受乳源的影响，并随断奶而显著下降。断奶后 1～3 周内，一方面仔猪往往摄食不足，易于发生肠道黏膜炎性损伤、肠道微生态恶化乃至腹泻，可能导致仔猪对叶酸的吸收不足而缺乏；另一方面，断奶应激及其可能带来的免疫抑制或免疫活化，可能会提高仔猪机体特别是免疫系统对于叶酸的需要量。由于叶酸在核酸和蛋白质合成中起着极其重要的作用，对机体抗病力有很大的影响。在人上的研究发现，叶酸缺乏导致血液中 T 淋巴细胞比率降低，由分裂素激活的 T 淋巴细胞增殖减少，从而降低对感染的抵抗力。用于处理自身免疫疾病和慢性炎症疾病的叶酸拮抗物——甲氨蝶呤可抑制脱氧胸腺嘧啶核苷的合成，导致激活的 T 淋巴细胞出现凋亡。Courtemanche 等(2004)体外试验研究发现，叶酸缺乏显著降低 CD8＋细胞增殖，增加了 CD4＋细胞与 CD8＋细胞的比值；若

表 7.12 生物素对 PCV-2 攻击下仔猪 IFN-γ 水平的影响

pg/mL

IFN-γ	生物素添加量/(mg/kg)					
	0	0.10	0.20	0.30	0.40	0.50
起始	195.33±52.21	188.85±29.32	190.00±28.21	207.27±64.61	195.82±72.47	193.25±54.48
第 35 天	171.34±20.05^{b}	196.32±34.07^{ab}	206.01±34.24^{ab}	282.95±52.61^{a}	119.49±21.74^{b}	126.56±18.92^{b}

注:同行肩注字母不同者,差异显著($p<0.05$)。

表 7.13 添加不同水平生物素对 IL-2 mRNA 和 IFN-γ mRNA 的影响

项目	生物素添加量/(mg/kg)						p
	0	0.10	0.20	0.30	0.40	0.50	
IL-2 mRNA							
脾脏	0.087±0.013^{D}	0.279±0.044^{CD}	0.609±0.041^{BC}	1.546±0.400^{A}	0.934±0.027^{B}	0.811±0.048^{BC}	0.001
腹淋	0.083±0.025^{B}	0.167±0.026^{B}	0.250±0.027^{B}	2.074±0.596^{A}	0.823±0.093^{B}	0.540±0.047^{B}	0.001
IFN-γ mRNA							
脾脏	0.135±0.013^{D}	0.227±0.011^{D}	0.281±0.008^{CD}	1.461±0.185^{A}	1.210±0.021^{B}	0.513±0.065^{C}	0.001
腹淋	0.001±0.000^{B}	0.021±0.006^{B}	0.132±0.019^{B}	1.677±0.289^{A}	0.393±0.016^{B}	0.249±0.033^{B}	0.001

注:1. 腹淋即腹股沟淋巴结。

2. 同行肩注字母不同者,差异极显著($p<0.01$)。

叶酸或者腺苷予以满足，原来叶酸缺乏的细胞便很快修复T淋巴细胞的增殖和回归正常的细胞周期，减少DNA尿嘧啶含量，并降低CD4+细胞与CD8+细胞的比例，说明叶酸供给不足可能会降低激活应答的CD8+细胞增殖能力进而影响免疫系统。研究表明，妊娠母猪每天补充8 mg叶酸，其后代仔猪断奶时外周CD2+淋巴细胞下降，而仔猪对于绵羊红细胞的二次抗体应答显著增强。

7.3.3.2 叶酸对PCV-2攻击下仔猪生产性能和免疫功能的影响

基于叶酸对免疫功能影响的重要作用，本团队高庆等(2011)在受PCV-2攻击的断奶仔猪饲粮中添加叶酸，探讨叶酸影响或调节断奶仔猪免疫功能与抗病力的机制。试验采用2×3因子设计，共6个处理，每个处理7个重复，每个重复1头猪。处理1、2、3饲粮的叶酸添加水平分别为0、0.3和15.0 mg/kg，不接种PCV-2；处理4、5、6饲粮分别与处理1、2、3相同，在饲喂7 d后经口鼻接种2 mL PCV-2 (1×10^{7} $TCID_{50}$/mL)，攻毒后饲养4周，考察对仔猪生产性能、腹泻程度和免疫功能的影响。结果发现：

1. 适宜叶酸水平可改善PCV-2攻毒仔猪的生产性能

基础饲粮含叶酸0.21 mg/kg，饲粮添加叶酸后显著而且快速提高仔猪血清叶酸水平，并呈剂量-效应变化。

PCV-2攻毒仔猪出现厌食、被毛粗乱、皮肤苍白和腹泻加剧等临床症状，体重显著降低，采食量和饲料效率显著下降。在未攻毒条件下，15 mg/kg叶酸剂量组仔猪生产性能略优于其他处理；在PCV-2攻毒下，在第8～21天，添加叶酸15 mg/kg，对仔猪生产性能约有提高，但在第22～35天，添加叶酸0.3 mg/kg组仔猪的生产性能有所改善，而添加叶酸15 mg/kg组仔猪的生产性能反而下降，表明仔猪感染PCV-2后不同阶段，添加适宜剂量的叶酸有利于仔猪康复。

2. 添加叶酸可缓解PCV-2攻击断奶仔猪的免疫器官损伤

组织切片病理观察发现，PCV-2攻毒加剧第21和35天仔猪胸腺、脾脏、腹股沟淋巴结和肺部组织的损伤，表现为实质性器官充血和出血增加，中性、酸性粒细胞和吞噬细胞浸润，淋巴细胞减少，细胞凋亡后残留的胞核碎片增加，肺脏组织实变区域较多和肺泡数量明显减少，饲粮未添加叶酸处理组仔猪的脾脏和肺脏等病变尤为严重。

3. 添加叶酸可提高PCV-2攻击断奶仔猪免疫细胞增殖，降低凋亡

PCV-2攻击对仔猪骨髓细胞增殖无显著影响；添加叶酸显著提高骨髓细胞增殖($p<0.05$)，其中在无PCV-2攻击下，添加叶酸15 mg/kg组最高；在PCV-2攻击下，第35天以添加0.3 mg/kg组最高。

在无PCV-2攻毒下，添加叶酸15 mg/kg组显著提高第21天骨髓细胞凋亡率($p<0.01$)，对第35天骨髓细胞凋亡率影响不显著；不添加叶酸时，PCV-2攻击下显著提高骨髓细胞凋亡率，而添加叶酸0.3或15 mg/kg均显著降低第21和35天骨髓细胞的凋亡率($p<0.05$)。饲粮添加叶酸、PCV-2攻击以及二者的交互作用对21 d和35 d外周淋巴细胞的早期凋亡率影响不显著。添加叶酸可显著提高仔猪外周CD4+、CD3+CD4+($p<0.05$)，而PCV-2未攻毒和攻毒条件下，分别在添加叶酸15、0.3 mg/kg时最高。

结果表明，饲粮添加0.3或15 mg/kg叶酸可改善仔猪免疫机能，在无PCV-2攻击时添加叶酸15 mg/kg较好，而在PCV-2攻击时0.3 mg/kg较好。

7.4 提高猪对猪繁殖与呼吸综合征病毒抗病能力的营养措施

7.4.1 猪繁殖与呼吸综合征病毒概述

猪繁殖与呼吸综合征病毒(PRRSV)引起的猪繁殖与呼吸综合征(PRRS)是一种接触性传染病,主要引起妊娠母猪早产、流产、死胎、木乃伊、弱仔增加等繁殖障碍。PRRSV 经呼吸道与猪肺泡巨噬细胞(PAM)上的受体结合,再通过胞吞作用进入 PAM 进行复制增殖,最终造成这些细胞大量破坏,PAM 破裂、溶解、崩溃,数量减少(Sur 等,1997)。由于存活的 PAM 功能降低,导致肺泡功能出现障碍,猪进而表现出典型的呼吸道症状。在肺泡巨噬细胞中增殖的 PRRSV 还可以转移到局部淋巴组织的单核细胞和巨噬细胞内进一步增殖(van Alistine 等,1996)。由于巨噬细胞被大量破坏,导致其对异物的非特异性吞噬清除功能大为降低,致使机体的非特异性免疫功能下降。而且,PRRSV 的增殖导致 PAM 大量破坏,超氧阴离子的产生能力及杀菌作用也随之下降,易继发感染其他细菌或病毒,这往往是 PRRS 和其他病原混合感染的主要原因。

PRRSV 抗体于感染后 4 周才出现(Wills 等,2003),而且产生相当缓慢。Charerntantanakul 等(2006)研究发现,PRRSV 感染 3～8 周后,具有记忆反应的外周血单核细胞才出现 T 细胞增殖和 IFN-γ 分泌。PRRSV 的一个重要生物学特性是抗体依赖性增强作用(antibody dependent enhancement,ADE),即一定滴度的 PRRSV 抗体存在可介导和加强感染。在肺泡巨噬细胞的培养物中加入一定滴度的 PRRSV 抗体,PRRSV 复制增殖能力大为增强,PRRSV 产量提高 10～100 倍;同样,使用加有 PRRSV 抗体的病毒培养物接种妊娠中期母猪,可提高病毒在胎儿中的复制,且显著高于单纯接种病毒组,这可能是感染 PRRSV 母猪在妊娠后期流产、死胎、木乃伊增加的主要原因,反映在临床上则是刚断乳仔猪的呼吸道疾病临床症状经常比较大的育成猪严重得多(Yoon 等,1996)。

PRRSV 在感染猪体内能诱发产生抗体的滴度很低,不能有效清除病毒,相反与病毒形成病毒-抗体复合物,促使病毒进入细胞而引发感染(Yoon 等,2001),进而导致持续性感染。感染 PRRSV 的母猪成为主要携带者和主要的传染源,不仅向外界环境排毒,而且可通过胎盘传播的 PRRSV 能感染孕后的胎儿,产下带病毒的仔猪,感染健康仔猪,导致 PRRSV 在猪群中的持续循环传播。

当机体感染 PRRSV 后引起机体产生强烈的淋巴细胞增殖反应,参与反应的细胞因子主要是 IFN-γ,其次是 IL-2(Lopez-Fuertes 等,1999)。Bautista 等(1999)研究表明,淋巴细胞产生的 IFN-γ 通过阻断病毒蛋白的正常合成来抑制 PRRSV 在肺泡巨噬细胞中的复制增殖,增强巨噬细胞产生超氧阴离子的能力。PRRSV 提高了 IFN-γ 和 IL-10 的组织 mRNA 表达水平和肺泡灌洗液中的含量(Diaz 等,2006)。由此可知,IFN-γ 在抵抗机体 PRRSV 的感染中起着重要作用。虽然 PRRSV 感染猪后增加了 IFN-γ 的产生,激活 NK 细胞,刺激保护性抗体的产生,但是这种免疫保护是不完全的,而且 IFN-γ 水平过高,可能会导致机体损害。IFN-γ 激活 NK 细胞,通过抑制子宫内膜上皮细胞分泌粒细胞集落刺激因子(GM-CSF),损害滋养层细胞,进而影响胎儿生长发育(陈晓等,2002)。刘喆等

(2002)研究表明 IFN-γ 能够抑制孕酮的分泌、诱导胎盘细胞凋亡并最终导致妊娠终止。当母猪感染 PRRSV 时,引起 IFN-γ 水平过高,造成母猪分娩时死亡率和产弱仔率增加。

7.4.2 添加 *L*-精氨酸或 N-氨甲酰谷氨酸对感染 PRRSV 妊娠母猪繁殖性能和免疫功能的影响

7.4.2.1 精氨酸的营养作用

精氨酸是一种含有氨基和胍基的氨基酸,在生理 pH 条件下(10.5～12.0),属碱性氨基酸,天然精氨酸和在动物体内存在的形式主要为 *L*-精氨酸。动物机体精氨酸主要来源如下:①通过饲粮供给;②机体蛋白质的分解;③小肠黏膜细胞利用机体内其他氨基酸(谷氨酸、瓜氨酸、脯氨酸等)合成精氨酸。合成精氨酸需要氨甲酰磷酸合成酶-1(CPS-1)、鸟氨酸氨甲酰转移酶(OTC)、N-乙酰谷氨酸(NAG)合成酶和吡咯啉-5-羧酸合成酶(P5CS)参与。合成部位有肝脏、小肠和肾脏,其中在肝脏的合成途径为尿素循环,以鸟氨酸作为底物。然而,在肝脏中由于快速水解精氨酸的胞质精氨酸酶活性较高,因此肝脏精氨酸的净合成量很低。在成年动物,精氨酸合成的主要场所是在小肠和肾,主要通过小肠-肾代谢轴来完成精氨酸的合成。精氨酸的代谢主要通过 NO 和精氨酸酶途径完成。NO 途径是在一氮化氮合成酶(NOS)作用下产生 NO 和瓜氨酸。精氨酸酶途径是在精氨酸酶催化下水解成鸟氨酸,然后在鸟氨酸脱羧酶催化下脱去羧基形成腐胺,腐胺可以生成亚精胺和精胺,三者统称为多胺。

NO 是一个重要的内皮源性舒张因子,影响血管的舒张和生长,在调控胎盘-胎儿的血流中发挥着重要的作用,对母体养分和 O_2 向胎儿的转运也起着重要的调控作用。同时,多胺调控 DNA 和蛋白质的合成,也能调控细胞的增殖和分化(Igarashi 等,2000)。因此,NO 和多胺不仅对血管生成、胚胎形成、胎盘滋养层生长、子宫胎盘的血液流量以及母体向胎儿的营养运输起着重要作用,而且影响胎儿的生长发育(图 7.6)(Wu 等,2004)。

母体营养不良或营养过剩将会减少胎盘和胎儿血流速度,阻碍胎儿生长,其机制可能是影响 NO(血管生成)和多胺(DNA 和蛋白质合成调节物)的合成。研究证实:①通过 NOS 抑制剂阻止 NO 的合成或敲除 eNOS 基因使小鼠缺乏 NOS,均可导致小鼠发生宫内发育迟缓(Hefler 等,2001)。②多胺合成受阻影响了小鼠胚胎的形成。另外,胎盘多胺合成受阻降低胎盘的大小和影响胎儿生长(Ishida 等,2002)。③在人上发生的宫内发育迟缓也与 NO 合成有关,并且减少了精氨酸的转运,降低 eNOS 活性和多胺在脐带内皮上的合成(Casanello 等,2002)。④母鼠精氨酸缺乏导致宫内发育迟缓,增加胎儿重吸收和死亡,增加了出生前后的死亡率。饲粮添加精氨酸可以有效阻止通过 NOS 抑制剂引起的大鼠宫内发育迟缓模型(Vosatka 等,1998)。近年来研究发现,精氨酸在母畜的繁殖营养中起着非常重要的作用,在妊娠母猪中后期饲粮中添加适量精氨酸可以提高母猪产仔数(Kim 等,2009;van der Lende 等,2004;Mateo 等,2007),而在妊娠早期添加则效果不佳或有副作用(Blasio 等,2009;Li 等,2010)。

7.4.2.2 N-乙酰谷氨酸(NAG)的作用

NAG 是精氨酸内源合成的限速酶(氨甲酰磷酸合成酶-1,CPS-1)的激活剂。但在哺乳动

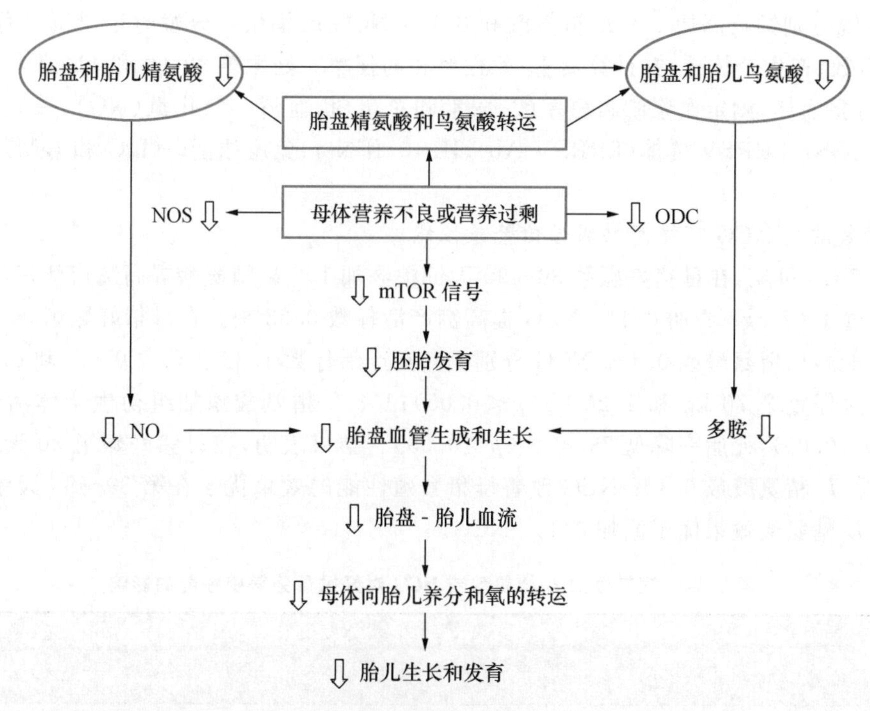

ODC，鸟氨酸脱羧酶；mTOR，哺乳动物雷帕霉素靶蛋白（mammalian target of rapamycin）

图 7.6 精氨酸对胎儿生长发育的影响

（引自：Wu 等，2004）

物细胞质溶液中含有高活性的脱酰基酶能够分解 NAG（Meijer 等，1985），限制了胞外 NAG 进入胞内增加线粒体 NAG 浓度。N-氨甲酰谷氨酸（N-carbamyl glutamate，NCG）作为 NAG 类似物，不是脱酰基酶的底物，是 CPS-1 的代谢稳定激活物（Meijer 等，1985），可促进谷氨酰胺或脯氨酸合成瓜氨酸，进而促进精氨酸的生成（Wu 等，2004），能够进入细胞和线粒体而发挥作用，低剂量的 NCG 就能在促进内源精氨酸合成中发挥高效作用，在母猪和仔猪上的试验表明，NCG 添加剂量大约为精氨酸的 1/10 左右。添加过量精氨酸可能会干扰其他氨基酸平衡，然而，添加少量 NCG 既可促进机体内源合成并维持精氨酸在一个较高水平，又可避免与其他氨基酸（尤其是赖氨酸）的拮抗。

7.4.2.3 精氨酸和 NCG 对感染 PRRSV 妊娠母猪的影响

关于饲粮添加精氨酸或 NCG 对感染 PRRSV 妊娠母猪繁殖性能和免疫功能的影响未见报道。为此，本团队杨平（2011）研究了在妊娠中期和中后期饲粮添加精氨酸或 NCG 对感染 PRRSV 母猪繁殖性能及免疫功能的影响，探索精氨酸或 NCG、免疫相关因子和繁殖性能之间的关系，从精氨酸或 NCG 的代谢途径和免疫机制寻找精氨酸或 NCG 影响妊娠母猪繁殖性能的可能调控途径，为母猪的合理饲养、增加窝产活仔数提供基础数据和理论依据。

试验选用 3～5 胎感染 PRRSV 的母猪（长白×大约克）100 头，妊娠第 0～29 天饲喂相同的对照组饲粮，妊娠第 30 天，按体况将母猪随机分为 5 个处理组，每组 20 头，单栏饲养。其中 3 个处理从妊娠第 30～90 天分别饲喂对照组饲粮、添加 1% *L*-精氨酸（Arg）饲粮和添加 0.1% NCG 的饲粮，妊娠第 91 天至分娩（第 114 天）饲喂对照组饲粮，另外两个处理从妊娠第

30 天至分娩分别饲喂添加 1% L-精氨酸和 0.1% NCG 的饲粮。分娩时记录窝产仔数、死胎数、木乃伊数、初生个体重，并计算窝重、死亡率和弱仔率。妊娠第 30、90 和 110 天早上采食后 2 h 收集母猪血样，测定血浆游离氨基酸、尿素和总蛋白，血清一氧化氮(NO)、一氧化氮合成酶活性(tNOS)、PRRSV 抗体(PRRSV-Ab)、IL-10、IFN-γ、免疫球蛋白(IgG 和 IgM)水平。结果发现：

1. 精氨酸或 NCG 可提高妊娠母猪繁殖性能

从表 7.14 可见，在母猪妊娠第 30～90 天饲粮添加 1% L-精氨酸提高窝产活仔数 0.89 头和窝活仔重 1.02 kg；添加 0.1% NCG 提高窝产活仔数 0.33 头。在母猪妊娠第 30 天至分娩饲粮添加 1% L-精氨酸或 0.1% NCG 分别提高窝产活仔数 1.33 头($p<0.05$)和 0.5 头($p>0.05$)、窝活仔重 2.70 kg 和 1.21 kg($p<0.05$)；1% L-精氨酸添加组初生个体活仔重提高 4.86%($p<0.05$)，死胎率降低 75.88%($p<0.05$)。结果表明，在母猪妊娠第 30 天至分娩阶段添加 1% L-精氨酸或 0.1% NCG 改善母猪繁殖性能的效果优于在第 30～90 天添加，而且添加 1% L-精氨酸效果优于添加 0.1% NCG。

表 7.14 饲粮添加 L-精氨酸或 NCG 对妊娠母猪繁殖性能的影响

繁殖性能	对照组（第 30～114 天）	1% Arg（第 30～90 天）	0.1% NCG（第 30～90 天）	1% Arg（第 30～114 天）	0.1% NCG（第 30～114 天）
窝产仔数/头	11.39±1.61	11.94±1.43	11.44±1.41	11.89±1.64	11.50±1.34
窝产活仔数/头	10.17±1.10^{b}	11.06±1.39^{ab}	10.50±1.37^{b}	11.50±1.50^{a}	10.67±1.53^{ab}
初生窝重/kg	16.11±1.71^{b}	16.89±1.73^{ab}	16.25±1.76^{b}	17.74±1.82^{a}	16.85±1.49^{ab}
初生窝活仔重/kg	14.60±1.31^{c}	15.62±1.62^{bc}	14.95±1.85^{bc}	17.30±1.85^{a}	15.81±1.59^{b}
初生个体重/kg	1.43±0.34^{b}	1.42±0.35^{b}	1.42±0.33^{b}	1.51±0.33^{a}	1.47±0.32^{ab}
初生个体活仔重/kg	1.44±0.33^{bc}	1.41±0.35^{c}	1.42±0.33^{bc}	1.51±0.33^{a}	1.48±0.31^{ab}
弱仔率/%	7.39	7.67	7.15	3.50	5.33
死胎率/%	9.41^{a}	6.89^{a}	8.18^{a}	2.27^{b}	6.91^{a}
妊娠天数/d	113.67±1.03	113.88±0.99	113.81±0.98	113.89±0.96	113.89±0.83
产程/h	4.17±1.21	4.03±1.12	3.80±1.40	4.65±1.02	4.31±1.33

注：1. 各处理后括号内为添加时间。

2. 同行肩注字母不同者，差异显著($p<0.05$)。

2. 精氨酸或 NCG 可改善妊娠母猪的氨基酸利用

与对照组或 NCG 组相比，妊娠第 30～90 天饲粮添加精氨酸显著提高妊娠第 90 天母猪血浆游离精氨酸、鸟氨酸和脯氨酸水平($p<0.05$)(NCG 组除外)；添加精氨酸或 NCG 显著降低血浆尿素浓度($p<0.05$)。与对照组或 NCG 组或与在妊娠第 30～90 天添加精氨酸相比，妊娠第 30 天至分娩添加精氨酸显著提高妊娠第 90 和 110 天母猪血浆游离精氨酸、鸟氨酸和脯氨酸($p<0.05$)，显著降低血浆尿素浓度($p<0.05$)(NCG 组除外)。

3. 精氨酸或 NCG 可提高母猪免疫功能

与对照组相比，妊娠第 30～90 天饲粮添加精氨酸显著提高妊娠第 110 天母猪血清 IgG 水平($p<0.05$)，显著降低血清 IFN-γ 水平($p<0.05$)；精氨酸或 NCG 显著提高妊娠第 90 天母猪血清 NO、tNOS、PRRSV-Ab、IgG 和 IgM 水平($p<0.05$)；与 NCG 组相比，精氨酸显著提高

妊娠第 90 天母猪血浆游离精氨酸、鸟氨酸浓度及血清 IgG 水平($p<0.05$)。

从表 7.15 可知,与对照组相比,妊娠第 30 天至分娩添加精氨酸显著提高妊娠母猪血清 IgG、IgM 及 PRRSV-Ab 水平($p<0.05$),显著降低 IFN-γ 水平($p<0.05$);NCG 显著提高妊娠第 90 天母猪血清 IgG、IgM 及 PRRSV-Ab 水平($p<0.05$),显著提高妊娠第 110 天母猪血清 IgG、IgM 和 IL-10 水平($p<0.05$);精氨酸或 NCG 均显著提高妊娠第 90 和 110 天母猪血清 NO 和 tNOS 含量;与 NCG 相比,精氨酸显著提高妊娠第 90 天母猪血清 IgG 水平($p<0.05$)。与在妊娠第 30~90 天添加组相比,在妊娠第 30 天至分娩添加精氨酸显著提高妊娠第 110 天母猪血清 NO、tNOS、IgM 和 IL-10 水平($p<0.05$),显著降低 IFN-γ 水平($p<0.05$);添加 0.1% NCG 显著提高妊娠第 110 天血清 IgM 和 IgG 水平($p<0.05$)。

表 7.15 饲粮添加 *L*-精氨酸或 NCG 对妊娠母猪血液免疫功能的影响

项目	对照组(第 30~114 天)	1% Arg(第 30~90 天)	0.1% NCG(第 30~90 天)	1% Arg(第 30~114 天)	0.1% NCG(第 30~114 天)
NO/(μmol/L)					
妊娠第 30 天	5.2±1.1	5.5±1.4	5.9±1.0	5.5±1.1	5.2±1.3
妊娠第 90 天	152.4±23.6[b]	206.2±20.6[a]	192.4±16.5[a]	207.5±22.0[a]	186.3±26.7[a]
妊娠第 110 天	80.8±8.3[c]	97.9±22.4[bc]	85.9±33.0[c]	137.7±26.2[a]	117.1±20.9[ab]
tNOS/(U/mL)					
妊娠第 30 天	18.3±1.6	18.1±1.6	17.9±1.7	18.0±1.4	18.2±1.8
妊娠第 90 天	20.7±1.6[b]	25.3±2.4[a]	24.2±2.2[a]	25.6±2.1[a]	24.1±2.3[a]
妊娠第 110 天	19.3±1.3[b]	18.8±1.5[b]	18.5±1.8[b]	22.6±1.6[a]	21.6±1.3[a]
PRRSV-Ab/(U/L)					
妊娠第 30 天	13.20±1.56	12.97±1.89	12.82±1.78	12.85±1.58	12.81±1.79
妊娠第 90 天	14.19±1.38[b]	17.67±0.83[a]	16.77±1.37[a]	17.68±1.58[a]	16.39±1.67[a]
妊娠第 110 天	14.12±1.89[b]	15.90±1.69[ab]	15.20±1.30[b]	17.85±1.09[a]	16.04±2.21[ab]
IgG/(g/L)					
妊娠第 30 天	4.99±0.13	4.94±0.18	4.91±0.32	4.88±0.23	4.93±0.25
妊娠第 90 天	5.21±0.16[c]	6.09±0.08[a]	5.80±0.20[b]	6.08±0.16[a]	5.74±0.17[b]
妊娠第 110 天	6.26±0.25[c]	6.67±0.31[ab]	6.38±0.35[bc]	6.95±0.22[a]	6.78±0.27[a]
IgM/(mg/L)					
妊娠第 30 天	146.7±28.9	146.7±25.2	140.0±40.0	140.0±36.1	140.0±36.1
妊娠第 90 天	126.6±5.4[b]	221.2±34.8[a]	198.4±38.6[a]	230.6±34.2[a]	196.9±24.2[a]
妊娠第 110 天	147.5±23.6[b]	174.0±27.9[b]	152.5±26.3[b]	235.0±31.1[a]	222.0±22.8[a]
IL-10/(pg/mL)					
妊娠第 30 天	235.9±20.6	232.7±18.3	232.0±12.5	237.4±20.1	232.6±10.3
妊娠第 90 天	231.6±13.9	257.3±24.2	247.1±17.3	259.7±31.3	247.2±28.8
妊娠第 110 天	226.3±25.2[c]	247.7±26.6[bc]	246.8±20.9[bc]	275.6±22.3[a]	268.3±29.9[ab]
IFN-γ/(ng/mL)					
妊娠第 30 天	22.3±2.5	22.1±1.6	22.2±3.1	22.3±2.3	22.2±3.4
妊娠第 90 天	21.2±3.0[a]	16.9±1.9[b]	19.9±2.9[ab]	17.1±1.1[b]	19.2±2.0[ab]
妊娠第 110 天	19.7±2.1[a]	19.5±3.0[a]	18.6±3.7[ab]	16.2±1.9[b]	18.3±2.4[ab]

注:1. 各处理后括号内为添加时间。

2. 同行肩注字母不同者,差异显著($p<0.05$)。

结果表明：饲粮中添加精氨酸或NCG通过提高母猪机体氨基酸利用率和增强母猪免疫功能，降低母猪死胎率和弱仔率，进而提高窝产活仔数和窝活仔重。与妊娠中期相比，妊娠中后期饲粮中添加精氨酸或NCG提高母猪繁殖性能的效果最佳，且精氨酸较NCG的效果好。

7.5 提高小鼠对猪伪狂犬病病毒抗病能力的营养措施

7.5.1 概述

7.5.1.1 伪狂犬病病毒

伪狂犬病病毒(pseudorabies virus，PRV)属于Ⅰ型疱疹病毒，主要感染动物的脑部及卵巢、子宫等器官，动物感染后表现出严重的中枢神经系统异常，引起流产、死胎(Kritas 等，1999)。伪狂犬病自然发生于猪、牛、绵羊、犬和猫，猪是伪狂犬病病毒的贮存宿主，病猪、带毒猪以及带毒鼠类为本病重要传染源。

伪狂犬病的临诊表现主要取决于感染病毒的毒力、感染量和猪年龄。成年猪一般呈隐性感染，幼龄猪感染后病情最重。怀孕母猪可导致流产、死胎、木乃伊胎和种猪不育等综合症候群，返情率高达90%，有反复配种数次都配不上的。此外，公猪感染伪狂犬病病毒后，表现出睾丸肿胀、萎缩，丧失种用能力。新生仔猪感染伪狂犬病病毒会引起大量死亡，第1天表现正常，从第2天开始发病，3～5 d内达死亡高峰期，可全窝死亡。同时，发病仔猪表现出明显的神经症状、昏睡、鸣叫、呕吐、拉稀，一旦发病，1～2 d内死亡。剖检主要是肾脏布满针尖样出血点，有时见到肺水肿，脑膜表面充血、出血。断奶仔猪感染伪狂犬病病毒，发病率在20%～40%，死亡率在10%～20%，主要表现为神经症状、拉稀、呕吐等。成年猪一般为隐性感染，若有症状也很轻微，易于恢复，主要表现为发热、精神沉郁，有些病猪呕吐、咳嗽，一般于4～8 d内完全恢复。其他动物感染伪狂犬病病毒后结果都是死亡。

7.5.1.2 TH1/TH2 平衡与妊娠

TH1细胞和TH2细胞是CD4＋T淋巴细胞的两种亚型。TH1细胞分泌TH1型促炎症细胞因子IFN-γ和IL-1β，主要参与机体细胞免疫；TH2细胞分泌TH2型抗炎症细胞因子IL-4和IL-10，主要参与体液免疫，通过促进B细胞增殖分化影响体液免疫，并通过调节胎盘生长、缓解炎症应答维持正常妊娠(Robertson 等，2007)。TH1/TH2平衡是维持机体正常免疫功能的主要因素，同时是妊娠成败的关键因素。

妊娠期母体通过复杂的细胞因子网络对妊娠各个生理过程，包括着床、胚胎生长发育以及分娩进行免疫调节。母体在妊娠时，TH2型细胞因子参与的体液免疫起主要作用，而由TH1型细胞因子参与的细胞免疫则受抑制。TH1型细胞因子不利于妊娠，TH2型细胞因子抑制TH1型细胞因子的产生，利于妊娠(喻丽雅等，2005)。小鼠感染PRV后，启动TH1型抗病毒免疫应答(Bianchi 等，1998)，TH1细胞因子产生增加，而TH2细胞因子不受影响，从而导致流产率、死胎率等增加，这可能是引起感染PRV繁殖母畜流产等繁殖问题的主要原因。体外实验已证明，IFN-γ抑制滋养层的生长，IFN-γ与TNF-α协同作用，可抑制胚胎与胎儿的生长发育(Haimovici 等,1991),对啮齿类动物胚胎中纤维样细胞有细胞毒效应(Suffys 等,1989)。TNF-α 参与滋养层细胞的凋亡(Yui 等,1994),并可损坏胎盘中的血管,使血管平滑肌收缩,造成胎儿的供血系统发生栓塞、坏死。IL-4 在子宫胎盘中对细胞的生长、分化有一定的作用(Moraea-Pinto 等,1997),还可上调 MHCⅡ类分子,下调 MHC 限制性的细胞毒性作用,抑制 NK 细胞黏附于内皮细胞,并抑制其进一步的聚集和活化。还有报道证实,IL-4 可抑制 TNF-α 受体在胎盘血管中的表达,这表明 IL-4 和 TNF-α 可相互调节,以利于妊娠。IL-10 可抑制 TH1 型细胞因子(Tangri 等,1994),从而抑制 TH1 型免疫反应(DTH)或 NK 细胞的激活,以保护胎儿。C57B2/6 妊娠时期感染杜利氏曼的模型,对 TH2 型细胞因子与妊娠的关系作了有力的说明(Krishnan 等,1996)。

7.5.1.3 病原模式识别受体——Toll 样受体与免疫

Toll 样受体(Toll-like receptors,TLRs),是先天性免疫系统中的细胞跨膜受体及病原模式识别受体之一,激发 TLRs 后导致细胞微环境发生复杂的变化,包括释放细胞因子、细胞的激活等。TLRs 至少包括 13 种,分别识别不同的病原相关分子模式(pathogen-associated molecular patterns,PAMPs)。TLR3、TLR7 和 TLR9 是识别病毒蛋白或其核酸和核内体成分的主要 TLR 亚型,TLR3 可识别 dsRNA,TLR7 可以识别 ssRNA,TLR9 识别细菌特殊序列胞嘧啶磷酸鸟苷(CpG-DNA)。

TLR3 仅在树突状细胞中表达(Hallman 等,2001),可识别病毒复制的中间产物 dsRNA,通过 Trif 信号途径激活转录因子 NF-κB,诱导促炎症细胞因子及Ⅰ型干扰素等的生成,启动抗病毒免疫应答。病毒感染时,巨噬细胞摄取感染的凋亡细胞,凋亡细胞上的溶酶体水解酶促进病毒衍生 RNA 的释放,TLR7 可识别这些 RNA,启动免疫(Nishiya 等,2005)。TLR7 与配体结合后通过 MyD88 途径激活 NF-κB,促进下游促炎性细胞因子的表达。TLR9 是免疫细胞识别病毒和细菌中非甲基化 DNA 的必需成分。机体感染含胞嘧啶磷酸鸟苷酸(CpG-DNA)序列的病毒后,激活 TLR9 依赖于 MyD88 途径来触发细胞内与 NF-κB 相关的信号途径,从而使编码抗病毒蛋白的基因转录。

7.5.2 添加维生素对感染伪狂犬病病毒妊娠鼠免疫功能和繁殖性能的影响

7.5.2.1 维生素 A

维生素 A 作为动物生长繁殖必需的微量营养素可改善动物繁殖性能。维生素 A 缺乏增加 TH1 型细胞因子表达(Cui 等,2000),TH1 型细胞因子 IFN-γ 反馈调节 TLR3 生成(Mueller 等,2006),TLR3 表达量的增加引起动物流产(Lin 等,2006)。动物感染疾病后,维生素 A 缺乏加剧 TH1 型细胞因子表达进而损伤机体(Abbas 等,1996),并降低繁殖性能。补充维生素 A 既可促进有利于妊娠的 TH2 型细胞因子表达(喻丽雅等,2005),也可增强动物对肺炎球菌(Pasatiempo 等,1992)和霍乱毒素的抵抗力(Nikawa 等,1999),但不能改善小鼠对甲型流感病毒的抵抗力(Cui 等,2000)。这说明动物感染疾病的种类不同可能影响维生素 A 对免疫功能的作用效果。妊娠鼠感染 PRV 后,补充维生素 A 是否能够提高动物免疫功能,并通过调节免疫相关因子的表达进而影响动物妊娠未见报道。

本团队罗晓容(2008)围绕营养、免疫与妊娠，考察不同维生素 A 水平对感染 PRV 鼠妊娠第 9 天细胞免疫、体液免疫、局部免疫相关因子及繁殖性能的影响，探讨妊娠鼠感染 PRV 后对维生素 A 需要量的变化。试验采用二因素不完全配对设计，PBS 对照组(未攻毒)设 0、4 000 和 10 000 IU/kg 3 个维生素 A 水平，其中 4 000 IU/kg 为小鼠维生素 A 正常需要量；攻毒组设 0、4 000、10 000、25 000 和 50 000 IU/kg 5 个维生素 A 水平。PRV 攻毒毒株(SA215 弱毒株，0.2×10^7 PFU/mL)为 gE/gI/Tk 缺失株，由四川农业大学生物技术中心构建，攻毒剂量为 3.5×10^3 PFU/g BW。在试验开始前参照 Smith 等(1987)、Stephensen 等(1993)建立的试验鼠维生素 A 缺乏模型。从维生素 A 缺乏鼠中选择体重(36.65±7.35)g 160 只雌鼠进行试验，于妊娠第 0 天腹腔注射 PRV 或 PBS，妊娠第 9 天屠宰收集孕鼠血清、脑、肝脏、脾脏、子宫和胚胎，测定肝脏视黄醇浓度，脑组织 PRV 感染情况，脾脏指数，血清免疫球蛋白(IgG、IgA、IgM)和细胞因子(IL-1β、IFN-γ、IL-4、IL-10)浓度，以及子宫和胚胎中 TLR3、TLR7、TLR9 基因的 mRNA量。结果发现：

1. 妊娠雌鼠感染伪狂犬病病毒的行为表现

孕鼠感染 PRV 后，发病时间在 3～8 d，发病后表现为精神不振，少食少动，撕咬尾部，阴门发红，死亡孕鼠子宫发黑。妊娠第 9 天孕鼠脑组织伪狂犬病病毒检测，发现 PBS 组检测结果呈阴性，攻毒组检测结果呈阳性。

2. 维生素 A 提高肝脏视黄醇浓度

肝脏视黄醇浓度随维生素 A 水平增加而增加(表 7.16)。未攻毒时，维生素 A 4 000 IU/kg 组显著高于对照组；而攻毒情况下，维生素 A 10 000 IU/kg 组才显著高于对照组($p<0.05$)；攻毒组肝脏视黄醇浓度低于对应维生素 A 水平的未攻毒组，其中维生素 A 4 000 IU/kg 组差异达显著水平($p<0.05$)。

表 7.16　维生素 A 对妊娠第 9 天孕鼠肝脏中视黄醇浓度的影响　　μg/g

项目	日粮维生素 A 水平/(IU/kg)				
	0	4 000	10 000	25 000	50 000
攻毒组	27.17±1.31[a]	29.96±0.39[a]	88.50±2.02[b]	195.26±5.22[c]	456.72±10.73[d]
PBS 组	28.60±1.70[a]	51.74±1.83[b]	106.58±7.88[c]		
配对 t 检验	$p>0.05$	$p<0.05$	$p>0.05$		

注：1. 同行肩注字母不同者，差异显著($p<0.05$)。
2. 配对 t 检验 p 值为同列数据间差异显著性。

3. 维生素 A 提高孕鼠的繁殖性能

PRV 攻毒后孕鼠死亡率和流产率都随维生素 A 增加逐渐降低($p>0.05$)，其中，维生素 A 25 000 IU/kg 组和 50 000 IU/kg 组孕鼠的死亡率最低，维生素 A 50 000 IU/kg 组流产率最小。在未攻毒和攻毒情况下，妊娠第 9 天活胚数和分娩活仔数均随维生素 A 水平提高而增加，且攻毒组低于未攻毒组(表 7.17)。在未攻毒情况下，妊娠第 9 天活胚数和分娩活仔数均在维生素 A 10 000 IU/kg 时达最大，与对照组差异显著；而在攻毒情况下，均在维生素 A 25 000 IU/kg时达最高，与对照组差异显著($p<0.05$)。结果表明：感染 PRV 导致鼠死亡率和流产率增加，活胚数和分娩活仔数降低；补充维生素 A 可降低孕鼠死亡率、流产率，提高妊娠第 9 天活胚数和分娩活仔数，妊娠第 9 天活胚数达最大值时，孕鼠对维生素 A 的需要量达正

常需要量的8.5倍。

表7.17 维生素A和攻毒对妊娠第9天孕鼠活胚数和分娩活仔数的影响

项目	日粮维生素A水平/(IU/kg)				
	0	4 000	10 000	25 000	50 000
妊娠第9天活胚数/枚					
攻毒组	11.33±1.86[a]	12.66±1.03[a]	14.16±1.17[b]	14.71±1.11[b]	14.33±0.82[b]
PBS组	12.50±1.04[a]	14.67±0.82[b]	14.83±0.75[b]		
配对 t 检验	$p>0.05$	$p<0.05$	$p>0.05$		
分娩活仔数/只					
攻毒组	11.25±1.70[a]	12.50±0.58[ab]	13.00±2.31[ab]	14.20±1.92[b]	13.00±1.41[ab]
PBS组	12.25±0.50[a]	13.75±1.26[ab]	14.25±0.96[b]		
配对 t 检验	$p>0.05$	$p>0.05$	$p>0.05$		

注:1. 同行肩注字母不同者,差异显著($p<0.05$)。

2. 配对 t 检验 p 值表示同列数据间差异显著性。

4. 维生素A改善孕鼠的免疫功能

攻毒后,维生素A缺乏组脾脏指数显著低于其他维生素A水平组($p<0.05$);脾脏指数随维生素A水平增加而增加,提高程度在攻毒条件下更大。未攻毒时,维生素A 10 000 IU/kg组脾脏指数显著高于维生素A 0和4 000 IU/kg($p<0.05$)。血清IgA和IgM水平随维生素A水平提高而提高,而IgG则相反。

攻毒提高血清IL-1β和IFN-γ水平而降低IL-4、IL-10水平;随维生素A水平增加,血清IL-1β、IFN-γ水平降低而IL-4、IL-10水平增加,特别是在攻毒情况下,对IFN-γ和IL-4影响较明显。从图7.7可见,攻毒均提高妊娠第9天子宫和胚胎的TLR3、TLR7、TLR9基因的相对表达量(即与β-actin基因表达量的比值),尤其是子宫;而随维生素A水平提高,妊娠第9天子宫和胚胎TLR3、TLR7、TLR9基因的相对表达量下降,特别是在攻毒情况下。表明:孕鼠感染PRV后上调TLR3、TLR7、TLR9基因的相对表达量,加剧TH1型促炎症细胞因子的表达,影响TH1/TH2免疫平衡状况,不利于动物繁殖性能的发挥;补充维生素A可降低TLR3、TLR7、TLR9基因的相对表达量,提高TH2型细胞因子的表达,改善TH1/TH2免疫平衡,从而对胚胎发育提供免疫保护效应。补充维生素A可提高感染PRV孕鼠血清免疫球蛋白水平,提高孕鼠体液免疫功能,并改善胚胎发育。

7.5.2.2 维生素E

维生素E(又称生育酚),是一组化学结构近似的酚类化合物,可分为α、β、γ、δ四种形式。其中以α-生育酚活性最高。维生素E具有很多重要的生物学功能,其中最重要的作用为生物抗氧化作用,通过中和过氧化反应形成的游离基和阻止自由基的生成使氧化链中断,从而防止细胞膜中脂质的过氧化和由此引起的一系列损害。研究表明,维生素E在提高动物繁殖性能和免疫功能方面都有重要作用。缺乏维生素E会导致繁殖机能紊乱,使母畜胎盘及胚胎血管受损,引起胚胎死亡。补充适量的维生素E,可改善怀孕期母体健康,降低胎儿先天性缺陷、早

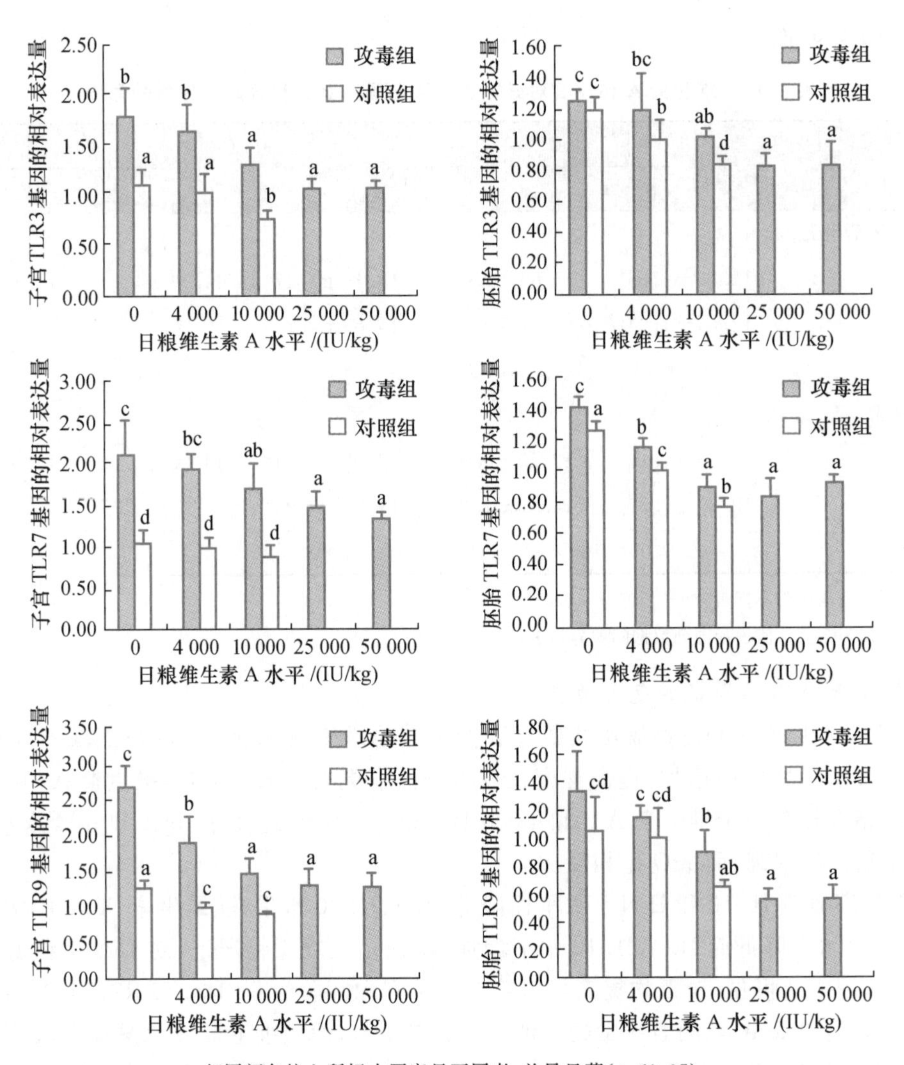

相同颜色柱上所标小写字母不同者,差异显著($p<0.05$)

图 7.7 攻毒和维生素 A 对妊娠第 9 天鼠子宫和胚胎 TLR3、TLR7、TLR9 基因相对表达量的影响

产及低体重的发生率(Bendich 等,2001)。维生素 E 主要通过其抗氧化功能对抗生殖系统的氧化应激损害,逆转由活性氧诱导的小鼠胚胎发育毒性,提高胚囊的发育率,也可以有效地缓解某些毒物对生殖系统发育的毒性作用(Tarin 等,2002)。维生素 E 缺乏和不足降低机体的免疫功能,引起动物对病毒感染的敏感性升高。据报道,7 倍正常需要量的维生素 E 可提高大鼠机体抗氧化功能,降低淋巴细胞 DNA 损伤(汪求真等,2005),表明维生素 E 可通过增强机体的抗氧化功能,保护免疫细胞免受氧化损伤,进而增强机体免疫功能。当饲料中添加的维生素 E 为对照组的 15 倍(750 mg/kg)时,能明显降低由于反转录病毒感染所升高的小鼠脾细胞中 IgA 和 IgM 的产生,提高艾滋病(AIDS)小鼠脾细胞中 IL-2 和 IFN-γ 的合成(Wang 等,1994)。饲料中添加维生素 E 能促进老龄小鼠脾淋巴细胞对刀豆素 A 和脂多糖的反应、皮肤迟发型超敏反应以及 IL-2 的产生(Meydani 等,1997)。维生素 E 和硒联合使用利于老龄鼠由脂多糖感染引起的疾病的恢复(Berg 等,2005)。可见,维生素 E 可提高机体的体液免疫应答和细胞免疫,尤其是在抵抗病原体感染中起重要作用。

但关于妊娠动物感染病毒后，维生素E对其繁殖性能和免疫功能的影响尚未见报道。本团队罗小林(2009)以小鼠为模型，研究妊娠期感染伪狂犬病病毒后，不同维生素E水平对妊娠雌鼠繁殖性能、体液免疫反应、相关主要细胞因子水平的影响，进而从分子水平上研究其对孕鼠子宫及胚胎中TLR3、TLR7和TLR9基因表达的影响，进一步探讨维生素E在孕体抵抗病毒感染中的作用机制，并从免疫角度和基因水平探讨营养、免疫和繁殖之间的关系，为维生素E在提高雌性动物繁殖性能中的合理利用提供理论依据，为进一步研究营养物质在机体抗病中的作用提供思路。

试验采用不完全二因子试验设计，PRV攻毒下，维生素E设5个水平(0、75、375、750和1 500 mg/kg)；不攻毒情况下(注射PBS)，维生素E设3个水平(0、75和375 mg/kg)。试验选用6周龄SPF级健康昆明种雌鼠，饲喂不含维生素E的耗竭日粮9周，血浆α-生育酚浓度接近0.5 μg/mL时，认为维生素E缺乏模型建立(Hatam等，1979)。选用维生素E缺乏组小鼠，适应4周后配种，妊娠当天腹腔接种伪狂犬病病毒(SA215株，3.5×10^3 PFU/g BW)或PBS。妊娠第9天屠宰收集血清、脑、肝脏、子宫及胚胎样品，测定雌鼠肝脏α-生育酚浓度，血清免疫球蛋白(IgG、IgA、IgM)、IL-2、IFN-γ、IL-10浓度和子宫及胚胎TLR3、TLR7、TLR9 mRNA相对表达量。每组留5只雌鼠到分娩，记录窝产活仔数。结果发现：

1. 小鼠基本情况

攻毒组发病小鼠出现明显的搔痒症状，撕咬尾部，外阴有黄色黏性分泌物，剖检发病小鼠，可见肠黏膜出血性炎症。攻毒组雌鼠脑组织中均存在PRV核酸，表明已感染，而对照组雌鼠未检出。不管攻毒与否，在妊娠第9天，小鼠肝脏α-生育酚浓度均随日粮维生素E水平的增加而增加，但攻毒情况下增加程度低于未攻毒情况下(图7.8)，可能由于感染病毒后，免疫系统的激活，机体合成大量细胞因子、免疫抗体等，代谢明显增强，造成维生素E的消耗增加；病毒感染也导致小鼠发生氧化应激，产生大量自由基，清除这些自由基使维生素E消耗增加。因此，病理状态下动物对维生素E的需要量增加。

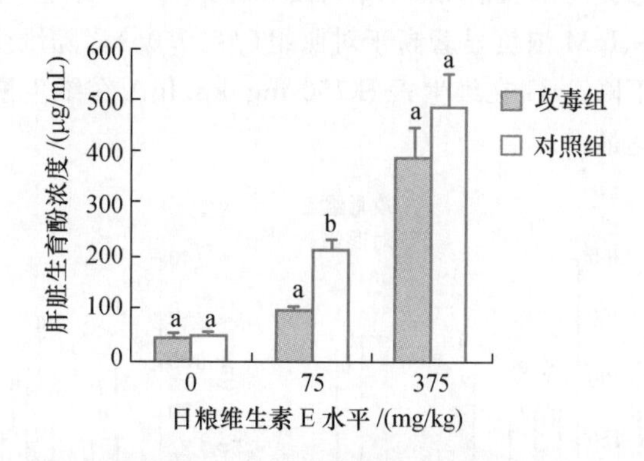

相同颜色柱上所标小写字母不同者，差异显著($p<0.05$)

图7.8 维生素E水平对孕鼠肝脏α-生育酚浓度影响

2. 维生素E改善攻毒组妊娠雌鼠的繁殖性能

PRV病毒接种后3～9 d导致小鼠死亡。随着日粮维生素E水平的增加攻毒雌鼠的死亡率和流产率逐渐降低，以维生素E 1 500 mg/kg组的死亡率和流产率均最低。攻毒雌鼠妊娠第9天活胚数0 mg/kg组显著低于其他组($p<0.05$)。妊娠第9天活胚数(y_1)和活产仔数(y_2)随日粮维生素E水平(x)的增加呈二次曲线变化($y_1=-5\times10^{-6}x^2+0.009\,87x+10.319$, $R^2=0.507\,1$；$y_2=-5\times10^{-6}x^2+0.007\,9x+11.48$, $R^2=0.551\,6$)，根据此方程预测，当维生素E水平为987或790 mg/kg时活胚数或窝产活仔数将达最大值。相同日粮维生素E水平下，攻毒组活胚数和窝产活仔数均低于对照组，75 mg/kg水平下攻毒组活胚数显著低于对照组($p<0.05$，图7.9)。

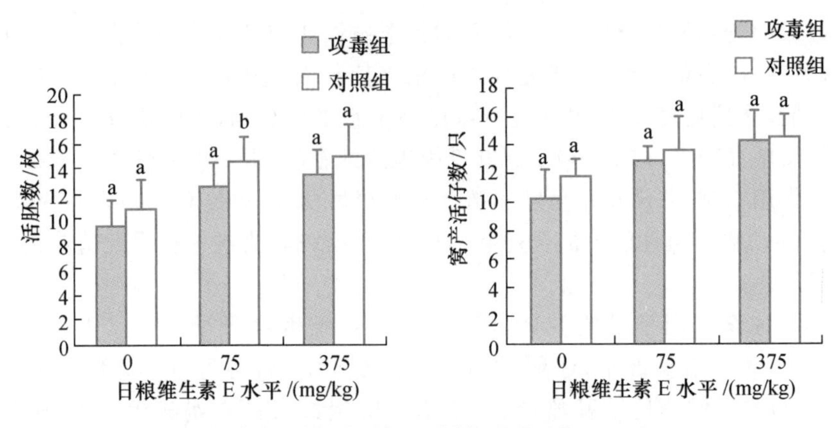

相同颜色柱上所标小写字母不同者，差异显著($p<0.05$)

图 7.9 相同日粮维生素 E 水平下攻毒组和对照组活胚数和窝产活仔数配对比较

3. 维生素 E 改善攻毒鼠的免疫功能

攻毒提高雌鼠脾脏指数，但与未攻毒组差异不显著；随维生素 E 水平提高，脾脏指数提高，攻毒时在维生素 E 750 mg/kg 达最大，显著大于 0 mg/kg 组和 75 mg/kg 组($p<0.05$)。攻毒提高鼠血清 IgG、IgA、IgM(图 7.10)，维生素 E 水平为 375 mg/kg 时，攻毒组雌鼠血清 IgG、IgM 浓度显著高于对照组($p<0.05$)。随维生素 E 水平提高，血清 IgG、IgA、IgM 先增加后下降，IgG 在维生素 E 750 mg/kg、IgA 在维生素 E 375 mg/kg、IgM 在维生素 E 375 mg/kg 时达最大。

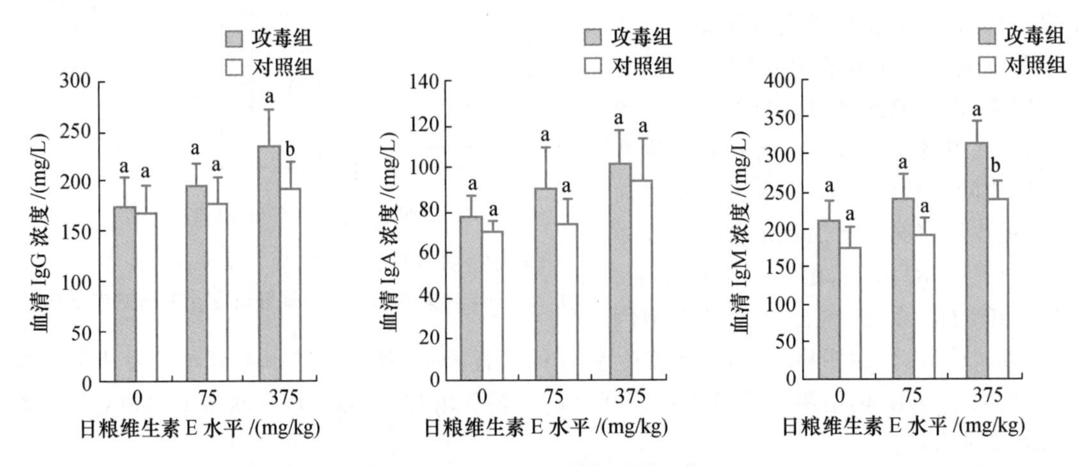

相同颜色柱上所标小写字母不同者，差异显著($p<0.05$)

图 7.10 相同日粮维生素 E 水平下血清 IgG、IgA、IgM 浓度比较

攻毒显著提高雌鼠妊娠第 9 天血清 IL-2 和 IFN-γ 浓度(图 7.11)；随维生素 E 水平增加，在攻毒情况下血清 IL-2 和 IFN-γ 浓度呈降低趋势，血清 IL-10 浓度呈增加趋势；而在未攻毒情况下，血清 IL-10 浓度亦呈增加趋势，而血清 IL-2 和 IFN-γ 浓度变化不大，略呈增加趋势。攻毒提高子宫和胚胎 TLR3、TLR7、TLR9 基因相对表达量；在未攻毒情况下，维生素 E 水平对子宫和胚胎 TLR3、TLR7、TLR9 基因相对表达量无显著影响，而在攻毒情况下，随维生素 E 水平提高，子宫 TLR3、TLR7、TLR9 基因相对表达量显著下降，胚胎 TLR3、TLR7、TLR9 基因相对表达量呈先增加后下降趋势。

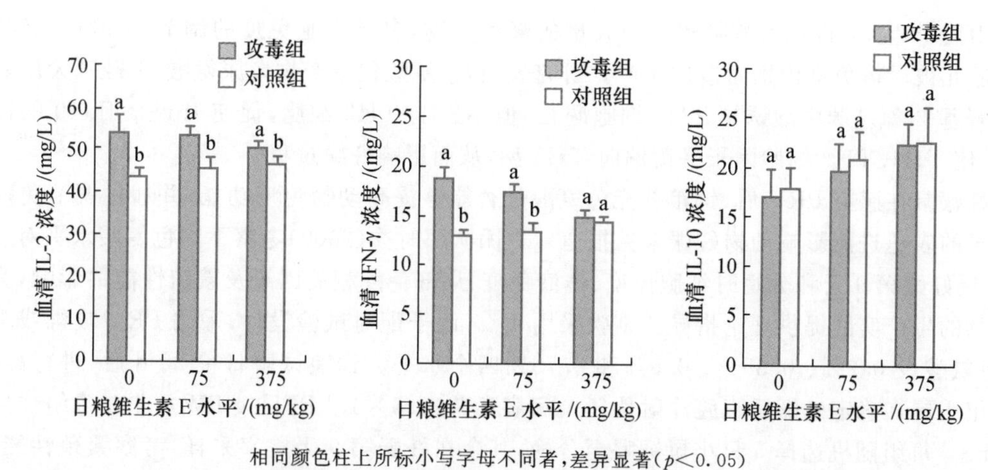

相同颜色柱上所标小写字母不同者，差异显著($p<0.05$)

图 7.11 **相同日粮维生素 E 水平下血清 IL-2、IFN-γ、IL-10 浓度比较**

结果表明：维生素 E 临界缺乏状态下，病毒感染导致妊娠雌鼠死亡率和流产率增加，妊娠第 9 天活胚数、窝产活仔数降低。提高日粮维生素 E 水平可降低病毒感染孕鼠死亡率、流产率，提高活胚数、窝产活仔数和雌鼠体液免疫水平，下调病毒感染妊娠雌鼠子宫和胚胎中 TLR3、TLR7 和 TLR9 基因的相对表达量，降低细胞免疫水平，有利于妊娠。在病毒感染情况下，孕鼠对维生素 E 的需要量显著高于正常需要量，最佳繁殖性能需要达到 10 倍以上。

7.5.3 添加色氨酸对感染伪狂犬病病毒妊娠鼠免疫功能和繁殖性能的影响

氨基酸作为饲粮中的主要营养指标，它不仅具有营养作用，而且还是调节动物免疫力的重要物质，如色氨酸有稳定免疫球蛋白结构的作用。在疾病应激下，色氨酸的代谢降解增加(Melchior 等，2005)，色氨酸需要量增加，可能与机体在炎症反应和免疫系统活化时合成急性期蛋白(acute-phase protein，APP)有关，这些蛋白质在防御细胞免受病原菌侵袭和调控免疫反应中起着关键性作用。炎症和感染使血浆 APP 浓度增加 2～100 倍。给猪注射一定量的松脂，血浆纤维蛋白原浓度增加 30%，而纤维蛋白原合成则增加了 140%(Jahoor，1999)。Reeds 等(1994)研究表明，与肌肉蛋白相比，大多数 APP 都富含色氨酸等芳香族氨基酸。所以，在免疫应激下大量合成 APP 需要更多的色氨酸，色氨酸有可能成为限制性氨基酸。

色氨酸缺乏影响血清免疫球蛋白水平而影响体液免疫。Kenney 等(1970)研究证实色氨酸缺乏降低血清 IgM，可能与色氨酸稳定多核糖体，有利于球蛋白质合成有关。伍喜林(1994)、吴新连等(2004)报道，随着日粮色氨酸水平提高，仔猪血清白蛋白不断上升，超过需要量后，呈下降趋势。在免疫反应中需要大量消耗 NAD^+ 以清除过量产生的 H^+，减少对机体的免疫损伤。而色氨酸代谢物之一即喹啉酸盐是产生 NAD^+ 所必需，可补充白细胞中因免疫反应所耗竭的 NAD^+，从而参与色氨酸的免疫调节作用。

色氨酸亦可调控 T 细胞而影响细胞免疫。研究表明，色氨酸分解代谢可抑制 T 细胞分化增殖，与色氨酸的限制性降解酶吲哚胺-2，3-加双氧酶(IDO)密切相关(Mellor 等，1999)。IDO 是一种细胞内含亚铁血红素的酶，是肝脏以外唯一可催化色氨酸分子中的吲哚环氧化裂解，从而沿犬尿氨酸途径分解代谢的限速酶。胎儿、子宫等免疫耐受器官中色氨酸作为最适底物，可诱导 IDO 产生,促进色氨酸降解产生大量的降解产物,参与细胞免疫的调节(Munn ,2002),防止胎儿被母体免疫识别而造成流产。研究表明,色氨酸代谢产物犬尿氨酸、3-羟基犬尿氨酸和 3-羟基-2-氨基苯甲酸诱导 TH1 细胞凋亡,但不影响 TH2 细胞,促使 IFN-γ/IL-10 的比例减小,使 TH1/TH2 细胞因子平衡偏向 TH2 型,从而影响妊娠过程。

妊娠鼠在感染 PRV 后,饲粮补充色氨酸是否能够提高动物免疫功能,并通过调节免疫相关因子的表达进而影响动物妊娠未见报道。本团队邱时秀(2009)考察不同色氨酸水平对感染 PRV 鼠妊娠第 9 天和分娩时细胞免疫、体液免疫、局部免疫相关因子及繁殖性能的影响,为其他动物的生产实践提供理论指导。试验采用 4×2 因子配对试验设计,采用 PRV 攻毒或不攻毒,色氨酸设 0.2%、0.35%、0.5%和 0.75%四个水平。饲喂试验日粮 20 d 后,进行配种。攻毒组小鼠在确定妊娠后腹腔注射伪狂犬病病毒苗(3.5×10^3 PFU/g BW),非攻毒组注射等量 PBS。每组随机选择 5 只小鼠饲喂至分娩,其余在妊娠第 9 天屠宰采样,考察繁殖性能(死亡率、流产率、活胚数、分娩活仔数),第 9 天脾脏指数、免疫球蛋白(IgG、IgA、IgM)、细胞免疫(细胞因子 IL-1β、IL-10、IFN-γ)、孕酮、子宫和胚胎 IDO、TLR 及第 9 天和分娩时伪狂犬病特异性抗体。结果发现:

1. 试验鼠基本情况

在妊娠第 9 天检测孕鼠脑组织和繁殖组织 PRV,证实 PBS 组呈阴性,攻毒组呈阳性(繁殖组织有 PRV 病毒感染)。攻毒显著提高血清色氨酸水平($p<0.05$);随日粮色氨酸水平提高,血清色氨酸水平增加($p<0.05$)(图 7.12),可能与免疫激活后色氨酸需要量增加,肌肉蛋白质合成减少而蛋白质动员增加,以满足合成免疫相关蛋白的需要有关。

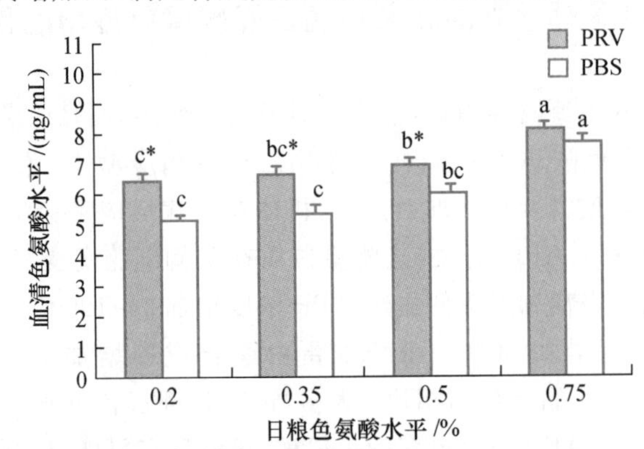

相同颜色柱上所标小写字母不同者,差异显著($p<0.05$);

* 表示 PRV 组与 PBS 组差异显著($p<0.05$)

图 7.12　日粮色氨酸对妊娠第 9 天孕鼠血清色氨酸浓度的影响

2. 色氨酸可改善攻毒孕鼠的繁殖性能

色氨酸(Trp)水平提高可以降低攻毒后孕鼠的死亡率和流产率,以 Trp 0.5%组最低。攻毒显著降低妊娠第 9 天活胚数或活产仔数,而添加 Trp 可显著提高攻毒孕鼠妊娠第 9 天的活胚数或活产仔数(表 7.18),色氨酸 (x) 和攻毒组活胚数 (y) 的回归方程为:

$$y=-32.311x^2+36.248x+4.493(R^2=0.670,p=0.00)$$

色氨酸为 0.561%时,攻毒组妊娠第 9 天的活胚数最多。而未攻毒组的活胚数以色氨酸为 0.35%时最高,因此,保证感染 PRV 孕鼠第 9 天活胚数最高时,色氨酸需要量为正常孕鼠的 1.6 倍。

表 7.18 色氨酸对妊娠第 9 天孕鼠活胚数和活产仔数的影响

项目	日粮色氨酸水平/%				p		
	0.2	0.35	0.5	0.75	Trp	PRV	Trp×PRV
活胚数/枚							
攻毒组	10.33±1.58[b*]	13.80±0.84[a]	14.25±0.71[a]	13.57±1.27[a]	0.001	0.001	0.010
PBS 组	13.50±0.58[a]	14.67±0.82[a]	14.50±0.84[a]	14.38±1.06[a]			
活产仔数/只							
攻毒组	9.67±1.53[b*]	13.00±1.29[a]	13.71±1.11[a]	12.29±1.25[a]	0.001	0.006	0.134
PBS 组	12.86±1.34[a]	14.20±1.30[a]	14.13±1.13[a]	12.55±2.30[a]			

注：1. 同行肩注字母不同者，差异显著（$p<0.05$）。

2. * 表示同列中攻毒组与 PBS 组差异显著（$p<0.05$）。

3. 色氨酸可改善攻毒孕鼠的免疫功能

攻毒显著提高孕鼠的脾脏指数，提高色氨酸水平进一步提高攻毒鼠的脾脏指数，以 0.5%水平组最佳（$p<0.05$）。攻毒显著提高妊娠鼠第 9 天胚胎 IFN-γ 水平，显著降低胚胎 IL-1β 和 IL-10（$p<0.05$），而补充色氨酸可降低胚胎 IL-1β、IFN-γ 水平而增加 IL-10 水平，对 IFN-γ 的影响在攻毒情况下更大。攻毒显著提高妊娠第 9 天和分娩时血清伪狂犬病病毒特异性抗体阻断率；在未攻毒情况下，提高 Trp 对特异性抗体阻断率无显著影响，但在攻毒情况下则显著提高。攻毒显著提高血清 IgG、IgA、IgM 浓度（$p<0.05$）；在未攻毒情况下，提高 Trp 对血清 IgG、IgA、IgM 无显著影响，但在攻毒情况下则显著提高血清 IgG 和 IgM（表 7.19）。

4. 子宫和胚胎色氨酸限制性酶（IDO）及 TLR 受体基因相对表达量

攻毒和添加 Trp 显著提高子宫和胚胎 IDO 基因相对表达量，Trp 效应在攻毒情况下更明显（图 7.13）。攻毒显著提高子宫和胚胎 TLR3、TLR9 基因的相对表达量；补充色氨酸显著降低子宫和胚胎 TLR3、TLR9 基因的相对表达量，Trp 效应在攻毒情况下更明显（图 7.14）。

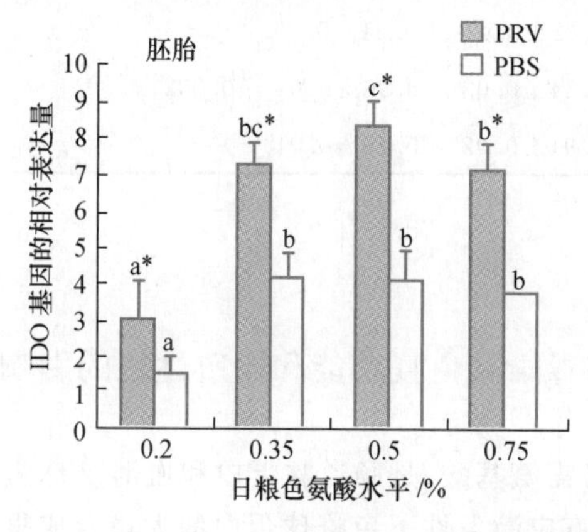

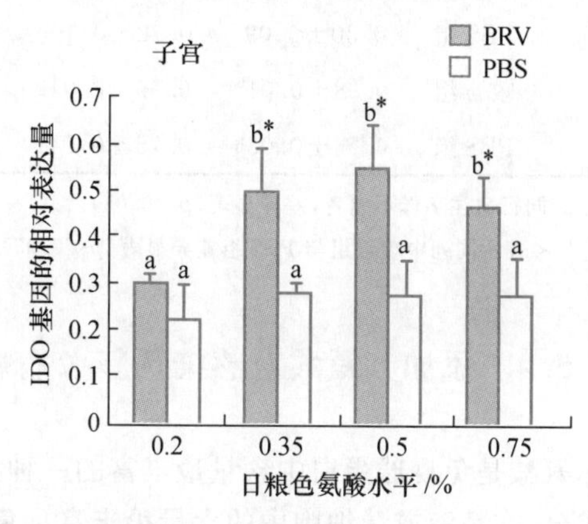

相同颜色柱上所标小写字母不同者，差异显著（$p<0.05$）；

* 表示 PRV 组与 PBS 组差异显著（$p<0.05$）

图 7.13 IDO 基因在胚胎和子宫中的相对表达量

结果表明:PRV 攻毒提高孕鼠死亡率和流产率,降低胚胎存活率和活产仔数;添加色氨酸可降低攻毒孕鼠的死亡率和流产率,提高胚胎存活率和活产仔数。其机制在于添加色氨酸调节病毒感染孕鼠子宫内环境 TH1/TH2 的比例,并下调 TLR 基因的表达。PRV 攻毒提高孕鼠的色氨酸需要量,保证感染 PRV 孕鼠第 9 天活胚数最高时,色氨酸需要量为正常孕鼠需要量(0.35%)的 1.6 倍。

表 7.19　色氨酸对妊娠第 9 天妊娠鼠脾脏指数和胚胎细胞因子的影响

项目		日粮色氨酸水平/%				*p*		
		0.2	0.35	0.5	0.75	Trp	PRV	Trp×PRV
脾脏指数/	攻毒组	6.29±0.71^{b}	6.48±1.17^{b}	7.74±0.53^{a*}	6.43±0.66^{b}	0.002	0.019	0.067
(mg/g)	PBS 组	6.17±0.62^{a}	6.34±0.78^{a}	6.49±0.53^{a}	6.19±0.55^{a}			
IL-1β/	攻毒组	2.25±0.05^{a}	2.12±0.46^{ab}	1.84±0.09^{b}	2.40±0.07^{a}	0.006	0.002	0.355
(nmol/g)	PBS 组	1.89±0.02^{a}	1.48±0.13^{b}	1.71±0.30^{ab}	2.11±0.41^{a}			
IFN-γ/	攻毒组	17.62±0.42^{a*}	15.29±0.63^{c*}	15.71±0.08^{bc*}	16.33±0.36^{b*}	0.001	0.001	0.022
(nmol/g)	PBS 组	14.87±0.40^{a}	14.34±0.27^{ab}	13.86±0.60^{b}	14.97±0.73^{a}			
IL-10/	攻毒组	6.01±0.27^{b}	7.06±0.43^{a*}	7.10±0.43^{a}	6.48±1.16^{ab}	0.005	0.015	0.626
(nmol/g)	PBS 组	6.74±0.49^{b}	8.27±0.42^{a}	7.46±1.11^{ab}	6.84±0.36^{b}			
IFN-γ/	攻毒组	2.93	2.17	2.21	2.52			
IL-10	PBS 组	2.20	1.73	1.85	2.18			
PRV 特异性抗体阻断率/%								
妊娠第	攻毒组	52.55±4.37^{b*}	59.87±3.99^{ab*}	63.34±5.56^{a*}	55.39±6.74^{ab*}	0.049	0.001	0.029
9 天	PBS 组	32.86±3.04^{a}	33.05±1.14^{a}	31.87±1.06^{a}	31.97±2.36^{a}			
分娩时	攻毒组	54.16±1.84^{b}	63.90±9.55^{a}	64.23±7.76^{a}	62.75±7.87^{a}	0.115	0.001	0.203
	PBS 组	27.79±2.61^{a}	30.93±3.17^{a}	27.29±1.99^{a}	25.99±1.91^{a}			
血清免疫球蛋白/(g/L)								
IgG	攻毒组	0.92±0.10^{c}	1.24±0.08^{b*}	1.49±0.07^{a*}	0.97±0.09^{c*}	0.001	0.001	0.005
	PBS 组	0.79±0.17^{a}	0.81±0.09^{a}	0.91±0.03^{a}	0.76±0.13^{a}			
IgA	攻毒组	0.45±0.04	0.44±0.11	0.52±0.16	0.46±0.14	0.350	0.007	0.987
	PBS 组	0.30±0.09	0.32±0.10	0.42±0.01	0.31±0.09			
IgM	攻毒组	0.98±0.01^{b}	0.99±0.01^{b}	1.14±0.03^{a}	0.96±0.04^{b}	0.002	0.001	0.721
	PBS 组	0.76±0.03^{b}	0.75±0.04^{b}	0.91±0.02^{a}	0.76±0.01^{b}			

注:1. 同行肩注字母不同者,差异显著($p<0.05$)。

2. * 表示同列中攻毒组与 PBS 组差异显著($p<0.05$)。

7.5.4　添加苏氨酸对感染伪狂犬病病毒雄鼠免疫功能和繁殖性能的影响

苏氨酸是免疫球蛋白中含量最丰富的一种必需氨基酸,是肠道黏蛋白和血清 γ-球蛋白的主要成分,在精液或精细胞中的含量很丰富。免疫应激条件下免疫球蛋白的大量合成很容易引起日粮苏氨酸的缺乏和体蛋白的动员,进而影响动物的繁殖性能。给生长猪和妊娠猪饲喂苏氨酸缺乏的日粮,血浆牛血清白蛋白和猪瘟疫苗的 IgG 抗体滴度均显著下降(Li 等,

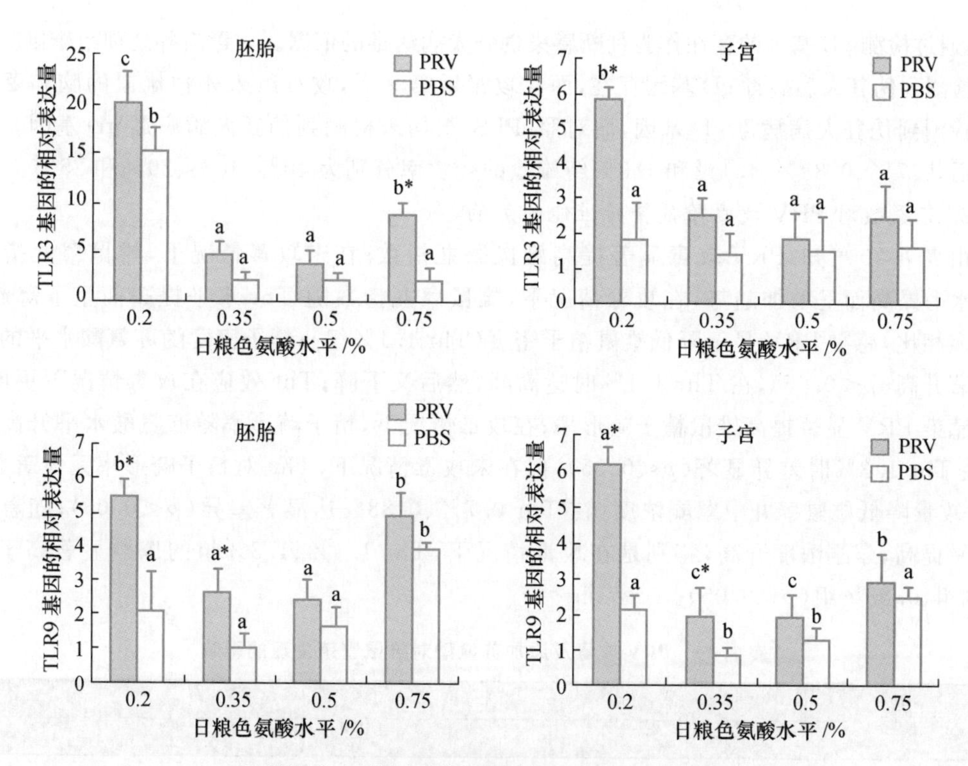

相同颜色柱上所标小写字母不同者，差异显著($p<0.05$)；

*表示PRV组与PBS组差异显著($p<0.05$)

图 7.14 **胚胎和子宫 TLR 基因表达的差异**

1999)。对于感染大肠杆菌的小猪，增加饲料中苏氨酸含量，增加了抗体产量，提高了血清中的IgG水平以及回肠黏膜中的IgG和IgA的浓度，同时降低了回肠黏膜中IL-6的浓度(Wang等，2006)。

目前，有关雄性动物感染繁殖疾病后，苏氨酸对免疫球蛋白、细胞因子、TLR2和TLR9表达量的影响未见报道，提高饲料苏氨酸含量能否改善雄性动物免疫应激状态下的精液品质还需要进一步研究。林燕(2010)进行了两个试验，以感染伪狂犬病病毒雄鼠为模型，考察苏氨酸对免疫应激雄鼠精子质量，细胞、体液免疫参数，所配雌鼠的繁殖性能的影响以及可能的机制。

7.5.4.1 试验一

试验采用2×4因子试验设计，日粮苏氨酸(Thr)按小鼠苏氨酸推荐量(GB 14924.3—2001)的80%(0.7%组)、100%(0.88%组)、120%(1.1%组)和140%(1.3%组)设计；每个Thr水平下再分为PRV攻毒组(3.5×10^3 PFU/g BW)和对照组(注射PBS)。选用172只昆明一级雄鼠[(24.5±2.3)g]，雄鼠饲喂试验日粮5周后分别在腹腔注射相同体积的PRV和PBS，并于注射后第9天收集样品，考察雄鼠死亡率、脏器指数(胸腺指数、脾脏指数、睾丸指数)、精子密度和精子畸形率、血清免疫球蛋白(IgG、IgA、IgM)、伪狂犬gB抗体、睾丸组织中细胞因子(IL-1β、TNF-α)、TLR2和TLR9基因的相对表达量。结果发现：

1. 雄鼠感染PRV及死亡情况

试验所用的PRV病毒为SA215株，缺失Tk、gI、gE三个基因，gD基因在PRV基因组高度保守，通过检测 gD 基因的存在作为判断感染伪狂犬病病毒的依据。攻毒前各处理组雄鼠脑组织并未检测到伪狂犬病病毒 gD 基因存在，而在攻毒后第 9 天，攻毒组未死亡雄鼠的脑和睾丸中能够检测到伪狂犬病病毒 gD 基因，而对照(PBS)组均未检测到伪狂犬病病毒 gD 基因。攻毒处理后，0.7%、0.88%、1.1%和 1.3%组雄鼠的死亡率分别为 40%、40%、20%和 25%。

2. 苏氨酸对 PRV 攻毒雄鼠繁殖性能的影响

由表 7.20 可知，PRV 攻毒显著提高雄鼠睾丸指数；在未攻毒情况下，雄鼠睾丸指数随 Thr 水平提高而呈增加趋势，在攻毒情况下，雄鼠睾丸指数随 Thr 水平提高而呈下降趋势。与对照相比，感染 PRV 显著降低雄鼠精子密度(Thr 1.1%组)；精子密度随苏氨酸水平的升高而显著升高($p<0.05$)，在 Thr 1.1%时达高峰，然后又下降；Thr 效应在攻毒情况下更明显。小鼠感染 PRV 显著提高雄鼠精子畸形率；在攻毒情况下，精子畸形率随苏氨酸水平升高而下降，在 Thr 1.3%时差异显著($p<0.05$)，但在未攻毒情况下，Thr 对精子畸形率无显著影响。PRV 攻毒降低雄鼠睾丸中睾酮浓度，在 Thr 0.7%、0.88%达显著差异($p<0.05$)；随着苏氨酸水平提高，睾酮浓度升高，特别是在攻毒情况下，Thr 1.1%、1.3%组的睾酮显著高于 Thr 0.7%组、0.88%组($p<0.05$)。

表 7.20 PRV 攻毒及添加苏氨酸对雄鼠繁殖生理的影响

项目	日粮苏氨酸水平/%			
	0.7	0.88	1.1	1.3
睾丸指数				
PBS	2.52±0.41[b]	2.72±0.28[ab]	2.79±0.53[ab]	2.72±0.56[ab]
PRV	3.21±0.66[a]	3.13±0.41[a]	3.04±0.72[ab]	3.04±0.77[ab]
精子密度/(10^6/g)				
PBS	54.95±13.43[a]	60.79±14.20[ab]	66.28±16.34[b]	58.17±10.28[ab]
PRV	27.08±5.06[e]	40.54±6.02[d]	50.27±10.53[bc]	45.25±12.92[cd]
精子畸形率/%				
PBS	14.000 4±2.828 4[cd]	14.02±1.53[bcd]	13.13±2.12[d]	13.00±2.79[d]
PRV	18.132 3±2.400 8[a]	16.70±3.84[ab]	16.13±3.24[abc]	15.27±3.75[bcd]
睾丸内睾酮/(pg/mg 蛋白)				
PBS	1.012 7±0.199 2[a]	1.055 5±0.290 4[a]	1.198 4±0.280 0[a]	1.301 8±0.220 6[a]
PRV	0.191 5±0.025 3[b]	0.182 7±0.012 1[b]	0.986 0±0.178 2[a]	0.990 0±0.256 4[a]

注：同行肩注字母不同者，差异显著($p<0.05$)。

3. 苏氨酸可改善雄鼠的免疫功能

PRV 攻毒显著提高胸腺指数($p<0.05$)；随 Thr 水平提高，胸腺和脾脏指数相应提高，在 Thr 1.1%时最大，与 Thr 0.7%组差异显著($p<0.05$)。与对照组相比，PRV 攻毒显著提高睾丸中 IL-1β 和 TNF-α($p<0.05$)；随 Thr 水平提高，睾丸中 IL-1β 和 TNF-α 降低，特别是在攻毒情况下，Thr 0.88%组、1.1%组、1.3%组均显著低于 0.7%组($p<0.05$)。PRV 攻毒显著增加雄鼠血清 IgG 浓度($p<0.05$)，但对 IgA、IgM 浓度的影响不显著($p>0.05$)。血清 IgG、IgA、IgM 浓度随着苏氨酸水平的升高而升高，提高程度在攻毒情况下更大。PRV 攻毒显著提高血清 gB 抗体滴度，并随苏氨酸水平升高而升高，其中 1.1%组 gB 抗体滴度与 0.7%组相比差异显著($p<0.05$)。PRV 攻毒显著提高睾丸 TLR2 和 TLR9 的相对表达量，并随

Thr 水平提高而显著下降(图 7.15)。

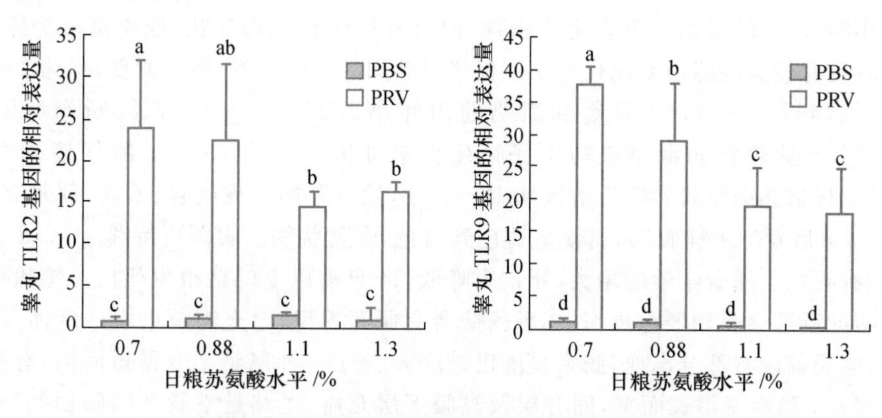

相同颜色柱上所标小写字母不同者,差异显著($p<0.05$)

图 7.15 TLR2 和 TLR9 基因在睾丸中的相对表达量

7.5.4.2 试验二

试验采用单因子试验设计,雄鼠分别饲喂 4 个苏氨酸水平饲粮[按推荐量的 80%(0.7%组)、100%(0.88%组)、120%(1.1%组)和 140%(1.3%组)]5 周后腹腔注射伪狂犬病病毒,在攻毒后第 9 天,雄鼠与雌鼠交配,考察雄鼠的交配率、雌鼠的妊娠率和雌鼠的产仔数。结果显示,随着苏氨酸水平的提高,雄鼠的交配率和雌鼠的妊娠率均有提高趋势($p>0.05$),雌鼠的产仔数虽无显著差异($p>0.05$),但以 Thr 0.88%组最高(表 7.21)。

表 7.21 苏氨酸对感染伪狂犬病病毒雄鼠繁殖能力的影响

繁殖能力	日粮苏氨酸水平/%			
	0.7	0.88	1.1	1.3
交配率/%	53.8	50	76.5	57.1
妊娠率/%	21.4	28.6	69.2	42.9
产仔数/只	9.07±2.08	11.25±0.95	9.43±2.15	10.21±1.78

以上结果表明:PRV 攻毒提高雄鼠死亡率和精子畸形率,降低精子密度,添加苏氨酸可降低攻毒雄鼠的死亡率和精子畸形率,提高精子密度。PRV 病毒感染情况下,提高饲料苏氨酸水平有利于缓解 PRV 病毒对雄鼠繁殖性能造成的损害,苏氨酸通过提高攻毒雄鼠的免疫力,降低睾丸组织的炎症因子等提高攻毒情况下雄鼠的繁殖性能。

7.6 提高猪对轮状病毒抗病能力的营养措施

7.6.1 轮状病毒概述

在养猪生产环境中普遍存在轮状病毒,是引起断奶仔猪腹泻的重要原因。研究发现,100%猪群携带轮状病毒抗体,90%成年猪对轮状病毒呈血清阳性反应(Bohl 等,1984;Askaa

等,1984)。

各种年龄、性别的猪都可感染轮状病毒,但只有仔猪有发病症状,成年猪多为隐性感染。仔猪感染后具有较高的感染率和死亡率。仔猪以 8 周龄以内多发,调查发现,仔猪 1～10 日龄阳性率为 42.4%～66%,10 日龄到断奶的阳性率为 82.3%～91.7%,断奶后阳性率为 63.2%～72%。猪轮状病毒感染初生仔猪死亡率可达 100%,5～7 日龄仔猪死亡率可达 5%～30%。仔猪感染轮状病毒后潜伏期 12～24 h,然后开始出现厌食、不安,偶尔有呕吐,严重的在 1～4 h后发生水样腹泻,粪便呈黄色到白色,含絮状物。腹泻可持续 3～5 d,腹泻 2～5 d后可能有死亡。随着年龄的增大,死亡率降低,14 日龄以上的猪很少死亡。轮状病毒引发腹泻的仔猪的肠道会受到严重损伤,小肠肠壁会变薄而透亮,内充满黄色水样液体,结肠充满黄色稀粪,空肠前段有部分出血,肠系膜淋巴结肿大、苍白,小肠绒毛变得短而粗,有些部位绒毛脱落不完整,隐窝变得长而宽,固有层及黏膜下层充血,尤其是空肠和回肠损伤严重(Hall 等,1989)。病猪、隐性感染猪以及带毒猪是本病的主要传染源。消化道是主要的传播途径,病猪和带毒猪排出的粪便等污染饲料、饮水和用具,从而使本病得以蔓延。

7.6.2 饲粮添加 25-OH-D_3 对轮状病毒攻毒仔猪生产性能和肠道免疫功能的影响

7.6.2.1 维生素 D 的营养作用

维生素 D 最重要的生理功能是维持动物体内钙、磷稳恒,保持骨骼的正常生长发育;其次,通过类似于类固醇激素的作用机理调节动物的生物学功能,如细胞生长、分化及机体的免疫功能、生殖等。维生素 D 在机体内的活性形式为 1,25-$(OH)_2$-D_3,由维生素 D_3 先在肝脏转化成 25-OH-D_3,再在肾脏转化而成。饲粮级维生素 D 主要有维生素 D_3 和 25-OH-D_3,其中维生素 D_3 为最常用形式。Ward(2004)综述了 25-OH-D_3 在吸收转运方面的优势:①在人和家禽发现,25-OH-D_3 的吸收率为 80%～90%,而维生素 D_3 只有 65%左右。另外,有 20%的维生素 D_3 分泌回胃肠腔,25-OH-D_3 只有 7%,因此 25-OH-D_3 在动物体内有很高的滞留量。②胆酸和脂肪影响维生素 D_3 吸收,而对 25-OH-D_3 吸收无影响。③肠炎或吸收不良会减弱肠道对养分的吸收,而 25-OH-D_3 吸收率较高。25-OH-D_3 获得美国 FDA 认可,可用于商品家禽(肉鸡,1995;火鸡,1999;蛋鸡,1999)。一般认为 25-OH-D_3 的活性是普通维生素 D_3 的 5 倍。

研究表明,维生素 D_3 主要在细胞水平上调节免疫系统的功能,包括对抗原提呈细胞(单核-巨噬细胞、树突状细胞)、T 淋巴细胞和 B 淋巴细胞等的影响。1,25-$(OH)_2$-D_3 抑制单核-巨噬细胞的黏附活性及其抗原提呈功能,促使单核细胞的前体细胞分化为单核-巨噬细胞,抑制树突状细胞(DCs)的成熟,阻碍单核细胞分化成 DCs,阻止未成熟 DCs 向成熟 DCs 分化,导致 DCs 下调 MHC Ⅱ类分子表达。1,25-$(OH)_2$-D_3 能够直接抑制抗原诱导性 T 淋巴细胞的增生和细胞因子的产生,对以 TH1 细胞为主的免疫反应有明显抑制作用,在一定程度上导致 TH1/TH2 免疫偏移。Boonstra 等(2001)发现,1,25-$(OH)_2$-D_3 通过抑制 TH1 细胞分泌 IFN-γ、IL-2 和 TNF-β 等促炎症因子和促进 TH2 细胞发育,诱导 TH2 细胞产生 IL-4、IL-5、IL-10 和 TGF-β1 等抗炎症因子。1,25-$(OH)_2$-D_3 增强 TH2 特有的转录因子 GATA-3 的表达,可提高 TH2 细胞的免疫功能。

7.6.2.2 维生素 D 与肠道免疫

炎性肠病是一种影响整个胃肠道的免疫性疾病，可引起严重胃肠道症状，包括痢疾、腹痛、消化道出血、贫血和体重减轻。临床比较多见的是克罗恩病和溃疡性结肠炎。许多炎性肠病病人都有维生素 D 摄入减少的现象(Adorini,2002)。IL-10 基因敲除型(KO)小鼠容易引发此病。Cantorna 等(2000)发现，维生素 D 缺乏的 KO 小鼠在 6～8 周龄时就出现炎性肠病的症状，用维生素 D_3 或 1,25-$(OH)_2$-D_3 治疗患炎性肠病的小鼠，用药 2 周后就阻断了小鼠的疾病进程，减轻了症状。用 1,25-$(OH)_2$- D_3 治疗处于活跃期的溃疡性结肠炎病人，能显著抑制直肠上皮细胞和 T 淋巴细胞的增生(Stio 等,2001)。Froicu 等(2003)发现，VDR 基因敲除的大鼠形成了严重的胃肠道炎症(IBD)，而 VDR/IL-10 双基因敲除的大鼠(DKO)会加速 IBD 形成，在 8 周龄 100%死亡。该研究表明，VDR 信号系统对于调节胃肠道炎症是必需的。Froicu 等(2006)发现，DKO 大鼠的肠系膜淋巴结增大，其中的淋巴细胞数量增加，发生结肠炎的 DKO 鼠的 IL-2、IFN-γ、IL-1β、TNF-α 和 IL-12 在局部高度表达。

新的研究显示，维生素 D_3 对黏膜免疫有重要调节作用。IgA 是黏膜免疫反应的重要标识，研究显示，维生素 D_3 对 IgA 有重要调节作用。Ivanov 等(2006)用 1,25-$(OH)_2$-D_3 和脊髓灰质炎病毒疫苗共同处理 3 种血清型的大鼠，显著提高了两种血清型大鼠唾液里的 IgA 水平。van der Stede 等(2003)发现，给感染大肠杆菌的哺乳仔猪肌肉注射 1,25-$(OH)_2$-D_3，能显著降低仔猪大肠杆菌的排泄量，提示 1,25-$(OH)_2$-D_3 作为兽医疫苗佐剂对抗肠道病原有潜在作用；用人血清白蛋白(HSA)作免疫原注射猪，1,25-$(OH)_2$-D_3 能提高 HSA 特异性 IgA 抗体反应，但降低了 IgM、IgG 反应。在全身淋巴组织、肠道的派伊尔淋巴结(PP 结)和黏膜固有层(GALT)发现 HSA 特异性 IgA 分泌细胞数量增加，1,25-$(OH)_2$-D_3 能提高抗原-IgA 反应和改善初始 GALT 组织免疫状态。

仔猪的黏膜免疫系统的发育大致可分为四个阶段：①新生仔猪肠上皮细胞和黏膜固有层内的淋巴细胞非常少，在黏膜内出现的一些淋巴细胞集结逐渐形成淋巴结(派伊尔淋巴结,PP 结)，但这些细胞集结没有清楚的免疫结构。②出生后的前 2 周，很快有淋巴细胞迁移定殖到肠道，这些细胞表达 CD2，但不表达 CD4 或 CD8，在这段时间 PP 结逐渐形成组织，到 10～15 日龄达到相对成熟的结构。③2～4 周龄的仔猪肠黏膜开始迁移定殖 CD4＋T 细胞，主要位于固有层，CD8＋仍然很缺乏，出现少量的 B 细胞，优先表达 IgM。④从 5 周龄开始，在小肠上皮和上皮基底膜周围开始出现 CD8＋，在隐窝区出现许多产生 IgA 的 B 细胞，到 7 周龄仔猪肠道免疫结构已与成年动物接近(Christopher 等,2004)。

7.6.2.3 饲粮添加 25-OH-D_3 对轮状病毒攻毒仔猪生产性能和肠道免疫功能的影响

有关维生素 D 在肠道局部免疫调控作用的研究仅限于人的炎性肠病，在幼年动物的研究甚少，而断奶仔猪面临肠道黏膜免疫功能低下而导致的各种疾病，为此，本团队的廖波(2010)用轮状病毒攻击断奶仔猪，研究 25-OH-D_3 对仔猪肠道免疫功能、免疫应答的影响。试验采用 2×2 因子设计，轮状病毒攻毒(试验开始时仔猪口服接种 1×10^6 $TCID_{50}$ 人轮状病毒)或不攻毒，饲喂两种 25-OH-D_3 水平的饲粮(NRC 220 IU/kg，10 倍 NRC 2 200 IU/kg)。试验用 48 头 28 日龄断奶的杜×长×大仔猪(平均体重 7.35 kg)，试验期

21 d。结果发现：

1. 添加25-OH-D_3可改善轮状病毒攻击仔猪的生产性能

从表7.22可知，轮状病毒攻击显著提高仔猪5～15 d的腹泻指数，而添加10倍NRC水平的25-OH-D_3显著降低攻毒仔猪的腹泻指数，并提早2～3 d停止腹泻。25-OH-D_3改善断奶仔猪生产性能的作用具有时效性，主要体现在试验0～15 d，其中在试验0～5 d作用最明显，表明断奶仔猪的日龄越小，消化系统和免疫系统发育不完善，25-OH-D_3改善生产性能的作用越明显。

表7.22 接种轮状病毒(RV)和添加25-OH-D_3(D_3)后各处理仔猪腹泻指数

试验阶段/d	试猪(n)	未攻毒组		攻毒组		SEM	p		
		220 IU/kg	2 200 IU/kg	220 IU/kg	2 200 IU/kg		D_3	RV	D_3×RV
0～5	12	0.75±0.26	0.60±0.16	1.03±0.15	0.70±0.24	0.104	0.255	0.365	0.664
5～15	8	0.93±0.14^{ab}	0.49±0.17^{bc}	1.16±0.21^{Aa}	0.36±0.15^{Bc}	0.100	0.001	0.743	0.296

注：1. SEM为标准误。

2. 同行肩注大写字母不同者，差异极显著($p<0.01$)，小写字母不同者，差异显著($p<0.05$)。

2. 添加25-OH-D_3可降低轮状病毒攻击仔猪血清免疫球蛋白水平

轮状病毒攻毒显著提高试验第5、15天仔猪血清IgG、IgM、IgA水平，饲粮添加10倍NRC水平25-OH-D_3显著降低攻毒仔猪血清IgG、IgM、IgA水平，而显著提高攻毒仔猪血清和肠道内容物中轮状病毒抗体(RV-Ab)水平(表7.23)。

表7.23 25-OH-D_3(D_3)对仔猪血清和肠道内容物轮状病毒(RV)抗体水平的影响 IU/mL

项目	试猪(n)	未攻毒组		攻毒组		SEM	p		
		220 IU/kg	2 200 IU/kg	220 IU/kg	2 200 IU/kg		D_3	RV	D_3×RV
血清									
第0天	6	0.100±0.013^{a}	0.061±0.009^{b}	0.074±0.009^{ab}	0.095±0.005^{a}	0.006	0.361	0.682	0.006
第5天	12	0.094±0.009^{Bb}	0.084±0.006^{Bb}	0.456±0.042^{Ba}	1.406±0.342^{A}	0.124	0.018	0.000	0.016
第15天	8	0.049±0.011^{Bb}	0.067±0.009^{Bb}	0.381±0.106^{b}	0.884±0.178^{Aa}	0.100	0.100	0.001	0.125
第21天	4	0.106±0.010^{C}	0.085±0.009^{C}	0.293±0.019^{B}	0.629±0.075^{A}	0.059	0.002	0.000	0.001
肠内容物									
第5天	4	0.093±0.007^{C}	0.109±0.006^{C}	0.305±0.068^{B}	0.535±0.023^{A}	0.049	0.005	0.000	0.011
第15天	4	0.101±0.008^{Bc}	0.107±0.015^{Bc}	0.360±0.055^{Ab}	0.503±0.051^{Aa}	0.047	0.077	0.000	0.102
第21天	4	0.130±0.013^{C}	0.108±0.012^{C}	0.298±0.030^{B}	0.427±0.033^{A}	0.035	0.045	0.000	0.009

注：1. SEM为标准误。

2. 同行肩注大写字母不同者，差异极显著($p<0.01$)，小写字母不同者，差异显著($p<0.05$)。

7.6.3 丁酸钠对轮状病毒攻毒和未攻毒仔猪生长性能和肠道发育的影响

研究表明，丁酸盐作为一种短链脂肪酸盐，降低组蛋白的乙酰化(Li等，2005；Schroeder等，2007)，进而降低炎性细胞因子的含量；在断奶仔猪饲料中添加可以提高生长性能，保护肠壁的完整性。本团队王纯刚等(2009)考察丁酸钠对轮状病毒攻毒和未攻毒断奶仔猪生长性能和肠道发育的影响。试验采用2×2因子试验设计,在玉米-豆粕型基础饲粮中添加0或0.3%丁酸钠,试验开始时不接种或接种轮状病毒(每头仔猪接种1 mL的1×10^6 $TCID_{50}$/mL轮状病毒)。选用28日龄断奶大白仔猪48头,试验期21 d。结果发现:

1. 添加丁酸钠可改善仔猪生产性能

在试验第0~14天,攻毒显著增加仔猪腹泻指数($p<0.01$),有降低仔猪生产性能的趋势;丁酸钠显著提高攻毒或未攻毒仔猪的日增重和采食量($p<0.05$),降低仔猪腹泻指数($p<0.01$)。攻毒或丁酸钠对仔猪第15~21天生长性能无显著影响。

2. 丁酸钠可改善仔猪的肠道形态和微生物菌群结构

从表7.24可见,攻毒显著增加空肠隐窝深度($p<0.05$),降低回肠绒毛高度($p<0.01$),降低空肠绒毛/隐窝比值($p<0.01$)。添加丁酸钠则显著降低空肠隐窝深度($p<0.05$)、提高空肠绒毛/隐窝比值($p<0.01$)。攻毒极显著降低仔猪盲肠乳酸杆菌数量、乳酸杆菌与大肠杆菌的比值($p<0.01$)。丁酸钠极显著提高仔猪盲肠乳酸杆菌数量、乳酸杆菌与大肠杆菌比值($p<0.01$)。

表7.24 丁酸钠对断奶仔猪肠道形态及微生物的影响

项目		处理				p		
		基础饲粮	基础饲粮+攻毒	丁酸钠	丁酸钠+攻毒	丁酸钠	攻毒	交互作用
空肠	隐窝深度/μm	247.9 ± 40.1^{aAB}	257.1 ± 76.5^{aA}	215.1 ± 42.4^{bB}	241.9 ± 39.0^{aAB}	0.006	0.040	0.312
	绒毛高度/μm	278.0 ± 58.6^{ab}	260.1 ± 56.5^{a}	295.6 ± 75.7^{b}	275.8 ± 49.2^{ab}	0.111	0.071	0.927
	绒毛/隐窝	1.14 ± 0.25^{A}	1.06 ± 0.20^{A}	1.41 ± 0.40^{B}	1.15 ± 0.16^{A}	0.001	0.001	0.055
回肠	隐窝深度/μm	246.3 ± 46.1^{B}	198.3 ± 38.3^{A}	261.3 ± 59.9^{B}	248.3 ± 42.1^{B}	0.001	0.001	0.020
	绒毛高度/μm	288.7 ± 65.8^{B}	237.0 ± 51.2^{A}	305.3 ± 57.9^{B}	286.6 ± 44.2^{B}	0.001	0.001	0.061
	绒毛/隐窝	1.21±0.35	1.22±0.28	1.21±0.31	1.17±0.18	0.599	0.764	0.542
大肠杆菌/[lg(cfu/g)]		9.51±0.15	9.54±0.22	9.32±0.11	9.48±0.06	0.133	0.226	0.354
乳酸杆菌/[lg(cfu/g)]		7.85 ± 0.43^{abA}	7.38 ± 0.09^{aA}	8.65 ± 0.34^{cB}	8.03 ± 0.33^{bAB}	0.001	0.007	0.643
乳酸杆菌/大肠杆菌		0.83 ± 0.06^{A}	0.77 ± 0.02^{A}	0.93 ± 0.03^{B}	0.85 ± 0.04^{A}	0.001	0.004	0.411

注:同行肩注大写字母不同者,差异极显著($p<0.01$),小写字母不同者,差异显著($p<0.05$)。

3. 丁酸钠可提高仔猪血清细胞因子水平

从表7.25可见,攻毒显著提高仔猪断奶后第5天血清细胞因子IFN-γ、IL-2、IL-6水平($p<0.05$),对IL-4影响不显著。同时发现,攻毒对第14天和21天血清IFN-γ、IL-2、IL-4和IL-6影响不显著;丁酸钠提高仔猪第5天血清IL-4($p<0.01$)和轮状病毒抗体(RV-Ab)水平($p<0.05$),并延长二者高峰时间。

结果表明:丁酸钠可缓解断奶和轮状病毒引起的应激,提高断奶仔猪生长性能,可能与其改善仔猪肠道发育和微生物菌群结构,调控机体的细胞和体液免疫,增强机体对疾病的抵抗能力有关。

表 7.25　丁酸钠对断奶仔猪血清中细胞因子和轮状病毒抗体(RV-Ab)的影响　pg/mL

项目	处理				p		
	基础饲粮	基础饲粮+攻毒	丁酸钠	丁酸钠+攻毒	丁酸钠	攻毒	交互作用
IFN-γ							
第 0 天	68.53±8.77	68.53±8.77	68.53±8.77	68.53±8.77	—	—	—
第 5 天	66.12±4.53^{a}	118.23±70.71^{b}	88.49±50.48^{ab}	100.65±47.96^{ab}	0.878	0.045	0.206
IL-2							
第 0 天	50.51±8.58	50.51±8.58	50.51±8.58	50.51±8.58	—	—	—
第 5 天	55.99±6.32^{a}	107.41±69.19^{b}	90.70±40.80^{b}	103.41±31.66^{b}	0.259	0.022	0.157
IL-4							
第 0 天	57.06±14.15	57.06±14.15	57.06±14.15	57.06±14.15	—	—	—
第 5 天	59.80±6.62^{aA}	64.33±15.33^{aAB}	95.46±45.72^{bB}	94.50±33.86^{bB}	0.001	0.836	0.751
IL-6							
第 0 天	75.55±25.53	75.55±25.53	75.55±25.53	75.55±25.53	—	—	—
第 5 天	72.14±11.95^{a}	133.59±95.63^{b}	130.14±63.61^{b}	137.00±61.23^{b}	0.132	0.095	0.179
RV-Ab							
第 0 天	0.083±0.027	0.083±0.027	0.083±0.027	0.083±0.027	—	—	—
第 5 天	0.094±0.030^{aA}	0.423±0.174^{bAB}	0.121±0.042^{aA}	0.780±0.556^{cB}	0.047	0.001	0.086
第 14 天	0.091±0.036^{aA}	0.381±0.280^{aAB}	0.090±0.034^{aA}	0.807±0.519^{bB}	0.119	0.001	0.117
第 21 天	0.085±0.016^{aA}	0.227±0.090^{bAB}	0.056±0.023^{aA}	0.353±0.122^{cB}	0.246	0.001	0.074

注:同行肩注大写字母不同者,差异极显著($p<0.01$),小写字母不同者,差异显著($p<0.05$)。

7.7　提高猪对坏死性肠炎抗病能力的营养措施

7.7.1　坏死性肠炎概述

坏死性肠炎(necrotizing enterocolitis, NEC)是哺乳动物新生期最易患的胃肠道疾病之一。NEC 在仔猪出生后 12 h 到 7 d 均可发生,但 3 d 时发病率最高;NEC 发生时的严重程度和持续时间因发生类型(急性或慢性)不同而有所不同,发生急性 NEC 的仔猪在 12 h 内就可能死亡,且不会观察到腹泻症状,而慢性 NEC 发生时仔猪会发生持续性的腹泻及血样粪便并最终导致死亡(Ogle,2000)。在 NEC 发生的过程中,临床症状表现为胃肠道膨胀、失去蠕动能力和肠淋巴管及门静脉中气体积聚(肠囊气肿症,pneumatosis intestinalis),诱发腹膜炎(peritonitis)和穿壁坏死等。到目前为止,对 NEC 发生的具体病理学因素还不清楚。研究表明,早产儿消化道发育的不成熟、肠内营养不耐受和病原微生物的大量定殖是肠道 NEC 发生的主要诱发因素(Dvorak 等,2003)。NEC 发生时血液循环中 TNF-α、IL-1β、IL-6 水平升高(Edelson 等,1999)。事实上,肠黏膜先天性免疫系统中存在着一系列模式识别受体(pattern recognition receptors, PRRs),通过病原相关分子模式(pathogen-associated molecular patterns,PAMPs)识别病原微生物,并传递病原微生物刺激信号(Gordon,2002)。过去的研究证实,肠炎疾病如溃疡会呈现出模式识别受体(如 Toll 样受体、NOD1/2)表达异常以及受体胞内炎症介导物 NF-κB 的活化,并促进炎症因子的产生,进而诱发黏膜细胞凋亡和坏死。而肠道健康时,肠上皮细胞模式识别受体可通过其自身表达水平的调节和受体胞内负调节因子如 ST2、Tollip 和 SIGIRR 等阻止炎症信号的传递,从而帮助维持宿主消化道和微生物间的稳恒状态(Brint 等,2004)。

仔猪作为 NEC 动物模型已受到越来越多的关注(Sangild 等,2006)。首先,仔猪胃肠道的发育模式与婴儿相似,尤其是在围产期和断奶期,它们有着相似的成熟时间和成熟期,表现在营养不耐受、肠蠕动和消化能力较弱以及对肠腔抗原的不恰当免疫反应等;其次,92%妊娠期的仔猪剖腹产后在配方乳饲喂下诱发了 NEC(Bjornvad 等,2004),且发生了腹部膨胀这一典型的早产婴儿 NEC 临床症状;同时营养不耐受(呕吐)、萎靡不振等也均在婴儿和早产仔猪模型中见到;发生 NEC 婴儿的肠囊气肿,产气菌气体积聚于肠浆膜层等也可在早产仔猪 NEC 模型中见到(Sangild 等,2006)。肠道组织学方面,婴儿和仔猪发生 NEC 时肠黏膜均呈现出绒毛萎缩和组织坏死症状,NEC 仔猪模型中炎症因子 IL-6 的过量释放也与婴儿发生 NEC 时循环血中炎症因子过量产生相同(Siggers 等,2008)。

早期营养(营养来源和饲喂方式)对新生哺乳动物消化道生长发育和功能的影响很大。研究表明,与饲喂母乳相比,新生仔猪饲喂配方乳 7 d 后肠黏膜隐窝细胞增殖指数降低(Ogle,2000),配方乳喂养下的仔猪消化道对乳糖的吸收能力下降(Thymann 等,2006),仔猪内脏器官蛋白质合成也受到早期营养来源的影响(Burrin 等,1997)。新生儿早期营养供给常见方式为总肠外营养(total parenteral nutrition,TPN)和总肠内营养(total enteral nutrition,TEN)。在子宫内,胎儿发育主要通过脐带吸收养分,而在妊娠后期,越来越多的羊水成分填充在消化道肠腔中,肠腔中的羊水成分可能促进了胎儿消化道的生长发育(Hirai 等,2002),按期出生婴儿能有效地完成从子宫内的脐带营养向子宫外肠腔营养的转变,而早产婴儿却因早产而过早地使用消化道获取养分,从而导致新生期早产儿消化道的肠内营养不耐受现象(Berseth,1995)。临床上,对于这些肠内营养不耐受的婴儿可采用一段时间的 TPN,以缓解消化道的营养代谢负担。但研究表明在 TPN 介入时由于缺乏营养对消化道发育和功能的直接刺激,肠道增重、形态学和肠细胞增殖甚至肠黏膜免疫均受到损害(Kudsk, 2002)。TPN 能引起其他综合征如肝功能失常、血栓症(thrombosis)以及对炎症刺激的敏感性增加(Neu, 2007),降低胃肠激素如胰高血糖素样肽 2(GLP-2)、多肽 YY(PYY)、IGF-Ⅰ、胃动素等的分泌(Kelly,2006),缺乏肠腔营养影响了肠道免疫系统的发育及促炎症因子的产生(Wildhaber 等,2005)。Burrin 等(2000)指出 20%的总肠内营养是维持一定肠黏膜蛋白质合成量所必需,而要维持正常的肠道生长则至少 40%~60%的总养分需要通过肠腔内供给。

宫内发育迟缓(IUGR)是一种常见的围产期综合征,在按期出生婴儿和早产儿中均可发生,常导致新生婴儿较高的死亡率和畸形率。在婴儿临床上,IUGR 定义为出生体重低于相同孕龄婴儿平均体重 1.3 倍标准差的婴儿,也相当于婴儿群体中出生体重最低的 10%婴儿(Haram 等,2006)。在家畜生产中,IUGR 直接定义为妊娠期哺乳动物胚胎或胎儿生长发育受阻(Wu 等,2006),如将出生体重比平均窝重低 1.5 倍或 2 倍标准差的仔猪定义为 IUGR 仔猪。研究表明,IUGR 仔猪出生后的肠道形态、组织蛋白丰度和氨基肽酶活性在新生和 3 日龄时均低于正常仔猪,但 7 日龄时 IUGR 仔猪的小肠组织形态、部分消化酶活性等能恢复到正常仔猪水平(周根来,2003)。Wang 等(2005)研究表明,IUGR 降低了仔猪小肠和盲肠长度,且黏膜形态受损、重量降低,小肠生长相关的胰岛素和生长激素受体表达量在 IUGR 仔猪中也显著降低(Wang 等,2005);IUGR 降低了仔猪肠黏膜中调节免疫功能的蛋白(膜联蛋白 A1,annexin A1)、氧化防御蛋白[过氧化物氧化还原酶 1(peroxiredoxin 1)、转铁蛋白(transferrin)]、蛋白质合成相关蛋白[真核细胞翻译起始因子 3(eukaryotic translation initiation factor-3)]和组织生长相关蛋白[β-肌动蛋白(Beta-actin,内参基因)、肌间线蛋白(desmin,结合蛋白)和角蛋白 10(keratin 10)]表达量,阻碍了仔猪消化道的生长发育并降低养分的吸收代谢(Wang 等,2008)。

7.7.2 IUGR 和营养对新生仔猪消化道生长发育及坏死性肠炎的影响

目前尚不清楚不同出生时间的 IUGR 仔猪消化道生长发育和 NEC 发生率与正常体重(NBW)仔猪的差异,IUGR 仔猪在不同饲喂方式(TPN 和 TEN)和营养来源(初乳和配方乳)喂养下消化道生长发育和 NEC 发生率与 NBW 仔猪间的差异,新生仔猪 NEC 发生的相关机理。为此,本团队车炼强(2009)通过系列试验,采用新生仔猪作为动物模型,考察按期出生和早产的 IUGR 仔猪在不同营养来源(初乳或配方乳)及饲喂方式(TPN 或 TEN)下消化道的生长发育和临床 NEC 发生率;探讨免疫刺激因子[LPS、TNF-α 和 NEC-MIX(从患有严重坏死性肠炎的仔猪肠道内容物收集后获得)]与不同发育程度的仔猪(早产和按期出生仔猪)原代肠上皮细胞共同培养时,炎症因子表达和养分吸收的发育依赖性;利用蛋白组学技术从组织蛋白质表达差异上考察 NEC 发生的机理。研究结果可揭示出生时间、IUGR 和营养与消化道生长发育、NEC 发生率之间的关系。

7.7.2.1 IUGR 和营养对新生仔猪消化道生长发育及 NEC 发生率的影响

车炼强(2009)通过三个试验考察 IUGR 对不同出生时间的仔猪(按期出生或早产)消化道生长发育及 NEC 发生率(参照表 7.26 NEC 评分系统进行评定)的影响。试验一研究 IUGR 对按期出生仔猪内脏器官和消化道生长发育及功能的影响,根据选择标准,出生体重介于平均体重 ± 0.5 倍标准差之间的仔猪被划分为 NBW 仔猪,而出生体重低于平均体重 2 倍标准差的仔猪则被划分为 IUGR 仔猪。12 头 IUGR 仔猪和 12 头 NBW 仔猪从 18 窝按期分娩(114 d 妊娠)的母猪中选出。结果表明:仔猪新生(0 d)和吮乳 2 d 后,内脏器官相对重除大脑和肺外两组间没有显著差异;新生时 IUGR 仔猪的相对小肠重、回肠组织密度和回肠形态(绒毛高度和隐窝深度)及消化酶活性等均与 NBW 仔猪差异不显著,但吮乳 2 d 后 IUGR 仔猪回肠黏膜形态(绒毛/隐窝)、黏膜比例、组织密度和蔗糖酶活性等均较低于 NBW 仔猪,相应地,吮乳 2 d 后 IUGR 仔猪回肠和盲肠黏膜也有较高的微生物黏附,但并没有发现任何 NEC 症状发生。

试验二考察早产的 IUGR 仔猪在不同营养来源(初乳和配方乳)喂养时消化道生长发育和 NEC 发生率与 NBW 仔猪间的差异。母猪 92% 妊娠期(105 d)剖腹产获取早产仔猪,出生体重比平均重低 1.5 倍标准差的仔猪被划为 IUGR 仔猪;出生体重介于平均值 ± 1.0 倍标准差之间则被划分 NBW 仔猪。共选择出 25 头 IUGR 仔猪($n=25$)和 63 头 NBW 仔猪($n=63$)。IUGR 仔猪又被分为初乳和配方乳饲喂组(初乳组,$n=8$;配方乳组,$n=17$),NBW 仔猪也分为初乳和配方乳饲喂组(初乳组,$n=21$;配方乳组,$n=42$)。所有仔猪通过手术插入胃导管于婴儿培养箱内进行 TEN 喂养[15 mL/(3 h·kg BW)]。结果表明:与 NBW 仔猪相比(24%),IUGR 仔猪新生后(24 h 内)有着较高的死亡率(18%,$p<0.18$);但存活的 IUGR 仔猪,无论是初乳还是配方乳饲喂,其肠道相对重量均高于 NBW 仔猪(+25%~30%,$p<0.05$),且 IUGR 仔猪肠道组织氨基肽酶 A 和氨基肽酶 N 的活性高于 NBW 仔猪($p<0.05$);NEC 发生率在 IUGR 和 NBW 仔猪间差异不显著。但是,无论出生体重高低(即 IUGR 或 NBW),与配方乳饲喂相比,初乳可显著提高仔猪肠黏膜重比例(+20%,$p<0.05$)、绒毛高度(+40%~46%,$p<0.05$)和消化酶活性(氨基肽酶 A、氨基肽酶 N、二肽基肽酶Ⅳ和麦芽糖酶)($p<0.05$),肠黏膜微生物黏附局限于肠黏膜表面,而配方乳饲喂时微生物却有明显嵌入绒毛隐窝深处的现象。

表 7.26 新生仔猪坏死性肠炎(NEC)的评分系统

观察项目	仔猪表现	NEC 评分	NEC
临床症状	仔猪正常健康	1	无
	血便	2	无
	血便,嗜睡,精神萎靡	3	无
	血便,腹部肿胀	4	是
	血便,腹部肿胀,呼吸窘迫,肤色苍白	5	是
组织学症状	无任何损伤	1	无
	25%肠段黏膜区呈现紫红色	2	无
	多个黏膜区呈紫红色(25%~50%肠道)	3	是
	严重的黏膜出血症状(50%~75%肠道)	4	是
	大面积黏膜出血(>75%肠道),组织坏死	5	是
肠壁局部观察	肠壁囊样积气	5	是

试验三进一步考察了 TPN 介入时 IUGR 仔猪和 NBW 仔猪间消化道生长发育及 NEC 发生率的差异。共有早产的 21 头 IUGR 仔猪和 84 头 NBW 仔猪。仔猪出生后前 2 d 采用自动灌注泵将 TPN 营养液经脐带动脉管实时灌注,而后 2 d 则通过胃插管人工喂养[15 mL/(3 h·kg BW)],分别饲喂母猪初乳(IUGR 仔猪,$n=12$;NBW 仔猪,$n=65$)和配方乳(IUGR 仔猪,$n=9$;NBW 仔猪,$n=19$)。结果表明:TPN 介入后 IUGR 仔猪新生期(24 h 内)的死亡率比 NBW 仔猪高(31% vs. 8%,$p<0.01$);IUGR 仔猪直肠温度明显低于 NBW 仔猪[(35.7±0.3)℃ vs. (37.0±0.3)℃,$p<0.01$]。无论是配方乳还是初乳饲喂组,IUGR 仔猪小肠相对重量和小肠相对长度均显著高于 NBW 仔猪(+50%~80%,$p<0.01$ 和+30%~40%,$p<0.05$),但两组间肠道黏膜比例、绒毛高度/隐窝深度比和消化酶活性等无明显差异;肠黏膜微生物黏附和 NEC 发生率在两组间仍然差异不显著。无论 IUGR 还是 NBW 仔猪,初乳饲喂提高了消化酶(氨基肽酶 A、氨基肽酶 N、二肽基肽酶Ⅳ、麦芽糖酶和乳糖酶)($p<0.05$)活性,肠黏膜微生物黏附也被有效地降低,且与配方乳相比,初乳明显降低了 NBW 仔猪的 NEC 发生率($p<0.05$)。相比于仅 TEN 喂养 2 d 的仔猪(试验二),TPN 介入后微生物黏附增加且有向绒毛深处及隐窝嵌入的趋势,NEC 发生率明显升高(初乳饲喂组:61% vs. 34%,$p<0.01$;配方乳饲喂组:22% vs. 5%,$p=0.095$)。以上结果表明,与 NBW 仔猪相比,

存活的早产 IUGR 仔猪消化道生长发育和功能表现出较强的适应肠内营养的能力，IUGR 仔猪的 NEC 发生率与 NBW 仔猪相似。出生后 2 d 的 TPN 介入不能改善 IUGR 仔猪存活率，却增加 NEC 发生率。无论是 IUGR 还是 NBW 仔猪，以初乳形式供给的肠内营养促进了早产仔猪消化道生长发育和功能，并阻碍肠黏膜微生物黏附，进而降低 NEC 发生率。

7.7.2.2 免疫应激对不同出生时间仔猪肠上皮细胞养分吸收功能和炎症因子基因表达的影响

为了研究不同发育程度的仔猪肠上皮细胞养分吸收和炎症因子表达对免疫应激的反应，采用剖腹产技术分别获取 92%妊娠期的早产（妊娠 105 d）仔猪和按期出生（妊娠 114 d）仔猪，在 0 d（$n=6$）和吮乳 2 d 后（$n=6$）分别分离肠上皮细胞进行体外短期培养。处理组包括 LPS 添加组（100 μg/mL）、TNF-α 添加组（50 μg/mL）和 NEC-MIX 添加组（按体积比 1/4 添加 DMEM），对照组为 DMEM 基础培养液，其中 NEC-MIX 是从患 NEC 的仔猪消化道内容物分离所得。各免疫刺激因子与原代肠上皮细胞（intestinal epithelial cells，IECs）共同培养 4 h 后检测养分（亮氨酸和葡萄糖）吸收和炎症因子（TNF-α、IL-6 和 IFN-γ）的基因表达。

结果表明：①新生时（0 日龄），与对照组（无免疫因子刺激）相比，NEC-MIX 和 TNF-α 降低了按期出生和早产仔猪肠上皮细胞亮氨酸吸收（−25%～30%，$p<0.05$），而早产仔猪肠上皮细胞葡萄糖吸收也受到 NEC-MIX 的刺激而降低（−30%，$p<0.05$）。吮乳 2 d 后，与对照组相比，仅早产仔猪肠上皮细胞亮氨酸吸收受到 NEC-MIX 刺激而下降（$p<0.05$）。②与来自按期出生仔猪的较成熟的肠上皮细胞相比，新生时（0 日龄）早产仔猪肠上皮细胞在 NEC-MIX 刺激下亮氨酸吸收显著降低，而葡萄糖吸收在 LPS 和 NEC-MIX 刺激下也显著低于按期出生仔猪肠上皮细胞（$p<0.05$）。吮乳 2 d 后这种不同发育程度的肠上皮细胞对亮氨酸和葡萄糖吸收的差异却仅仅在 NEC-MIX 刺激组可见。③新生（0 日龄）时，无论是按期出生仔猪还是早产仔猪肠上皮细胞，与对照组（无免疫因子添加组）相比，炎症因子 TNF-α 基因表达在受到 NEC-MIX 刺激时均明显提高（$p<0.05$），而早产仔猪中炎症因子 IL-6 和 IFN-γ 的基因表达还受到免疫因子 LPS 或 NEC-MIX 刺激而明显提高。④与发育较成熟的按期出生仔猪肠上皮细胞相比，同一免疫因子（NEC-MIX）刺激下早产仔猪肠上皮细胞炎症因子 TNF-α 和 IL-6 的基因表达显著升高（$p<0.05$）。总体上，免疫刺激因子促进了肠上皮细胞炎症因子的表达，且新生时（0 日龄）免疫应激下炎症因子 TNF-α、IL-6 的基因表达要依赖于肠上皮细胞发育成熟度；但是吮乳 2 d 后不同发育程度的肠上皮细胞在免疫因子刺激下炎症因子 IL-6 基因表达却未表现出差异。以上结果表明，免疫应激下早产仔猪的肠上皮细胞无论是炎症因子释放还是养分吸收均受到较为明显和广泛的刺激，免疫应激促进炎症因子表达的同时也抑制了养分吸收，暗示肠上皮细胞的养分吸收可能受到炎症因子释放的影响，2 d 的初乳饲喂促进了早产仔猪消化道的成熟，因而受到免疫应激时其养分吸收和炎症因子表达与按期出生仔猪较为相似。

7.7.2.3 新生仔猪 NEC 的蛋白组学研究

为进一步探讨坏死性肠炎发生的机理，给按期出生仔猪和早产仔猪分别饲喂 2 d 配方乳，通过 NEC 评估和形态学鉴定选取健康或发生坏死的肠道组织，在此基础上利用一维等电点电泳和二维垂直 SDS-PAGE 凝胶电泳技术分离组织蛋白质，二维凝胶片经 SybroRuby 染色后激光扫描(BioRad)获取图像,各蛋白点进行点匹配、标准化处理和数据分析等,计算各蛋白点表达量差异,通过质谱鉴定蛋白质种类。结果发现:发生 NEC 的肠道组织坏死,黏膜绒毛和基底膜及固有层有脱落现象,蛋白质组学结果发现有 14 种蛋白质发生了显著的变化,其中信号传递蛋白[GNB2L1(鸟嘌呤核苷酸结合蛋白 β2 亚基类似物 1,guanine nucleotide-binding protein subunit beta-2-like 1)、Rack1(C 激酶受体 1,receptors for activated C kinase 1)和 GDI 2(GDP dissociation inhibitor 2,鸟嘌呤核苷二磷酸酸解离抑制剂 2)]表达量分别提高了 1.6 和 2.0 倍($p<0.05$),DNA 合成抑制蛋白(抑制素,prohibitin,PHB)和血清转铁蛋白(serotransferrin)表达量分别提高了 2.1 和 3.3 倍($p<0.05$),而结构蛋白[肌动蛋白(actin)、keratin 10(角蛋白 10)]、代谢相关蛋白[FBCA(fructose-1,6-biphosphatase complexed,1,6-二磷酸果糖酶)、LDH(乳酸脱氢酶)、PCK(磷酸烯醇式丙酮酸羧激酶)、GlyRS(glycyl-tRNA synthetase,甘氨酰-tRNA 合成酶)和 ETF-QO(electron transfer flavoprotein-ubiquinone oxidoreductase,电子传递黄素蛋白脱氢酶)]和控制血液渗透压的血清球蛋白前体(serum albumin precursor)表达量则下调了 2~3 倍($p<0.01$ 或 $p<0.05$)。可见:早产仔猪消化道发生坏死性肠炎时表现为肠道局部组织能量代谢紊乱、细胞膜骨架受损及细胞氧化损伤等,这一方面说明了发育不成熟的早产仔猪在 NEC 发生时肠道组织抵御外界应激因素的能力较发育成熟的肠道组织差,另一方面也暗示了 NEC 发生机理的复杂性。

参考文献

鲍伟华,卢黎明,孙泽祥,等. 2006. 规模猪场圆环病毒 2 型感染的血清学调查. 中国畜牧兽医,33(6):72-73.

宾石玉. 2005. 饲粮淀粉来源对断奶仔猪生产性能、小肠淀粉消化和内脏组织蛋白质合成的影响:博士论文. 雅安:四川农业大学动物营养研究所.

车炼强. 2009. 宫内发育迟缓和营养对新生仔猪消化道生长发育及坏死性肠炎发生机理的研究:博士论文. 雅安:四川农业大学动物营养研究所.

陈代文. 1988. 早期断奶仔猪腹泻的营养性病因初探. 四川农业大学学报,6(3):237.

陈代文,杨凤,陈可容. 1995a. 应用通径分析讨论仔猪腹泻的原因. 中国畜牧杂志,31(2):6.

陈代文,杨凤,陈可容. 1995b. 补料及开食料中不同种类蛋白质对仔猪过敏反应及腹泻程度的影响. 畜牧兽医学报,26(3):200.

陈代文,杨凤,陈可容. 1995c. 饲粮蛋白水平和豆饼用量对仔猪断奶后腹泻和生长发育的影响. 畜牧兽医学报,26(6):508.

陈代文,杨凤,陈可容,等. 1996. 仔猪补饲及不同类型的饲粮蛋白质对仔猪小肠粘膜形态结构的影响. 动物营养学报,8:18.

陈代文,张克英,余冰,等. 2004,仔猪饲粮添加酸化剂及黄霉素对生产性能、消化道 pH 和微生物数量的影响. 中国畜牧杂志,4:16.

陈宏. 2009. 生物素对断奶仔猪生产性能及免疫功能影响的研究:博士论文. 雅安:四川农业大学动物营养研究所.

陈晓，邓昌辉. 2002. Th1、Th2 型细胞因子对妊娠免疫调节的研究. 医学综述，8(9)：540-541.
董国忠. 1994. 饲粮蛋白质水平对早期断奶仔猪后肠蛋白质腐败作用、腹泻及生产性能的影响：博士论文. 雅安：四川农业大学动物营养研究所.
高庆. 2011. 饲粮添加叶酸对断奶仔猪生产性能和免疫功能的影响研究：博士论文. 雅安：四川农业大学动物营养研究所.
何中山. 2004. 豆粕酶解参数及酶解豆粕饲用效果的研究：硕士论文. 雅安：四川农业大学动物营养研究所.
廖波. 2010. 25-OH-D_3 对免疫应激断奶仔猪的生产性能、肠道免疫功能和机体免疫应答的影响：博士论文. 雅安：四川农业大学动物营养研究所.
林燕. 2010. 日粮苏氨酸水平对感染伪狂犬病毒雄鼠免疫功能和繁殖性能的影响：博士论文，雅安：四川农业大学动物营养研究所.
刘喆，杨颖，陈云，等. 2002. 人重组 γ 干扰素对兔妊娠的影响. 动物学报，48(2)：277-280.
卢德勋，段林瑞，奥德，等. 1997. 在实用饲粮条件下仔猪营养需要量的研究. 内蒙古畜牧科学，增刊：347.
罗小林. 2009. 维生素 E 对病毒感染妊娠雌鼠繁殖性能及免疫功能的保护效应：硕士论文. 雅安：四川农业大学动物营养研究所.
罗晓容. 2008. 维生素 A 对感染伪狂犬病毒妊娠雌鼠免疫功能及繁殖性能的影响：硕士论文. 雅安：四川农业大学动物营养研究所.
邱时秀. 2009. 日粮色氨酸水平对感染伪狂犬病毒妊娠雌鼠繁殖性能和免疫功能的影响：硕士论文. 雅安：四川农业大学动物营养研究所.
孙培鑫. 2006. 去皮膨化豆粕在早期断奶仔猪饲粮中的应用研究：硕士论文. 雅安：四川农业大学动物营养研究所.
唐仁勇. 2004. 饲料不同形态、状态对早期断奶仔猪生产性能及消化生理的影响：硕士论文. 雅安：四川农业大学动物营养研究所.
汪求真，马爱国，孙永叶，等. 2005. 大剂量维生素 E 对大鼠抗氧化和 DNA 损伤的影响. 营养学报，27(6)：467-470.
王纯刚，张克英，丁雪梅. 2009. 丁酸钠对轮状病毒攻毒和未攻毒断奶仔猪生长性能和肠道发育的影响. 动物营养学报，21(5)：711-718.
吴新连，谭会泽，冯定远. 2004. 低蛋白仔猪日粮色氨酸适宜水平的研究. 饲料工业，25 (12)：42-43.
伍喜林. 1994. 动物色氨酸营养研究进展. 国外畜牧学：饲料，3：22-26.
杨平. 2011. 饲粮添加 *L*-精氨酸或 N-氨甲酰谷氨酸对感染 PRRSV 妊娠母猪繁殖性能及免疫功能的影响：硕士论文. 雅安：四川农业大学动物营养研究所.
喻丽雅，王若光，尤昭玲，等. 2005. 黄芪丹参复方成分对一氧化氮合成阻滞孕鼠模型血浆 IL-1、IL-10 变化的影响. 湖南中医学院学报，25(5)：8-11.
周根来. 2003. 新生仔猪小肠发育及胎儿宫内发育迟缓对其的影响：硕士论文. 南京：南京农业大学动物科技学院.
Abbas A K, Murphy K M, Sher A. 1996. Functional diversity of helper T lymphocytes. Nature, 383(6603)：787-793.

Adorini L. 2002. Immunomodulatory effects of vitamin D receptor ligands in autoimmune diseases. Int Immunopharmacol,2(7):1017-1028.

Allan G M, McNeilly F, Cassidy J P, et al. 1995. Pathogenesis of porcine circovirus:experimental infections of colostrum deprived piglets and examination of pig foetal material. Vet Microbiol,44:49-64.

ARC. The nutrient requirement of pigs. 1981. Slough,England:Commmonwealth Agricultural Bureaux.

Askaa J, Bloch B. 1984. Infection in piglets with a porcine rotavirus-like virus. Experimental inoculation and ultrastructural examination. Arch Virol,80(4):291-303.

Berg B M, Godbout J P, Chen J, et al. 2005. α-Tocopherol and selenium facilitate recovery from lipopolysaccharide-induced sickness in aged mice. J Nutr, 135:1157-1161.

Berseth C L. 1995. Minimal enteral feedings. Clin Perinatol,22:195-205.

Bianchi A T J, Moonen-Leusen H W M, van Milligen F J, et al. 1998. A mouse model to study immunity against pseudorabies virus infection:significance of CD4+ and CD8+ cells in protective immunity. Vacdine, 16(16):1550-1558.

Bjornvad C R,Elnif J, Sangild P T. 2004. Short-term fasting induces intra-hepatic lipid accumulation and decreases intestinal mass without reduced brush-border enzyme activity in mink (Mustela vison) small intestine. J Comp Physiol B,174:625-632.

Blasio D M, Roberts C, Owens J, et al. 2009. Effect of dietary arginine supplementation during gestationon litter size of gilts and sows. http://www.australianpork.com.au. Accessed July 28.

Bohl E H, Theil K W, Saif L J. 1984. Isolation and serotyping of porcine rotaviruses and antigenic comparison with other rotaviruses. J Clin Microbiol,19(2):105-111.

Boonstra A, Barrat F J, Crain C, et al. 2001. 1alpha,25-Dihydroxyvitamin D3 has a direct effect on naive CD4(+) T cells to enhance the development of Th2 cells. J Immunol, 167 (9):4974-4980.

Brint E K, Xu D, Liu H, et al. 2004. ST2 is an inhibitor of interleukin 1 receptor and Toll-like receptor 4 signaling and maintains endotoxin tolerance. Nat Immunol,5:373-379.

Burrin D G, Davis T A, Ebner S, et al. 1997. Colostrum enhances the nutritional stimulation of vital organ protein synthesis in neonatal pigs. J Nutr,127:1284-1289.

Burrin D G, Stoll B, Jiang R, et al. 2000. Minimal enteral nutrient requirements for intestinal growth in neonatal piglets:how much is enough?. Am J Clin Nutr,71:1603-1610.

Cantorna M T, Munsick C, Bemiss C, et al. 2000. 1,25-Dihydroxycholecalciferol prevents and ameliorates symptoms of experimental murine inflammatory bowel disease. J Nutr, 130(11):2648-2652.

Casanello P,Sobrevia L. 2002. Intrauterine growth retardation is associated with reduced activity and expression of the cationic amino acid transport system y(+)hCAT-1 and Y(+)/hCAT-2B and lower activity of nitric oxide synthase in human umbilical vein endothelial cells. Circulation Research, 91(2):127-134.

Christopher R, Stokes M B, Haverson K, et al. Postnatal development of intestinal immune system in piglets: implications for the process of weaning. Anim Res 2004, 53: 9.

Courtemanche C, Elson-Schwab I, Mashiyama S T, et al. 2004. Folate deficiency inhibits the proliferation of primary human CD8 + T lymphocytes in vitro. J Immunol, 173: 3186-3192.

Cui D, Moldoveanu Z, Stephensen C B. 2000. High-level dietary vitamin A enhances T-helper type 2 cytokine production and secretory immunoglobulin A response to influenza A virus infection in BALB/c Mice. J Nutr, 130: 1132-1139.

Diaz I, Darwich L, Pappaterra G, et al. 2006. Different European-type vaccines against porcine reproductive and respiratory syndrome virus have different immunological properties and confer different protection to pigs. Virology, 351(2): 249-259.

Dvorak B, Halpern M D, Holubec H, et al. 2003. Maternal milk reduces severity of necrotizing enterocolitis and increases intestinal IL-10 in a neonatal rat model. Pediatr Res, 53: 426-433.

Edelson M B, Bagwell C E, Rozycki H J. 1999. Circulating pro- and counterinflammatory cytokine levels and severity in necrotizing enterocolitis. Pediatrics, 103: 766-771.

Giovanna, M, Sardi, L, Parisini, P, et al. 2005. The effects of a dietary supplement of biotin on Italian heavy pigs' (160 kg) growth, slaughtering parameters, meat quality and the sensory properties of cured hams. Livestock Production Science, 93: 117-124.

Haimovici F, Hill J A, Anderson D J. 1991. The effects of soluble products of activated lymphocytes and macrophages on blastocyst implantation events in vitro. Biology of Reproduction, 44: 69-75.

Hall G A, Parsons K R, Waxler G L, et al. 1989. Effects of dietary change and rotavirus infection on small intestinal structure and function in gnotobiotic piglets. Res Vet Sci, 47(2): 219-224.

Hallman M, Ramet M, Ezekowitz R A. 2001. Toll-like receptors as sensors of pathogens. Pediatr Res, 50(3): 315-321.

Haram K, Softeland E, Bukowski R. 2006. Intrauterine growth restriction. Int J Gynaecol Obstet, 93: 5-12.

Harding J C, Clark E G, Strokappe J H, et al. 1998. Post-weaning multisystemic wasting syndrome (PMWS): epidemiology and clinical presentation. Swine Health Prod, 6: 249-254.

Hefler L A, Reyes C A, O'Brien W E, et al. 2001. Perinatal development of endothelial nitric oxide synthase-deficient mice. Biology of Reproduction, 64(2): 666-673.

Hirai C, Ichiba H, Saito M, et al. 2002. Trophic effect of multiple growth factors in amniotic fluid or human milk on cultured human fetal small intestinal cells. J Pediatr Gastroenterol Nutr, 34: 524-528.

Igarashi K, Kashiwagi K. 2000. Polyamines: mysterious modulators of cellular functions. Biochemical and Biophysical Research Communications, 271(3): 559-564.

Ishida M, Hiramatsu Y, Masuyama H, et al. 2002. Inhibition of placental ornithine decarboxylase by DL-alpha-difluoro-methyl ornithine causes fetal growth restriction in rat. Life Sciences, 70:1395-1405.

Jahoor F, Wykes L, Del Rosario M, et al. 1999. Chronic protein undernutrition and an acute inflammatory stimulus elicit different protein kinetic responses in plasma but not in muscle of piglets. J Nutr,129(3):693-699.

Kelly D A. 2006. Intestinal failure-associated liver disease:what do we know today?. Gastroenterology. 130:S70-77.

Kenney M A, Magee J L,Piedad-Pascual F. 1970. Dietary amino acids and immune response in rats. J Nutr, 100 (9):1063-1072.

Kim S W, Hurley W L, Wu G, et al. 2009. Ideal amino acid balance for sows during gestation and lactation. Journal of Animal. Science, 87(14):E123-E132.

Komegay E T, van Heugten P H G, Lindemann M D, et al. 1989. Effects of biotin and high copper levels on performance and immune response of weanling pigs. J Anim Sci,67:1471-1477.

Krishnan L, Guilbert L J, Russell A S, et al. 1996. Pregnancy impairs resistance of C57BL/6 mice to Leishmania major infection and causes decreased antigen-specific IFN-gamma response and increased production of T helper 2 cytokines. J Immunol, 156:644-652.

Kritas S K, Pensaert M B, Nauwynck H J, et al. 1999. Neural invasion of two virulent suid herpesvirus 1 strains in neonatal pigs with or without maternal immunity. Vet Microbiol, 69(3):143-156.

Kudsk K A. 2002. Current aspects of mucosal immunology and its influence by nutrition. Am J Surg,183:390-398.

Li C J, Elsasser T H. 2005. Butyrate-induced apoptosis and cell cycle arrest in bovine kidney epithelial cells:involvement of caspase and proteosome pathways. Journal of Animal Science, 83:89-97.

Li D F,Xiao C T,Qiao S Y, et al. 1999. Effects of dietary threonine on performance,plasma parameters and immune function of growing pigs. Anim Feed Sci Tech,78:179-188.

Linda J F,Ogle B. Digestive physlology of pigs. 2000. 8th ed. UK:CABI Publishing,383.

Lopez-Fuertes L, Domenech N, Alvarez B, et al. 1999. Analysis of cellular immune response in pigs recovered from porcine respiratory and reproductive syndrome infection. Virus Research, 64(1):33-42.

Mateo R D, Wu G, Bazer F W, et al. 2007. Dietary *L*-arginine supplementation enhances the reproductive performance of gilts. The Journal of Nutrition, 137(3):652-656.

Meijer A J, Lof C, Ramos I C, et al. 1985. Control of ureogenesis. European Journal of Biochemistry, 148(1):189-196.

Melchior D, Meziere N, Seve B, et al. 2005. Is tryptophan catabolism increased under indoleamine 2,3 dioxygenase activity during chronic lung inflammation in pigs?. Reprod Nutr Dev, 45 (2):175-183.

Mellor A L, Munn D H. 1999. Tryptophan catabolism and T-cell tolerance: immunosuppression by starvation?. Immunol Today, 20 (10): 469-473.

Meydani S N, Meydani M, Blumberg J B. 1997. Vitamin E supplementation and in vivo immune response in healthy elderly subjects. Clinical Investigation, 277: 1380-1386.

Miller B G. 1984. Influence of diet on postweaning malabsorption and diarrhoea in the pig. Res Vet Sci, 36: 187.

Moraea-Pinto M D, Vince G S. 1997. Localization of IL-4 and IL-10 receptors in the human term placenta, decedua and amniochorionic membranea. Immunol, 92: 87-94.

Mueller T, Terada T, Rosenberg IM, et al. 2006. Th2 cytokines down-regulate TLR expression and function in human intestinal epithelial cells. J. Immunol, 176: 5805-5814.

Munn D H, Sharma M D, Lee J R, et al. 2002. Potential regulatory function of human dendritic cells expressing indoleamine 2,3-dioxygenase. Science, 297(5588): 1867-1870.

Neu J. 2007. Gastrointestinal development and meeting the nutritional needs of premature infants. Am J Clin Nutr, 85: 629S-634S.

Nikawa T, Odahara K, Koizumi H, et al. 1999. Vitamin A prevents the decline in immunoglobulin A and Th2 cytokine levels in small intestinal mucosa of protein-malnourished mice. J Nutr, 129: 934-941.

Nishiya T, Kajita E, Miwa S, et al. 2005. TLR3 and TLR7 are targeted to the same intracellular compartments by distinct regulatory elements. J Biol Chem, 280 (44): 37107-37117.

NRC. 1998. Nutrient requirements of swine. 10th. Washington D. C. : National Academy Press.

Pasatiempo A M, Abaza M, Taylor C E, et al. 1992. Effects of timing and dose of vitamin A on tissue retinol concentrations and antibody production in the previously vitamin A-depleted rats. Am J Clin Nutr, 55: 443-451.

Reeds P J, Fjeld C R, Jahoor F. 1994. Do the differences between the amino acid compositions of acute-phase and muscle proteins have a bearing on nitrogen loss in traumatic states?. J Nutr, 124 (6): 906-910.

Robertson S A, Care A S, Skinner B J. 2007. Interleukin 10 regulates inflammatory cytokine synthesis to protect against lipopolysaccharide-induced abortion and fetal growth restriction in mice. Biology of Reproduction, 76: 738-748.

Sangild P T, Siggers R H, Schmidt M, et al. 2006. Diet-and colonization-dependent intestinal dysfunction predisposes to necrotizing enterocolitis in preterm pigs. Gastroenterology, 130: 1776-1792.

Schroeder F A, Lin C L, Crusio W E, et al. 2007. Antidepressant-like effects of the histone deacetylase inhibitor, sodium butyrate, in the mouse. Biological Psychiatry, 62: 55-64.

Siggers R H, Siggers J, Boye M, et al. 2008. Early administration of probiotics alters bacterial colonization and limits diet-induced gut dysfunction and severity of necrotizing enterocolitis in preterm pigs. J Nutr, 138: 1437-1444.

Stio M, Bonanomi A G, d'Albasio G, et al. 2001. Suppressive effect of 1,25-dihydroxyvitamin D3 and its analogues EB 1089 and KH 1060 on T lymphocyte proliferation in active ulcerative colitis. Biochem Pharmacol,61(3):365-371.

Sur J H, Doster A R, Christian J S, et al. 1997. Porcine reproductive and respiratory syndrome virus replicates in testicular germ cells, alters spermatogenesis, and induces germ cell death by apoptosis. The Journal Virology, 71(12):9170-9179.

Tarin J J,Pérez-Albalá S, Pertusa J F. 2002. Oral administration of pharmacological doses of vitamins C and E reduces reproductive fitness and impairs the ovarian and uterine functions of female mice. Theriogenology, 57(5):1539-1550.

Thymann T, Burrin D G, Tappenden K A, et al. 2006. Formula-feeding reduces lactose digestive capacity in neonatal pigs. Br J Nutr,95:1075-1081.

van Alistine W G, Stevenson G,Kanitz C L. 1996. Porcine reproductive and respiratory syndrome virus dose not exacerbate hyopneumoniae infection in young pigs. Veterinary Microbiology, 49(3-4):297-303.

van der Stede Y, Cox E, Verdonck F,et al. 2003. Reduced faecal excretion of F4+-*E. coli* by the intramuscular immunisation of suckling piglets by the addition of 1alpha, 25-dihydroxyvitamin D3 or CpG-oligodeoxynucleotides. Vaccine, 21(9-10):1023-1032.

Vosatka R J, Hassoun P M, Harvey-Wilkes K B. 1998. Dietary *L*-arginine prevents fetal growth restriction in rats. American Journal Obstetrics and Gynecology,178(2):242-246.

Wang J, Chen L, Li D, et al. 2008. Intrauterine growth restriction affects the proteomes of the small intestine, liver, and skeletal muscle in newborn pigs. J Nutr,138:60-66.

Wang T, Huo Y J, Shi F, et al. 2005. Effects of intrauterine growth retardation on development of the gastrointestinal tract in neonatal pigs. Biol Neonate,88:66-72.

Wang X,Qiao S Y,Liu, et al. 2006. Effects of graded levels of true ileal digestible threonine om performance,serum parameters and immune function of 10-25 kg pigs. Anim Feed Sci Tech,129:264-278.

Wang Y, Huang D S, Liang B, et al. 1994. Nutritional status and immune responses in mice with murine AIDS are normalized by vitamin E supplementation. J Nutr,124:2024-2032.

Ward N E. 2004. Consideration of vitamin D3 absorption may be need. Feedstuffs, 14: 36-37.

Wildhaber B E, Yang H, Spencer A U, et al. 2005. Lack of enteral nutrition-effects on the intestinal immune system. J Surg Res,123:8-16.

Wills R W, Doster A R, Galeota J A, et al. 2003. Duration of infection and proportion of pigs persistently infected with porcine reproductive and respiratory syndrome virus. Journal of Clinical Microbiology, 41(1):58-62.

Wu G, Bazer F W, Cudd T A, et al. 2004. Maternal nutrition and fetal development. The Journal of Nutrition,134(9):2169-2172.

Wu G, Bazer F W, Wallace J M, et al. 2006. Board-invited review:intrauterine growth retardation:implications for the animal sciences. J Anim Sci,84:2316-2337.

Wu G, Knabe D A, Kim S W. 2004. Arginine nutrition in neonatal pigs. The Journal of Nutrition, 134(10):2783S-2790S.

Yoon K J ,Wu L L ,Zimmerman J J ,et al. 2001. Field isolate of porcine reproductive and respiratory syndrome virus (PRRSV) vary in their susceptibility to the humoral immune response to porcine reproductive and respiratory syndrome virus parental and attenuated strains. Virus Research,79:189-200.

Yoon K J, Wu L L, Zimmerman J J, et al. 1996. Antibody-dependent enhancement (ADE) of porcine reproductive and respiratory syndrome virus (PRRSV) infection in pigs. Viral Immunology, 9(1):51-63.

Yui J, Garcia-lloret M, Wegmann T G, et al. 1994. Cytotoxicity of tumour necrosis factor-alpha and gamma-interferon against primary human placental trophoblasts. Placenta,15: 819 835.

第8章

抗病营养实践

本书前7章详细介绍了抗病营养的原理,如何将抗病营养的理论应用于生产实践是本章的核心。抗病营养的实践主要体现在如何将抗病营养研究的科研成果应用于抗病饲料的设计与生产及其配套的抗病营养管理。因此,本章重点就抗病饲料原料的研发、营养源及营养水平的优化、抗病营养需求参数与抗病饲料设计理念、抗病营养管理措施等四个环节展开论述,为生产提供指导。

8.1 抗病饲料原料的研发

抗病饲料是指根据抗病营养原理及抗病营养需求参数设计的不但能满足动物正常生长发育需要,而且能够提高机体的免疫功能,使动物不发病或发病率降低的一类功能性饲料或添加剂。要配制出能提高动物抗病力的饲料,首先需要开发和筛选出抗病饲料需要的原料。

目前,抗病饲料原料的研发主要集中在生物饲料原料与生物添加剂的研发方面。所谓生物饲料是指应用生物技术生产的具有一定生物学功效的饲料或饲料添加剂。生物技术包括酶工程技术、微生物工程技术、发酵工程技术、基因工程技术等。生物饲料经生物技术改造后具有营养组成平衡、养分利用率高、含有一种或多种生物活性物质、抗营养因子低或不含抗营养因子、对动物新陈代谢或健康具有特定功效等优点。使用生物饲料后不但可提高动物对养分的利用效率,还可改善肠道微生态环境,保障动物健康,减少或消除抗生素的使用,提高畜产品品质和安全。生物饲料包括生物蛋白质饲料、生物能量饲料和生物饲料添加剂。

8.1.1 生物蛋白质饲料的研发

蛋白质饲料资源的缺乏是困扰我国畜牧业和饲料工业的一大难题。随着我国饲料工业的快速发展,我国2007年进口的大豆量达到5 000 万 t,进口鱼粉量在100 万 t 左右。饲料原料价格上涨直接导致饲料成本的增加，养殖收益降低。另一方面，我国年产1 300万t左右棉籽、1 400万t左右油菜籽，资源量均居全球第一，可分别提供棉籽饼粕和菜籽饼粕600万t和700万t以上，棉、菜籽粕价格也一直在1 500元/t左右，但是由于含有大量的抗营养因子限制了其在动物生产中的应用。如何降低棉籽饼粕和菜籽饼粕抗营养因子含量、提高其利用效率、降低饲料成本一直是我国动物营养学界研究的重点之一。

近年来研究发现，固态发酵是提高棉籽粕和菜籽粕营养价值的一条经济有效途径。固态发酵是指一种或多种微生物在没有或几乎没有游离水的固体营养基质上的发酵过程(固体营养基质必须有一定的湿度来保证微生物的生长和代谢)。固态发酵过程中微生物产生的内源酶可以分解单胃动物不能很好降解的植物性饲料中的纤维素部分，降低菜粕、棉粕中抗营养因子含量，并且可以释放出植酸磷中的磷，同时发酵过程中产生的生物活性物质可以促进动物体内有益菌群的生长，改善动物肠道健康，减少动物疾病和药物添加剂的使用，因此，利用固态发酵开发饲料资源是抗病饲料原料开发的一个重点，本团队在此方面做了大量的工作。

傅娅梅(2008)以多种饼粕酒糟类饲料原料[如豆粕(SBM)、菜籽饼粕、棉籽饼粕、玉米蛋白粉和玉米酒精酒糟(DDGS)等]为发酵原料，以发酵产物粗蛋白(CP)含量为指标，进行了混菌筛选，并研究了灭菌或不灭菌方式对产物营养成分的影响，采用4因素3水平正交试验研究了适宜的发酵时间、加水量、接种量和接种比例等4个发酵参数。试验选用4株微生物：产朊假丝酵母、白地霉、枯草芽孢杆菌和植物乳酸杆菌。结果发现，菌种和配伍显著影响了发酵产物的蛋白质含量($p<0.05$)，综合考虑菌种特性和生长情况，确定最适发酵组合为枯草芽孢杆菌+产朊假丝酵母+植物乳酸杆菌；灭菌和未灭菌对发酵效果影响不大，从节约成本和减少工艺程序的角度出发，采用未灭菌发酵方式更适合；适宜的发酵参数为，发酵时间2.5 d，加水量65%，接种量10%，接种比例1∶1∶1，接下来将产朊假丝酵母、枯草芽孢杆菌和植物乳酸杆菌接种到复合蛋白(CPF)后发酵2.5 d，干燥制得发酵复合蛋白(FCPF)。

在发酵产品获得的基础上，利用豆粕(SBM)作为参比蛋白，选择体重为(24.36±1.78)kg的DLY生长猪24头，在测定SBM、CPF、FCPF常规养分和氨基酸(AA)含量基础上进行消化代谢试验。结果显示，固态发酵极显著提高了FCPF的CP、真蛋白(TP)、钙、磷等常规养分和AA的含量以及蛋白质能量消化利用率和AA消化率；FCPF的CP和TP含量分别为47.80%和41.00%，CP表观和真消化率分别为82.57%和84.94%，钙和总磷含量分别为0.46%和0.49%；总能和消化能分别为19.07和16.80 MJ/kg，能量消化率为88.05%；总AA含量为40.46%，Lys和Met含量分别为1.59%和0.66%，AA表观和真消化率分别在67.78%~85.60%和85.21%~102.90%之间，总可消化AA含量为35.72%；与CPF相比，FCPF的CP和TP增加了11%以上，蛋白质能量消化利用率和AA表观消化率的增长幅度分别在15.90%~22.66%和11.26%~154.97%之间，FCPF大部分营养特性接近或优于SBM。

司马博锋(2010)进一步对规模化固态发酵(SSF)复合蛋白的营养价值进行了系统评定，结果表明：SSF能量、粗蛋白、真蛋白、粗脂肪、氨基酸和三氯乙酸氮溶指数含量高于非固态发酵(NSSF)复合蛋白，pH、酸性洗涤纤维、中性洗涤纤维、游离棉酚和异硫氰酸酯的含量低于NSSF；SSF中除天冬氨酸、谷氨酸和精氨酸以外的其他氨基酸的回肠表观和真消化率显著($p<0.05$)或极显著($p<0.01$)高于NSSF；SSF中能量、有机物、粗蛋白、干物质、酸性洗涤纤维和中性洗涤纤维的表观消化率及粗蛋白真消化率均极显著($p<0.01$)高于NSSF。在研究SSF对猪肠道消化生理的影响时发现，SSF组猪胃蛋白酶和十二指肠、空肠食糜中胰蛋白酶、

胰淀粉酶和胰脂肪酶活性显著($p<0.05$)或极显著($p<0.01$)高于 NSSF 组;SSF 组与 NSSF 组相比极显著($p<0.01$)或显著($p<0.05$)降低了胃和回肠内容物 pH 及盲肠内容物中挥发性脂肪酸、挥发性盐基氮和氨含量。

既然 SSF 对营养指标和对猪消化生理的影响均较好,那么 SSF 替代鱼粉并减少高铜、高锌、阿胂酸及酸化剂的使用对断奶仔猪生产性能、养分消化率和皮毛、腹泻状况会产生何种影响? 司马博锋试验证明,日粮中添加 8.35% SSF 替代 3%鱼粉不影响断奶仔猪的日增重,但可降低单位增重的饲料成本(表 8.1 和表 8.2)。

表 8.1 不同处理对仔猪生产性能的影响

项目	基础日粮	SSF 替代 6%鱼粉	SSF 替代 3%鱼粉	SSF 替代 3%鱼粉并去掉酸化剂	SSF 替代 3%鱼粉并去掉所有添加剂
始重/kg	9.72±0.24	9.71±0.23	9.74±0.21	9.73±0.27	9.74±0.24
末重/kg	16.49±1.37	15.15±0.76	16.07±1.32	15.51±0.28	15.61±1.01
日增重/(g/d)	282.0±49.3	226.6±33.2	263.9±49.9	240.9±11.2	244.6±35.1
日采食量/(g/d)	453.0±29.1[a]	408.4±23.7[ab]	408.3±42.7[ab]	403.6±16.8[b]	417.8±24.8[ab]
料重比	1.63±0.22	1.82±0.21	1.57±0.18	1.68±0.03	1.73±0.19

注:同行肩注字母不同者,差异显著($p<0.05$)。

表 8.2 不同处理单位增重的饲料成本

项目	基础日粮	SSF 替代 6%鱼粉	SSF 替代 3%鱼粉	SSF 替代 3%鱼粉并去掉酸化剂	SSF 替代 3%鱼粉并去掉所有添加剂
饲料单价/(元/kg)	3.93	3.75	3.85	3.74	3.69
F/G	1.63	1.83	1.57	1.68	1.73
增重成本/(元/kg)	6.41	6.86	6.04	6.28	6.38

从以上试验结果可看出,发酵复合蛋白的营养价值比未发酵的复合蛋白有较大的改善,但发酵复合蛋白的营养价值受发酵底物、发酵条件、烘干条件的影响,目前缺乏统一的行业标准和客观的评判指标,用户很难判断市面上众多生物蛋白饲料的优劣,限制了优质生物蛋白饲料的推广与应用。

8.1.2 生物能量饲料的研发

在畜禽全价配合饲料中,能量饲料可占到 60%～85%。然而,目前国内饲料界设计配方重蛋白质轻能量的现象普遍存在,能量偏低以致不能充分发挥畜禽生长潜能,保障其健康。在生长肥育猪上的研究发现,高能蛋比组与对照组相比较,有提高生长肥育猪日增重趋势,且料肉比显著降低。油脂是补充饲料能量的有效方法。油脂的来源主要有动物油脂、植物油脂和微生物油脂。近年来,为配制高能量全价饲料,提高饲料适口性,往往在配制饲料时添加适量的动植物油脂。然而,将动植物油脂添加于配合饲料中,不仅提高了饲料成本,而且加重了动植物油脂的短缺。如何利用微生物发酵,开发出经济适用的微生物油脂是抗病饲料原料开发的一个热点。

微生物油脂是经产油微生物利用环境中碳水化合物获得，由于微生物培养简单，繁殖迅速，物质能量转换效率高，同时，大量未被利用的农业副产物可作为理想碳源，用于发酵生产油脂，因此，微生物油脂有潜力成为相对成本较低的油脂应用于配合饲料中。Peng 等(2008)利用 *Microsphaeropsis* sp. 固态发酵小麦秸秆和小麦麸的混合物，经过 11 d 连续发酵，得到 4.2 g/100 g 的油脂产量；且在添加纤维素酶后，油脂产量提高到 7.2 g/100 g；再通过优化发酵条件，最终获得了 8.0 g/100 g 的油脂产量。另外，Conti 等(2001)也采用固态发酵，利用 *Cunninghamella elegans* CCF 1318 发酵麦芽谷物，通过添加花生油和优化发酵条件，发酵 10 d 后获得了 9.1 g/100 g 的油脂产量。目前以高产油微生物发酵生产单细胞油脂普遍采用的原料有可溶性淀粉、谷物、小麦秸秆和小麦麸、稻草等。大部分的研究利用葡萄糖作为碳(C)源，蛋白胨或酵母膏作为氮(N)源液体深层发酵生产 γ-亚油酸(GLA)。Economou 等(2010)研究利用深黄被孢霉半固体发酵甜高粱生产生物柴油，发现当含水量为 92%时，发酵效果最好，同时发现随生物量上升，培养基中糖含量下降，直至稳定期，此时 N 几近耗竭，油脂开始大量生成。采用半固体发酵法，一方面可以解决液体深层发酵成本过高的问题，另一方面也可解决固态发酵油脂产量低的问题。如在不额外添加 C 源的情况下，对橘子皮、小麦秸秆和小麦麸混合物进行固体发酵，油脂产率仅 1.7%、4.2%。但也有研究者采用固体发酵法研究深黄被孢霉，如 Fakas 等(2009)，采用固态发酵梨渣研究深黄被孢霉菌丝菌与脂肪酸(尤其是 GLA)合成之间的关系，发现幼龄菌丝(菌落边缘菌丝，0～87 h)PUFAs 含量可达 40%以上，并且随菌龄的增加，PUFAs 含量降低。综上所述，液体深层发酵成本高，主要用于生产 GLA；固态发酵成本低，但是其油脂产量也低；半固体发酵可利用农业副产物，在降低原料成本的同时，油脂含量也不至于太低。另外，也有研究显示额外添加 C 源，可提高油脂产量。因此，可用低质饲料为底物，额外添加适量葡萄糖，利用深黄被孢霉半固态发酵生产高能饲料。

孙若芸(2011)将深层液态发酵生产单细胞油脂(尤其是多不饱和脂肪酸)的深黄被孢霉用于固态发酵农业副产物，提高其能值，并在此基础上，对发酵培养基进行了筛选，对发酵条件进行了优化。结果表明，深黄被孢霉在固态发酵期间，培养料中还原糖浓度先升高后下降；发酵 5、7、9 d 的总能分别较发酵前提高了 7.32%、8.28%和 7.76%；油脂含量与发酵前相比有了极显著的提高($p<0.01$)，尤其是发酵第 9 天，可使油脂产量达 7.25 g/100 g；筛选出最适的固态发酵培养基为玉米淀粉和麸皮的混合物，最佳发酵条件为玉米淀粉∶麸皮(1∶3)，接种量 30%，含水量 60%，装料量 60 g/250 mL，其中，含水量和装料量这两个因素对油脂产量影响极显著($p<0.01$)；利用筛选出的最佳发酵条件，对底物发酵后，油脂产量可达 10.18 g/100 g，其中，多不饱和脂肪酸 γ-亚麻酸(GLA)和二十二碳六烯酸(DHA)分别占粗脂肪总量的 4.03%和 1.70%，总能从发酵前的 3 779.77 cal/g(1 cal＝4.184 J)提高到了 4 885.39 cal/g。分析其产油脂的原理是固态发酵降低了底物纤维素、半纤维素、中性洗涤纤维(ADF)、酸性洗涤木质素(ADL)含量及酸性洗涤木质素与中性洗涤纤维的比值，提高了底物还原糖及蛋白质浓度，且底物中玉米淀粉含量大幅降低，从 51.81%下降到 18.50%，其中直链淀粉量极少，几乎不可测。同时，通过扫描电镜和 X 射线衍射分析发现，经过深黄被孢霉的固态发酵，玉米淀粉颗粒度变小，且表面被腐蚀，晶型结构消失(图 8.1)。

本团队在生物能量饲料的研发方面才起步，这些发酵产品尚未经过生物学评定即动物饲养试验，产品效果不能完全体现，有待进一步研究。

a、c、e. 发酵前玉米淀粉　b、d、f. 发酵后玉米淀粉

图 8.1　不同放大倍数下的发酵前后的玉米淀粉

8.1.3　生物饲料添加剂的研发

抗病饲料添加剂是指具有提高动物免疫力和抗病力，且在饲料生产加工、使用过程中添加的少量或微量物质。抗病饲料添加剂种类包括：营养性添加剂，如有机盐、维生素、氨基酸、多肽等；微生态制剂，如活菌制剂、低聚糖、有机酸、酶制剂等；生物添加剂，如免疫调节剂、抗菌肽、活性肽、植物提取物、有机盐等。本团队近年来在有机盐、酶制剂等方面展开了一些研究工作，并集成了 2 个抗病性营养添加剂，已获得发明专利。

8.1.3.1　富铁酵母菌研发

许祯莹(2009)试验确定了富铁酵母菌培养的适宜参数并考察了在 50 L 发酵罐中扩大培养所制得的酵母铁产品对仔猪的生物学效价。结果表明，啤酒酵母菌适应起始 pH 为 5～7，偏酸性；培养时间为 48 h；培养基铁浓度为 800 mg/L 时开始驯化菌株以制备耐铁酵母菌。利用驯化后的酵母菌，在起始 pH 为 6.0，铁添加量为 800 mg/L 的条件下，150 r/min、30℃振荡培养 48 h，酵母菌的生长量为 12.9 g/L，菌体铁的含量可达 23.94 mg/g 风干菌体，有机化程度为98.14%。根据此参数在50 L发酵罐扩大试验中制备的酵母铁产品的产量为26.5 g/L，菌体铁含量为25.51 mg/g风干菌体，有机化程度为97.84%。在此基础上评定了酵母铁与硫酸亚铁对仔猪的生物学效价。结果表明，血红蛋白、血清铁经耗竭后分别降低了22.46%、27.91%，血清总铁结合力和铜蓝蛋白经耗竭后分别提高了169.92%、27.22%，建立了仔猪临界缺铁模型。酵母铁组仔猪ADG、ADFI值随铁添加量的增加而升高，并当其为120 mg/kg时，ADG、ADFI值最高，显著高于对照组即铁缺乏组($p<0.01$)，之后趋于平缓，而硫酸亚铁组仔猪ADG、ADFI随铁添加量的增加缓慢增加。硫酸亚铁组的脾脏、肝脏、心脏三种内脏器官中铁含量均极显著高于酵母铁组。利用斜率比法，以不同指标为标识得到的酵母铁相对生物学效价不同。以血红蛋白、血清铁、血清总铁结合力和铜蓝蛋白为标识，以硫酸亚铁为100%，酵母铁的平均相对生物学效价为113.56%。

8.1.3.2 富硒酵母菌研发

韩飞(2008)研究了酵母菌发酵制备富硒酵母的最优条件，并评定了酵母硒的生物学效价。试验从两株酵母中选出产朊假丝酵母作为富硒的菌种。通过单因子试验，分别考察了不同培养基、pH、接种量、加硒时间和加硒量对酵母硒产量的影响，并最终确定了摇瓶发酵的最优条件。培养基组成为：酵母粉1%，蛋白胨1%，蔗糖5%，初始pH 5.1，接种量2%，在(28±2)℃，150 r/min条件下发酵24 h后按15 mg/L的浓度加硒，培养60 h后收获菌体。在此优化条件下所得到的富硒酵母生物量为9.7 g/L，单位硒含量超过1 300 mg/kg，其中有机硒含量为90.9%。将研制的酵母硒进行生物学效价评定，结果表明，在基础饲粮中添加硒，对大鼠生产性能无显著影响($p>0.05$)。与亚硒酸钠相比，酵母硒有提高ADFI和ADG、降低F/G的趋势($p>0.05$)；酵母硒相对于亚硒酸钠，显著提高大鼠血清SOD活性($p<0.05$)。与对照组相比，硒的添加有降低血清MDA含量的趋势($p>0.05$)，极显著提高血清GPX活性($p<0.01$)，酵母硒与亚硒酸钠间没有差异。以酵母硒、商品酵母硒和亚硒酸钠形式添加0.20 mg/kg硒时，GPX活性分别提高了22.15%($p<0.01$)、23.69%($p<0.01$)和20.07%($p<0.01$)。不同硒源和硒水平对血清生化指标没有交互作用($p>0.05$)；不同硒源和硒水平都极显著影响血清硒含量，且交互作用明显($p<0.01$)。随着饲粮中硒含量的增加，大鼠肾脏及肝脏硒含量极显著或显著提高，肌肉硒含量也有提高的趋势。不同硒源和硒水平对组织硒含量无交互作用($p>0.05$)；采用斜率比法，以GPX活性和血清、肾脏、肝脏硒含量为判定指标，亚硒酸钠为参比标准物，酵母硒生物学效价分别为132.1%、205.7%、140.0%和107.2%。以上结果显示，以产朊假丝酵母为富集菌种，在最优发酵条件下，可获得有机硒含量为90.9%，单位硒含量超过1 300 mg/kg的富硒酵母。研制出的酵母硒能提高Wistar大鼠的抗氧化能力。与亚硒酸钠相比，研制的酵母硒具有更高的生物学效价。

8.1.3.3 富铜酵母菌研发

罗文丽(2008)比较了两种酵母菌的生长特性，研究了酵母铜生产的工艺参数，并考察了试验制得的酵母铜产品在大鼠上的应用效果。结果表明，假丝酵母菌能适应更宽的偏酸性的pH范围，且当起始培养基铜浓度为50 mg/L时，对铜的适应能力比啤酒酵母更强。假丝酵母是适宜研制耐铜酵母菌的菌株。再根据微生物对环境变化的适应性，驯化菌株的耐铜能力，筛选培养基的最佳起始铜水平，生产耐铜酵母菌。采用逐渐提高培养基含铜量的方式，将培养基的起始铜浓度从 50 mg/L 逐级提高到 100、150、200、250、300、350、400 mg/L，以驯化得到耐铜酵母菌，并测定此耐铜酵母菌在不同铜浓度下的生长量和富铜的效果。利用驯化后的酵母菌，在起始 pH 为 5.5，铜浓度为 300 mg/L 的条件下，150 r/min、30℃振荡培养 60 h，酵母菌的生长量为 6.73 g/L，菌体铜的含量可达 16.65 mg/g 风干菌体。根据此参数在实际生产条件下制备的酵母铜产品的产量为 15.05 g/L，菌体铜含量为 16.47 mg/g 风干菌体。再将制备的酵母铜与硫酸铜同时饲喂大鼠，比较其饲喂效果。饲喂效果表明，胫骨、肝的铜含量经耗竭后分别下降了 51.2%、17.6%；血清铜蓝蛋白含量从耗竭前的 80.98 U/L 降低到 6.07 U/L，建立了大鼠临界缺铜模型；饲喂酵母铜组与硫酸铜组相比，ADG 和 ADFI 分别提高了 2.5%、3.5%，但不同铜源、不同铜水平以及不同铜源×铜水平交互作用对大鼠的 ADG、ADFI 影响不显著($p>0.05$)；饲粮中铜添加水平对血清铜蓝蛋白和肝铜含量存在极显著影响，且酵母铜的效果极显著优于无机铜源，酵母铜×铜水平对肝铜含量和血清铜蓝蛋白的影响存在极显著交互作用，酵母铜添加 60、100 mg/L 的组合分别对肝铜含量和血清铜蓝蛋白的影响效果最优。由此可见，不同铜源和铜水平对大鼠生产性能没有显著影响，但对血液生化指标和组织铜含量的影响效果，酵母铜优于无机铜添加组。

8.1.3.4 高效木聚糖酶的研发

何军(2009)为获得耐热性能好，品质优良的木聚糖酶基因工程菌株，历经三年，以里氏木霉木聚糖酶Ⅱ(Xyn2)的 cDNA 为目的基因，分别构建了大肠杆菌(*E. coli*)和毕赤酵母(*Pichia pastoris*)表达载体，在成功实现异源表达的基础上，为改善重组酶热稳定性，将海栖热袍菌(*Thermotoga maritima*)木聚糖酶 A(XynA)的耐热结构域 A2 融合至 Xyn2 基因 N 末端，实现了杂合基因在毕赤酵母中的分泌表达。再利用 15 L 自动发酵系统对毕赤酵母基因工程菌 PX-1 进行小规模诱导培养，重组酶 PTX2 产量提高了近 1 倍，最高达到了 560 U/mL，且纯度较高；在饲粮中添加液体重组酶 PTX2(500 U/kg)，仔猪平均日增重提高了 16.9%；饲粮粗蛋白、灰分、钙和粗纤维的表观消化率分别提高了 1.7%、3.4%、2.5%和 2.6%。结果表明，重组酶 PTX2 能够部分消除饲粮中木聚糖的抗营养作用，改善动物生产性能。

8.1.3.5 一种能提高疫苗效价的饲料添加剂

本产品已获国家发明专利。本发明通过营养手段提高疫苗抗体效价，主要的营养添加成分选用了利于缓解免疫应激和抗体生成的功能性氨基酸、维生素、电解质平衡剂等必需营养成分，能缓解免疫应激，提高抗体的合成速率，延长维持时间。通过在接种疫苗前后 5～7 d 饮水添加本产品，使疫苗抗体效价大幅度提高，疫苗的保护效果增强，可降低猪烈性传染性疾病的暴发几率和养猪场的风险，提高养殖场的经济效益。

8.1.3.6 一种体内缓解霉菌毒素危害的饲料添加剂

本产品已获国家发明专利。本发明通过营养手段体内缓解霉菌毒素对动物生产性能和机体健康的不利影响，主要的营养添加成分选用了利于抵抗霉菌毒素对猪肠道和肝脏的损伤、缓解霉菌毒素造成的应激和采食量下降等必需营养成分，能保障猪采食量、肠道形态结构和肝功能正常，提高机体抗氧化和免疫功能。通过在仔猪和母猪日粮中添加本产品，可使仔猪生产性能和机体健康明显高于未添加组，使妊娠母猪的流产率、死胎率明显降低，产仔数增加，从而提高生产效益。

8.2 营养源及营养水平的优化

营养源和营养水平优化是设计抗病饲料的一个重要环节。只有选择出适合不同生理阶段、生理状态下动物适宜的营养源和适宜的营养水平，才能确保动物健康、安全、高效生产。

8.2.1 营养源的优化

营养素的来源是多种多样的。例如，蛋白质可来源于植物性饲料和动物性饲料；氨基酸可以来源于天然蛋白质或者是人工合成氨基酸单体或氨基酸盐；能量可以通过碳水化合物、脂肪或蛋白质提供；碳水化合物可以是淀粉，也可是非淀粉多糖类；脂肪分为植物源、动物源和微生物源；矿物质也可分为有机源和无机源；等等。营养源的多样性导致其功能的多样性，因此，在设计饲料配方时，营养源的选择与优化就显得至关重要了。

8.2.1.1 蛋白源的优化

断奶仔猪日粮中蛋白源使用不当是导致其腹泻和抵抗力下降的一个重要原因，因此，断奶仔猪日粮中蛋白源的选择至关重要。

詹黎明(2010)研究了血浆蛋白粉、大豆浓缩蛋白、乳清浓缩蛋白和鸡蛋粉对接种猪瘟弱毒苗仔猪生产性能和猪瘟弱毒苗免疫保护效应的影响。试验选用日龄[(22±1)d]、体重[(7.00±0.19)kg]相近的杜×长×大三元杂交断奶仔猪，仔猪断奶前 2 d 接种猪瘟弱毒苗，断奶后分别饲喂能量、蛋白和氨基酸平衡的不同蛋白源饲粮。结果发现：①断奶后 10 d，血浆蛋白粉组仔猪日增重分别比大豆浓缩蛋白、乳清浓缩蛋白和鸡蛋粉组提高了 6.44%($p<0.05$)、5.47%和 5.71%，料肉比分别比大豆浓缩蛋白、鸡蛋粉组降低了 16.67%($p<0.01$)、14.11%($p<0.05$)，小肠绒毛高度显著高于大豆浓缩蛋白组($p<0.05$)，血浆蛋白粉组第 5、10 天皮质醇浓度显著低于大豆浓缩蛋白组($p<0.05$)。②保育期，与其他三组比较，大豆浓缩蛋白组日增重和料肉比有增加趋势，腹泻有降低趋势。③试验第 10 天，血浆蛋白粉组 TLR3 mRNA 表达量有提高趋势，血浆蛋白粉组脾脏中 TLR9 mRNA 比乳清浓缩蛋白组提高了 61.11%($p=0.084$)。④试验第 5 天，血浆蛋白粉组猪瘟抗体效价显著高于大豆浓缩蛋白组($p<0.05$)，试验第 10、32 天，各组差异不显著($p>0.05$)，但第 10 天血浆蛋白粉、乳清浓缩蛋白、鸡蛋粉组分别比大豆浓缩蛋白组高出 13.33%($p=0.097$)、6.23%、3.33%；试验第 32 天，血浆蛋白粉组猪瘟保护率 100%。从以上结果可以看出，不同蛋白源对猪的生长及其健康的影响途径和机理均不一样，尤其对哺乳仔猪和断奶仔猪而言，日粮蛋白源的选择尤为重要，在断奶前期 10 d 左右血浆蛋白粉的促生长和抗病力较其他蛋白源优，但随着断奶日龄的增长，血浆蛋白粉的优势就不明显，而大豆浓缩蛋白则为一种较优的蛋白源。

为揭示不同蛋白源的作用效果差异的机理，罗均秋(2011)以大豆分离蛋白和玉米醇溶蛋白为蛋白源，以酪蛋白为参比蛋白，探讨不同蛋白源的营养代谢特点和规律，并在蛋白日粮中补充合成氨基酸，以生长大鼠为试验对象，采用一次性大剂量注入 L-[U-^{14}C]Leu 法，研究酪蛋白(CAS)、大豆分离蛋白(SPI)和玉米醇溶蛋白(ZEIN)对大鼠蛋白质代谢的影响及作用机制,结果揭示出蛋白品质的差异可能主要由饲料蛋白质氨基酸组成模式不同所体现。在此基础上,以断奶仔猪为试验对象,按酪蛋白氨基酸模式为基础,在大豆分离蛋白和玉米醇溶蛋白日粮及玉米-豆粕型常规日粮中补充合成氨基酸,揭示出日粮蛋白质氨基酸组成模式是导致蛋白品质差异的部分而不是全部原因。蛋白源和日粮氨基酸模式不同引起机体内分泌机能和氨基酸营养状态产生差异,进一步通过细胞蛋白质合成代谢 mTOR 途径和泛素-蛋白酶蛋白降解途径(UPP),实现不同蛋白源对蛋白质代谢过程进行调控。由此可见,饲粮蛋白来源十分重要,在配制饲粮时要高度重视。

8.2.1.2 脂肪源的优化

饲粮能量水平是发挥生猪生长潜能的重要因素,脂肪作为能量的主要供体,其来源与添加水平日益受到重视,也是抗病营养领域中的一个研究热点。

邹芳(2009)研究了玉米油、牛脂、棕榈油、椰子油对大鼠生产性能及肠道微生态的影响。结果表明,试验大鼠 0～14 d ADG、14～28 d ADG、0～28 d ADG 依次为普通日粮组＞纯合日粮＋玉米油组＞纯合日粮＋棕榈油组＞纯合日粮＋椰子油组＞纯合日粮＋牛脂组＞纯合日粮组。玉米油组大鼠肠道内容物中 $C_{18:1}$、$C_{18:2}$ 水平较高,牛脂组肠道内容物中 $C_{16:0}$、$C_{18:0}$ 较多,棕榈油组 $C_{16:0}$、$C_{18:1}$ 含量较为丰富,椰子油组 $C_{16:0}$、$C_{12:0}$ 及 $C_{14:0}$ 的水平较高。肠道内容物中各脂肪酸的含量与肠道微生物菌群及其多样性密切相关。如试验发现,玉米油组肠道内容物中大肠杆菌数量低于牛脂及棕榈油组,而乳酸杆菌及双歧杆菌数量高于牛脂及棕榈油组,这可能与肠道内不饱和脂肪酸刺激黏膜生长、改善肠道健康有关。玉米油及椰子油具有降低肠道微生物数量及多样性的趋势。Sagher 等(1991)的研究结果显示玉米油及橄榄油提高空肠和回肠绒毛高度与隐窝深度的比值,增加了近端肠道组织中生长抑素和 P 物质的含量,表明饲喂多不饱和脂肪酸饲粮可维持肠道组织形态结构完整和功能正常,改善营养物质在肠道的吸收。以上研究提示,全价日粮的效果优于纯合日粮;不饱和脂肪酸含量高的植物油脂对动物健康的促进作用优于饱和脂肪酸含量高的动物油脂。所以在抗病饲料配方设计和配制时应选择不饱和脂肪酸含量高的植物油脂或动植物混合油脂。

在此基础上,刘忠臣(2011)进一步研究脂肪来源(10％椰子油、10％鱼油、10％猪油)对断奶仔猪生长及抗病力的影响。试验结果表明,不同来源脂肪具有不同的营养生理效应,椰子油的促生长效果优于鱼油和猪油,但鱼油降低仔猪血脂、血糖、血清皮质醇及细胞因子水平。利用 *E. coli* 攻毒进一步研究脂肪来源(椰子油、鱼油、猪油)对仔猪生产性能、糖脂代谢、脂肪酶活性、肠道发育、肠道菌群的影响以及对 *E. coli* 攻毒仔猪的保护效果,结果发现,椰子油和鱼油增加仔猪 ADG、血清 IgG,降低 F/G、IL-1β;鱼油降低血清甘油三酯、总胆固醇及胰岛素水平;椰子油增加空肠绒毛高度、绒毛高度/隐窝深度及黏膜厚度;猪油增加盲肠内容物饱和脂肪酸(SFA)和单不饱和脂肪酸(MUFA)含量,鱼油增加盲肠内容物 PUFA 含量;椰子油降低盲肠内容物中大肠杆菌数量,增加乳酸杆菌、双歧杆菌数量及乳酸杆菌/大肠杆菌、双歧杆菌/大肠杆菌的比值,鱼油次之,猪油组最差。脂肪来源特别是椰子油和鱼油可通过调控仔猪生长、代谢、肠道发育及菌群平衡等途径降低 *E. coli* 攻毒对仔猪的影响程度,说明椰子油和鱼油可提高仔猪的抗病力,从理论上揭示了椰子油或鱼油改善仔猪生产性能的机理,但在生产实践中其添加量需要进一步优化。

8.2.1.3 淀粉源的优化

饲粮淀粉来源对仔猪生产性能与消化性能的影响日益受到重视。相振田等(2011)用3周龄仔猪比较研究了木薯、玉米、小麦、豌豆四种不同来源淀粉对仔猪生产性能及养分消化率的影响。结果表明,不同来源的淀粉对仔猪生产性能的影响差异不显著,但淀粉在前肠和后肠的消化率存在明显差异。宾石玉(2005)等以玉米、早籼稻糙米、糯米和抗性淀粉作为淀粉来源,配合4个等能、等氮、等淀粉试验日粮,研究不同来源淀粉对断奶仔猪日粮养分消化率的影响。结果表明,糯米日粮的能量和干物质消化率最高,抗性淀粉显著降低日粮干物质、能量和粗蛋白质表观消化率($p<0.05$)。日粮淀粉来源不同,其在小肠不同部位的消化率和体外降解程度不同。糯米淀粉的消化率和体外降解率均显著或极显著高于其他淀粉,其中空肠前段和回肠末端消化率为分别为81.90%和99.81%。不同来源淀粉因在肠道的消化部位和消化率不同而影响小肠的发育以及肠道微生物的生长繁殖。豌豆淀粉显著影响后肠段(盲肠和结肠)食糜的总细菌数,增加肠道双歧杆菌、乳酸杆菌、芽孢杆菌的数量及其占总细菌数的比值,降低食糜大肠杆菌的数量;木薯淀粉的作用则与豌豆淀粉相反,玉米淀粉和小麦淀粉对仔猪肠道微生物数量的影响较小。这种差异的原因与淀粉所含的直链淀粉与支链淀粉的数量及其消化部位不同有关,豌豆淀粉中直链淀粉比例最高,前肠消化率低,木薯淀粉中直链淀粉比例最低,前肠消化率高;而玉米淀粉和小麦淀粉的直链淀粉含量和直链淀粉/支链淀粉的比例居中。

8.2.1.4 纤维源的优化

尹佳(2012)在10~100 kg生长育肥猪饲粮中添加10%(10~20 kg)、20%(20~50 kg)、30%(50~100 kg)的玉米纤维、大豆纤维、小麦麸纤维或豌豆纤维的研究表明,纤维来源不同对猪生产性能、胴体组成和肉品质的影响也不同。其中,大豆纤维可降低猪的生产性能,豌豆纤维可以改善猪肉品质,而玉米纤维和小麦纤维对改善猪的生产性能、胴体组成和肉品质无明显作用。

8.2.1.5 微量元素的优化

1. 锌

生产上,在断奶仔猪日粮中添加高剂量(2 000 mg/kg以上)的氧化锌是预防断奶腹泻的一种重要手段,但如此高剂量的氧化锌对仔猪本身的健康会不会造成不良影响呢?刘军(2011)研究了不同蛋白质水平日粮添加3 000 mg/kg氧化锌对早期断奶仔猪血清和免疫器官细胞因子以及微量元素存留的影响。结果发现,相同蛋白质条件下,添加高锌分别使高(23% CP)、低(17%CP)蛋白质组脾脏指数降低了9.8% ($p<0.05$)和18.4%($p<0.05$)。高锌可显著降低胸腺中Cu的含量($p<0.05$),极显著提高肝脏Zn的含量($p<0.0001$),极显著降低肝脏Fe的含量($p<0.0001$)。试验前期(0~14 d),高锌同样显著降低了血清IL-1β和IL-6的浓度 ($p<0.05$),显著提高了血清IL-2($p<0.05$)和极显著提高血清IFN-γ($p<0.01$)的水平,极显著增加了胸腺和脾脏中IL-2的水平($p=0.0013$ 和 $p=0.0083$),极显著提高了脾脏中IFN-γ水平($p<0.0001$),但却降低了胸腺中IFN-γ水平($p<0.0001$)。研究结果提示,高锌日粮能显著提高仔猪断奶后3周的生产性能,减少腹泻,与降低血液和免疫器官前炎症细胞因子水平有关,抑制了仔猪的免疫反应,这可能也是长期给仔猪饲喂高锌日粮会抑制其生长的重

要原因。此外,结果还提示,在高蛋白饲粮中高锌的效果更明显。因此,在生产上使用高锌时需要注意两点,一是高锌的使用时间,二是饲粮的蛋白水平。

由于高剂量氧化锌的应用对环境破坏较为严重,开发出能替代氧化锌的其他锌制剂也是以后的发展趋势。本团队艾大伟(2010)以原代培养小鼠肠上皮细胞为实验模型,研究了纳米氧化锌对小鼠肠上皮细胞能量蛋白代谢的影响以及对氧化损伤的保护作用。结果表明,0.5～6 μg/mL 的纳米氧化锌能促进肠上皮细胞的能量和蛋白代谢,对细胞的氧化应激具有保护作用,其作用效果存在显著的剂量效应,且相同浓度下,纳米氧化锌的粒径越小,生物活性越高。由此可见,粒径小的纳米氧化锌的生物学功能及其在断奶仔猪上的应用值得进一步研究。

2. 硒

黎文彬(2009)研究了酵母硒(SeY)与无机硒(亚硒酸钠,SSe)对脂多糖(LPS)诱导的免疫应激仔猪生长性能、免疫和抗氧化功能的影响。所有饲粮硒添加量都为 0.3 mg/kg。结果表明:与 SSe 相比较,日粮添加 SeY 可以缓解因注射 LPS 导致的日增重的降低,改善饲料转化效率;SeY 较 SSe 更有效地降低了免疫应激仔猪血清 IL-1β 和 IL-6 的浓度,提高了 IGF-Ⅰ、IgG、IgM 的分泌,缓解了仔猪因注射 LPS 而引起的生长抑制,提高了仔猪的抗病力,其机理可能与 SeY 提高免疫应激仔猪的抗氧化功能相关。可见,有机硒的抗病效果较无机硒强,在断奶仔猪日粮配制时可考虑使用。

8.2.2 营养水平的优化

饲粮营养水平优化除了保证动物健康高效生长外,也是节约饲料成本的一个重要手段,是抗病饲料设计必须考虑的一个重要因素。

8.2.2.1 能量与蛋白水平的优化

李勇(2008)将营养水平(DE 3.2 Mcal/kg,CP 13.1%)的饲粮,设成三个采食量水平(2.73、1.64、0.82 kg/d),考察其对感染 PRRSV 初产母猪免疫功能及胚胎存活率的影响。结果表明,营养水平显著影响妊娠早期初产母猪免疫功能。妊娠 12、25 和 35 d,高、中营养水平母猪血清免疫球蛋白含量显著高于低营养水平组。中营养水平组母猪子宫和胚胎 IFN-α、IFN-β、IFN-γ、Mx1、TLR4、IL-10 基因表达显著高于低营养水平组。妊娠 12 d,中营养水平组胚胎存活率显著高于高营养水平组。妊娠 25、35 d,中营养水平组胚胎存活率显著高于高、低营养水平组。

曾真(2010)给健康断奶荣昌烤乳猪品系仔猪,分别饲喂消化能含量 3.2、3.4、3.6 及 3.8 Mcal/kg 的日粮。结果发现,随着日粮消化能水平的提高,仔猪料肉比呈线性降低($p<0.05$),而平均日增重与日粮消化能水平之间呈显著二次曲线关系($p<0.05$)。

8.2.2.2 氨基酸平衡模式的优化

动物在应激或疾病条件下营养需求参数与健康状况下是不一致的,因此,有必要展开研究,为抗病饲料的设计提供参考。本团队沈杰(2009)以接种猪繁殖与呼吸综合征(PRRS)疫苗的生长猪为对象,探讨饲粮补充苏氨酸和色氨酸(饲粮赖氨酸∶苏氨酸∶色氨酸=100∶80∶26,总赖氨酸水平为 1.0%,粗蛋白水平为 17%)对接种 PRRS 疫苗生长猪生产性能、体液免疫参数的影响。结果表明,饲粮添加苏氨酸和色氨酸可以缓解因接种 PRRS 疫苗而导致的采食量、饲料转化率和生长速度下降，可能是通过促进 PRRS 特异性抗体、α1-酸性糖蛋白（α1-AGP）、IgG 合成和 IGF-Ⅰ分泌，或降低血浆游离氨基酸和血浆尿素氮的浓度，提高免疫后期甘油三酯和胆固醇水平来实现的；添加苏氨酸、色氨酸可提高接种 PRRS 疫苗阳性猪群的免疫反应，可避免病毒的再次感染；提高饲粮苏氨酸、色氨酸的含量可通过免疫识别激活体液免疫和细胞免疫反应，减缓病毒或疫苗诱导的组织损伤，增强机体的免疫保护作用，有利于抑制 PRRSV 的再次感染并清除体内病毒。郑春田等（2000）报道，提高日粮苏氨酸水平有助于迅速提高生长猪血清球蛋白和 IgG 含量。接种过大肠杆菌的生长猪，随着饲粮苏氨酸添加量提高，抗体产物、血清 IgG 水平、空肠黏膜上 IgG 和 IgA 的含量也同时增加，空肠黏膜上 IL-6 的浓度下降。在含玉米蛋白 20%的饲粮中添加 0.22%的 *L*-色氨酸可以提高小鼠抵抗细菌和寄生虫感染的能力。以上结果提示，氨基酸平衡具有缓解仔猪应激，提高其机体抵抗力的趋势。

杜敏清（2010）研究了在理想氨基酸模式下，不同氨基酸水平（总赖氨酸水平为 0.9%、1.0%、1.1%和 1.2%，所有饲粮可消化赖氨酸∶缬氨酸∶苏氨酸∶含硫氨基酸∶色氨酸的比例为 100∶85∶66∶60∶19）对泌乳母猪生产性能、血液指标及乳汁中氨基酸浓度的影响。结果表明，赖氨酸 1.0%组仔猪断奶窝增重分别比 0.9%组和 1.2%组提高了 4.48%和 4.34%（$p<0.01$），仔猪日增重分别比 0.9%组和 1.2%组提高了 5.45%和 4.74%（$p<0.01$）；赖氨酸 1.0%组背膘厚损失比 1.2%组多 0.57 mm（$p<0.05$）；赖氨酸 1.0%组血浆尿素氮和肌酸酐浓度显著低于其他处理组（$p<0.05$）；血浆赖氨酸、苏氨酸、缬氨酸等浓度随饲粮氨基酸水平增加而增加（$p<0.01$）；乳中赖氨酸浓度随饲粮氨基酸水平增加而增加（$p<0.01$），而乳中缬氨酸、异亮氨酸、亮氨酸等中性氨基酸浓度随饲粮氨基酸水平增加而减少（$p<0.01$）。以上结果显示，在赖氨酸水平不适宜的情况下，即使平衡了氨基酸模式，泌乳母猪的生产性能也不会达到应有的水平，可见氨基酸的添加水平与氨基酸平衡模式也一样重要。

8.2.2.3 纤维水平的优化

近年来母猪妊娠期日粮纤维的应用成为研究热点，研究表明日粮添加纤维可改善母猪繁殖性能及健康，并对后代仔猪健康存在一定的影响。母猪饲喂高纤维日粮可提高卵母细胞质量并增加早期胚胎存活率。林燕（2011）以小麦麸和脱脂米糠作为纤维来源，设计高（粗纤维 5.14%，中性洗涤纤维 20.8%，酸性洗涤纤维 7.6%）、中（粗纤维 4.07%，中性洗涤纤维 15.8%，酸性洗涤纤维 6.1%）、低（粗纤维 3.00%，中性洗涤纤维 10.8%，酸性洗涤纤维 4.6%）三个纤维水平组，采用等能摄入模型，从配种后开始直到妊娠 90 d，妊娠 91 d 至分娩采用同一妊娠日粮。结果提示，等能摄入模型下，以小麦麸和脱脂米糠为纤维来源时，二胎母猪妊娠期（0～90 d）摄入 15.8% NDF 纤维水平可改善母猪繁殖性能；纤维水平可通过影响新生仔猪器官发育、肝脏养分代谢相关基因以及抗氧化相关基因表达进而影响新生仔猪发育和生长，中纤维对新生仔猪发育和生长促进作用较强。因此，在设计母猪，尤其是妊娠母猪配合饲料配方时，配方中的纤维来源、纤维水平、可溶性纤维的含量应该全面考虑。

8.2.2.4 单体维生素添加水平的优化

近年来的研究发现，日粮维生素的含量，尤其某些单体维生素，与动物机体抗病力关系十分密切。本团队就维生素 D、生物素、叶酸等进行了研究，寻找其适宜的添加量。

1. 维生素D

目前，饲料生产中维生素D的实际添加量远远高于饲养标准推荐量，通常达到了推荐量的10～20倍。这种高剂量的添加原本是为了弥补加工和贮存的损失，而实际上可能无意中发挥了维生素D的免疫调节作用，因为我们的研究表明，高剂量的维生素D可以缓解免疫应激导致的危害。

在抗病饲料配方中添加高剂量维生素D应特别注意不同活性形式维生素D_3的用量，详见第7章。例如，廖波(2009)研究了饲粮添加25-OH-D_3对轮状病毒攻毒和LPS免疫应激下断奶仔猪生产性能、肠道免疫和免疫应答的影响，结果表明，饲粮添加2 200 IU/kg的25-OH-D_3可提高正常条件下仔猪断奶后2～3周内生产性能，降低接种轮状病毒仔猪的腹泻率、腹泻指数和腹泻病程，880～2 200 IU/kg的25-OH-D_3可明显提高遭受强应激仔猪的生产性能。以上结果显示，维生素D的抗病需要量应高于目前营养标准制定的范围。

2. 生物素

不同免疫状态下的猪对饲粮生物素需要量不同。NRC(1998)建议仔猪和生长猪的生物素需要量为0.05～0.08 mg/kg饲粮，母猪的生物素需要量为0.2 mg/kg饲粮。这个推荐量是在最适宜环境条件下，正常、健康生长或达到理想生产成绩对各种营养物质种类和数量的最低需求。动物对生物素的需要也随动物种类、品种、生长环境、健康状况及生长阶段等不同而异。在繁殖母猪发育的早期阶段补充生物素，对于维持蹄角的完整性具有十分重要的作用。丹麦的调查发现，补充生物素组母猪蹄角损害比例为8.5%，而对照组为25%。

陈宏(2008)探讨了生物素对圆环病毒(PCV-2)攻击下断奶仔猪生产性能和免疫功能的影响，结果发现，在无PCV-2攻击下，断奶仔猪玉米-豆粕型饲粮中添加0.20 mg/kg生物素即可维持一般免疫和生长并具有提高饲料转化率的趋势，但在PCV-2攻击下，仔猪免疫抑制，仔猪对生物素需求增加，此时在玉米-豆粕型饲粮中添加0.30 mg/kg生物素可提高35日龄断奶仔猪血液E总花环形成率、T淋巴细胞转化率、IgG和IFN-γ的水平，有利于促进IL-2和IFN-γ基因在脾脏和腹股沟淋巴结的翻译和合成，增强仔猪免疫调节作用的发挥。

3. 叶酸

叶酸是动物机体必需的一种水溶性维生素，在核酸合成、多种氨基酸代谢及生物甲基化中起着重要作用。养猪生产上考虑饲料叶酸的实际可利用程度，在仔猪饲料中普遍添加1～6 mg/kg叶酸，远远高于NRC(1998)所推荐的仔猪叶酸需要量。高庆(2011)在建立仔猪免疫抑制(注射PCV-2)和免疫激活(注射LPS)模型的基础上，考察了饲粮添加叶酸对断奶仔猪生产性能和免疫功能的影响，结果表明，仔猪断奶期间饲粮叶酸临界缺乏可导致机体免疫细胞增殖分化不足，抗病能力及生产性能下降。在仔猪未感染圆环病毒(PCV)时，饲粮添加15 mg/kg叶酸明显改善了仔猪的免疫机能。当仔猪感染PCV或受PCV攻击时，饲粮添加15 mg/kg叶酸反而降低骨髓细胞和外周血淋巴细胞凋亡，有利于PCV病毒在体内的传播和复制，不利于仔猪耐受PCV后免疫系统的修复。此外，研究还表明，添加15 mg/kg叶酸可促进LPS诱导免疫应激仔猪CD3+细胞增殖，可调节TH1/TH2平衡和增进体液免疫。随着断奶仔猪的生长、日龄、体重和采食量增加，或免疫应激恢复期延长，仔猪对叶酸的需求量下降。以上结果提示，在病毒感染的情况下，高剂量的叶酸不利于动物健康。

8.3 抗病营养需求参数及抗病饲料设计理念

8.3.1 抗病营养需求参数

本团队多年来就部分与免疫和疾病相关性密切的营养素进行了深入、系统的研究，结果发现，猪在不同应激条件，如霉菌毒素摄入、氧化应激、免疫应激和疾病感染条件下，体内营养物质的代谢规律发生了改变，营养需求量也发生了改变。现将本团队研发的抗病营养需求参数归纳总结为表 8.3 和表 8.4，在设计抗病饲料配方时可参考。

表 8.3 本团队研发的动物抗病营养需求参数

营养素	应用对象	需求参数	应用条件	应用效果
生物素	断奶仔猪	0.20 mg/kg	无圆环病毒(PVC-2)攻击	维持正常免疫和生长并提高饲料转化率
		0.30 mg/kg	PCV-2 攻击或免疫抑制	进一步增强免疫力
叶酸	断奶仔猪	0.15 mg/kg	无 PCV-2 攻击	改善免疫机能，提高生产性能
		0.30 mg/kg	PCV-2 攻击或免疫抑制	促进免疫调节作用的发挥
25-OH-D_3	断奶仔猪	50 μg/kg	轮状病毒攻击	提高肠道黏膜免疫功能，降低腹泻率
锌	断奶仔猪	30 mg/kg	正常条件	获得最佳生产性能
		100～120 mg/kg	免疫应激	获得最佳生产性能
氧化锌	断奶仔猪	3 000 mg/kg	高蛋白(23%)日粮	改善肠道菌群结构，降低腹泻率
硒	断奶仔猪	0.2 mg/kg	正常条件	获得最佳生产性能和免疫力
		0.30 mg/kg	酵母硒、额外添加	提高体液中综合抗体的水平，降低仔猪腹泻率，提高硒的利用率和仔猪增重速度
		0.40 mg/kg	氧化应激	提高氧化应激猪细胞免疫和体液免疫能力
	母猪	0.50 mg/kg	酵母硒，经产母猪的妊娠后期和哺乳期	提高母乳和仔猪机体中硒的水平，提高断奶窝重和断奶均重
蛋白质	断奶仔猪	17%	高免疫应激	有效缓解免疫应激
		20%	正常条件	获得最佳生产性能
		23%	免疫应激后的恢复期	促进应激后的补偿生长

续表 8.3

营养素	应用对象	需求参数	应用条件	应用效果
DLys：DMet：DTrp：DThr	断奶仔猪	100：30：21：61	高免疫应激	获得最佳氮沉积
		100：27：29：59	正常条件	获得最佳氮沉积
Trp	断奶仔猪	0.3%	氧化应激	提高仔猪抗氧化应激的能力
Arg	断奶仔猪	2.79%	氧化应激	提高氧化应激断奶仔猪的平均日采食量（ADFI）和平均日增重（ADG）
Arg/Lys		1.76		
Arg	断奶仔猪	0.5%、1.0%	疫苗注射	显著缓解因疫苗注射引起的断奶仔猪肠道 TLR4 和 TLR5 基因的过度表达、血清 IL-6 含量的升高，缓解免疫应激对仔猪的损伤
茶多酚	断奶仔猪	500 mg/kg、1 000 mg/kg	氧化应激	可改善氧化应激仔猪生产性能，提高机体的抗氧化功能
丁酸钠	断奶仔猪	0.3%	轮状病毒攻击	显著提高仔猪 ADG 和 ADFI，降低轮状病毒攻击组仔猪的腹泻率
Arg	妊娠 30～90 d	1%	感染 PRRSV 的母猪	提高产仔数和窝产仔重，具有降低弱仔率、死胎率的趋势
N-氨甲酰谷氨酸	妊娠 30 d 至分娩	0.1%		
Lys：Thr：Trp	生长猪	100：64：18	正常条件	维持正常免疫和生长
		100：80：26	接种猪繁殖与呼吸综合征(PRRS)疫苗	有效缓解免疫应激引起的采食量下降，提高日增重，降低料重比
酵母硒＋维生素 E	大鼠	0.4 mg/kg＋100 mg/kg	霉变饲粮	有效缓解大鼠因摄入霉菌毒素造成的机体氧化应激和肝功能损伤
维生素 A	妊娠雌鼠（小鼠）	10 000 IU/kg	正常条件	妊娠 9 d 活胚数和分娩活仔数在正常情况下维生素 A 为 10 000 IU/kg 时达最大，而在攻毒情况下维生素 A 为 25 000 IU/kg 时达到最高
		25 000 IU/kg	伪狂犬病病毒攻击	
维生素 E	妊娠雌鼠（小鼠）	1 500 mg/kg	伪狂犬病病毒攻击	随着日粮维生素 E 水平的增加，攻毒雌鼠的死亡率和流产率逐渐降低；维生素 E 1 500 mg/kg 组的死亡率和流产率均最低

续表 8.3

营养素	应用对象	需求参数	应用条件	应用效果
色氨酸	妊娠雌鼠(小鼠)	0.35%	正常	增加色氨酸水平可以降低攻毒后孕鼠死亡率和流产率,色氨酸0.5%组孕鼠的死亡率和流产率最低;正常组的活胚数以色氨酸为0.35%时最高
		0.5%	伪狂犬病病毒攻击	
苏氨酸	雄鼠(小鼠)	1.1%	正常条件	可提高病毒攻击雄鼠的精子质量
		1.3%	伪狂犬病病毒攻击	

表 8.4 母猪抗病营养需求参数

项目		后备期		妊娠期		泌乳期	
		20～60 kg	60 kg 至初配	0～90 d	90 d 至分娩	夏季	冬季
常规养分	DE/(MJ/kg)	14.23	13.38	12.97	13.81	14.43	14.22
	粗蛋白/%	18	16.5	13.5	15.5	18.5	16.5
	粗纤维/%	2.5	3.5	4.5	3	3	3
	Ca/%	0.9	1	1	1	1	1
	P/%	0.7	0.8	0.8	0.8	0.8	0.8
	赖氨酸/%	0.9	0.8	0.65	0.85	1.2	1.1
矿物质/(mg/kg)	铜	10	10	10	10	60	60
	铁	120	120	120	120	120	120
	锰	40	40	40	40	40	40
	锌	120	120	120	120	120	120
	碘	0.4	0.4	0.4	0.4	0.4	0.4
	硒	0.3	0.3	0.3	0.3	0.3	0.3
	铬	0.2	0.2	0.2	0.2	0.2	0.2
维生素	维生素 A(IU/kg)	10 000	10 000	10 000	10 000	10 000	10 000
	维生素 E(IU/kg)	75	75	75	75	75	75
	维生素 C(mg/kg)	200	200	200	200	200	200
	叶酸(mg/kg)	5	5	5	5	10	10
	生物素(mg/kg)	1	1	1	1	1	1

8.3.2 抗病饲料设计理念

抗病饲料的设计应采用“全局”的观点。“全局”有两层含义,一层含义是指猪的生长和健康受遗传因素、母体效应以及阶段效应的影响,因此各个阶段的配方应该是相互衔接、相互影响的;另一层含义是指配方本身的营养参数应该全面,能够全面促进猪的生长和健康或具有某方面的特殊功效。以下将以断奶仔猪过渡料举例说明。

断奶仔猪过渡料的重点在于防止仔猪断奶应激导致的腹泻与生长受阻,提高其采食量。其设计理念为:

1. 断奶仔猪营养需要量或饲粮营养水平的确定

确定原则是在满足断奶仔猪营养需要的基础上,重点考虑氨基酸平衡模式、缓解应激和降低腹泻的抗病营养添加剂。先参考抗病营养需求参数确定能量与蛋白水平,氨基酸平衡模式,功能性维生素、微量元素等的添加水平。如能量水平可设计在3.4～3.5 kcal/kg,蛋白水平在19%～20%,氨基酸平衡模式DLys∶DMet∶DTrp∶DThr比例可定为100∶30∶21∶61,其中DLys的水平为1.2%～1.3%,酵母硒添加水平为0.3 mg/kg,锌水平为100 mg/kg。此外,根据抗病营养最新研究结果自行设计复合维生素配方,在设计维生素配方时生物素、叶酸、25-OH-D_3、维生素A、维生素E等添加水平可参考表8.3。

2. 营养源的选择

选择原则是可消化性好、适口性强、抗原性物质含量少、肠道免疫反应低等。根据我们的研究成果,脂肪源推荐使用椰子油或鱼油;蛋白源推荐使用动物性蛋白源如血浆蛋白粉、鱼粉、乳源蛋白或发酵蛋白原料,减少植物蛋白源的使用,在选择蛋白源时尽可能考虑其氨基酸具有互补性,尽可能减少人工合成氨基酸的添加量;糖源推荐乳清粉或蔗糖与葡萄糖,降低淀粉的用量;微量元素尽可能使用有机微量元素,尤其是硒源推荐使用酵母硒。

3. 饲料加工与形态

饲料的加工方式可以进一步提高饲料的可消化性与适口性,如采用膨化饲料或部分膨化饲料,增加粉碎粒度等。断奶仔猪过渡料的形态可采用粉料与颗粒料两种,但各有优势。高档断奶仔猪过渡料一般采用粉料,防止高温制粒破坏某些功能性营养素。

4. 抗病添加剂的合理利用

如酶制剂、有机盐、维生素、氨基酸、多肽、活菌制剂、低聚糖、有机酸、免疫调节剂、抗菌肽、植物提取物等的合理应用。过渡料的重点在于预防腹泻,提高采食量,因此肠道保健显得尤为重要,有机酸、低聚糖、微生态制剂、酶制剂是首先需要考虑的添加剂。

5. 防止饲料霉变与酸败

断奶过渡料具有营养浓度高、营养源品质好,加工精细等优点,但如保存不当,也是非常容易酸败与霉变的。在配方设计时就应该考虑加工或贮存对产品质量的影响,采取必要的措施,如添加抗氧化剂,或具有抗氧化功能的单体维生素或防霉剂等。

总的来说,抗病饲料设计的理念为:根据猪的品种合理划分生理阶段,按不同生理阶段设计,确保各阶段饲料营养平衡,有充足的维生素与微量元素,合理使用抗病饲料添加剂,防止饲料霉变氧化等。

8.3.3 功能饲料设计思路

在养猪生产中,生猪会遭遇各种各样的应激,导致其长期处于亚临床或疾病状态下,导致动物生产性能下降,养殖效益降低。因此,结合我们抗病营养的研究成果及国际动物营养的最新进展,可集成一系列具有保健功能的饲料或饲料添加剂预混料,如免疫增强料、抗应激料、抗腹泻料、疫苗增效料、肠道保健料等。这些饲料的设计理念有许多相同之处，但又具有各自的特征。其设计思路主要体现在以下几个方面：

1. 共性问题

由于动物是一个有机的整体，某一方面的功能增强，势必会导致其他功能的改善，如动物免疫力增强后，其抗应激能力增强，腹泻率降低，肠道生理也会随之改善；反之，肠道保健好了，动物的抗病力与抗应激能力也随之增强，因此，这就有个共性的问题，就是如何改善动物整体健康水平，这是设计这些功能性饲料的基础。

2. 个性问题

在改善动物整体健康的基础上，如何更有效地解决个性问题，才是这些功能性饲料突出的优势和特色。以疫苗增效料为例，其核心是要增强抗体的合成。要增强抗体效价就必须了解抗体生成过程需要的底物、关键的活性物质等。如 Reeds 等(1994)发现感染疾病时，机体反应产生大量的急性期蛋白和免疫球蛋白的氨基酸组成不同于骨骼肌，主要是苏氨酸、色氨酸、缬氨酸、苯丙氨酸含量远远高于骨骼肌，而赖氨酸和蛋氨酸较低。因此，在设计疫苗增效料时，几种重要必需氨基酸的添加量应该增加。仲崇华(2006)给断奶仔猪添加 0.3 mg/kg 的酵母硒和亚硒酸钠，酵母硒组的 T 淋巴细胞转化率和 IgA 都极显著高于亚硒酸钠组，IgM 和 IgG 也有提高的趋势，因此，在设计免疫增强料时，可考虑使用酵母硒。其他功能饲料也要明确研发重点，如：抗腹泻料，重点解决消化率问题；肠道保健料，重点解决肠道微生态平衡问题；免疫增强料，重点解决免疫系统发育和功能问题。

3. 营养素配伍与剂量的问题

研究发现，一些优质的营养素如维生素 E、微生态制剂、有机硒、叶酸等，其功能是多方面的，如何加以筛选与组合？这些功能性营养素在高剂量的情况下，是否会发生配伍禁忌，配伍后是否发生化学反应等等问题，都需要在了解这些营养素基本理化特性的基础上，进一步筛选确定。

8.4 抗病营养管理措施

本节提出的抗病营养管理措施是指在正常饲养管理的基础上，如何结合生猪的生理状态，提供更加科学的管理，发挥出抗病饲料应有的功效。

8.4.1 哺乳及断奶仔猪抗病营养管理措施

仔猪出生后到断奶要经历各种各样的外部环境应激，如病原微生物、低温或高温环境、断脐、断尾、打耳号、补铁、寄养或并窝、预防接种、断奶、去势等，导致仔猪抵抗力下降，腹泻频发，此时，除了科学的饲养管理外，营养管理措施也非常重要。

1. 饲喂技术

对于哺乳仔猪，要合理诱食、补料。诱食可在仔猪出生后 7 日龄左右开始，要少喂勤添，及时清除余料，尽可能保证补饲料新鲜、干净，随仔猪日龄增加，补料量增加，制定出科学的补料方案，不能让仔猪暴饮暴食。对于断奶仔猪饲喂技术的基本原则是控制饲料供给量，增加饲喂次数，避免突然换料。在断奶早期，每次供料量为自由采食量的 60%～80%，每天饲喂 5～7

次。变换饲料时应有5～7 d的适应期。饲料形态以小颗粒或液态为好。饲料的贮存要防虫、防潮、防霉、防污染，防止氧化酸败。

2. 饮水管理技术

必须保证充足的清洁饮水。有条件的地方，在冬季尽量提供温水，在夏季尽量提供井水，有利于降低仔猪腹泻率。断奶仔猪采食大量饲料后，常会感到口渴，如供水不足而饮污水则引起下痢。饮水器或饮水乳头的安装数量、分布、高度等要合理，以方便仔猪饮用。

3. 环境控制技术

仔猪，尤其是哺乳仔猪与断奶仔猪都需要保温，仔猪最适宜的环境温度：0～3日龄为29～35℃，3～7日龄为25～29℃，7～14日龄为24～28℃，14～21日龄为22～26℃，21～28日龄为21～25℃，28～35日龄为20～22℃。要采取特殊的保温措施为仔猪创造温暖的小气候环境。要保持小环境空气清新，安静，蚊蝇较少等。

4. 饲养管理技术

清理卫生时注意观察猪群排粪情况，喂料时观察食欲情况，休息时检查呼吸情况，发现病猪，对症治疗。严重病猪隔离饲养，统一用药。按季节温度的变化，做好通风换气、防暑降温及防寒保暖工作。注意舍内有害气体浓度。分群合群时，为了减少相互咬架而产生应激，应遵守“留弱不留强”，“拆多不拆少”，“夜并昼不并”的原则，可对并圈的猪喷洒药液（如来苏儿），清除气味差异，并后饲养人员要多加观察。每周消毒两次，每周消毒药更换一次。

5. 缓解应激技术

加强饲养管理和环境管理，尽量避免发生应激。若有应激发生，则在饮水中添加电解多维、口服葡萄糖等保健性药物。在仔猪断奶前后的3～5 d，尤其要使用上述保健性药物，可在一定程度上缓解应激。

8.4.2 生长肥育猪抗病营养管理措施

8.4.2.1 饲喂技术

1. 饲养方式

生长肥育猪要根据品种、性别、体重的大小分栏分舍饲养，并分别制定不同的饲养标准，采用不同的饲喂策略，尽可能发挥出生长潜能。如DLY三元杂交仔猪遗传上的瘦肉生长速度和采食量与二元杂交有较大区别，应分栏分舍饲养，有利于制定相对应的饲养标准，配制出适应其生长的饲料。此外，同一品种的去势公猪、未去势公猪、小母猪的采食量和瘦肉生长速度也是不同的，因此也应根据不同性别猪的瘦肉生长速度和采食量的变化制定不同的饲养标准，提供不同的饲料，降低生产成本。同时，同栏猪的体重大小应尽量接近，最大的猪或最小的猪体重不应偏离平均重10％以上，否则会严重影响采食与生长。

2. 饲喂次数与频率

实际生产中有自由采食与分餐饲喂两种方式。自由采食符合少量多餐的原则，有利于饲料中营养成分的充分吸收，尤其能提高饲料中赖氨酸的吸收利用率，因此有条件的养殖场最好采用自由采食料箱。

分餐饲喂策略：幼龄猪胃肠容积小，消化能力差，而相对饲料需要量多，每天至少喂6～8

次;猪长至 35 kg 以上的中猪阶段,胃肠容积扩大,消化力增强,可减少饲喂次数,每天喂 3～4 次。每次饲喂的间隔应尽量保持均衡,饲喂时间应在食欲旺盛的时候。如夏季日喂 2 次,早晚喂料以早上 6 点以前与下午 6 点以后饲喂为宜。分餐饲喂的,要提供足够的槽位(猪的两肩宽度)以便所有的猪都能同时进食,否则会造成不同个体间的采食量不均,进而导致生长率不一,影响整圈的生长效率。分餐饲喂有利于生长后期的限食。

3. 饲料饲喂形态

饲料可以干喂或湿喂,也可喂以液态饲料。颗粒料一般用自由采食箱干喂。粉状料最好不要干喂,以免造成空气中的粉尘过多,引起呼吸道病增多。粉状料最好湿喂。湿喂(湿拌料)一般料水的比例以 2∶1 为好(即以手捏湿料,手放开料能散开来衡量)。湿拌料一方面可以大大减少舍饲条件下舍内空气中的粉尘量,有利猪的健康;另一方面可改善适口性,增加采食量 5%～10%,并对饲料的利用率略有改善。但在夏天使用时应防止腐败变酸。

4. 饲喂方式

可根据饲养目的来选择饲喂方式,如为追求高日增重,以自由采食为好;如为获得高的瘦肉率与饲料报酬,则可适当限量饲喂。在实际生产中一般采用体重 60 kg 以前自由采食,以提高其增重速度;60 kg 以后则适当限饲,以减少背膘厚,提高饲料利用率。

饲料的贮存要防虫、防潮、防霉、防污染,防止酸败与氧化。

8.4.2.2 饮水管理技术

生长肥育猪的饮水管理极为重要。目前,猪场基本都是采用自动饮水器,但必须时常关注饮水器出水量,若出水量不足(达不到 2 L/min 的出水),猪就会产生挫折感而离开饮水器,而饮水不足会直接减少采食量,影响猪的正常生长,在夏季高温季节,饮水不足会导致猪只中暑、发病。

8.4.2.3 饲养管理技术

及时调整猪群,强弱、大小、公母分群,保持合理的密度,病猪及时隔离饲养;保持圈舍卫生,加强猪群调教,训练猪群吃料、睡觉、排便"三定位";干粪便要用车拉到化粪池,然后再用水冲洗栏舍,冬季每隔一天冲洗一次,夏季每天冲洗一次;清理卫生时注意观察猪群排粪情况,喂料时观察食欲情况,休息时检查呼吸情况,发现病猪,对症治疗;严重病猪隔离饲养,统一用药;按季节温度的变化,调整好通风降温设备,经常检查饮水器,做好防暑降温等工作;每周消毒一次,每周消毒药更换一次;出栏猪要事先鉴定合格后才能出场,残次猪特殊处理出售。

8.4.3 种母猪抗病营养管理措施

根据种母猪各生理阶段营养需求特性的差异,应对各阶段种母猪进行合理的饲喂。种母猪不同繁殖阶段其饲养目的不同。

8.4.3.1 后备母猪

后备母猪饲养需要解决的关键问题是初情启动、卵泡发育、骨骼发育、体况适宜。

1. 饲喂技术

每日供给量，体重 20～50 kg，自由采食；50～120 kg，1.8～2.2 kg；120 kg 至配种，催情补饲 2 周，2.5～3.0 kg。

2. 饲养管理技术

按进猪日龄，分批次做好免疫计划、限饲优饲计划、驱虫计划并予以实施。后备母猪配种前驱体内外寄生虫一次，进行流行性乙型脑炎、细小病毒、猪瘟、口蹄疫等疫苗的注射；做好后备猪发情记录，并将该记录移交配种舍人员；母猪发情记录从 6 月龄时开始，仔细观察初次发情期，以便在第 2～3 次发情时及时配种，并做好记录；对患有气喘病、胃肠炎、肢蹄病等病的后备母猪，应隔离单独饲养在一栏内，此栏应位于猪舍的最后，观察治疗两个疗程仍未见有好转的，应及时淘汰；后备母猪在 7 月龄转入配种舍；后备母猪的初配月龄须达到 7.5 月龄，体重要达到 110 kg 以上。

8.4.3.2 妊娠母猪

母猪妊娠期需要解决的关键问题是减少胚胎死亡率，提供胎体生长营养，提供子宫和乳腺生长发育营养，维持母体增重，补充泌乳前期体储营养物的损失，调节母体自身代谢，为随后的泌乳做准备。因此，应细分为 4 个阶段来给予不同量的限饲饲料。

1. 饲喂技术

每日供给量，配种至妊娠 7 d，1.6～1.8 kg；妊娠 7～30 d，1.8～2.0 kg；妊娠 30～90 d，2.0～2.5 kg；妊娠 90 d 至分娩，2.5～3.0 kg。所有母猪配种后按配种时间(周次)在妊娠定位栏编组排列。每次投放饲料要准、快，以减少应激。要给每头猪足够的时间吃料，不要过早放水进食槽，以免造成浪费。根据母猪的膘情调整投料量。不喂发霉变质饲料，防止中毒。

2. 饲养管理技术

对妊娠母猪定期进行评估，按妊娠进程分三阶段进行饲喂和管理。预防烈性传染病的发生，预防中暑，防止机械性流产。按免疫程序做好各种疫苗的免疫接种工作。妊娠母猪临产前 1 周转入产房，转入前冲洗消毒，同时驱除体内外寄生虫。产房地面要求干燥、不打滑等。

8.4.3.3 泌乳母猪

母猪泌乳期需要解决的关键问题是提高采食量和产奶量。要想提高泌乳期产奶量，首先要清楚母猪乳腺发育的规律：①初情期前，乳腺生长很慢，主要是间质的发育；②初情期开始，卵巢开始分泌雌激素，乳腺的导管系统开始生长，形成分支复杂的细小导管系统；③性周期出现，乳房继续发育，乳房体积逐渐增大，但腺泡一般还没有发育；④妊娠期，乳腺组织生长比较迅速，后期导管系统发育健全，腺泡的分泌上皮开始具有分泌机能，乳房的结构也达到了活动乳腺的标准状态；⑤临产期，腺泡分泌初乳，为哺乳做好准备；⑥分娩，孕酮急剧下降，雌激素上升，腺垂体分泌大量催乳素，启动排乳。

从乳腺发育的规律来看，整个繁殖周期的营养对乳腺的发育和乳汁的分泌均具有重要影响。

1. 饲喂技术

由于采食量是产奶量提高的物质基础，如何尽可能提高泌乳母猪采食量成为泌乳期母猪饲养管理中的难题。提高泌乳期母猪采食量的措施有：①提供营养水平适宜、营养素全面、易于消化的配合饲料;②保证母猪蛋白质摄入量超过 750 g/d;③采用湿拌料饲喂。

每日供给量:产后 1～3 d,2.5～3.0 kg;产后 3～7 d,2.5～3.0 kg;产后 7～21 d,自由采食。

2. 饲养管理技术

空栏彻底清洗,检修产房设备,之后用卫康、农福、消毒威等消毒药连续消毒两次,晾干后备用。第二次消毒最好采用火焰消毒或熏蒸消毒。产房温度最好控制在 25℃左右,湿度 65%～75%,产栏安装滴水装置,夏季头颈部滴水降温。接产要求有专人看管,接产时每次离开时间不得超过半小时。哺乳期内注意环境安静、圈舍清洁干燥,做到冬暖夏凉。随时观察母猪的采食量和泌乳量的变化,以便针对具体情况采取相应措施。

3. 环境控制技术

产房适宜温度,分娩后 1 周 27℃,2 周 26℃,3 周 24℃,4 周 22℃。保温箱温度,初生 36℃,体重 2 kg 30℃,4 kg 29℃,6 kg 28℃,6 kg 以上至断奶 27℃,断奶后 3 周 24～26℃。

8.4.3.4 同一繁殖周期的母猪

对于同一繁殖周期的母猪而言,不同繁殖阶段其生理体况与饲养目的存在巨大的差异,应该有相应的饲喂策略。

1. 第 1 阶段(断奶至配种)

此阶段的饲喂量要依母猪在泌乳期的体重损失而定,哺乳期间体重损失在 10～15 kg 之间,说明泌乳期饲喂比较好,喂以妊娠料 2.5～3.0 kg/d,大多数母猪通常 10 d 内发情;若母猪泌乳期体重损失过多,断奶后自由采食哺乳料使其尽快恢复体况,促使其在断奶后 10 d 内发情。

2. 第 2 阶段(配种日至配种后 2～3 周)

此阶段是影响卵子着床和胚胎成活的关键期。研究表明过量饲喂降低卵子着床和胚胎成活率,因此要适度限制饲喂量。后备母猪、经产母猪饲喂量分别为 2.0 和 2.2 kg/d。

3. 第 3 阶段(配种后 4～12 周)

此阶段为母猪生长与体脂恢复阶段,体况好的母猪主要在第 2 阶段的饲喂量上增加 0.2～0.3 kg/d,即可达到母猪营养需求。

4. 第 4 阶段(配种后 12 周至分娩前 2 d)

此阶段胎儿与乳房生长迅速,应该注意提高饲喂水平,防止母猪动员体内蛋白质和脂肪用于胎儿与乳房的生长,因此初产和经产母猪应该增加饲喂量至 3 kg/d。

8.4.4 种公猪抗病营养管理措施

种公猪的饲养管理是一个猪场的核心。饲养种公猪是为了得到质量好的精液,因此要加强对种公猪的饲养管理。标准的成年公猪,应具备不肥不瘦、肌肉结实、性欲旺盛、配种能力强的体质。

1. 饲喂技术

饲喂种公猪应该定时定量,一般每天饲喂 2～3 次,冬天 2 次、夏天 3 次,每次九成饱,每天喂料量 1.5～2.5 kg,最好采用生料干喂法。种公猪体重在 90 kg 之前自由采食,90 kg 之后限制采食。配种期每天补喂一枚鸡蛋,喂鸡蛋于喂料前进行。另外,每天必须供给充足饮水。

2. 饲养管理技术

要求单栏饲养,保持圈舍与猪体清洁,合理运动,有条件时每周安排2~3次驱赶运动。后备公猪9月龄开始使用,使用前先进行配种调教和精液质量检查,开配体重应在130 kg以上,9~12月龄公猪每周配种1~2次,13月龄以上公猪每周配种3~4次,健康公猪休息时间不得超过2周,以免发生配种障碍,若公猪患病,1个月内不准使用。防止公猪热应激,做好防暑降温工作,天气炎热时应选择在早晚较凉爽时配种或采精,并适当减少使用次数;在炎热的夏季为防止种公猪热应激,提高精液品质,可每千克饲料添加100~150 mg *L*-肉碱。经常刷拭、冲洗猪体,及时驱除体外寄生虫,注意保护公猪肢蹄。性欲低下的,每天补喂辛辣性添加剂或注射丙酸睾丸素。有病及时治疗。严禁粗暴对待种公猪。

参考文献

艾大伟. 2010. 纳米氧化锌对小鼠肠上皮细胞能量蛋白代谢的影响及氧化损伤的保护作用:硕士论文. 雅安:四川农业大学动物营养研究所.

宾石玉. 2005. 日粮淀粉来源对断奶仔猪生产性能、小肠淀粉消化率和内脏组织蛋白质合成率的影响:博士论文. 雅安:四川农业大学动物营养研究所.

陈宏. 2009. 生物素对断奶仔猪生产性能及免疫功能影响的研究:博士论文. 雅安:四川农业大学动物营养研究所.

杜敏清. 2009. 不同氨基酸水平对泌乳母猪生产成绩、血液指标及乳汁氨基酸浓度的影响:硕士论文. 雅安:四川农业大学动物营养研究所.

傅娅梅. 2008. 复合蛋白饲料固态发酵工艺参数及其营养价值评定研究:硕士论文. 雅安:四川农业大学动物营养研究所.

高庆. 2011. 饲粮添加叶酸对断奶仔猪生产性能和免疫功能的影响研究:博士论文. 雅安:四川农业大学动物营养研究所.

韩飞. 2008. 酵母富集微量元素硒及酵母硒生物学效价评定的研究:硕士论文. 雅安:四川农业大学动物营养研究所.

黎文彬. 2009. 酵母硒对脂多糖(LPS)诱导的免疫应激早期断奶仔猪的影响:硕士论文. 雅安:四川农业大学动物营养研究所.

廖波. 2009. 25-(OH)-D_3 对免疫应激断奶仔猪的生产性能、肠道免疫功能和机体免疫应答的影响:博士论文. 雅安:四川农业大学动物营养研究所.

林燕. 2011. 母体纤维营养对胎儿和生后生长发育及抗氧化能力的影响:博士论文. 雅安:四川农业大学动物营养研究所.

刘军. 2011. 饲粮不同蛋白质和锌水平对早期断奶仔猪血液和淋巴器官中细胞因子的影响:硕士论文. 雅安:四川农业大学动物营养研究所.

刘忠臣. 2011. 不同来源脂肪对仔猪的营养效应及对 *E. coli* 攻毒的保护作用研究:博士论文. 雅安:四川农业大学动物营养研究所.

罗均秋. 2011. 猪饲粮不同来源蛋白质营养代谢效应的比较研究:博士论文. 雅安:四川农业大

学动物营养研究所.

罗文丽.2008.酵母菌富集微量元素铜及其在大鼠上的应用效果研究:硕士论文.雅安:四川农业大学动物营养研究所.

沈杰.2009.添加苏氨酸和色氨酸对接种猪繁殖与呼吸综合症(PRRS)弱毒苗生长猪生产性能和血液参数的影响:硕士论文.雅安:四川农业大学动物营养研究所.

司马博锋.2010.固态发酵复合蛋白的营养价值、营养生理效应及在断奶仔猪上的应用研究:硕士论文.雅安:四川农业大学动物营养研究所.

相振田. 2011.饲粮不同来源淀粉对断奶仔猪肠道功能和健康的影响及机理研究:博士论文.雅安:四川农业大学动物营养研究所.

孙若芸.2011.利用深黄被孢霉固态发酵玉米淀粉和麸皮产油脂的研究:硕士论文.雅安:四川农业大学动物营养研究所.

许祯莹.2009.富铁酵母菌的制备及其对仔猪的生物学效价:硕士论文.雅安:四川农业大学动物营养研究所.

尹佳.2012.不同纤维源对猪生长性能、养分消化率和肉品质的影响:硕士论文.雅安:四川农业大学动物营养研究所.

曾真.2011.日粮消化能水平对荣昌烤乳猪品系生产性能、肉质及脂肪代谢的影响:硕士论文.雅安:四川农业大学动物营养研究所.

詹黎明.2010.不同蛋白来源对接种猪瘟弱毒苗仔猪生产性能、肠道形态和免疫功能影响的研究:硕士论文.雅安:四川农业大学动物营养研究所.

郑春田,李德发,谯仕彦,等.2000.生长猪苏氨酸需要量研究.畜牧与兽医,32(1):9-11.

邹芳.2009.不同种类脂肪对大鼠生长性能及微生态效应的影响研究:硕士论文.雅安:四川农业大学动物营养研究所.

Conti E, Stredansky M, Stredanska S, et al. 2001. [gamma]-Linolenic acid production by solid-state fermentation of Mucorales strains on cereals. Bioresource technology, 76(3): 283-286.

Fakas S, Makri A, Mavromati M, et al. 2009. Fatty acid composition in lipid fractions lengthwise the mycelium of *Mortierella isabellina* and lipid production by solid state fermentation[J]. Bioresource technology,100(23): 6118-6120.

Peng X, Chen H. 2008. Single cell oil production in solid-state fermentation by *Microsphaeropsis* sp. from steam-exploded wheat straw mixed with wheat bran. Bioresource technology, 99(9): 3885-3889.

Sagher F A, Dodge J A, Johnston C F. 1991. Rat small intestinal morphology and tissue regulatory peptides effects of high dietary fat. British Journal of Nutrition,65, 21-28.